Fpgt) フェロヘスティングサイト (ferrohastingsite; Fhs) フェロホルトノライト (ferrohortnolite; Fhor) フェンジャイト (phengite; Phg) フォルステライト (苦土カンラン石; forsterite; Fo) フッ石 (zeolite; Zeo) ブラウン鉱 (褐マンガン鉱; braunite; Bra) ブルース石 (brucite; Brc) プレオネイスト (pleonaste; Plt) プレーナイト (ブドウ石; prehnite; Prh) フロゴパイト (金雲母; phlogopite; Phl) プロトエンスタタイト (protoenstatite; Pen) ブロンザイト (古銅輝石; bronzite; Bro) ベスブ石 (vesuvianite; Ves) β石英 (高温型石英; high-temperature quartz; β-Qtz) ヘデン輝石 (灰鉄輝石; hedenbergite; Hd) ベニトアイト (benitoite; Bn) ヘマタイト (赤鉄鉱; hematite; Hem) ペリクレース (periclase; Per) ヘルシナイト (hercynite; Hc) ペロブスカイト (灰チタン石・灰鉄チタン石; perovskite; Prv) ペンニナイト (penninite; Pet) 方解石 (calcite; Cal) 蛍石 (fluorite; Fl) ホルトノライト (hortonolite; Hor) ホルンブレンド (普通角閃石; hornblende; Hbl) ●マイクロクリン (微斜長石; microcline; Mc) マーガライト (margarite; Mrg) マグネシオリーベッカイト (マグネシオリーベック閃石; magnesioriebeckite; Mrb) マグネタイト (磁鉄鉱; magnetite; Mag) マフィック角閃石 (mafic amphibole) マリアライト (marialite; Ma) ムライト (ムル石; mullite; Mul) メイオナイト (meionite; Me) メソパーサイト (mesoperthite; Mpt) メラナイト (melanite; Mlt) メリライト (黄長石; melilite; Mel) モナザイト (モナズ石; monazite; Mnz) モルデナイト (モルデンフッ石; moldenite; Mol) モンモリロナイト (モンモリロン石; montmorillonite; Mon) ●湯河原フッ石 (yugawaralite; Yu) ユーライト (eulite; Eu) ●ラーナイト (larnite; Lrn) ラブラドライト (曹灰長石; labradorite; Lab) ランショウ石 (kyanite; Ky) ランセン石 (glaucophane; Gln) リザーダイト (lizardite; Lz) リーベッカイト (リーベク閃石・曹閃石; riebeckite; Rbk) リューコスフェーナイト (leucosphenite; Lcs) リューサイト (白榴石; leucite; Lct) 緑色ホルンブレンド (green hornblende) 緑泥石 (chlorite; Chl) 緑レン石 (epidote; Ep) ルチル (金紅石; rutile; Rt) ローソン石 (lawsonite; Lws) ローモンタイト (laumontite; Lmt) ●ワイラカイト (ワイラケフッ石; wairakite; Wai)

主要鉱物略記号 (鉱物名)

α-Qtz (α石英) β-Qtz (β石英) ●Ab (アルバイト) Act (アクチノライト) Adr (アンドラダイト) Ads (アンデシン) Aeg (エジリン) Afs (アルカリ長石) Agt (エジリンオージャイト) Ak (オケルマナイト) Alm (アルマンディン) Aln (アラナイト) Als (アルミノ珪酸塩鉱物) Am (アメサイト) Amp (角閃石) An (アノーサイト) And (紅柱石) Ank (アンケライト) Anl (アナルサイト) Ann (アンナイト) Anth (アノーソクレイス) Ap (アパタイト) Apt (アンチパーサイト) Arf (アルベゾナイト) Arg (アラゴナイト) Atg (アンチゴライト) Aug (直閃石) Au (オージャイト) ●Bar (バロア閃石) Bk (バーケビカイト) Bn (ベニトアイト) Bra (ブラウン鉱) Brc (ブルース石) br-Hbl (褐色ホルンブレンド) Bro (ブロンザイト) Bt (黒雲母) By (バイトウナイト) ●Cal (方解石) Cald (カルシオコンドロダイト) Car (カルフォライト) Cbz (チャバザイト) Ccl (クリノクロア) Ce (セラドナイト) Cen (単斜エンスタタイト) Chl (緑泥石) Chn (コンドロダイト) Chr (クロマイト) Chs (クリソライト) Chu (クリノヒューマイト) Cld (クロリトイド) Coe (コーサイト) Cpt (斜プティロライト) Cpx (単斜輝石) Crd (キンセイ石) Cr-Di (クロムディオプサイド) Crn (コランダム) Crs (クリストバライト) Cr-Spl (クロムスピネル) Crt (クロッサイト) Ctl (クリソタイル) Cum (カミングトナイト) Czo (クリノゾイサイト) ●Di (ディオプサイド) Dim (ダイアモンド) Dol (ドロマイト) Dph (ダフナイト) Dsp (ダイアスポア) ●Eas (イーストナイト) Eck (エケルマナイト) Ed (エデナイト) En (エンスタタイト) Ep (緑レン石) Eu (ユーライト) ●Fa (ファヤライト) Fau (フェロオージャイト) Fed (フェロエデナイト) Fhor (フェロホルトノライト) Fhs (フェロヘスティングサイト) Fhy (フェロハイパーシン) Fl (蛍石) Fld (長石) Fo (フォルステライト) Fpgt (フェロビジョン輝石) Fs (フェロシライト) Fsa (フェロサライト) Fsd (準長石) Fts (フェロチェルマカイト) ●Ga (ガーネット) Gdd (ゼードル閃石) Gh (ゲーレン石) Gld (ゴールドマナイト) Gln (ランセン石) Gr (石墨) Grd (グランダイト) Grs (グロシュラー) Grt (ザクロ石) Gru (グリュネライト) ●Hbl (ホルンブレンド) Hc (ヘルシナイト) Hd (ヘデン輝石) Hem (ヘマタイト) Hgr (ハイドログロシュラー) Hl (ハライト) Hor (ホルトノライト) Hst (ハイアロシデライト) Hu (ヒューマイト) Hul (ヒューランダイト) Hy (ハイパーシン) ●Ill (イライト) Ilm (イルメナイト) Ind (インド石) Ipgt (転移ピジョン輝石) ●Jd (ヒスイ輝石) Jo (奴奈川石) ●Kfs (カリ長石) Kln (カオリナイト) Kp (カリオフィライト) Krn (コーネルピン) Krs (ケルスタイト) Ktp (カタフォライト) Ky (ランショウ石) ●Lab (ラブラドライト) Lcs (リューコスフェーナイト) Lct (リューサイト) Lmt (ローモンタイト) Lrn (ラーナイト) Lws (ローソン石) Lz (リザーダイト) ●Ma (マリアライト) Mag (マグネタイト) Mc (マイクロクリン) Me (メイオナイト) Mel (メリライト) Mlt (メラナイト) Mnz (モナザイト) Mol (モルデナイト) Mon (モンモリロナイト) Mpt (メソパーサイト) Mrb (マグネシオリーベッカイト) Mrg (マーガライト) Ms (白雲母) Mul (ムライト) ●NC (炭酸ナトリウム) Ne (ネフェリン) Nrb (ノルベルジャイト) ●Ol (カンラン石) Oli (オリゴクレース) Om (青海石) Omp (オンファス輝石) Op (オパール) Opx (斜方輝石) Or (正長石) Os (大隅石) Ot (オットレ石) ●Pch (ピクロクロマイト) Pen (プロトエンスタタイト) Pen (ペンニナイト) Per (ペリクレース) Pg (パラゴナイト) Pgt (ピジョン輝石) Phg (フェンジャイト) Phl (フロゴパイト) Pi (ピコタイト) Pl (斜長石) Plt (プレオネイスト) Pm (ピーモンタイト) Pmp (パンペリー石) Pn (ピナイト) Po (磁硫鉄鉱) Prg (パーガサイト) Prh (プレーナイト) Prl (パイロフィライト) Prp (パイロープ) Prv (ペロブスカイト) Pth (パーサイト) Px (輝石) Py (黄鉄鉱) Pyc (パイロクロア) Pyl (パイラルスパイト) ●Qtz (石英) ●Rbk (リーベッカイト) Rt (ルチル) ●Sa (サニディン) Sal (サーライト) Sap (サボーナイト) Scp (スカポライト) Sd (シデライト) Sdr (シデロフィライト) 雲母) St (組石) Sil (マリランカイト) ●Sm (スメクタイト) Spl (スピネル) Spn (スフェーン) Spr (サフィリン) (蛇紋石) St (十字石) Stb (スティルバイト) Stp (スティルプノメレーン) S ナルド石) Thu (チューリンジャイト) Ti-aug (チタンオージャイト) Ti-n レモライト) Trd (トリディマイト) Ts (チェルマカイト) Tur (電気石) ● ディン) ●Wai (ワイラカイト) Win (ウィンチ閃石) Wo (ウォラストナイ (ゾイサイト) Zrn (ジルコン)

岩石学概論 上

記載岩石学

岩石学のための情報収集マニュアル

周藤賢治・小山内康人 著

共立出版株式会社

まえがき

　プレートテクトニクスが提唱されたのは1960年代の終わりころであるが，それ以降の地球科学の進展とともに，岩石を記載する学問分野である記載岩石学も，いちじるしく変化してきたと痛感させられる．

　プレートテクトニクスの発展や，1990年代のプリュームテクトニクスの提唱にともなって，地球科学諸分野で新概念がつぎつぎに生まれてきた．地球上のテクトニクス場（構造場）が明瞭に区分されたのもその1つで，それぞれのテクトニクス場の，火成作用・変成作用・堆積作用などの解析がくわしくなされてきた．

　たとえば火成作用についてみると，日本列島のような沈み込み帯や，中央海嶺・ハワイ諸島のようなホットスポットなどの，ことなるテクトニクス場の火成岩の研究がくわしくおこなわれ，それぞれのテクトニクス場でのマグマ供給システムや，産出する火成岩の岩石学的特性などがあきらかにされた．これは火成岩にふくまれる微量元素や，Sr・Nd・Pbなどの同位体組成の，精度のよい膨大な量のデータに裏打ちされたものである．このような研究は，大陸地域の広範囲に分布している，より古い地質時代の火成岩にもおこなわれ，先カンブリア時代以降の火成作用とテクトニクスの関連が克明に論じられるようになった．これらの研究途上で，玄武岩やカコウ岩質岩石の新しい区分が提唱されたばかりでなく，最近でも，あらたに定義された火成岩が報告されている．そして，玄武岩質マグマ・安山岩質マグマなどの生成に関連する実験岩石学的な研究の進展ともあいまって，地球上の火成岩の成因的研究はいちじるしく進展した．

　変成作用の研究では，質量分析器やX線マイクロアナライザー（electron probe X-ray microanalyser；EPMA・XMA）などが世界的規模で普及したことにより，変成岩の放射年代の決定や変成鉱物の化学分析がくわしくおこなわれ

るようになった．その結果の解析から，個々の変成岩が履歴した，温度‐圧力‐時間経路がくわしく描かれるようになり，昇温期変成作用と累進変成作用が明瞭に区別されるようになった．また超高圧変成岩・超高温変成岩などの発見により，大陸地殻の下部(下部地殻)を構成する岩石の情報がいちじるしく増大した．下部地殻を構成する変成岩の部分溶融に関連する，多くの実験岩石学的な研究もおこなわれていて，ミグマタイトの成因や下部地殻起源のフェルシックマグマの存在もあきらかになってきている．このような研究をとおして変成岩形成の運動像(変成作用とダイナミックなテクトニクスとの関連)の解明も大きく進展した．

また堆積作用の研究では，それぞれのテクトニクス場での堆積盆の形成過程・堆積相などの解析や，堆積岩をもたらした後背地の解析などがくわしくおこなわれ，さらに，シーケンス層序学などの発展があった．

このように20世紀後半の約3分の1世紀は，個々の岩石の成因の解析にとどまらず，岩石形成とテクトニクスの関連を解明することを意図した研究が，世界的におこなわれた時代であったといえよう．

記載岩石学がいちじるしく変化してきたということは，単にあらたに区分・定義された岩石の記載の必要性のみをさしているのではなく，火成作用・変成作用・堆積作用がより精密に解析されるようになったことや，地質現象にたいしてさまざまな新概念が提唱されたことなどにより，個々の岩石について，それ以前とはことなる視点から記載することが要求されるようになったことをふくんでいる．これはほとんどの火成岩・変成岩についていえるといっても過言ではないであろう．

このような時代的背景のもとに，今回，"岩石学概論(上)"の『記載岩石学』と"岩石学概論(下)"の『解析岩石学』を上梓することとなった．

この『記載岩石学』は，現代的視点から，おもに火成岩・変成岩・堆積岩の分類や記載的事項について記述したもので，大学における学部や大学院(修士課程)の学生諸氏が，岩石学を学習するための教科書・参考書として，また最近の岩石学的研究の進展の概要を理解するために，役立つものと思われる．この本はそのような意図にもとづいて書れたものである．

また，多くの大学の学部のカリキュラムで，高学年の学生には外国語の原著論文の講読が課せられているようである．岩石の記載が中心的な論文でも，岩石の主化学組成・微量元素組成や，Sr・Ndなどの同位体組成などについて記

述されていることが多いので，学生諸氏がそのような内容を理解するうえでの手助けとなるように，この本では，おもな火成岩の化学組成・同位体組成の特徴や岩石を研究するうえでのこれらの取りあつかい方などについても概説した．なお続編の『解析岩石学』では，火成岩と変成岩についてのさまざまなデータの解析方法と，それらから導かれた岩石成因論の概要を解説した．解説にあたってなるべく記載レベルを同一にするよう心がけ，おおよそ概説・各論・補足説明・注書きの順に文字の大きさをかえてある．

　この『記載岩石学』では岩石の組織・鉱物の特徴をしめすために，多くの顕微鏡写真を使用した．そのさいに多くの方がたから岩石薄片（あるいはその作成に使用した岩石）を提供していただいた．それは諏訪兼位（日本福祉大学）・土谷信高（岩手大学）・柚原雅樹（福岡大学）・廣井美邦（千葉大学）・石塚英男・吉村康隆（以上高知大学）・辻森　樹（岡山理科大学）・郷津知太郎（神戸大学）・加藤敬史（倉敷芸術科学大学）・立石雅昭・松岡　篤・豊島剛志・宮下純夫・高橋俊郎・井川寿之・宮崎　隆・Weerakoon, M.W.K.・高澤栄一・加々島慎一・川畑　博・深瀬雅幸・石本博之（以上新潟大学）・草地　功・浅見正雄・Krishnan, Sajeev・中野伸彦・河原大輔（以上岡山大学）・山下智士（復建技術コンサルタント）・神保　啓（キタック）の諸氏である．山岸宏光・平原由香の両氏（新潟大学）には露頭写真を提供していただいた．滝本俊昭（帝国石油）・大前暁政（岡山大学）・草地　功・平原由香の諸氏には未公表の資料を使用させていただいた．笹野景子・川浪聖志（以上岡山大学）・中野伸彦・石本博之の各氏には図の作成に協力していただいた．原稿準備の初段階で志村俊昭氏（新潟大学）には，第6～12章の内容について有益なご助言をいただいた．加々美寛雄氏（新潟大学）には文献についてご教示いただいた．また出版段階になってから，共立出版の齊藤　昇氏にたいへんお世話になった．

　この本の刊行は，このような多くの方がたの援助に負うところが大きい．これらの諸氏に厚く感謝申し上げるしだいである．

　なお全写真および一部の図は添付のCD-ROMに収納してある．引用される場合は著作権法に準拠されたい．

2001年7月

周藤賢治・小山内康人

周藤追記：この本は共立出版から刊行された，牛来(1968)の『地殻・岩石・鉱物』(初版)と『地殻・岩石・鉱物』(改訂版，1982年)・『地殻・マントル構成物質』(1997年)が基盤になっている．1982年の改訂版の刊行にあたって，大学・大学院時代にご指導をいただいた牛来正夫先生と，はじめて共同執筆する機会を，さらに15年後にも共同執筆の機会をあたえられた．この2つの著書の執筆にあたり牛来先生から，地球科学に関する正確な知識の修得およびそれを表現・記述するときの厳密性などについて，多大なご批判とご指導をいただいた．

　この本の執筆にあたりそのご批判・ご指導を，どのくらい反映できたかはわからないが，精一杯心がけたつもりである．ここにあらためて感謝いたします．

もくじ

第1章　岩石の分類
1.1　岩石とは …………………………………………………………………… 1
　1.1.A　岩石と鉱物のちがい　1
　1.1.B　水成論と火成論　1
　1.1.C　記載岩石学　2
1.2　岩石の3分類法 …………………………………………………………… 3

第2章　火成岩の組成・分類・組織
2.1　火成活動 …………………………………………………………………… 5
2.2　組成 ………………………………………………………………………… 5
　2.2.A　化学組成と分類　6
　2.2.B　鉱物組成と分類　7
　2.2.C　SiO_2含有量と色指数の関係　9
2.3　種類と性質 ………………………………………………………………… 10
　2.3.A　分類と命名法　10
　2.3.B　ノルム　11
　　2.3.B-a　ノルムとノルム鉱物　11
　　2.3.B-b　C.I.P.W.ノルムの計算　11
　　　2.3.B-b1　カコウ岩のノルムの計算　12
　　　2.3.B-b2　玄武岩（Ⅰ）のノルムの計算　13
　　　2.3.B-b3　玄武岩（Ⅱ）のノルムの計算　14
　　　2.3.B-b4　シリカ鉱物とシリカ飽和度　15
　2.3.C　アルミナ飽和度　16
　2.3.D　岩系とその種類　16
　　2.3.D-a　非アルカリ岩系・アルカリ岩系　16
　　2.3.D-b　ソレアイト岩系・カルクアルカリ岩系　16
2.4　組織と構造 ………………………………………………………………… 20
　2.4.A　組織と成因　20
　2.4.B　組織を表現する用語　21
　　2.4.B-a　結晶作用の度合い　21
　　2.4.B-b　鉱物の大きさ　21
　　2.4.B-c　鉱物の形　21
　　2.4.B-d　鉱物の集合状態　22
　　2.4.B-e　そのほか　25

第3章　火成岩の微量元素組成と同位体組成
3.1　微量元素組成 ……………………………………………………………… 29

3.1.A　元素の分配係数　29
  3.1.B　元素の地球化学的分類　31
    3.1.B-a　適合元素・不適合元素　31
    3.1.B-b　希土類元素　33
 3.2　放射起源同位体 ………………………………………………… 34
  3.2.A　Rb-Sr法　35
  3.2.B　Sm-Nd法　38
  3.2.C　火成岩研究の役割――いくつかの例　40
 3.3　安定同位体 …………………………………………………… 41
  3.3.A　酸素同位体　42
  3.3.B　水素同位体　43
  3.3.C　炭素同位体　43
  3.3.D　イオウ同位体　44

第4章　火成岩の記載的特徴

 4.1　超マフィック岩 ……………………………………………… 45
  4.1.A　コマチアイト　45
  4.1.B　カンラン岩　46
    4.1.B-a　鉱物組成による分類　46
    4.1.B-b　カンラン岩の変種　48
    4.1.B-c　カーボナタイト　49
    4.1.B-d　カンラン岩の産状　50
  4.1.C　輝岩・ホルンブレンダイト　51
  4.1.D　おもな鉱物　51
    4.1.D-a　カンラン石　51
    4.1.D-b　輝石　52
      4.1.D-b1　斜方輝石　52
      4.1.D-b2　単斜輝石　52
 4.2　マフィック岩 ………………………………………………… 54
  4.2.A　玄武岩　54
    4.2.A-a　鉱物組成・化学組成による分類　54
      4.2.A-a1　ノルムによる分類　54
      4.2.A-a2　ソレアイト質玄武岩の鉱物組成　56
      4.2.A-a3　アルカリ玄武岩の鉱物組成　58
      4.2.A-a4　強アルカリ玄武岩の鉱物組成　58
    4.2.A-b　テクトニクス場による分類　59
  4.2.B　ドレライト　60
    4.2.B-a　非アルカリ岩系　60
    4.2.B-b　アルカリ岩系　61
  4.2.C　ハンレイ岩　61
    4.2.C-a　非アルカリ岩系　63

  4.2.C-b アルカリ岩系 64
 4.2.D 斜長岩 64
 4.2.E おもな鉱物 65
  4.2.E-a 長石 65
  4.2.E-b 角閃石 65
   4.2.E-b1 マフィック角閃石 65
   4.2.E-b2 カルシウム角閃石 66
   4.2.E-b3 アルカリ角閃石 67
4.3 中性岩 …………………………………………………………………… 67
 4.3.A 非アルカリ岩系 67
  4.3.A-a 安山岩 68
   4.3.A-a1 ソレアイト岩系 68
   4.3.A-a2 カルクアルカリ岩系 70
  4.3.A-b ヒン岩・閃緑岩 74
 4.3.B アルカリ岩系 74
  4.3.B-a 粗面安山岩とミュージアライト 75
  4.3.B-b モンゾナイト・モンゾ斑岩 76
 4.3.C おもな鉱物 76
  4.3.C-a 雲母 76
  4.3.C-b シリカ鉱物 77
4.4 フェルシック岩 ……………………………………………………… 78
 4.4.A 非アルカリ岩系 78
  4.4.A-a デイサイトと流紋岩 78
  4.4.A-b カコウ斑岩 80
  4.4.A-c カコウ岩 81
   4.4.A-c1 鉱物組成による分類 81
   4.4.A-c2 化学組成による分類 83
   4.4.A-c3 テクトニクス場による分類 86
 4.4.B アルカリ岩系 86
  4.4.B-a 粗面岩 87
  4.4.B-b 閃長岩 87
  4.4.B-c アルカリカコウ岩 87

第5章　火成岩体

5.1 複成火山の地下構造 …………………………………………………… 89
5.2 マグマ供給システム ……………………………………………………… 89
5.3 噴出岩体 …………………………………………………………………… 92
 5.3.A 溶岩 92
  5.3.A-a 陸上の溶岩 92
  5.3.A-b 水中の溶岩 94
 5.3.B 火砕岩 97

5.4 貫入岩体 …………………………………………………………………… 98
　5.4.A　母岩の構造をきる貫入岩体　98
　　5.4.A-a　岩脈　98
　　　5.4.A-a1　複合岩脈・重複岩脈　99
　　　5.4.A-a2　岩脈群　99
　　　5.4.A-a3　環状岩脈・円錐状岩床　101
　　5.4.A-b　潜在円頂丘　102
　5.4.B　母岩の構造に平行な貫入岩体　103
　　5.4.B-a　岩床　103
　　5.4.B-b　ラコリス　104
　　5.4.B-c　ファコリス　105
　　5.4.B-d　ロポリス　105
5.5 深成岩体 ………………………………………………………………… 106
　5.5.A　バソリス──カコウ岩体　106
　　5.5.A-a　規模と活動時期　106
　　5.5.A-b　形成場　108
　　5.5.A-c　母岩と貫入岩の関係　109
　5.5.B　ハンレイ岩体と閃緑岩体　111

第6章　変成作用

6.1 変成作用の種類 ………………………………………………………… 113
6.2 広域変成作用 …………………………………………………………… 114
　6.2.A　造山帯変成作用　115
　6.2.B　海洋底変成作用　116
　6.2.C　埋没変成作用　117
6.3 局所変成作用 …………………………………………………………… 117
　6.3.A　接触変成作用　117
　6.3.B　熱水変成作用　118
　6.3.C　動力変成作用　118
　6.3.D　衝撃変成作用　119
　6.3.E　交代作用　119
6.4 変成作用を支配する要素 ……………………………………………… 119

第7章　変成岩の分類と命名

7.1 原岩による分類 ………………………………………………………… 123
　7.1.A　火成岩起源の変成岩　125
　7.1.B　堆積岩起源の変成岩　125
7.2 組織による分類 ………………………………………………………… 125
7.3 変成岩特有の岩石名による分類 ……………………………………… 128
　7.3.A　角閃岩　128
　7.3.B　グラニュライト　129

7.3.C　エクロジャイト　130
　7.3.D　ミグマタイト　130
　7.3.E　マーブル　132
　7.3.F　そのほかの変成岩　132

第8章　変成作用の限界と進行過程

8.1　変成作用の温度・圧力範囲 …………………………………………………………… 135
8.2　変成度の変化 …………………………………………………………………………… 136
8.3　昇温期変成作用と後退変成作用——個々の変成岩の変成度の時間的変化 ………… 137
　8.3.A　昇温期変成作用　137
　8.3.B　後退変成作用　138
　8.3.C　変成度の解析と温度・圧力・時間経路　138
　　8.3.C-a　P-T-t path の例1——日高変成帯主帯　141
　　8.3.C-b　P-T-t path の例2——肥後変成岩体　141
8.4　累進変成作用とフィールドP-T曲線——同一時刻の変成度の空間的変化 ………… 142
　8.4.A　変成分帯　142
　8.4.B　フィールドP-T曲線　144
8.5　変成岩の部分溶融 ……………………………………………………………………… 145

第9章　変成相と変成相系列

9.1　変成相区分 ……………………………………………………………………………… 149
　9.1.A　極低温〜低温の変成相　152
　9.1.B　緑色片岩相　154
　9.1.C　角閃岩相　155
　9.1.D　グラニュライト相　156
　9.1.E　青色片岩相　157
　9.1.F　エクロジャイト相　158
　9.1.G　低温のホルンフェルス相　159
　9.1.H　高温のホルンフェルス相　160
　9.1.I　超高圧変成岩　161
　9.1.J　超高温変成岩　162
9.2　変成相系列と圧力型 …………………………………………………………………… 163
　9.2.A　低圧型系列　164
　　9.2.A-a　おもな特徴　164
　　9.2.A-b　変成度　165
　9.2.B　中圧型系列　165
　　9.2.B-a　おもな特徴　165
　　9.2.B-b　バロウ型・バカン型の変成分帯　165
　9.2.C　高圧型系列　166

第10章　変成岩の組織

10.1　一般的組織·· 169

10.2　非変形組織·· 171

10.3　変形組織·· 172

第11章　広域変成岩の記載的特徴

11.1　おもな変成鉱物·· 175

  11.1.A　泥質変成岩　175

    11.1.A-a　アルミノ珪酸塩鉱物　175

    11.1.A-b　ザクロ石　176

    11.1.A-c　そのほかの変成鉱物　176

  11.1.B　石灰珪質岩　179

  11.1.C　マフィック変成岩　179

11.2　堆積岩起源の広域変成岩·· 181

  11.2.A　泥質変成岩　181

    11.2.A-a　極低温の泥質変成岩　181

      11.2.A-a1　変成作用の概観　181

      11.2.A-a2　代表的な岩石　182

    11.2.A-b　低変成度の泥質変成岩　183

      11.2.A-b1　変成作用の概観　183

      11.2.A-b2　代表的な岩石　183

    11.2.A-c　高変成度の泥質変成岩　185

      11.2.A-c1　変成作用の概観　185

      11.2.A-c2　代表的な岩石　187

    11.2.A-d　超高温の泥質変成岩　189

      11.2.A-d1　変成作用の概観　189

      11.2.A-d2　代表的な岩石　190

    11.2.A-e　高圧〜超高圧の泥質変成岩　192

      11.2.A-e1　変成作用の概観　192

      11.2.A-e2　代表的な岩石　193

  11.2.B　砂質〜珪質変成岩　194

    11.2.B-a　低変成度の砂質〜珪質変成岩　195

    11.2.B-b　高変成度の砂質〜珪質変成岩　196

    11.21.B-c　高圧の砂質〜珪質変成岩　197

  11.2.C　変成炭酸塩岩〜石灰珪質岩　198

    11.2.C-a　変成炭酸塩岩　199

      11.2.C-a1　変成作用の概観　199

      11.2.C-a2　代表的な岩石　200

    11.2.C-b　石灰珪質岩　201

      11.2.C-b1　変成作用の概観　201

11.2.C-b2　代表的な岩石　210
　11.3　火成岩起源の広域変成岩…………………………………………………………203
　　11.3.A　石英長石質変成岩——フェルシック岩起源の変成岩　203
　　　11.3.A-a　変成作用の概観　203
　　　11.3.A-b　代表的な岩石　203
　　11.3.B　マフィック変成岩　205
　　　11.3.B-a　低変成度のマフィック変成岩　206
　　　　11.3.B-a1　変成作用の概観　206
　　　　11.3.B-a2　代表的な岩石　207
　　　11.3.B-b　高変成度のマフィック変成岩　208
　　　　11.3.B-b1　変成作用の概観　208
　　　　11.3.B-b2　代表的な岩石　209
　　　11.3.B-c　高圧〜超高圧のマフィック変成岩　211
　　　　11.3.B-c1　変成作用の概観　211
　　　　11.3.B-c2　代表的な岩石　212
　　11.3.C　超マフィック変成岩　213
　　　11.3.C-a　変成作用の概観　213
　　　11.3.C-b　代表的な岩石　215
　11.4　そのほかの広域変成岩……………………………………………………………216
　　11.4.A　アルミナス変成岩　216
　　　11.4.A-a　変成作用の概観　216
　　　11.4.A-b　代表的な岩石　217
　　11.4.B　変成縞状鉄鉱　218
　11.5　日本の変成帯………………………………………………………………………218

第12章　局所変成岩の記載的特徴
　12.1　接触変成岩と交代変成岩…………………………………………………………221
　　12.1.A　低温の接触変成岩　221
　　12.1.B　高温の接触変成岩とスカルン　222
　　　12.1.B-a　高温の接触変成岩　222
　　　12.1.B-b　高温スカルン　222
　　　　12.1.B-b1　変成作用の概観　222
　　　　12.1.B-b2　代表的な岩石　223
　12.2　動力変成岩…………………………………………………………………………224
　　12.2.A　マイロナイト　224
　　12.2.B　シュードタキライト　225

第13章　堆積岩の形成と分類
　13.1　堆積岩と変成岩のちがい…………………………………………………………227
　　13.1.A　続成作用　227
　　13.1.B　続成作用と変成作用の関係　228

13.2　堆積岩の種類……………………………………………………………………229
　13.2.A　砕屑岩　229
　　13.2.A-a　礫岩　230
　　13.2.A-b　砂岩　231
　　　13.2.A-b1　分類　231
　　　13.2.A-b2　砂岩の後背地　233
　　13.2.A-c　泥岩　235
　13.2.B　化学的沈殿岩と生物岩　235
　　13.2.B-a　チャート　236
　　13.2.B-b　石灰岩　237

引用文献……………………………………………………………………………239
さくいん……………………………………………………………………………249

1. 岩石の分類

1.1 岩石とは

　肉眼的な観察にもとづいて岩石に名前をつけることは，古代ローマ時代からはじまっている．たとえば"basalt"はローマの博物学者であったプリニウスの『博物学』に記述がある．しかし現在のように，岩石を造岩鉱物(rock-forming mineral；鉱物と略記)の種類をもとにした分類がはじめられたのは18世紀末ごろからである．19世紀初頭に偏光顕微鏡が発明されるに及んで，岩石は科学的に記載されるようになり，今日にいたっている．

1.1.A　岩石と鉱物のちがい

　一般に物質は混合物で，それは化合物の集合体である．そして化合物はさまざまな原子からなる．岩石(rock)は，地球の上層部(地殻や上部マントル)の構成物質である．岩石も物質であるから化合物の集合体であり，岩石のもととなる化合物は，結晶質粒子の鉱物(mineral)や天然ガラスなどである．まれに，1種類の鉱物のみからなる岩石もある．たとえばマーブル(大理石ともいう)は，方解石の集合体(ともに石がつくが，大理石は岩石，方解石は鉱物)．岩石はふつうかたい．これは鉱物が多量にあつまって，相互に強く結合しているからである．しかし，なかにはやわらかい岩石もある．第四紀の泥岩などはその例である．固結していない砂や泥は岩石といわないのが一般的である．

　岩石名は，長径が数cm～数10cmの岩塊のもつ特徴，たとえば岩石を構成する鉱物の種類，すなわち造岩鉱物の種類にもとづいて命名される．ある岩石が，数10m，あるいはもっと大規模に露出しているときには岩体(rock body・body)という．岩体は岩石が集合したものということができる．ある岩体が肉眼的ににた岩石ばかりのときでも，偏光顕微鏡(顕微鏡と略記)で薄片を観察すれば，個々の岩石にふくまれる鉱物の種類(鉱物組成)にはいくらかのちがいがみられることもある．

1.1.B　水成論と火成論

　岩石の成因をめぐっては，18世紀末から19世紀のはじめにかけて，水成論(neptunism)と火成論(plutonism)の対立があった*．水成論を提唱した研究者の代表はドイツのウェルナー(Werner, A. G.；1749～1817)で，火成論の代表者はイギリスのハットン(Hutton, J.；1726～1797)である．

*：地質学を中心とする固体地球科学の歴史については今井・片田(1978)によるくわしい解説がある

水成論　ウェルナーは，地殻物質は，地球の創成期に地球全体をおおっていた始原的な大洋中に溶解していたものと考え，カコウ岩・片麻岩・結晶片岩などを一括して始原岩層といい，その上位の岩層とともに，すべては海水から沈殿して形成された堆積岩であると主張した．また玄武岩や安山岩などの火山岩も化学的沈殿物であると主張したのである．

火成論　ハットンは地下に高温のマグマが存在することを推定し，マグマの固結する場所のちがいで深成岩・岩脈あるいは溶岩が形成されることをのべた．火山岩がマグマから固結したものであることは，実際の火山活動で観察されることが，すでにハットン以前に認識されていたことにくわえて，ハットン以降にはカコウ岩などもマグマが固結して形成されたものであることがしだいに認識されるようになり，19世紀前半には水成論は衰退した．

1.1.C　記載岩石学

　熱心な水成論者であったウェルナーとその後継者たちは，岩石や鉱物の分類などの研究で後世に大きな影響をあたえた．彼らは肉眼とルーペで岩石の組織や鉱物組成を観察して記載した．このような方法には，岩石の組織や鉱物組成を正確に記載するにはおのずから限界があり，玄武岩のような細粒な岩石にふくまれる微小な鉱物を同定することは不可能なことであった．当時は，玄武岩は鉱物の集合ではなく，均質な物質と考えるのが一般的であった．水成論と火成論の対立を生じた背景には，玄武岩のような細粒の岩石を研究する困難さがあったのである．

　このような研究の困難さを克服したのが，19世紀初頭のイギリスのニコル(Nicol, W.)による，偏光をえるためのプリズムと岩石の薄片作製法の発明であった．そののち，イギリスのソービー(Sorby, H.C.)は薄片観察にもとづき，1858年に重要な岩石の記載的な論文を発表した．顕微鏡を用いた薄片観察による岩石の記載的な研究は，そののち，ドイツとフランスでいちじるしく発展した．なかでもドイツのチルケル(Zirkel, F.)とローゼンブッシュ(Rosenbusch, H.)は数多くの薄片観察にもとづき，岩石を体系的に命名・分類した．

　このように岩石の組織の特徴や鉱物の性質などを記載し，岩石名をつけ，岩石を分類するような学問を**記載岩石学**(petrography)*という．チルケルとローゼンブッシュの研究は世界に大きな影響を及ぼし，19世紀後半には記載岩石学の全盛時代をもたらした．この時代に日本の小藤文治郎は，ドイツに留学し，チルケルのもとで記載岩石学を学び，帰国後，この学問を日本に紹介し，普及させた．

*　岩石の記載的な研究のみでなく成因的な研究をふくむ，岩石一般の学問のことが岩石学(petrology)

　今日では，X線マイクロアナライザー(electron probe X-ray microanalyser；EPMA・XMA)などの分析機器の開発・改良で，鉱物の微細部分の化学組成がえられるようになってきている．しかし顕微鏡による薄片観察の重要性は現在でもけっして失われていない．たとえば火山岩の研究で，斑晶鉱物(§2.2.B参照)の晶出順序を決定したり，変成岩中の鉱物の共生関係をあきらかにしたり，といった基本的な研究には薄片観察はかかせないからである．

　今日では岩石の記載的な論文でも，薄片観察の結果のみでなく，岩石の主化学組

成・微量元素組成や，Sr・Ndなどの同位体組成などについて記述されることが多いので，この本では，おもな火成岩の化学組成・同位体組成の特徴や岩石を研究するうえでのこれらの取りあつかい方などについても概説する．

1.2 岩石の3分類法

岩石は成因的にみて，火成岩(igneous rock)・堆積岩(sedimentary rock)・変成岩(metamorphic rock)の3種類に分類するのが一般的で，3分類法といわれる．1862年にドイツのコッタ(B. von Cotta)が最初に提案したといわれているが，今日のように広く認められるようになったのは20世紀になってからである．地球の表層部に存在するほとんどの岩石は，火成岩・変成岩・堆積岩のいずれかであるが，それぞれの中間的な岩石も存在するので，岩石の3分類法はあくまでも人為的であることに注意する必要がある．

3分類法のほかに，内成岩と外成岩の2種類に大別する方法もある．火成岩と変成岩は，地球の内部で形成された岩石であることから，両者を一括して内成岩といい，堆積岩は地表で大気や水などの作用で形成されたものであることから，外成岩といわれるものである．

火成岩 高温のマグマ(magma)が冷却・固結して形成された岩石．マグマは高温の溶融体で，ほとんどメルト(melt)からなるものから，いろいろの程度に結晶をふくむが，全体として流動的な運動をする程度にメルトをもつものまである．マグマは地下の深所(下部地殻〜上部マントル)で生成すると考えられている．マグマがおもに地殻内部の深所で冷却・固結すると深成岩を，地表で冷却・固結すると火山岩を形成する(§2.1参照)．

変成岩 既存の岩石が最初に形成されたときとはちがった温度・圧力下におかれたとき，その鉱物組成や組織が変化をうけて形成された岩石．ちがった温度・圧力下とは，岩石が地下のかなり深いところにもたらされるときや，カコウ岩などの貫入で岩石が熱的影響をうけるとできる．

堆積岩 既存の岩石の風化産物が，水や風などによる他所への物理的運搬と堆積をへて，やがて固結するという一連の作用で形成された岩石．水に溶解していた物質が無機的な化学反応，生物の作用・水の蒸発などで沈殿して形成された岩石や，動物または植物の遺体が堆積して形成された岩石などもふくむ．

中間的な岩石 火山砕屑岩やミグマタイトなど．火山砕屑岩は，火成岩と堆積岩のどちらにいれてもよいが，この本では火成岩として扱う．ミグマタイトは結晶片岩や片麻岩からなる部分とカコウ岩質の部分とが不均質に混在した岩石で，これは火成岩と変成岩の中間的なものに相当する．また泥岩や砂岩などは，地下の浅所のあまり高温でない条件下で変化することもあるが，それらは変成岩にふくめない．近年では，カコウ岩の多くはマグマが固結して形成したと考えられているが，カコウ岩質の細脈が薄い層状に片麻岩中にしみこんだようにみえるもののなかには，変成作用の過程でカコウ岩質の物質が溶出して形成したものもあるらしい．このような細脈とマグマが固結して形成したカコウ岩とを記載岩石学的に区別することは困難

なことが多い．このように記載岩石学的にカコウ岩といわれるものには火成岩的なものと変成岩的なものの両者があることにも注意を要する．この本では，記載岩石学的にカコウ岩とみなされるものは火成岩とした．

2. 火成岩の組成・分類・組織

2.1 火成活動

　地下の深所(下部地殻～上部マントル)で生成したマグマが地殻の上層部へ上昇・貫入し，地表へ噴出して固結するまでの全過程が火成活動(igneous activity；火成作用・magmatism)である．火成岩はこのような過程をへて形成されたもの(§1.2 参照)．火成活動はいろいろなテクトニクス場(tectonic environment；構造場)でのマグマ活動の総称で，おもに地表や地下浅所でのマグマ活動が火山活動(volcanic activity；火山作用・volcanism)，地下深所でのマグマ活動が深成活動(plutonic activity；深成作用・plutonism)である．

　火山活動で形成される火山岩(volcanic rock)には，地表にマグマが噴出して形成された噴出岩体(effusive body・eruptive body)と，地表付近にマグマが貫入して形成された貫入岩体(intrusive body)がある．島弧(island arc)や活動的大陸縁(active continental margin)などの地下における深成活動で深成岩(plutonic rock)が形成される．代表的な深成岩はカコウ岩である．

　このほか火山活動との直接の関係が不明な火成岩が，地殻の比較的上部を構成する既存の岩石に貫入岩体として存在することがある．このような火成岩は，岩脈・岩床・ラコリスなどの，深成岩と火山岩の中間的な産状(occurrence)*をしめすことが多いことから，半深成岩(hypabyssal rock)ともいう．

*：岩石が産出するときの状態をいう．産状はおもに岩体の形や岩相のにちがいなどから区別される．たとえば噴出岩体は産状からは，溶岩と火砕岩に大別される(§5.3参照)

2.2 組　　成

　火成岩はマグマが固結して形成された岩石であるが，その鉱物組成・化学組成と，もとのマグマの化学組成との関係は一様ではない．マグマが地表に噴出

し，急速に冷却・固結した場合にはガラス質(glassy)あるいは細粒の結晶からなる岩石となる．これらの岩石の化学組成はもとのマグマの化学組成とあまりちがいはない．

しかしマグマが地下でゆっくり冷却・固結した場合には，ある順序にしたがって結晶作用で鉱物が晶出(crystallization)する．鉱物の化学組成はマグマの化学組成とはちがうので，晶出した鉱物が集積(沈積)すると，鉱物を晶出したマグマの化学組成はもとのマグマの化学組成とはことなることになる．また晶出した特定の鉱物あるいは鉱物群が集合して岩石を形成(分化)する．形成された岩石の化学組成ももとのマグマの化学組成とはことなる．このように結晶作用で，もとのマグマと化学組成のことなるマグマや岩石が形成される作用が，マグマの結晶分化作用(crystallization differentiation)である．

化学組成がちがう2種類以上のマグマが形成したマグマ溜りや火道(マグマの通路)では，それらのマグマが混合し，もとのマグマとはことなる化学組成のマグマとなる．このような作用がマグマ混合(magma mixing)である．また地殻内部を上昇するマグマが，地殻の構成岩石を溶融した場合，あるいは岩石と反応した場合にも，もとのマグマの化学組成は変化する．このような作用がマグマの同化作用(assimilation)または混成作用(contamination)である．

このように冷却過程での作用をうけたマグマの化学組成は大きく変化し，その結果多くの種類の火成岩が形成されることになる．

2.2.A 化学組成と分類

火成岩の鉱物はおもに珪酸塩鉱物(silicate mineral)で，ついで酸化鉱物が多い．珪酸塩鉱物の主化学組成は，Si・Ti・Al・Fe・Mn・Mg・Ca・Na・K・Pなどの金属元素の酸化物が複合した形で表示できる．たとえば長石の1種であるアルバイトの組成式(化学式)は $NaAlSi_3O_8$ であるが，これは $Na_2O \cdot Al_2O_3 \cdot 6SiO_2$ とも表示できる．そこで火成岩の主化学組成は，上記の金属元素の酸化物の重量％としてあらわすことができる(表2-1)．個々の岩石全体の化学組成を総化学組成(bulk chemistry・bulk chemical composition；全岩化学組成)といい，その主成分元素(major element)は酸化物の重量％で，微量元素(trace element・minor element)は元素のppmであらわす(§2.3.A参照)．なお，この本では岩石全体の化学組成をあらわすときには，単に化学組成とし，金属元素の酸化物でしめす．

火成岩の主化学組成で最も多いのは SiO_2．そのほかの成分は SiO_2 含有量の変化に対応し，ある程度規則正しく変化する(表2-1参照)．たとえば SiO_2 にとぼしい火成岩ほどアルカリ*($Na_2O \cdot K_2O$)にとぼしく，塩基性成分($FeO \cdot MgO \cdot CaO$)に富む．また酸化物の重量比も規則的に変化する．すなわち SiO_2 の増加にともなって FeO^*/MgO や Na_2O/CaO は増加する．ここで FeO^* は全Fe．

*：岩石中の主成分元素のうちNaとKをアルカリというが，この本では Na_2O+K_2O をアルカリという

そのため SiO_2 含有量を基準として，火成岩を超塩基性岩(ultrabasic rock；SiO_2

表 2-1　火成岩の平均主化学組成

	(1)	(2)	(3)	(4)	(5)	(6)	(7)	(8)
SiO_2	49.20	57.94	65.01	72.82	50.14	57.48	66.09	71.30
TiO_2	1.84	0.87	0.58	0.28	1.12	0.95	0.54	0.31
Al_2O_3	15.74	17.02	15.91	13.27	15.48	16.67	15.73	14.32
Fe_2O_3	3.79	3.27	2.43	1.48	3.01	2.50	1.38	1.21
FeO	7.13	4.04	2.30	1.11	7.62	4.92	2.73	1.64
MnO	0.20	0.14	0.09	0.06	0.12	0.12	0.08	0.05
MgO	6.73	3.33	1.78	0.39	7.59	3.71	1.74	0.71
CaO	9.47	6.79	4.32	1.14	9.58	6.58	3.83	1.84
Na_2O	2.91	3.48	3.79	3.55	2.39	3.54	3.75	3.68
K_2O	1.10	1.62	2.17	4.30	0.93	1.76	2.73	4.07
P_2O_5	0.35	0.21	0.15	0.07	0.24	0.29	0.18	
FeO^*	10.54	6.98	4.49	2.44	10.33	7.17	3.97	2.73
FeO^*/MgO	1.57	2.10	2.52	6.26	1.36	1.93	2.28	3.85
Na_2O/CaO	0.31	0.51	0.88	3.11	0.25	0.54	0.98	2.00
飽和度[*1]	0.68	0.86	0.97	1.06	0.69	0.85	0.97	1.04

FeO^*：全 Fe 含有量を FeO として計算した値（$FeO + 0.9 Fe_2O_3$）；
*1：アルミナ飽和度；単位：アルミナ飽和度は $Al_2O_3/(Na_2O + K_2O + CaO)$ で分子比．そのほかは重量%；分析値は Le Maitre(1976)による．
(1)：玄武岩；(2)：安山岩；(3)：デイサイト；(4)：流紋岩；(5)：ハンレイ岩；(6)閃緑岩；(7)：カコウ閃緑岩；(8)：カコウ岩

<45%)・**塩基性岩**(basic rock；$SiO_2$45〜53%)・**中性岩**(intermediate rock；$SiO_2$53〜63%)・**酸性岩**(acid rock；SiO_2>63%)の4群に分類することが多い．

2.2.B　鉱物組成と分類

鉱物は**主成分鉱物**(main constituent mineral)と**副成分鉱物**(accessory mineral)にわけられる．主成分鉱物は岩石に多くふくまれ，岩石名を決定するうえで重要な役割をもつ鉱物で，副成分鉱物はあまりふくまれていないが特徴的な鉱物である．

また鉱物は化学組成上からは**フェルシック鉱物**(felsic mineral)と**マフィック鉱物**(mafic mineral)にわけられる．この本では鉱物の化学組成の特徴をのべるときには元素記号を使用する．

フェルシック鉱物：石英・長石(斜長石とアルカリ長石)・準長石などで，Si・Al・Na・K などに富んでいて，白あるいは白にちかい淡色であることから**無色鉱物**(colorless mineral)ともいう．

マフィック鉱物：カンラン石・輝石・角閃石・黒雲母などで，Mg や Fe に富み，一般に暗色であることから**有色鉱物**(color mineral)ともいう．火成岩のマフィック鉱物の量比(体積%)を**色指数**(color index)という．

火成岩は色指数をもとに，**超マフィック岩**(ultramafic rock；色指数>70)・**マフィック岩**(mafic rock；色指数70〜40)・**中性岩**(色指数40〜20)・**フェルシック岩**(felsic rock；色指数<20)の4群に分類される．図2-1はこれら4群の主成分鉱物の組合せをしめしたものである．マフィック鉱物を多くふくむ火成岩は黒っぽくみえるので**優黒質岩**(melanocratic rock；色指数100〜60)，反対にフェルシック鉱物を多くふくむものは白っぽくみえるので**優白質岩**(leucocratic rock；色指数30〜0)という．両者の中間の色の岩石は**中色岩**(mesocratic rock；色指数60〜30)という．

主成分鉱物の晶出順序　マグマから主成分鉱物が晶出する順序はつぎのようである．

マフィック鉱物：カンラン石(Mgに富む)→輝石(比較的 Mg に富む)・輝石(Caに富む)→角閃石→黒雲母・白雲母

フェルシック鉱物：斜長石(Caに富む)→斜長石(CaとNaを同程度ふくむ)→斜長石(Naに富む)→アルカリ長石・石英

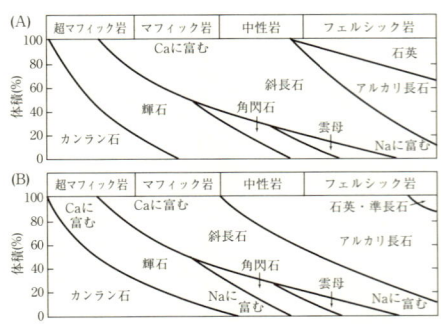

図 2-1 火成岩の主成分鉱物の組合せ(周藤・牛来，1997)
(A) アルカリにとぼしい岩類
(B) アルカリに比較的富む岩類

ただしいつもこの順序で晶出するとはかぎらない．また比較的アルカリにとぼしい岩系とアルカリに富む岩系でもことなる．しかし主成分鉱物にはこのような一般的な晶出順序があるので，火成岩の主成分鉱物の組合せにはつぎのような特徴がある．

①：比較的共通にふくまれる鉱物は斜長石で，一般にマフィック岩の斜長石はCaに富み，フェルシック岩の斜長石はNaに富む．また斜長石含有量は，マフィック岩からフェルシック岩へしだいに減少する傾向にある(図2-1参照)

②：アルカリ長石と石英はフェルシック岩に多くふくまれる

③：マフィック岩のマフィック鉱物は，Mg・Feを特徴とするカンラン石・斜方輝石，Mg・Fe・Caを特徴とする単斜輝石が多いのにたいし，フェルシック岩のものは，Mg・Feなどのほかに，Na・Al・OHをふくむ角閃石や，K・Al・OHをふくむ雲母が多い

深成岩は大きな鉱物のみからなることが多いが，火山岩は深成岩とことなり**斑晶**(phenocryst)と**石基**(groundmass)とからなる**斑状**(porphyritic)**組織**をもつことが多い(写真2-1)．斑晶は大きな鉱物(斑晶鉱物)からなり，石基は細粒鉱物(石基鉱物)やガラスからなる部分をさす．一般に斑晶鉱物のほうが石基鉱物よりも早期に晶出したもので，斜長石では斑晶のものよりも石基のもののほうがNaに富む．また，おなじ種類のマフィック鉱物をくらべると，斑晶のものより石基のもののほうがFeに富む．

なお実在する岩石の鉱物の量比，すなわち鉱物組成を**モード**(mode)といい，実際にふくまれる鉱物を**モード鉱物**(modal mineral)という．

モードの測定法　岩石中の鉱物の量比(体積%)を知るためには，薄片中の鉱物の量比を測定する．薄片は一定の厚さをもつので，薄片中の鉱物の面積比は体積比にほぼ等しい．面積比の測定には通常ポイントカウンター(point counter)が使用される．これは写真2-2と写真2-3のように，顕微鏡のステージ上にとりつけるメカニカルステージ(mechanical stage unit)と計算装置(counting unit)からなる．

まず薄片をメカニカルステージに固定する．写真2-3の計測装置には12個の押しボタンがあり，そのうちの1つを押すとメカニカルステージで薄片が一定の方向に，一定の距離のみ移動するようになっている．この距離はメカニカルステージのギヤーの組合せ(1/3 mm・1/6 mm・1/10 mm・1/20 mm)で，あらかじめ設定できる．さらにそれぞれに9段階のインターバルコントロールを簡単に設定できるので，合計36種類の移動間隔がえられる．12個

2.2 組　　成　　9

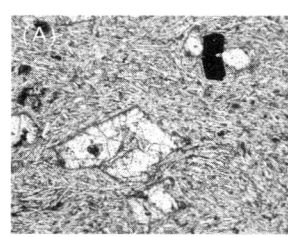
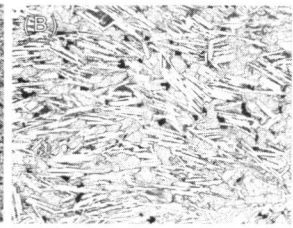
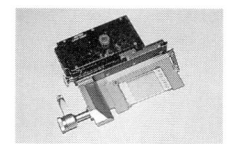

写真 2-2　メカニカルステージ

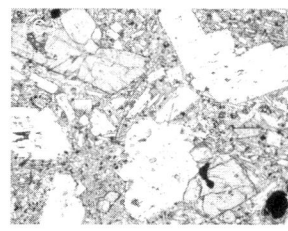
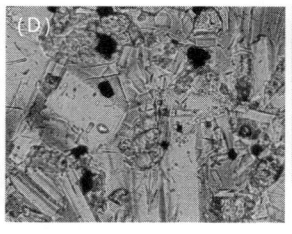
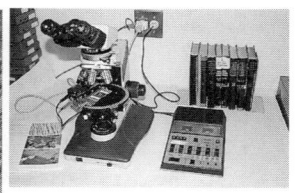

写真 2-3　偏光顕微鏡のステージに固定したメカニカルステージと連結したポイントカウンター

写真 2-1　玄武岩と安山岩の斑状組織
　(A)　ソレアイト岩系のカンラン石玄武岩(福島市東方霊山地域産)の斑状組織．斑晶鉱物は自形のカンラン石とクロムスピネルからなり，石基はインターグラニュラー組織をしめす(単ニコル・横幅約 2 mm)．
　(B)　(A)の石基部分の拡大(おもに斜長石と輝石からなる；単ニコル・横幅約 1 mm)．
　(C)　カルクアルカリ岩系の輝石安山岩(宮城県岩沼市南長谷産)の斑状組織．斑晶鉱物は自形のハイパーシン・オージャイト・斜長石などからなり，石基はインターサータル組織をしめす(単ニコル・横幅約 2 mm)．
　(D)　(C)の石基部分の拡大(おもに斜長石・ハイパーシン・オージャイト・チタノマグネタイト・ガラスからなる；単ニコル・横幅約 0.2 mm)．

の押しボタンに相当する鉱物を指定しおき，鉱物 A が顕微鏡の十字線の交点の直下にきたとき，鉱物 A に相当するボタンを押すと鉱物 A が 1 のみカウントされる．この操作を薄片の全体についておこない，各鉱物に対応したボタンを押した回数の割合を計算する(自動的に計算される)．この割合が鉱物の量比に近似されることになる．粗粒な岩石のモード測定のときには，できるだけ広い面積を，あらい一定間隔で測定し，細粒な岩石のときには，比較的せまい面積でもよいから，こまかい一定間隔で測定するとよい．通常 1 枚の薄片の測定ポイントは 1,500〜2,000 点くらいである．

2.2.C　SiO_2 含有量と色指数の関係

一般に SiO_2 含有量を基準にして分類した超塩基性岩の多くは，色指数を基準にした分類した超マフィック岩に相当．同様に塩基性岩のほとんどがマフィック岩に，酸性岩はフェルシック岩に相当．しかし SiO_2 含有量を基準にして分類した中性岩は色指数で分類した中性岩のみでなく，フェルシック岩に相当するものもある．たとえば SiO_2 含有量での中性岩に相当する閃緑岩・粗面岩・閃長岩のうち，閃緑岩は色指数の分類でも中性岩であるが，粗面岩と閃長岩は色指数の分類ではフェルシック岩にはいる(§4.4.B 参照)．また輝岩は，おもに輝石からなる超マフィック岩であるが，SiO_2 は 45% 以上のものが多いので，この点からは塩基性岩である(表 4-2 参照)．このように SiO_2 含有量を基準にした火成岩の分類と色指数を基準にした分類は，完

全に対応しているわけではないが，この本では色指数を基準にした分類にもとづいてのべる．

2.3 種類と性質

2.3.A 分類と命名法

火成岩の分類の基準となるものは，組成と組織の2つである．組成には化学組成・鉱物組成が区別される(§2.2.A・§2.2.B参照)．また組織を規定する要素のうちでは鉱物粒子(鉱物粒)の大きさ(粒度)，すなわち岩石の粗さの度合いが重視される．火成岩は鉱物組成上の特徴から，超マフィック岩・マフィック岩・中性岩・フェルシック岩の4群に分類される(§2.2.B参照)．これと岩石の粗さの度合いを基準として，火成岩を表2-2のように分類・命名する．それぞれの群でアルカリにとぼしいもの，比較的富むもの，非常に富むものとがあるので，これらを区別して表示した．火成岩の鉱物組成や化学組成は連続的に変化するので，表2-2の玄武岩・安山岩・流紋岩の各岩型(rock type)間には中間的な岩石が存在する．たとえば玄武岩と安山岩の中間型は玄武岩質安山岩である．またハンレイ岩・閃緑岩・カコウ岩でも同様である．したがって表2-2は人為的な定義にもとづいた分類の一例ということができる．

深成岩の命名法 岩型の名称のまえにマフィック鉱物の名称をつけることが多い．たとえばカコウ岩といわれる岩型には，マフィック鉱物として黒雲母のみをふくむもの，黒雲母と白雲母の両方をふくむもの，黒雲母と角閃石をふくむものなど，いろいろなものが存在する．これらに岩石名をつけるときには，たとえばマフィック鉱物が黒雲母のみのカコウ岩は黒雲母カコウ岩といい，両方の雲母をふくむものは黒雲母-白雲母カコウ岩または白雲母-黒雲母カコウ岩という．2種類以上のマフィック鉱物がふくまれるときには，量比のすくない順が一般的である．すなわち黒雲母よりも角閃石のほうがすくないときには，角閃石-黒雲母カコウ岩とする．このよう

表2-2 火成岩の分類(周藤・牛来, 1997)

群(色指数)	粒度	超マフィック岩 (70以上)	マフィック岩 (40〜70)	中性岩 (20〜40)	フェルシック岩 (20以下)
(A) アルカリにとぼしい岩類	細	コマチアイト	玄武岩	安山岩	流紋岩
			ドレライト	ヒン岩	カコウ斑岩
	粗	カンラン岩・輝岩	ハンレイ岩	閃緑岩	カコウ岩
(B) 比較的アルカリに富む岩類	細	キンバーライト	アルカリ玄武岩	粗面安山岩・ミュージアライト	粗面岩
			アルカリドレライト	モンゾニ斑岩	閃長斑岩
	粗		アルカリハンレイ岩	モンゾナイト	閃長岩
(C) 非常にアルカリに富む岩類	細		ベイサナイト・カンラン石ネフェリナイト	テフライト	フォノライト
			テッシェナイト	ネフェリンモンゾニ斑岩	チングアイト
	粗		エセックサイト・アイジョライト	ネフェリンモンゾナイト	ネフェリン閃長岩

写真 2-4 斜長石のマイクロライトからなる無斑晶質安山岩（香川県西部七宝山産；薄片は川畑　博氏提供；直交ニコル・横幅約 1 mm）
　　石基はピロタキシティック組織

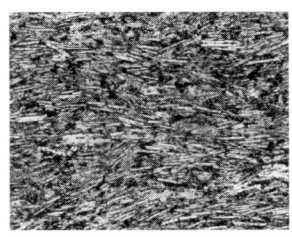

に鉱物名のあいだに 2 分の 1 字幅のハイフォンをいれることが多いが，鉱物名と岩型名のあいだにもいれることがある．これらの英語名は，それぞれ biotite-granite, biotite-muscovite granite, muscovite-biotite granite, amphibole-biotite granite である．

火山岩の命名法　斑晶のマフィック鉱物の名称を岩型の名称のまえにつけることが多い．たとえば斑晶のマフィック鉱物がカンラン石のみの玄武岩では，カンラン石玄武岩といい，オージャイトとハイパーシンを斑晶にもつ安山岩では，オージャイト-ハイパーシン安山岩（オージャイトよりもハイパーシンのほうが多いとき）という．またホルンブレンドを斑晶にもつがオージャイトの斑晶はごくわずかな量しかふくまれないデイサイトでは，含オージャイト-ホルンブレンドデイサイトという．火山岩では，ほとんど石基のみからなるものも存在する．このときには，岩型の名称のまえに無斑晶質という形容詞をつける（写真 2-4）．たとえば無斑晶質玄武岩．これらの火山岩の英語名は，それぞれ olivine basalt, augite-hypersthene andesite, augite-bearing hornblende dacite, aphyric basalt である．

2.3.B　ノルム

2.3.B-a　ノルムとノルム鉱物

火成岩のモードと化学組成には密接な関係があるが，そのことを理解するうえでノルム（norm）は有効である．

あらかじめいくつかの鉱物をノルム鉱物（normative mineral；標準鉱物；standard mineral）として選定しておき，岩石の化学分析値から，一定の規則にしたがってノルム鉱物の種類と量比を計算する方法がある．このような計算で算出された鉱物組成がノルムである．

ノルム鉱物としては，火成岩によくみられる鉱物がふくまれているが，その化学組成は実際の鉱物の化学組成よりは単純化してある．たとえばノルムカンラン石では Mg_2SiO_4（フォルステライト；Fo）と Fe_2SiO_4（ファヤライト；Fa）の単純化した 2 つの組成のものを使用する．ノルムによる火成岩の分類法は，1902 年にアメリカ合衆国の 4 人の研究者（Cross・Iddings・Pirsson・Washington）によって考案されたことから，彼らの名前にちなみ，C.I.P.W. ノルムあるいは C.I.P.W. 分類法（C.I.P.W.classification）という．

2.3.B-b　C.I.P.W. ノルムの計算

計算には各酸化物の重量％をそれぞれの分子量で割算してえられた分子比（molecular amount）の値を使用する．天然の新鮮な岩石には H_2O はごく少量しかふくまれないが，変質した火山岩などでは，H_2O の含有量が 1％ 以上のこともある．このようなときには，H_2O を除去したのちに再計算した化学分析値を使用するほうがよい．MnO や NiO が定量されているときには，これらの分子比の値は FeO の分子比の値

に加算する．また BaO や SrO が定量されているときには，それらの分子比の値は CaO の分子比の値に加算．MnO・NiO・BaO・SrO は火成岩に少量しかふくまれないので，これらの酸化物からは独立したノルム鉱物を計算しないからである．また酸化物の分子比の値が 0.002 以下の成分は無視してもよい．ノルムの計算はあまり高い精度でおこなう必要がないからである．この本では，3例の化学分析値についてノルムの計算をのべる．ここに火成岩のおもな酸化物の分子量(表2-3)とノルム鉱物の化学式・分子量(表2-4)をまとめておく．

2.3.B-b1 カコウ岩のノルムの計算

表2-5のような形式に書きながらおこなう．

①：副成分鉱物の計算

(a) まず TiO_2 の分子比の値と，それと同量の FeO の値からイルメナイト($FeO \cdot TiO_2$; Ilm) を算出．多くの岩石では TiO_2 よりも FeO のほうが多いので FeO がのこる．

(b) つぎに Fe_2O_3 の分子比の値と，それと同量の FeO の値からマグネタイト($FeO \cdot Fe_2O_3$; Mag)を算出．このとき FeO がのこることが多い．

(c) P_2O_5 の分子比の値と，その 3.3 倍の CaO の値からアパタイト($3(CaO \cdot P_2O_5) \cdot CaF_2$; Ap)

表2-3 酸化物の分子量

酸化物	分子量
SiO_2	60.06
TiO_2	79.90
Al_2O_3	101.94
Fe_2O_3	159.68
FeO	71.84
MnO	70.93
MgO	40.32
CaO	56.08
Na_2O	61.99
K_2O	94.20
P_2O_5	142.04

表2-4 ノルム鉱物の化学式と分子量

サリック群	化学式	分子量
石英	SiO_2	60.06
コランダム	Al_2O_3	101.94
ジルコン	$ZrO_2 \cdot SiO_2$	183.28
正長石	$K_2O \cdot Al_2O_3 \cdot 6SiO_2$	556.50
アルバイト	$Na_2O \cdot Al_2O_3 \cdot 6SiO_2$	524.29
アノーサイト	$CaO \cdot Al_2O_3 \cdot 2SiO_2$	278.14
リューサイト	$K_2O \cdot Al_2O_3 \cdot 4SiO_2$	436.38
ネフェリン	$Na_2O \cdot Al_2O_3 \cdot 2SiO_2$	284.05
カリオフィライト	$K_2O \cdot Al_2O_3 \cdot 2SiO_2$	316.26
ハライト	Na_2Cl_2	116.91
テナルド石	$Na_2O \cdot SO_3$	142.05
炭酸ナトリウム	$Na_2O \cdot CO_2$	105.99
フェミック群	化学式	分子量
エジリン	$Na_2O \cdot Fe_2O_3 \cdot 4SiO_2$	461.91
ディオプサイド	$CaO \cdot (Mg, Fe)O \cdot 2SiO_2$	—
ハイパーシン	$(Mg, Fe)O \cdot SiO_2$	—
ウォラストナイト	$CaO \cdot SiO_2$	116.14
エンスタタイト	$MgO \cdot SiO_2$	100.38
フェロシライト	$FeO \cdot SiO_2$	131.90
カンラン石	$2(Mg,Fe)O \cdot SiO_2$	—
フォルステライト	$2MgO \cdot SiO_2$	140.70
ファヤライト	$2FeO \cdot SiO_2$	203.74
マグネタイト	$FeO \cdot Fe_2O_3$	231.52
クロマイト	$FeO \cdot Cr_2O_3$	223.86
ヘマタイト	Fe_2O_3	159.68
イルメナイト	$FeO \cdot TiO_2$	151.74
スフェーン	$CaO \cdot TiO_2 \cdot SiO_2$	196.04
ペロブスカイト	$CaO \cdot TiO_2$	135.98
ルチル	TiO_2	79.90
アパタイト	$3(3CaO \cdot P_2O_5)CaF_2$	3×336.31
蛍石	CaF_2	78.08
方解石	$CaO \cdot CO_2$	100.09
黄鉄鉱	FeS_2	119.96

＊：ノルム鉱物はサリック群(salic group)とフェミック群(femic group)からなる．サリックは Si や Al に富むという意味で，フェミックは Fe や Mg をふくむという意味のノルムの用語．しかしサリックな鉱物群には Si や Al をふくまない鉱物もいれてあり，フェミックな鉱物群には Fe や Mg をふくまない鉱物もいれてある．これらの用語はフェルシックやマフィックと同義語ではないので注意を要する

2.3 種類と性質 13

を算出．F は無視．

　算出されたカコウ岩の Ilm・Mag・Ap の分子比の値は，それぞれ 0.003，0.003，0.001 で，各鉱物の重量％はそれぞれ 0.46％・0.69％・0.34％（重量％は分子比の値とそれぞれの鉱物の分子量との掛け算で算出）
②：カリ長石・アルバイト・アノーサイト・コランダム・ハイパーシン・石英の算出
(a) まずカリ長石（$K_2O \cdot Al_2O_3 \cdot 6 SiO_2$；Kfs*）を算出．ほとんどの場合に，算出後に Al_2O_3 がのこる．

＊：慣習的に Kfs でなく Or を使用

(b) 上の計算でのこった Al_2O_3 は，アルバイト（$Na_2O \cdot Al_2O_3 \cdot 6 SiO_2$；Ab）の算出に使用．算出後に，ほとんどの岩石では Al_2O_3 がのこる．
(c) さらにのこった Al_2O_3 と，残余の CaO および SiO_2 でアノーサイト（$CaO \cdot Al_2O_3 \cdot 2 SiO_2$；An）を算出．算出後に，CaO がのこるときと Al_2O_3 がのこるときとがある．このカコウ岩では Al_2O_3 がのこる．その分子比の値をコランダム（Al_2O_3；Crn）の算出に使用．
(d) これまでの計算でのこっている酸化物は FeO と SiO_2．MgO はまだ使用していない．これらを使用してハイパーシン（$(Mg,Fe)O \cdot SiO_2$；Hy）を算出．ハイパーシンはエンスタタイト（$MgO \cdot SiO_2$；En）成分，フェロシライト（$FeO \cdot SiO_2$；Fs）成分ごとにわけて計算するほうがよい．算出後に SiO_2 がのこることが多い．
(e) 残余の SiO_2 を使用して石英（SiO_2；Qtz）を算出．

　表 2-5 のように，この計算でえられたカコウ岩のノルム鉱物の合計は 99.77％ で，H_2O を除去した酸化物の合計 99.69％ とほぼ一致している．

2.3.B-b 2　玄武岩（Ⅰ）のノルムの計算

　玄武岩（Ⅰ）のノルム計算（表 2-6）では H_2O をのぞいて再計算した化学分析値を使用した．この計算はカコウ岩の②の(b)までは表 2-5 のカコウ岩のノルムの計算とおなじ．しかし，この玄武岩の場合には②の(c)の算出後に CaO がのこるので，そのあとの計算はカコウ岩のときとはことなる．ここでは③からのべる．

表 2-5　カコウ岩のノルム計算例

	分析値*	分子比	Ilm	Mag	Ap	Or		Ab		An		Crn	Hy-En		Hy-Fs		Qtz
SiO_2	73.18	1.218				282	936	378	558	42	516		9	507	15	492	492 | 0
TiO_2	0.21	0.003	3 | 0														
Al_2O_3	14.19	0.139				47	92	63	29	21	8	8 | 0					
Fe_2O_3	0.44	0.003		3 | 0													
FeO	1.43	0.020	3 | 18	3 | 15											15 | 0		
MnO	0.07	0.001															
MgO	0.38	0.009											9 | 0				
CaO	1.35	0.024			3 | 21					21 | 0							
Na_2O	3.90	0.063						63 | 0									
K_2O	4.44	0.047				47 | 0											
P_2O_5	0.10	0.001			1 | 0												
$H_2O±$	0.47																
計	100.16																
ノルム鉱物の分子比			0.003	0.003	0.001	0.047		0.063		0.021		0.008	0.009		0.015		0.492
ノルム鉱物の重量％			0.46	0.69	0.34	26.16		33.03		5.84		0.82	0.90		1.98		29.55

計算では分子比を 1000 倍にしてある．たとえば Or 欄の 282 ｜ 936 は Or の計算に使用する SiO_2 の分子比が 0.282 で，残余の SiO_2 の分子比が 0.936 であることをあらわす．
　＊：重量％

14　2.　火成岩の組成・分類・組織

表 2-6　玄武岩（I）のノルム計算例

	分析値[*1]	無水[*2]	分子比	Ilm	Mag	Ap	Or	Ab	An	Di-Wo	Di-En	Di-Fs	Hy-En	Hy-Fs	Ol-Fo	Ol-Fa
SiO_2	49.27	49.48	0.824				12|812	252|560	226|334	86|248	64|184	22|162	92|71	32|39	29|10	10|0
TiO_2	1.26	1.27	0.016	16|0												
Al_2O_3	15.91	15.98	0.157				2|155	42|113	113|0							
Fe_2O_3	2.76	2.77	0.017		17|0											
FeO	7.60	7.63	0.106									22|53		32|21		21|0
MnO	0.13	0.13	0.002	16|92	17|75											
MgO	8.49	8.53	0.212								64|148		91|57		57|0	
CaO	11.26	11.31	0.202			3|199			113|86	86|0						
Na_2O	2.58	2.59	0.042					42|0								
K_2O	0.19	0.19	0.002				2|0									
P_2O_5	0.13	0.13	0.001			1|0										
$H_2O\pm$	0.86															
計	100.44	100.01														
	ノルム鉱物の分子比			0.016	0.017	0.001	0.002	0.042	0.113	0.086	0.064	0.022	0.091	0.032	0.029	0.01
	ノルム鉱物の重量%			2.42	3.93	0.33	1.11	22.02	31.42	9.98	6.42	2.90	9.13	4.22	4.08	2.03

[*1]：重量%；[*2]：H_2O をのぞいて再計算した分析値（重量%）

③：ディオプサイド・ハイパーシン・カンラン石の計算
(a) ②の(c)の計算後に残余の $CaO \cdot FeO \cdot SiO_2$ および未使用の MgO を使用してディオプサイド（$CaO \cdot (Mg,Fe)O \cdot 2SiO_2$；Di）を算出．ディオプサイドはウォラストナイト（$CaO \cdot SiO_2$；Wo）成分・En 成分・Fs 成分ごとに計算．表 2-6 のように Wo の分子比の値は 0.086．CaO：(MgO＋FeO) =1 から，En と Fs の合計も 0.086．この場合，未使用の MgO と残余の FeO の分子比の値と同一割合で，MgO と FeO が，En と Fs にはいるようにする．すなわち En = 0.212 ÷ (0.212 + 0.075) × 0.086 = 0.064，Fs = 0.075 ÷ (0.212 + 0.075) × 0.086 = 0.022．この段階でのこっているのは，$SiO_2 \cdot MgO \cdot FeO$ で，それぞれの分子比の値は 0.162・0.148・0.053（表 2-6）．
(b) 残余の $SiO_2 \cdot MgO \cdot FeO$ を使用し，Hy かあるいはカンラン石（$2(Mg,Fe)O \cdot SiO_2$；Ol）を算出．Hy と Ol の両方が算出されるときもある．これらのいずれかになるかは SiO_2 の量によるので単純ではない．まず，残余の $MgO \cdot FeO$ のすべてが Hy にはいるように，それのみの SiO_2 を使用．このようにしてもなお SiO_2 がのこるときがある．そのときには，最後ののこった SiO_2 で Qtz を算出．この玄武岩では残余の $MgO \cdot FeO$ のすべてを Hy にはいるようにすると SiO_2 の分子比の値が 0.38 不足するので，この計算をやりなおして Hy と Ol の両方を算出．ここで，Hy にはいる MgO＋FeO と SiO_2 の分子比の値をそれぞれ a，b とし，Ol にはいる MgO＋FeO と SiO_2 の分子比の値をそれぞれ c，d とすると，$a:b=1$，$c:d=2$，$a+c=0.201$，$b+d=0.162$ の 4 式がえられる．この 4 式から，$a=0.123$，$b=0.123$，$c=0.078$，$d=0.039$．これらの値からさらに，Hy の En 成分と Fs 成分，Ol の Fo 成分と Fa 成分を算出．それぞれの分子比の値は，En = 0.148 ÷ (0.148 + 0.053) × 0.123 = 0.091，Fs = 0.053 ÷ (0.148 + 0.053) × 0.123 = 0.032，Fo = 0.148 ÷ (0.148 + 0.053) × 0.078 = 0.057，Fa = 0.053 ÷ (0.148 + 0.053) × 0.078 = 0.021．このノルム鉱物の合計は 99.99% で，H_2O を除去して再計算した酸化物の合計 100.01% とほぼ一致（表 2-6）．

2.3.B-b 3　玄武岩（II）のノルムの計算

玄武岩（II）のノルム計算（表 2-7）も H_2O をのぞいて再計算した化学分析値を使用した．この計算は玄武岩（I）の③の(a)の Di の算出までは玄武岩（I）と同一．ここで

は④からのべる.

④：Ab の再計算とネフェリンの算出

(a) Di を計算後にのこっている SiO_2・MgO・FeO の分子比の値は，それぞれ 0.026, 0.204, 0.069. これらの分子比の値から Hy と Ol の両方を算出しようとすると SiO_2 がすくなすぎて計算不能. また Hy の計算をやめて，全 SiO_2 を使用して Ol を算出しようとしても SiO_2 が不足. このようなときには，すでに算出した Ab を一部分あるいは全部やめ，そのかわりにネフェリン(Na_2O・Al_2O_3・$2SiO_2$；Ne)を算出.

(b) すなわち Ab をすくなくすることで使用可能となる SiO_2 を，Di の算出後に残余の SiO_2 に加算し，これらの SiO_2 と，MgO・FeO・Na_2O・Al_2O_3 とで，Ab の再計算と同時に Ol・Ne を算出. Ab の Na_2O と SiO_2 の分子比の値をそれぞれ a, b とし，Ne の Na_2O と SiO_2 の分子比の値をそれぞれ c, d とすると，$a:b=1:6$, $c:d=1:2$, $a+c=0.052$(最初の Ab の計算で使用した Na_2O の分子比の値)の 3 式がえられ．Di の算出後に残余の SiO_2 の分子比の値 0.026 と Ab の計算時に使用した SiO_2 の分子比の値 0.312 の合計から，Ol の算出に必要な SiO_2 の分子比の値 0.137 を差しひいた値が，Ab と Ne に使用できる SiO_2 の分子比の値となるので，$b+d=200$. これらの 4 式から，$a=0.024$, $b=0.144$, $c=0.028$, $d=0.056$. 玄武岩(II)のノルムの計算の最終結果は表 2-8 のようになる．この玄武岩のノルム鉱物の合計は 100.10% で，H_2O を除去して再計算した酸化物の合計 99.99% とほぼ一致．このように Ne を計算しても，なお SiO_2 が不足することがある．そのときには，カリ長石の一部分あるいは全部やめ，リューサイト(K_2O・Al_2O_3・$4SiO_2$；Lc)を算出．

2.3.B-b 4　シリカ鉱物とシリカ飽和度

このような 3 例のノルム計算からあきらかにされるノルム鉱物の特徴は，①：石英はカンラン石と，またネフェリンと同時に算出されることはない；②：石英もネフェリンも算出されないときには，カンラン石と輝石が算出されることである．

天然の火成岩のうちで，石英またはほかのシリカ鉱物[*1](§4.3.C-b 参照)をふくむものを，シリカ[*2]に過飽和な(oversarurated)岩石，カンラン石や準長石をふくむものをシリカに不飽和な(undersaturated)岩石といい，これらの鉱物をふくまないで，おもに長石や輝石からなるものをシリカに飽和な(saturated)岩石という．このよう

表 2-7　玄武岩(II)のノルム計算例

	分析値[*1]	無水[*2]	分子比	Ilm	Mag	Ap	Or	Ab	An	Di-Wo	Di-En	Di-Fs
SiO_2	44.80	45.07	0.750				72|678	312|366	146|220	97|123	72|51	25|26
TiO_2	1.96	1.97	0.025	25|0								
Al_2O_3	13.86	13.94	0.137				12|125	52|73	73|0			
Fe_2O_3	2.91	2.93	0.018		18|0							
FeO	9.63	9.69	0.135 }	25|112	18|94							25|69
MnO	0.17	0.17	0.002									
MgO	11.07	11.14	0.276								72|204	
CaO	10.16	10.22	0.182			12|170			73|97	97|0		
Na_2O	3.19	3.21	0.052					52|0				
K_2O	1.09	1.10	0.012				12|0					
P_2O_5	0.55	0.55	0.004			4|0						
$H_2O±$	0.73											
計	100.12	99.99										
	ノルム鉱物の分子比			0.025	0.018	0.004	0.012	0.052	0.073	0.097	0.072	0.025
	ノルム鉱物の重量%			3.79	4.17	1.35	6.68	27.26	20.3	11.27	7.23	3.30

この表には Di までの計算結果をしめしてある
*1：重量%；*2：H_2O をのぞいて再計算した分析値(重量%)

16　2.　火成岩の組成・分類・組織

表 2-8　玄武岩(Ⅱ)のノルム計算例(最終結果)

	分析値[*1]	無水[*2]	分子比	Ilm	Mag	Ap	Or	Ab	An	Ne	Di-Wo	Di-En	Di-Fs	Ol-Fo	Ol-Fa
SiO_2	44.80	45.07	0.750				72	144	146	56	97	72	25	102	35
TiO_2	1.96	1.97	0.025	25											
Al_2O_3	13.86	13.94	0.137				12	24	73	28					
Fe_2O_3	2.91	2.93	0.018		18										
FeO	9.63	9.69	0.135	25	18								25		69
MnO	0.17	0.17	0.002												
MgO	11.07	11.14	0.276									72		204	
CaO	10.16	10.22	0.182			12			73		97				
Na_2O	3.19	3.21	0.052					24		28					
K_2O	1.09	1.10	0.012				12								
P_2O_5	0.55	0.55	0.004			4									
$H_2O\pm$	0.73														
計	100.12	99.99													
ノルム鉱物の分子比				0.025	0.018	0.004	0.012	0.024	0.073	0.028	0.097	0.072	0.025	0.102	0.035
ノルム鉱物の重量%				3.79	4.17	1.35	6.68	12.58	20.3	7.95	11.27	7.23	3.30	14.35	7.13

＊1：重量%；＊2：H_2O をのぞいて再計算した分析値(重量%)

なシリカ鉱物を基準とした火成岩の分類の尺度がシリカ飽和度(degree of silica-saturation)である．

＊1：化学式が SiO_2 であらわされる鉱物；＊2：SiO_2 と同義

2.3.C　アルミナ飽和度

長石はほとんどの火成岩にふくまれている重要な鉱物である．火成岩の Al_2O_3 の大部分は長石にふくまれている．長石はカリ長石成分・アルバイト成分・アノーサイト成分の3成分からなるが，それらの化学組成の特徴(§2.3.B・§4.2.E 参照)から，長石全体の $Al_2O_3/(Na_2O+K_2O+CaO)$(分子比)は1である．またネフェリンやリューサイトなどの準長石(§2.3.B 参照)でもこの分子比の値は1である．玄武岩中の長石や準長石以外の鉱物のうち，カンラン石・斜方輝石・マグネタイトなどには，Al_2O_3・Na_2O・K_2O・CaO はほとんどふくまれないので，これらの鉱物のみからなる岩石の $Al_2O_3/(Na_2O+K_2O+CaO)$ は1にちかい値であろう．

したがって火成岩の分子比の大きさに影響するのは，Al_2O_3・アルカリ，あるいは CaO に富む鉱物がふくまれるときである．たとえば白雲母・コランダム・キンセイ石などの Al に富む鉱物やザクロ石(アルマンディン成分に富む)などが多くふくまれる火成岩では，$Al_2O_3/(Na_2O+K_2O+CaO)$ は1よりも大きくなる．このような岩石をパーアルミナスな(peraluminous)岩石という．一方，角閃石(Ca に富む)や緑レン石などを多くふくむ火成岩では，この分子比の値は1以下のことが多い．このような岩石をメタアルミナスな(metaluminous)岩石という．またアルカリに富むマフィック鉱物(アルカリ角閃石やアルカリに富む輝石など)がふくまれるようになると，CaO をのぞいた $(Na_2O+K_2O)/Al_2O_3$ が1よりも大きくなる．このような岩石をパーアルカリックな(peralkalic)岩石という．$Al_2O_3/(Na_2O+K_2O+CaO)$ をアルミナ飽和度(degree of alumina-saturation・aluminium saturation index；ASI)という．

2.3.D　岩系とその種類

連続的に変化している，ある1群の火成岩の化学分析値を，化学組成上のある指標(たとえば SiO_2 含有量や FeO^*/MgO など)を横軸にとって，グラフ(変化図；variation diagram)に記入したときに，各成分がそれぞれ1つの帯上またはそのちかくをしめることがよくある(図2-2)．このようなときには，それらの岩石は1つの**岩系**(rock series；岩石系列)内にあるという．岩系を構成する岩石相互は，成因的関係にあるものとみられる．図2-2の横軸にSiO_2含有量，縦軸にそのほかの酸化物の含有量をとった図を**ハーカー図**(Harker diagram)という．

2.3.D-a 非アルカリ岩系・アルカリ岩系

この本ではソレアイト質玄武岩(§4.2.A-a参照)の組成をもったマフィック岩と，これと成因的に関連のある(アルカリにとぼしい)中性岩～フェルシック岩のグループを**非アルカリ岩系**(sub-alkali rock series)といい，アルカリ玄武岩(§4.4.A-a参照)の組成をもったマフィック岩と，これと成因的に関連のある(アルカリに富む)中性岩～フェルシック岩のグループを**アルカリ岩系**(alkali rock series)という．この区分を超マフィック岩にも適用して，アルカリにとぼしいものは非アルカリ岩系に，アルカリに富む1群の超マフィック岩はアルカリ岩系にふくめる(表2-2参照)．

非アルカリ岩とアルカリ岩の区分には，SiO_2—(Na_2O+K_2O)図(図2-3)やSiO_2—K_2O図などの変化図も利用される．図2-3でアルカリに富む領域をしめる岩石がアルカリ岩で，それらのグループはアルカリ岩系にはいる．またアルカリにとぼしい領域をしめる岩石が非アルカリ岩で，それらのグループは非アルカリ岩系にはいる．

SiO_2—K_2O図は島弧地帯などに分布する火山岩の岩系を識別するために使用されることが多い(図2-4)．SiO_2—K_2O図で岩系を区分する試みは，何人かの研究者(Peccerillo・Taylor, 1976；Gill, 1981；Ewart, 1982；Innocenti, et al., 1982；Rickwood, 1989など)によってなされているが，それらの岩系の区分は図2-4のものと大きなちがいはみられない．図2-4の高カリウム岩系の下半分と，中間カリウム岩系・低カリウム岩系が，ほぼ非アルカリ岩系に対応し，ショショナイト岩系と高カリウム岩系の上半分はほぼアルカリ岩系に相当．

2.3.D-b ソレアイト岩系・カルクアルカリ岩系

非アルカリ岩系はさらに**ソレアイト岩系**(tholeiitic rock series)と**カルクアルカリ岩系**(calc-alkali rock series)に区分される．非アルカリ岩系の岩石には，SiO_2があまり増加しないで，FeO^*/MgOが増加するグループと，SiO_2が急速に増加し，FeO^*/MgOはあまり増加しないグループとがあり，前者がソレアイト岩系に，後者がカルクアルカリ岩系にはいる(図4-11参照)．ある地域のカルクアルカリ岩系の1群の火山岩にふくまれる玄武岩をカルクアルカリ玄武岩ということもあるが，化学組成上，ソレアイト質玄武岩とのちがいが明瞭ではないので，この本ではカルクアルカリ玄武岩という用語は使用しない．

鉱物組成の面から，ソレアイト岩系とカルクアルカリ岩系を識別する方法もある．

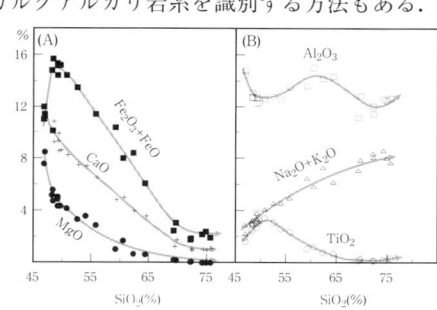

図2-2 アイスランドのシングムーリ(Thingmüri)火山岩のハーカー図(Carmicheal, 1964のデータをもとに作図)

すなわち非アルカリ岩系の火山岩のうち，石基鉱物の輝石がオージャイト・ピジョン輝石などの単斜輝石のみからなるものをピジョン輝石質岩系（pigeonitic rock series），単斜輝石（おもにオージャイト）と斜方輝石（おもにハイパーシン）の両方または斜方輝石のみからなるものをハイパーシン質岩系という（Kuno, 1950）．ただしマグマの結晶作用が進行すると，石基にハイパーシン・ピジョン輝石・オージャイトの3者が共生することがあるので（Nakamura・Kushiro, 1971など），この分類を天然の火山岩に適用するときには，このことを考慮する必要がある．

また安山岩やデイサイトの斑晶鉱物の組合せや，斑晶鉱物の累帯構造の特徴などから，これらをN型（N-type）とR型（R-type）に分類することもある（Sakuyama, 1979, 1981）．ピジョン輝石質岩系とN型がソレアイト岩系に，ハイパーシン質岩系とR型がカルクアルカリ岩系に相当することが多いが，対応関係が不明瞭な例もしばしばみられる．

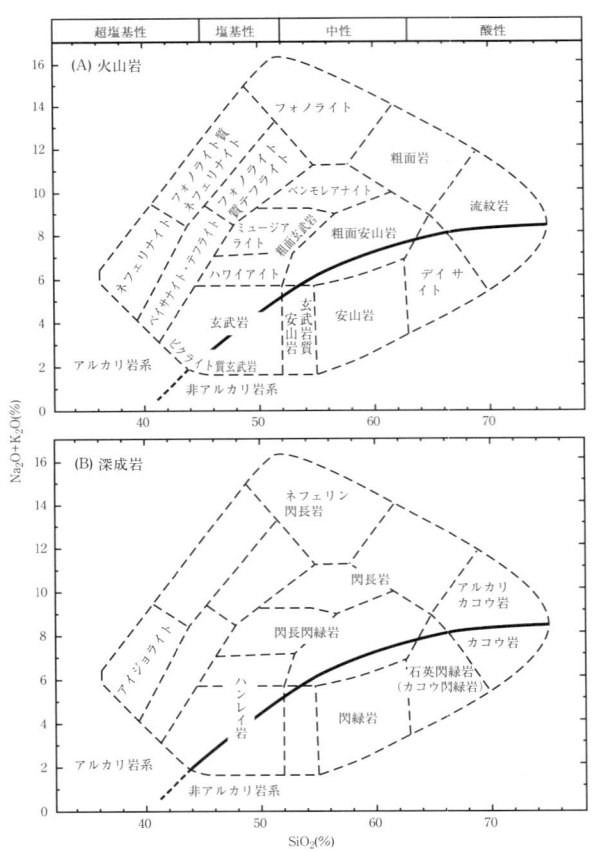

図2-3 SiO_2—(Na_2O+K_2O)による火成岩の分類（K_2Oに富む火成岩をのぞく；Cox, et al., 1979；Wilson, 1989）
アルカリ岩系と非アルカリ岩系の境界はMiyashiro（1978）による

図2-4 SiO₂—K₂O による火山岩の分類
(Peccerillo・Taylor, 1976を一部修正)
　境界線 a は SiO₂ 含有量が 52% のとき K₂O 含有量が 2.4%, SiO₂ が 56% のとき K₂O が 3.2% であることをしめす. 境界線 b.c は SiO₂ が 52% のとき K₂O が 1.3%・0.5%, SiO₂ が 70% のとき K₂O が 3.0%・1.3% であることをしめす

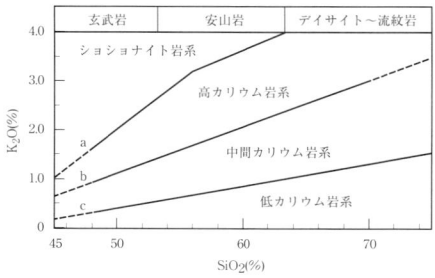

鉱物の累帯構造　一般に固溶体(§4.1.D 参照)を形成する鉱物では端成分の混合比が同一結晶内の部分ごとにことなり，しかも，そのような組成のちがう部分が，結晶の外形にほぼ平行に帯状分布していることがよくある．このような組成のことなる縞模様を**累帯構造**(zonal structure)といい，斜長石ではとくによくみられる．肉眼ではわからないことが多いが，顕微鏡(直交ニコル)ではよく識別できる(写真 2-5)．累帯構造は火山岩の斑晶鉱物の斜長石にとくによくみられる．累帯構造をもつ斜長石では，結晶の中心部(コア; core)から周縁部(リム; rim)にむかって，高温下で安定な組成から低温下で安定な組成への変化がみられることが多い．このため中心部ほど An 成分に富み，周縁部ほど Ab 成分に富むことが多い．このような累帯構造が**正累帯構造**(normal zoning)である．より An 成分に富むものが高温下で安定であることは，実験的にも確認されている．
　変成岩中の斜長石には，中心部ほど Ab 成分に富み，周縁部ほど An 成分に富む累帯構造がしばしばみられる．これが**逆累帯構造**(reverse zoning)である．とくに昇温期変成作用(§8.3.A 参照)では初期の低温下で成長した Ab 成分に富む斜長石のまわりに，中期～末期のより高温下で成長した An 成分に富む斜長石が形成されている．逆累帯構造は火山岩の斑晶の斜長石にもみられる．マグマから斜長石が晶出しているときに，組成がことなるマグマ(よりマフィックなマグマ)との混合作用(§4.3.A-a 2 参照)が進行すれば，晶出していた斜長石には逆累帯構造が形成される可能性があるので，火山岩の斑晶鉱物の逆累帯構造は，マグマ混合の 1 つの証拠とみなされることがある．また斜長石の逆累帯構造はマグマの水蒸気圧(圧力 H₂O)の急激な変化でも形成されることがある．
　累帯構造には結晶の中心部から周縁部にむかって，一方的に An 成分がとぼしくなるのではなく，より An 成分に富む帯ととぼしい帯をくりかえしながら，しだいに An 成分にとぼしくなってゆくものもある．このように中心部から周縁部にむかって単調に変化しないものを**波動累帯構造**(oscillatory zoning)という．マグマから斜長石が晶出するとき，結晶の成長過程で，結晶の周囲にあるメルトの過飽和度が低下するために結晶成長が中断することがある．しかし時間の経過とともに，メルト全体からの拡散で結晶の周囲の過飽和度が再度上昇すると，結晶はふたたび成長しはじめる．このようにして波動累帯構造が形成されると考えられている．マグマの水蒸気圧の変化がくりかえされるときにも波動累帯構造が形成されうる．
　変成岩のザクロ石には**セクター累帯構造**(sector zoning)がよくみられる．これは細粒包有物の配列がしめす累帯構造で，鉱物が結晶成長するときに，結晶面がつくる分域ごとに不純物の吸着量のちがいで形成されると考えられている．一般に成長速度の速い結晶面にそって不純物が多く吸着する傾向があり，自形結晶の角にそって石墨などが濃集して包有される．空晶石(chiastolite)やクロリトイド中の砂時計構造(hourglass structure)はセクター累帯

写真 2-5 斜長石の累帯構造(北海道地方米飯山安山岩産・中新世；薄片は黒岩敬二氏提供；直交ニコル・横幅約 3 mm)

構造の代表例である．

このように鉱物の累帯構造の研究は，その成長過程からして，火成岩や変成岩の形成過程を調べるうえで，きわめて重要な意義をもつものである．

2.4 組織と構造

岩体や大きい岩石で肉眼的に観察できる幾何学的な特徴や鉱物集合体の配列状態などを**構造**(structure)という．火成岩体にみられる節理(joint)・流理構造(flow structure)などは構造にはいる．一方，顕微鏡下の観察でわかる鉱物の大きさや鉱物集合状態などを**組織**(texture)という．

2.4.A 組織と成因

組織と構造は厳密に区別できないことがある．たとえば流紋岩ではマグマの流動した痕跡が肉眼で観察できることもあれば，顕微鏡下でしかわからないこともある．しかし両方とも流理構造という．また粗面岩に典型的にみられるトラキティック組織も流理構造の1種であるが，顕微鏡下で観察しないとわからないことが多い．ペグマタイトによくみられるグラフィック組織は肉眼でもわかるが，マイクログラフィック組織は顕微鏡下でしかわからない．これらも組織と構造を区別してもあまり意味をなさない例である．

この本での火成岩の分類(表2-2参照)は，組成と組織を基準にしている．たとえばこの表のアルカリにとぼしい岩類のなかで，ハンレイ岩・閃緑岩・カコウ岩などの深成岩は粗粒な岩石にはいる．一方，玄武岩・安山岩・流紋岩などの火山岩は細粒な岩石にはいる．しかし閃緑岩やカコウ岩がいつも地下の深所で形成されるとはかぎらない．また岩床やラコリスを構成する岩石のなかに安山岩や玄武岩がみられる．したがって記載岩石学的な観点からは，深成岩を"地下深所で形成された岩石"，火山岩を"地表または地表付近で形成された岩石"のように定義するよりは，深成岩や火山岩は火成岩の組織による分類と考えたほうがよいであろう．このように考えたときでも，半深成岩の用語にはあいまいな定義しかできないので，この本では使用しない．

火成岩の組織は，マグマが冷却するときのいろいろな条件を反映している．たとえば火山岩は斑状組織をもつものが多いが(§2.2.B参照)，一般に，斑晶鉱物は石基鉱物よりも，早い時期にマグマからゆっくり晶出して形成されたものと考えられている．すなわち斑晶鉱物と石基鉱物は2つのことなった時期と条件(温度・圧力など)下で形成されたものであると考えられる．またカコウ岩や閃緑岩などの深成岩は，

一般に大きな鉱物を主体としているが，これらの岩石は鉱物がゆっくりと結晶して形成したものであろう．このように火成岩の組織をしらべることは，火成岩の種類を決定するのみでなく，その形成条件を知るうえでも非常に重要なものといえよう．

火成岩の組織をしらべるためには，①：岩石全体のなかで鉱物がどの程度結晶しているかということ(結晶作用の度合い・結晶度；crystallinity)；②：鉱物粒の大きさ(粒度；grain size)；③：鉱物の形；④：鉱物どうしの集合状態，あるいは鉱物とガラスの集合状態，などについて注意をはらう必要がある．

2.4.B 組織を表現する用語

このような火成岩の組織を記載して表現するのに必要な用語はきわめて多いが，そのなかで重要なものについて解説しておこう．

2.4.B-a 結晶作用の度合い

マグマが冷却・固結するまでの結晶作用の進行の度合いを表現するために，完晶質(holocrystalline)・半晶質(hypocrystalline)・完全ガラス質(holohyaline)などが使用される．

完晶質 火成岩が全部結晶からなりガラスをふくまないことである．カコウ岩などにみられる組織．岩石が斑状(大きい結晶と微小な結晶とからなるが火山岩のようにガラスはふくまれない)のときは完晶質斑状(holocrystalline-porphyritic)，粒状のときは完晶質粒状(holocrystalline-granular)などという．

半晶質 火成岩が結晶とガラスとからなり，火山岩に特徴的な組織．

完全ガラス質 火成岩が全部ガラスからなることであるが，黒曜岩(obsidian)やピッチストーン(pitchstone)などのごく一部の火山岩にみられる組織．

2.4.B-b 鉱物の大きさ

顕晶質(phanerocrystalline)・非顕晶質(aphanitic)が使用される．

顕晶質 火成岩の鉱物粒が，ルーペや肉眼ではっきりと識別できる程度の大きさのこと．肉眼で鉱物が見わけられる完晶質岩石を顕晶質岩(phanerite)という．深成岩がそれに相当．顕晶質な岩石の鉱物の粒度をあらわすのに，**粗粒**(coarse-grained)・**中粒**(medium-grained)・**細粒**(fine-grained)という用語がよく使用される．平均直径が5mm以上のものを粗粒，1〜5mmくらいのものを中粒，1mm以下のものを細粒とすることが多い．

非顕晶質 火成岩の鉱物粒が，ルーペや肉眼ではっきりと識別できないことをいう．そのような細粒な火成岩を非顕晶質岩(aphanite)という．非顕晶質な火成岩のなかで，鉱物粒が顕微鏡下で識別できる程度の大きさのときには**微晶質**(microcrystalline；マイクロ結晶質)といい，顕微鏡下でも個々の鉱物が識別できないほど細粒なときには**隠微晶質**(cryptocrystalline；クリプト結晶質)という．

2.4.B-c 鉱物の形

自 形(euhedral・idiomorphic・automorphic)・半 自 形(subhedral・hypidiomorphic・hypautomorphic)・他形(anhedral・xenomorphic・allotrimorphic)が使用される．

自形 ある鉱物について，その鉱物固有の結晶面があらわれている状態をあらわす用語．

半自形 ある鉱物について，その鉱物固有の結晶面が一部にしかみられず，ほかの部分は固有の結晶面が欠落している状態をあらわす用語で，自形と他形の中間型．

他形 ある鉱物がその鉱物固有の結晶面をしめさない状態をあらわす用語．

鉱物の形と岩石の形成過程 火山岩の斑晶鉱物のようにマグマから早期に晶出する

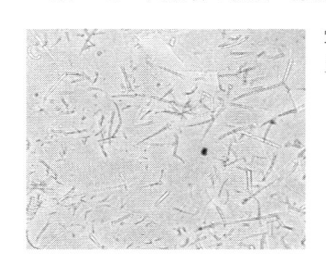

写真 2-6　黒曜岩中のクリスタライト(島根県隠岐島後産；単ニコル・横幅約 0.2 mm)

ものは，比較的自由に成長できるので自形になることが多い．しかし玄武岩や安山岩などの火山岩には，しばしば斑晶大の他形の石英がふくまれる．これはマグマが火道を上昇中に，周囲のカコウ岩質岩石の一部を溶融する過程でもたらされたと解釈されることが多い．また早期に晶出した鉱物がマグマ溜りの底部に集積して形成される集積岩では，集積した鉱物粒間の間げき液から晶出する鉱物は自形になるのは困難で，その間げきに適合した形になるので他形になることが多い．このように火成岩の鉱物の自形・半自形・他形は，鉱物が結晶する順序を推定するうえのみでなく，岩石の形成過程を知るうえでも重要な手がかりとなる．

そのほか　結晶の形そのものを表現するのに板状(tabular)・針状(acicular)・柱状(prismatic)などの形容詞が使用される．顕微鏡下でようやく見わけができる程度の針状または短冊状な微小結晶がマイクロライト(microlite；微晶；写真 2-4 参照)．深成岩のなかのアパタイト・角閃石などの針状結晶はその例である．また火山岩のガラス質な石基にふくまれる毛状・棒状・球状・繊維状などの特殊な形態をした，顕微鏡下で鉱物と同定できない微小なものがクリスタライト(crystallite；晶子；写真 2-6)．

2.4.B-d　鉱物の集合状態

等粒状(equigranular)・オフィティック(ophitic)・ポイキリティック(poikilitic)などが使用される．

等粒状組織　完晶質な岩石の鉱物のほんとんどが，おなじ大きさのものからできている状態の組織．ただし鉱物があまり細粒なときには使用しない．等粒状組織のうち自形と半自形あるいは半自形と他形の鉱物の比がほぼ 1：1 のものを半自形粒状(hypidiomorphic-granular・hypautomorphic-granular)組織，あるいはカコウ岩状(granitic)組織という(写真 2-7)．これはカコウ岩によくみられる組織．トーナライトや閃緑岩のような中性岩にふくまれる斜長石は，フェルシック岩のものよりも自形性が強く，累帯構造もよくみられる(写真 4-20 参照)．また等粒状組織のなかで鉱

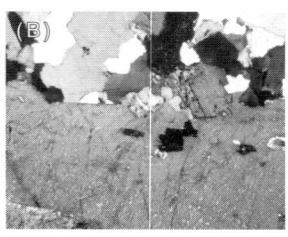

(A)：黒雲母カコウ岩
(B)：斑状黒雲母カコウ岩

写真 2-7　カコウ岩の鉱物の集合状態(新潟県北部葡萄山地産；薄片は加々島慎一氏提供；直交ニコル・横幅約 4 mm)

写真 2-8 アプライト(九州地方背振山地産；直交ニコル・横幅約 4 mm)

写真 2-9 ドレライトのオフィティック組織(新潟県神林村石川流域産；直交ニコル・横幅約 1 mm)

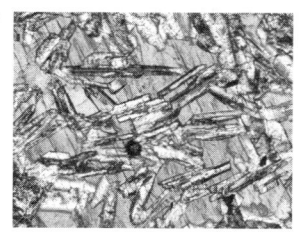

物のほとんどが他形の結晶からなるものを**他形粒状**(xenomorphic-granular tezture・allotrimorphic-granular)**組織**といい，アプライト(aplite)に特徴的にみられる組織(写真 2-8)．

オフィティック組織 大きい他形の輝石のなかに，多くの細長い自形の斜長石がふくまれている組織で，完晶質のことが多い．オフィティック組織はドレライトに典型的にみられることから，ドレライト状(doleritic)組織あるいは輝緑岩状(diabasic)組織ともいう(写真 2-9；§4.2.B 参照)．ごく一部の斜長石しかふくまれていないときはサブオフィティック(subophitic)組織という．ドレライトや玄武岩の鉱物粒間にはガラスと微細な石英・アルカリ長石・鉄鉱鉱物などが充填していることがあり，これを**メソスタシス**(mesostasis)という．

ポイキリティック組織 オフィティック組織ににているが，オフィティック組織のように輝石と斜長石の関係にかぎることなく，微小な鉱物がほかの大きい鉱物にふくまれている組織．この場合，ふくまれる鉱物を**客晶**(chadacryst)，ふくむ鉱物を**主晶**(oikocryst・host crystal)という．たとえば大型の角閃石がカンラン石・輝石・斜長石をふくむコートランダイトの組織はポイキリティック組織(写真 2-10)．これらの鉱物の結晶作用の順序は，斑状組織の場合(粗粒の斑晶鉱物のほうが細粒の石基鉱物より早期に晶出)とは逆に，一般的には主晶の大きい鉱物よりも客晶の微小な鉱物のほうが早期に晶出したもの．

斑状組織 斑晶と石基からなる火山岩に特有な組織(§2.2.B 参照；写真 2-1 参照)．

写真 2-10 コートランダイト(長野県上伊那郡中川村高嶺産；薄片は柚原雅樹氏提供；直交ニコル・横幅約 2 mm)
　大型のホルンブレンドがカンラン石・単斜輝石・斜長石などをポイキリティックに包有している

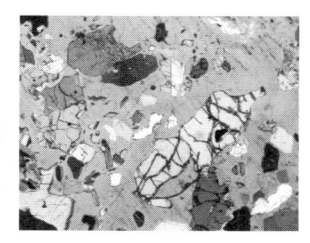

24 2. 火成岩の組成・分類・組織

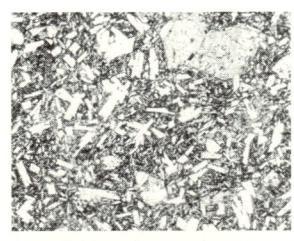

写真 2-11 シリイット組織をしめすカンラン石玄武岩(北海道地方遠軽地域産;薄片は山下智士氏提供;単ニコル・横幅約 4 mm)
結晶の大きさは連続的に変化していて石基鉱物と斑晶鉱物を明瞭に区別できない

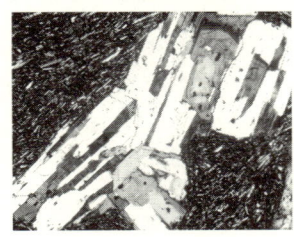

写真 2-12 ソレアイト岩系の安山岩中の集斑状の斜長石(富山市南方岩稲累層産;薄片は高橋俊郎氏提供;直交ニコル・横幅約 2 mm)
斑晶の斜長石は清澄で,石基はハイアロピリティック組織

この場合,斑晶鉱物と石基鉱物の大きさには明瞭なちがいがある.しかし,ある玄武岩では鉱物の大きさが,斑晶大のものから細粒なものまで漸移していることがある.このような組織をシリイット(seriate)組織という(写真 2-11).斑状組織をもつ玄武岩や安山岩では,同一の斑晶鉱物あるいは数種類の斑晶鉱物が集合して,全体として1つの斑晶状になるものがよくみられる.このような組織を**集斑状**(glomeroporphyritic)組織という(写真 2-12).なお斑晶をほとんどふくまないで,おもに石基のみからなる火山岩の組織を**無斑晶質**(aphyric)組織という(写真 2-4 参照).

火山岩の石基の組織の名称は,おもに石基鉱物の結晶度のちがいをもとにしている.石基の細長い斜長石の粒間を輝石などのマフィック鉱物が充填したものをインターグラニュラー(intergranular;間粒状)組織といい(写真 2-1 A・1 B 参照),斜長石の粒間を輝石のみでなく,不透明鉱物やガラスなどさまざまなものが充填したものをインターサータル(intersertal;填間状)組織という(写真 2-1 C・1 D 参照).前者は玄武岩によくみられ,後者は玄武岩と安山岩によくみられる.また石基に不規則に散在する細長い斜長石と斜長石の粒間をガラスや,さまざまの微晶・隠微晶質な物質などが充填したものをハイアロオフィティック(hyaloophitic)組織という(写真 4-11〜4.13・写真 4-15・写真 4-19 など参照).短冊状〜針状の斜長石の粒間をガラスや,さまざまの微晶が充填したものをハイアロピリティック(hyalopilitic;ガラス基流晶質)組織といい,斜長石は一定方向に配列することが多い(写真 2-12 参照).両方とも安山岩によくみられる組織.なおハイアロはガラスを意味する.石基の組織にこのようなちがいがあるのは,おもにマグマの粘性のちがいにもとづいている.すなわち粘性がちいさいマフィックなマグマのほうが,それの大きいフェルシックなマグマよりも結晶しやすいということである.

石基の斜長石の配列状態の特徴にもとづいて命名されている組織もある.斜長石の短冊状のマイクロライトが流理に平行に配列している完晶質なものをピロタキシティック(pilotaxitic;毛せん状)組織といい(写真 2-4 参照),おもにアルカリ長石の短冊状のマイクロライトが流理に平行に配列しているものはトラキティック(trachytic;粗面岩状)組織という(写真 2-13).前者は玄武岩や安山岩にみられる組

写真 2-13　粗面岩（島根県隠岐島後産；直交ニコル・横幅約 2 mm）
　斑晶鉱物はエジリンオージャイト，石基はトラキティック組織

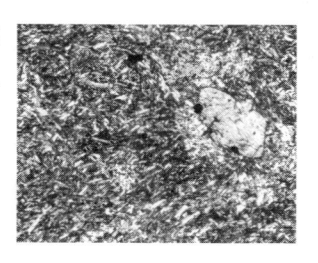

織で，後者は粗面岩や粗面安山岩に特有な組織．

2.4.B-e　そのほか

　2次的な変質（変成）で形成される特有な組織や特定の鉱物にみられる特徴など，顕微鏡的な記載によく使用される用語は，網状構造（mesh structure）・グラフィック（graphic；文象状）・グラノフィリック（granophyric）・ミルメカイト（myrmekite）・パーサイト（perthite）・コロナ（corona）・スフェルリティック（spherulitic）・フェルシティック（felsitic；珪長岩質）・ビトロフィリック（vitrophyric；ガラス質斑岩状）・ユータキシティック（eutaxitic）・多孔質（vesicular）・杏仁状（amygdaloidal）・真珠状（perlitic）などがある．

網状構造　カンラン岩のカンラン石が完全に蛇紋石に変化したときに，カンラン石の不規則な割れ目のあとが網状に認められることがある．これを網状構造という（写真 2-14）．

グラフィック組織　石英とアルカリ長石の多数の結晶片が，楔形文字のようにたがいにいりくんでいて，ある範囲にあるアルカリ長石と石英が，それぞれ同時に消光する組織．この組織は石英とアルカリ長石が同時に晶出して形成されたもので，カコウ岩やペグマタイト（pegmatite）によくみられる．ペグマタイトでは肉眼でもこの組織がみえることがよくある．このようなものが顕微鏡下でしかみえないときにはマイクログラフィック（micrographic；微文象状）組織という（写真 2-15）．マイクログラフィック組織はカコウ岩・アプライトにもみられるが，グラノファイアー（granophyre；文象斑岩）ではこの組織が石基のほぼ全体にわたってみられる．

写真 2-14　蛇紋岩中の蛇紋石の網状構造（群馬県川場村産；薄片は高澤栄一氏提供；直交ニコル・横幅約 1 mm）
　カンラン石がわずかに残存している

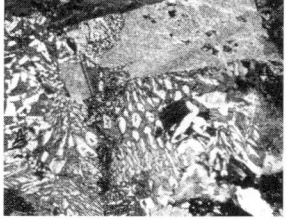

写真 2-15　グラノファイアーのマイクログラフィック組織（山口県阿東町産；薄片は井川寿之氏提供；直交ニコル・横幅約 2 mm）

26   2. 火成岩の組成・分類・組織

写真 2-16　カコウ岩のミルメカイト（新潟県北部葡萄山地産；薄片は加々島慎一氏提供；直交ニコル・横幅約1mm）

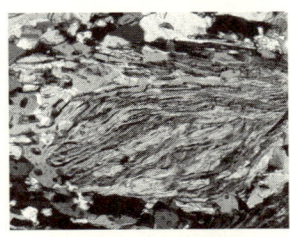

写真 2-17　カンラン岩の単斜輝石・斜方輝石・スピネルのシンプレクタイト（北海道地方日高変成帯幌満岩体産；薄片は高澤栄一氏提供；直交ニコル・横幅約1mm）

写真 2-18　カコウ岩のパーサイト（新潟県北部葡萄山地産；薄片は加々島慎一氏提供；直交ニコル・横幅約1mm）

グラノフィリック組織　石基の石英とアルカリ長石がマイクログラフィックな組織やスフェリティックに連晶をつくることがあり，その組織全体のこと．グラノファイアーに典型的にみられる．

ミルメカイト　斜長石のなかに多くの虫食い状石英（vermicular quartz）が不規則にふくまれている組織で，おもに斜長石とカリ長石の接触部に形成される（写真2-16）．カコウ岩質岩石によくみられる．斜長石の組成は，虫食い状石英が多くふくまれるほど，An成分に富む傾向がある．ミルメカイトにかぎらず，2種類の鉱物が連晶（intergrowth）となる組織をシンプレクタイト（symplectite）といい（写真2-17），しばしばミルメカイトのように虫食い状に連晶となる．写真2-17のレルゾライトにみられる単斜輝石・斜方輝石・スピネルのシンプレクタイトは，レルゾライトが地表にもたらされる過程でザクロ石とカンラン石が反応して形成されたもの．

パーサイト　カリ長石中に葉片状のAb成分に富む長石（オリゴクレイス〜アルバイト）をふくむ組織（写真2-18）で，Ab成分に富む長石よりもカリ長石がかなり多いのが特徴．これは高温下で晶出したアルカリ長石が，ゆっくり冷却するとAb成分の混合比が低下するので，余分のAb成分がそれに富む長石のラメラ（薄膜・薄層）を形成したもの（§4.2.C-a参照）．このラメラのために光が干渉して青白い光を放つものが月長石（moonstone）．カリ長石とAb成分に富む長石がほぼ等量に存在するパーサイトをメソパーサイト（mesoperthite）ということがある．メソパーサイトは超高温変成岩などにみられる（§9.1.J参照）．パーサイトとは逆に，Ab成分に富む長石中に，葉片状のカリ長石がふくまれているものもある．これをアンチパーサイト（antiper-

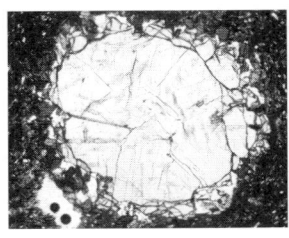

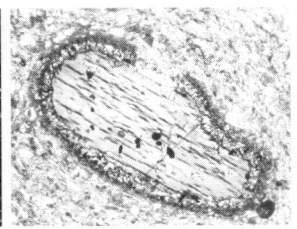

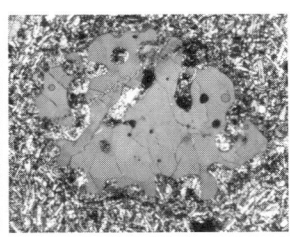

写真 2-19 コロナ
(A) 微小なホルンブレンド・斜長石・チタノマグネタイトの集合物でかこまれたザクロ石(香川県西部弥谷山産デイサイト；薄片は川畑博氏提供；直交ニコル・横幅約 4 mm)
(B) 微小なホルンブレンド・斜長石・チタノマグネタイトの集合物でかこまれた黒雲母(香川県西部弥谷山産デイサイト；薄片は川畑博氏提供；単ニコル・横幅約 2 mm)
(C) 微小な単斜輝石・チタノマグネタイトの集合物でかこまれた石英(男鹿半島門前層安山岩；薄片は深瀬雅幸氏提供；直交ニコル・横幅約 4 mm)

thite)という．パーサイトやアンチパーサイトはカコウ岩質岩石によくみられる．

コロナ 1つの鉱物の結晶が別の鉱物に取りかこまれている組織．たとえば斜方輝石にかこまれたカンラン石や，輝石にかこまれた石英などがこれに相当するが，1つの鉱物が2種類以上の鉱物の集合物で取りかこまれていることもある(写真2-19)．ただしカンラン岩やエクロジャイトのザクロ石のまわりにみられるコロナはケリファイト(kelyphite)という．カコウ岩質岩石のなかには，カリ長石あるいは斜長石がほかの通常の粒度の鉱物よりもいちじるしく大きく成長して，肉眼でも斑状組織がわかるものがあり，それを**斑状カコウ岩**(porphyritic granite)という(写真2-7参照)．フィンランドのラパキビカコウ岩(Rapakivi garanite)は粗粒な斑状カコウ岩であるが，オリゴクレイスにとりかこまれた卵形の斑晶のカリ長石(径数cm～10 cm)を特徴的にふくむ．このような組織をラパキビという．ラパキビ・ケリファイトはコロナの1種．

スフェルリティック組織 針状あるいは細長い石英や長石が一点から放射状にのびた状態で集合し，全体として球状(直径数cm以下のもが多い)となったスフェルライト(spherulite)を多数ふくむ組織．顕微鏡下でのみ認められるスフェルリティック組織をマイクロスフェルリティック(microspherulitic)組織という(写真2-20)．フェルシックな火山岩によくみられる．またドレライトでは他形の大きな単斜輝石にふくまれる多くの細長い斜長石が放射状に配列していることがよくある．この状態もスフェルリティック．

フェルシティック組織 岩石のほとんどが微晶質～隠微晶質な石英と長石の集合体

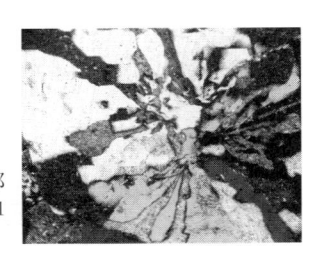

写真 2-20 珪長岩のスフェルリティック組織(山口県阿武郡川上村産；薄片は井川寿之氏提供；直交ニコル・横幅約1 mm)

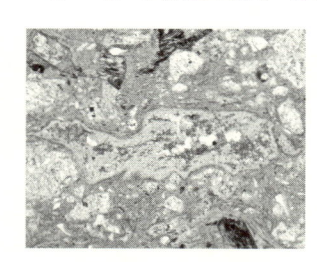

写真 2-21 溶結凝灰岩のユータキシティック組織(山口県阿武郡旭村産；薄片は井川寿之氏提供；単ニコル・横幅約2mm)

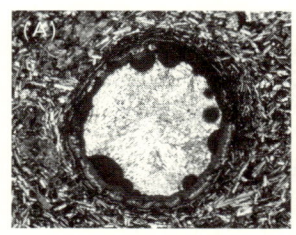

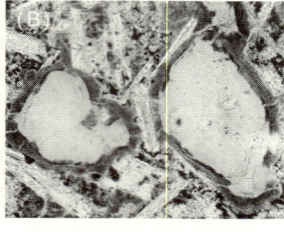

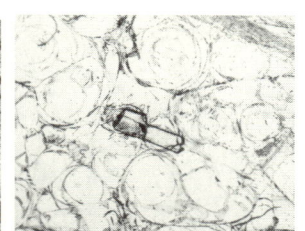

写真 2-22 変質した玄武岩の杏仁状組織(新潟県西部間瀬産)
(A) 杏仁状のフッ石(中心部)とサポナイト(外縁部；直交ニコル・横幅約4mm)
(B) 杏仁状の緑泥石(中心部)とサポナイト(外縁部；単ニコル・横幅約1mm)

写真 2-23 斜方輝石真珠岩(男鹿半島門前層産；薄片は深瀬雅幸氏提供；単ニコル・横幅約2mm)

からなる組織(写真4-26参照)．そのような組織をもつ火成岩が珪長岩．珪長岩がまれに少量の斑晶鉱物をふくみ，その斑晶が石英のときには石英斑岩ということが多い．
ビトロフィリック組織 石基はガラス質で外観はピッチストーンににているが，かなりの量の斑晶鉱物(石英・アルカリ長石・斜長石・黒雲母など)をふくむ組織．そのような組織をもつフェルシックな火山岩をビトロファイアー(vitrophyre；ガラス質斑岩)という．なお vitric も日本語ではガラス質(glassy)と訳すが，この言葉はガラス質凝灰岩などに使用される．この凝灰岩は構成粒子の大半(75%以上)がガラスの破片からなるものをさす．
ユータキシティック組織 ことなる色・組成・組織が縞状～レンズ状になること．おもに火山岩にみられ，溶結凝灰岩の縞模様はその典型的なもの(写真2-21)．
多孔質組織 ガスがぬけだしたため生じた球形にちかい孔(vesicle；気孔)が多数みられる火山岩の組織で，ときには気孔は2次的鉱物で充填されることもある．気孔の直径は肉眼でわかる程度(数cm)の大きさのものから顕微鏡下でしかわからない程度のものまで多様．
杏仁状組織 火山岩のあんず状～球状の形態をした間げきに，フッ石・方解石・石英などが2次的に充填しているもの(写真2-22)．大きさは直径が数cmから顕微鏡的スケールまで多様．
真珠状組織 火山ガラスに多数の玉葱状(球状)の割れ目が形成されたもので(写真2-23)，フェルシックなガラス質火山岩にみられる．この組織がよくみられる火山岩を真珠岩(perlite)という．肉眼的に真珠光沢をしめす．

3. 火成岩の微量元素組成と同位体組成

3.1 微量元素組成

　火成岩は，おもに主化学組成・鉱物組成・岩石の粗さの度合いなどを基準に分類されるが(§2.3.A 参照)，今日では火成岩にふくまれる微量元素の含有量が，重要な指標になることが多い(§3.1.B・§4.2.A-b 参照)．また鉱物とメルト間の微量元素の分配係数(§3.1.A 参照)があきらかにされているので，マグマの生成過程やマグマの結晶分化作用の過程などをあきらかにするうえで，微量元素による検討はかかすことができない重要なものとなっている．そこでこの本では，火成岩を研究するうえで必要な微量元素に関する基本的事項について解説する．

　岩石や鉱物などに 1〜0.1% 程度よりも少量ふくまれる元素を微量元素というが，その含有量は ppm(10^{-6})・ppb(10^{-9})・ppt(10^{-12})の単位であらわされる．微量元素を定量分析する方法には，発光分光分析・原子吸光分光分析・蛍光 X 線分析・光量子放射化分析・プラズマ発光分光分析・誘導結合プラズマ質量分析などがある．最近では分析装置が改良され，おもに蛍光 X 線分析法や誘導結合プラズマ質量分析法などで，岩石にふくまれる多くの種類の微量元素が，迅速に精度よく測定できる．

3.1.A 元素の分配係数

　火成岩にふくまれる微量元素の種類とその含有量は，もとのマグマの化学組成にも規定されるが，マグマの結晶分化作用の過程にも大きく支配される．またマグマ混合やマグマの同化作用にも影響される．

　マグマの結晶分化作用の進行とともにマグマの元素含有量がどのように変化するかは，ある元素が晶出する鉱物とメルトにはいりこむ割合から推定することができる．この割合が元素の分配係数(distribution coefficient・partition coefficient；K_D)である．ある元素の分配係数は

　　K_D＝鉱物の元素含有量／メルトの元素含有量

で計算される．

　新鮮な火山岩から斑晶鉱物(固相)と石基(メルト)を分離し，両者の微量元素を定量分析をすることでK_Dを決定する．たとえば斑晶鉱物としておもに緑色の単斜輝石・褐色の単斜輝石・カンラン石・斜長石をふくむアンカラマイトから手作業で分離した各斑晶鉱物と石基部分を，化学的処理で分解し，分解溶液からイオン交換法で抽出したK・Rb・Cs・Sr・Baを質量分析計で定量分析し，各元素の分配係数を決定した例をしめす(Hart・Brooks, 1974)．ここではRbの分配係数をしめす．石基・緑色の単斜輝石・褐色の単斜輝石・カンラン石・斜長石のRb含有量は，それぞれ22.85 ppm, 0.0747 ppm, 0.0322 ppm, 0.0041 ppm, 0.598 ppmであったことから，各鉱物とメルトとのあいだのRbの分配係数(K_D)として，それぞれ0.00327, 0.00141, 0.000179, 0.0262がえられた．この分配係数は1よりもいちじるしくちいさいので，マグマからこれらの鉱物が晶出するときに，マグマ中のRbはこれらの鉱物にはほとんどはいらないことを示唆している．しかしK_Dは一定であるとはかぎらない．たとえばカンラン石・斜方輝石・単斜輝石・斜長石と，玄武岩質なメルトとのあいだのYのK_Dは，それぞれ0.001, 0.18, 0.900, 0.030であるが，安山岩質なメルトとのあいだでは，それぞれ0.010, 0.450, 1.500, 0.063(Rollinson, 1993)．このように同一の元素であってもメルトの化学組成でK_Dはことなることが多いのでK_Dの採用には注意を要する．

　K_Dを実験的に決定する方法もある．たとえば玄武岩質の合成粉末試料や天然の玄武岩の粉末試料を高温・高圧下で溶融し，メルトと平衡共生する鉱物の微量元素を定量分析して(急冷してガラス化したメルトと鉱物を分離してそれぞれを定量分析)，K_Dを決定する．この場合には，温度や圧力とK_Dの関係を検討することができる．実際に，ある元素のK_Dは，メルトの化学組成のみでなく温度や圧力のちがいでも変化することがわかっている．

　ソレアイト質マグマの結晶分化作用の進行にともなって，微量元素含有量がどのように変化するかを，鉱物とメルト間の元素のK_Dを考慮して図示した模式図を図3-1にしめす．結晶作用の初期に晶出してマグマから取りのぞかれるカンラン石や輝石には，Ni・Cr・Scなどがはいりやすいので，これらの元素のマグマの含有量は，結晶分化作用の初期から減少しつづける．また，たとえばマグネタイトの分別でマグマのTiとVは減少し，アパタイトの分別でPは減少する．一方，カンラン石・輝石・斜長石・マグネタイト・アパタイトなどの分別でマグマのZr・Nb・Ba・LREE(§3.1.B参照)などは増加しつづける．それはZrなどの元素はカンラン石などの構成鉱物にはいりにくいからである．なおK・P・Tiなどは主成分元素にふくまれるが，火成岩の研究では微量元素とともに取り扱うことが多い．

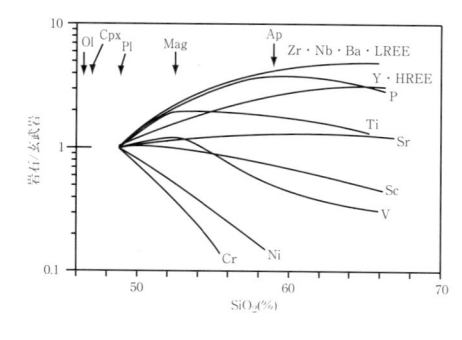

図3-1　ソレアイト質マグマの結晶分化作用にともなうマグマの微量元素含有量の変化 (Pearce, 1982)
　岩石の含有量を玄武岩のそれで規格化してある．各鉱物は晶出時期をしめす
　Ol：カンラン石；Cpx：単斜輝石；Pl：斜長石；Mag：マグネタイト；Ap：アパタイト

3.1.B 元素の地球化学的分類
3.1.B-a 適合元素・不適合元素

マグマの結晶作用でさまざまな鉱物が晶出するが，元素の分配係数 K_D をもとに，微量元素は適合元素(compatible element)・不適合元素(incompatible element)に区分される．後者はさらにイオン半径をもとに LIL 元素(large-ion lithophile element)・HFS 元素(high field-strength element)に区分される．適合・不適合という言葉は，鉱物の陽イオンの位置にはいりやすい(ぴったりする)・はいりにくい(ぴったりしない)ということを意味している．

適合元素 鉱物とメルト間の分配係数が 1 よりも大きい ($K_D > 1$)，図 3-1 の Ni・Cr・Sc・Co など．これらの元素はマグマの結晶分化作用の進行とともにマグマから減少してゆく．

不適合元素 鉱物とメルト間の分配係数が 1 よりもいちじるしくちいさい ($K_D \ll 1$)，図 3-1 の Ba・REE・Zr・Y・Nb など．これらの元素はマグマの結晶分化作用の進行とともにマグマに濃集してゆく．**メルト濃集元素**あるいは **HYG 元素**(hygromagmaphile element)ともいう．

LIL 元素：不適合元素のうちで Cs・Sr・K・Rb・Ba などのように，イオン半径が大きい元素．

HFS 元素：不適合元素のうちで Th・Ta・Nb・Ce・P・Zr・Hf・Sm・Ti・Yb などのように，イオン半径はちいさいけれどもイオンの価数が大きい元素．

マグマから鉱物が晶出するときに，これらの不適合元素がいつもマグマに濃集するとはかぎらない．たとえば Sr の斜長石と安山岩質〜流紋岩質のメルト間の K_D は 1 よりいちじるしく大きいので，安山岩質マグマから斜長石が晶出するときには，Sr は適合元素としての性質をもつからである．またフェルシックマグマから角閃石・黒雲母・カリ長石が晶出するときには，K や Ba も適合元素としての性質をもつ．このように，ある鉱物とメルト間の K_D が 1 よりもいちじるしくちいさい元素の場合にも，別の鉱物とメルト間ではその K_D が 1 より大きいことがあるので注意が必要．

不適合元素は起源物質(source material)が部分溶融(partial melting)するときに，溶融がある程度まで進行した段階のマグマよりも，部分溶融の程度(degree of partial melting；部分溶融度)がちいさい段階のマグマ(部分溶融の初期に生成するマグマ)に濃集する．このように火成岩の微量元素の研究は，起源物質の部分溶融度の見積りや，マグマの結晶分化作用の研究をおこなううえで，重要な役割をはたしている．

ことなるテクトニクス場では上部マントル物質の化学組成がことなっているであろうことを反映して，形成される火成岩のあいだで LIL 元素や HFS 元素の含有量がことなっているようである(§4.2.A-b 参照)．たとえばプレート内アルカリ玄武岩(海洋島や大陸地域のリフト帯などにみられるアルカリ玄武岩)にはこれらの元素が濃集し，中央海嶺玄武岩では逆にとぼしくなる．このことはマントルにはこれらの元素に富む部分(enriched mantle；エンリッチマントル)と枯渇した部分(depleted mantle；デプリートマントル)が存在していることをしめす．

スパイダー図 岩石の多くの不適合元素含有量の特徴をあきらかにするために，試料の不適合元素含有量を，ある基準となる物質の不適合元素含有量で割算することを**規格化**(normalization)するという．表 3-1 の始原的マントル物質・コンドライト・平均的 MORB(§4.2.A-b 参照)などがよく使用され，これらで規格化した値をス

3. 火成岩の微量元素組成と同位体組成

表 3-1　始原的マントル物質・コンドライト・平均的 MORB の不適合元素含有量

(1)		(2)		(3)	
Cs	0.019	Ba	6.900	Sr	120
Rb	0.860	Rb	0.350	K_2O	0.15
Ba	7.560	Th	0.042	Rb	2.00
Th	0.096	K	120	Ba	20.00
U	0.027	Nb	0.350	Th	0.20
K	252.0	Ta	0.020	Ta	0.18
Ta	0.043	La	0.328	Nb	3.50
Nb	0.620	Ce	0.865	Ce	10.00
La	0.710	Sr	11.800	P_2O_5	0.12
Ce	1.900	Nd	0.630	Zr	90.00
Sr	23.000	P	46.000	Hf	2.40
Nd	1.290	Sm	0.203	Sm	3.30
P	90.400	Zr	6.840	TiO_2	1.50
Hf	0.350	Hf	0.200	Y	30.00
Zr	11.000	Ti	620	Yb	3.40
Sm	0.385	Tb	0.052		
Ti	1200	Y	2.000		
Tb	0.099	Tm	0.034		
Y	4.870	Yb	0.220		

(1)　始原的マントル物質 (Wood, et al., 1979)
(2)　コンドライト（おもに Thompson, 1982）
(3)　平均的 MORB ($K_2O \cdot P_2O_5 \cdot TiO_2$ は %；Pearce, 1983)
　　単位は $K_2O \cdot P_2O_5 \cdot TiO_2$ 以外は ppm

パイダー図（spiderdiagram・spidergram）にしめすことで，試料間の不適合元素含有量を比較することができる．スパイダー図は REE パターン（§3.1.B-b 参照）の表示図から発展してきたものである．

たとえば図 3-2 のスパイダー図はさまざまな玄武岩の不適合元素含有量を，始原的マントル物質と平均的 MORB のそれで規格化したものである．スパイダー図の横

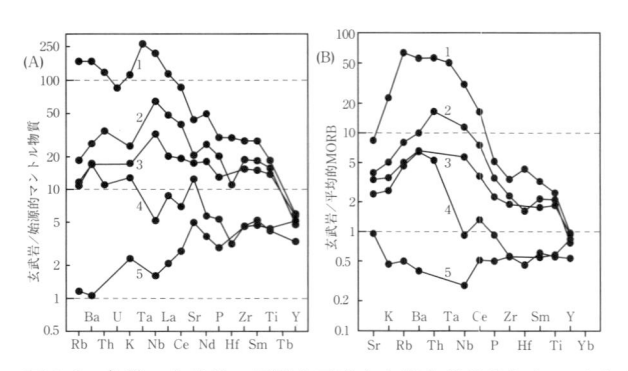

図 3-2　各種の玄武岩の不適合元素含有量を規格化したスパイダー図（表 4-3 のデータより作成）
　（A）　始原的マントル物質で規格化
　（B）　平均的 MORB で規格化
　　　1：プレート内アルカリ玄武岩（東アフリカリフト）
　　　2：プレート内アルカリ玄武岩（南ポリネシアのマンガイヤ（Mangaia）島；HIMU 玄武岩）
　　　3：プレート内（海洋島）ソレアイト（ハワイ島南東部のキラウエア）
　　　4：島弧玄武岩（岩手火山）
　　　5：N-MORB（大西洋中央海嶺）．始原的マントル物質と平均的 MORB の不適合元素含有量は表 3-1 のものを使用

図3-3 微量元素(おもにHFS元素)による玄武岩質岩石の地球化学的判別図の例
(A) Ti/100―Zr―3Y図(Pearce・Cann, 1973)
(B) TiO₂―10 MnO―10 P₂O₅図(Mullen, 1983)

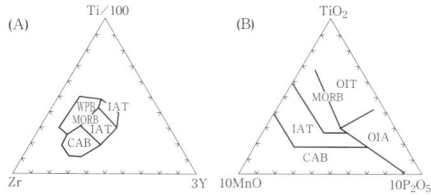

この本でもCABを使用しているが(§4.2.A-b参照)，これは陸弧玄武岩(continental arc basalt)のことで，この図のCAB(calc-alkali basalt)とはことなる．(A)では島弧の非アルカリ玄武岩のうち，K_2OにとぼしいものをIAT，K_2Oに比較的富むものをCABとしている．(B)もほぼ同様．(A)の玄武岩質岩石の組成範囲は，20%＞(CaO+MgO)＞12%のもので，(B)ではSiO_2=45～54%のものをあつかっている

軸の元素の配置法は研究者ごとにことなる．図3-2Aでは，カンラン岩から少量の玄武岩質マグマが生成されるときに，不適合の度合いが大きい元素ほど左側に，ちいさい元素ほど右側に配置した．また図3-2Bでは，LIL元素とHFS元素の2つのグループに大別し，それぞれの元素は不適合の度合いが外側から中心部へ大きくなるように配置した．これらの図にしめされるように日本列島のような島弧にみられる玄武岩は，プレート内の玄武岩と比較して，HFS元素にとぼしいという特徴がある．またMORBと海洋島玄武岩のあいだでも，LIL元素やHFS元素含有量にちがいがある．

このような特徴は，テクトニクス場が不明な火山岩，たとえばオフィオライト(§4.1.B-d参照)を構成する玄武岩などが，海嶺性であるのか島弧性であるのかを判断する基準として使用されることがあり，多くの**地球化学的判別図**(geochemical discrimination diagram)が考案されている．図3-2も地球化学的判別図の1つ．

LIL元素は水に溶解しやすく，変質作用や変成作用で移動しやすい性質をもつが，HFS元素はそのような2次的作用で移動しにくい性質をもつので，変質作用や変成作用をうけている火成岩の地球化学的判別をするときには，HFS元素による判別図を使用するのが有効である．よく使用される玄武岩質岩石の判別図を図3-3にしめす．

3.1.B-b 希土類元素

希土類元素(rare earth element；REE)も火成岩の成因的研究をおこなううえで大きな役割を発揮している．La～Euが**軽希土類元素**(light rare earth element；LREE)，Gd～Luが**重希土類元素**(heavy rare earth element；HREE)である．ここではREEパターン(REE patern)とREEの不適合の度合いについてのべる．

REEパターン REEのイオン半径はLaからLuへとしだいにちいさくなるが，化学的性質は類似している．図3-4Aにしめすように原子番号の偶数の元素(Ce・Nd・Sm・Gd・Dy・Er・Yb)の含有量は，その前後の奇数の元素(La・Pr・Pm・Eu・Tb・Ho・Tm・Lu)の含有量より高い傾向があるので，岩石の各REE含有量を，コンドライトのそれぞれの含有量で規格化した値を原子番号順にすると，比較的なめらかな曲線がえられる(図3-4B)．このような表示法をREEパターンという．これは独立に発表した研究者(Masuda, 1962；Coryell, et al., 1963)にちなんで，Masuda-Coryell図ともいう．

REEの不適合の度合い LREEでは高く，HREEでは比較的低い．しかしREEが全

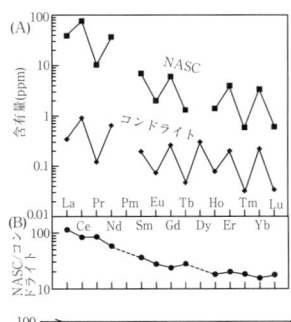

図 3-4　REE 含有量と REE パターン
　(A)　北アメリカ頁岩(North American shale composite；NASC；Haskin・Frey, 1966)とコンドライト(Wakita, et al.(1971)の REE 含有量
　(B)　コンドライトで規格化した NASC の REE パターン

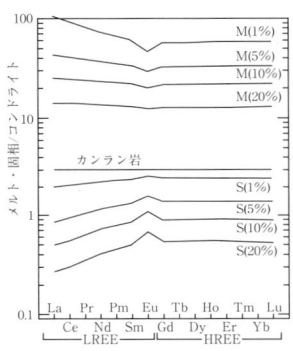

図 3-5　カンラン岩の平衡バッチ溶融での REE パターンの変化(Haskin, 1984 を簡略化)
　M：メルト；S：溶残り岩；カッコ内の数字：部分溶融度；このカンラン岩の各 REE 含有量はコンドライトのそれの約 3 倍

体として不適合元素であることにはかわりがないので，起源物質の部分溶融で生成するメルトに REE は濃集し，反対に，メルトが取りのぞかれた**溶残り岩**(residue・restite；融残り岩・残留岩)では減少する(濃集と減少は LREE でいちじるしい)．このような関係は図 3-5 にしめされている．

　図 3-5 でメルトの Eu の含有量は，なめらかな REE パターンから下方にはずれて位置している(とくに部分溶融度のちいさいメルトで顕著)．これを**負の Eu 異常**(negative europium anomaly)という．これとは逆に，溶残り岩の Eu の含有量は，REE パターンから上方にはずれて位置している．これを**正の Eu 異常**(positive europium anomaly)という．天然の火成岩では，一般に分化のすすんだ岩石に負の Eu 異常がみられることが多い．これは Eu は斜長石にはいりやすいことから，斜長石の分別によると説明される．

　また結晶分化作用の過程では，より分化した岩石に REE は濃集するようになる(図 3-1 参照)．このような，固相—メルト間の REE の濃集の特徴にもとづいて，多くの火成岩の成因的研究がおこなわれている．ことなるテクトニクス場にみられる玄武岩のあいだで，REE パターンにちがいがあるので，この図も 1 種の地球化学的判別図として利用される(図 4-7 参照)．

3.2　放射起源同位体

　自然界に存在するほとんどの元素は，質量数がいくらかちがういくつかの同位体(isotope；アイソトープ・同位元素)からなるが，O・S・H などのように安

定同位体(stable isotope)のみからなるものと，Sr・Nd・Pb などのように放射起源同位体(radiogenic isotope；放射源同位体)をふくむものとにわけられる．

これらの放射起源同位体を使用した研究は，火成岩や変成岩の放射年代の決定のみでなく*，1960年代以降になると，カコウ岩の起源物質を推定することや，火成岩の成因をあきらかにすることに応用されてきている．このような方法を一般に同位体法といい，1960年代のはじめころに日本の牛来(Gorai, 1960 など)と数人の外国の研究者(Hurley, et al., 1962 など)によって独立に考案されたもので，1970年代以降，急速にさかんになり，今日にいたっている．現在では改良された表面電離型質量分析計(thermal ionization mass spectrometer)の普及で，地球上の火成岩や隕石の Sr・Nd・Pb などの放射起源同位体組成に関する，膨大な量のデータが蓄積されている．放射起源同位体法の原理を，Sr と Nd の同位体を取りあげて説明する．

*：火成岩や変成岩の放射年代の決定については兼岡(1998)参照

3.2.A　Rb-Sr 法

原理　岩石にふくまれる Sr は，^{84}Sr・^{86}Sr・^{87}Sr・^{88}Sr の4種類の同位体からなっており，このうちで^{84}Sr・^{86}Sr・^{88}Sr は非放射源であるが，^{87}Sr は^{87}Rb の放射壊変(放射崩壊)で生成されたもの．この場合，^{87}Rb を**親核種**(parent nuclide)，^{87}Sr を**娘核種**(daughter nuclide)あるいは放射起源同位体という．そこである岩石に Rb と Sr がふくまれていれば，^{87}Rb は時間とともに^{87}Sr に変化しているので，その岩石の Sr 同位体比(^{87}Sr/^{86}Sr で表示)は時間とともに大きくなってくる．このような変化は次式にもとづいている．

$$(^{87}Sr/^{86}Sr)_P = (^{87}Sr/^{86}Sr)_{T_0} + (^{87}Rb/^{86}Sr)_P \cdot (e^{\lambda t} - 1) \quad \cdots (3.2.1)$$

P：現在；T_0：形成年代；λ：壊変定数(崩壊定数)で^{87}Rb のそれは $1.42 \times 10^{-11} yr^{-1}$；$t$：$T_0$ から現在(P)までの時間(年代)．

t がいちじるしくちいさいときには，$e^{\lambda t} \fallingdotseq 1 + \lambda t$ である．すなわち式 3.2.1 は次式になる．

$$(^{87}Sr/^{86}Sr)_P = (^{87}Sr/^{86}Sr)_{T_0} + (^{87}Rb/^{86}S)_P \cdot \lambda t \quad \cdots (3.2.2)$$

この式と図 3-6 から火成岩などの^{87}Sr/^{86}Sr の変化の大きさが，t と火成岩などの^{87}Rb/^{86}Sr(Rb/Sr で近似される)に依存していることがわかるが，このことをいくつかの例にもとづき説明する．

例1：図 3-6 は T_0 にマグマの結晶分化作用で，Rb/Sr のちがう3種の火成岩(A〜C)が形成されたときに，それぞれの岩石の^{87}Sr/^{86}Sr が時間とともに変化する状態を模式的にしめしたものである．T_0 を10億年前(1,000 Ma；1 Ma＝100万年)，マグマがもっていた^{87}Sr/^{86}Sr を 0.7000，火成岩 A〜C の^{87}Rb/^{86}Sr を 0.3・3・5 とすると，それぞれの火成岩の現在の Sr 同位体比((^{87}Sr/^{86}Sr)$_P$)は，式 3.2.1 から 0.7043・0.7426・0.7710 となる．

例2：ある起源物質が T_0 に部分溶融してマグマが生成するときのマグマ・起源物質・マグマ

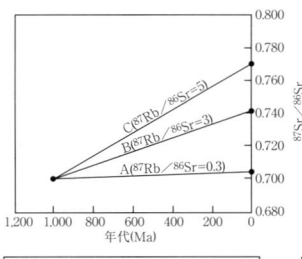

図3-6 1,000Maにマグマの結晶分化作用で形成された,^{87}Rb/^{86}Srをことにする3種の火成岩(A)〜(C)の^{87}Sr/^{86}Srの時間的変化をしめす模式図

1,000 Maでのマグマの^{87}Sr/^{86}Srは0.7000と仮定.(A)〜(C)の^{87}Rb/^{86}Srは現在の値

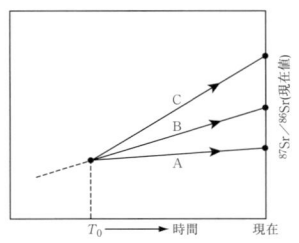

図3-7 Rb・Srをふくむ物質系での^{87}Sr/^{86}Srの時間的変化をしめす模式図

A：溶残り岩またはデプリートマントル；B：もとの起源物質またはもとのマントル；C：マグマまたはエンリッチマントル

が取りのぞかれた溶残り岩の3者のあいだの^{87}Sr/^{86}Sr・Rb/Srはつぎのような関係にある．最初は3者の^{87}Sr/^{86}Srはおなじである．これはマグマが生成されるときに，Srのように重い元素では，^{87}Srと^{86}Srの同位体分別作用(isotopic fractionation；^{87}Srと^{86}Srが選択的にマグマや溶残り岩に濃集すること)はおこらないことにもとづいている(例1の1,000 Maに形成された火成岩(A〜C)の^{87}Sr/^{86}Srも最初はおなじであるが，これはマグマの結晶分化作用の過程でも^{87}Srと^{86}Srは同位体分別作用しないことによる)．起源物質からマグマが生成するときに，RbとSrは両者とも不適合元素としての性質をもつが，不適合の度合いはSrよりもRbのほうが大きいので，マグマのRb/Srは起源物質のそれよりも大きくなり，一方，溶残り岩のRb/Srはもとの起源物質のそれよりもちいさくなる．したがって，これら3者の^{87}Sr/^{86}Srは時間とともに個別のコースをとって変化するので，図3-7はそのような関係をしめすものとしてみることができる．

例3：マントルで大規模な化学的な分化作用がおこると，エンリッチマントル(高いRb/Srをもつ)とデプリートマントル(低いRb/Srをもつ)とが生成される可能性がある．このような分化作用がT_0でおこったときには，もとのマントル・エンリッチマントル・デプリートマントルの^{87}Sr/^{86}Srは時間とともに個別のコースをたどって変化するであろう．図3-7はそのような関係をしめすものとしてもみることができる．

年代決定法とSr同位体初生値 以上のような理解にもとづくと，ある地域のカコウ岩の放射年代(radiometric age；T_0でカコウ岩の形成年代に相当)と，そのときの^{87}Sr/^{86}Srがわかると，その値からカコウ岩をもたらした起源物質の^{87}Sr/^{86}Srが推定できる．火成岩形成時の^{87}Sr/^{86}SrをSr同位体初生値(initial Sr isotope ratio；SrI値)という．このようにさまざまな地質時代のカコウ岩と放射年代とSrI値がわかれば，それらのSrI値と超マフィック岩・マフィック岩などの^{87}Sr/^{86}Srをくらべることにより，起源物質がどのようなものであったかを推定できる．

SrI値は形成年代とともに推定できる．その原理を図3-8に模式的にしめす．この図をアイソクロン図(isochron diagram・Rb-Sr isochron diagram)という．図3-8のようにいくつかの岩石試料からアイソクロンがえられるとき，それを**全岩アイソクロ**

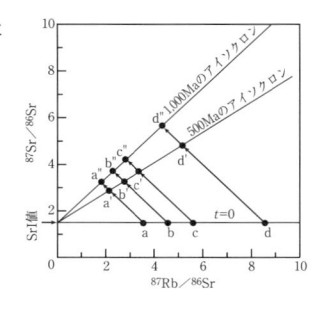

図3-8 Rb-Sr全岩アイソクロン法での火成岩の放射年代とSrI値の決定

　ある地質時代($t=0$)に，ある起源物質から4種類の火成岩が形成されたとする．これらの火成岩の形成時には，それらの^{87}Sr/^{86}Srはほぼ等しいが，Rb/Sr(^{87}Rb/^{86}Sr)がことなっていたとすると，^{87}Sr/^{86}Sr―^{87}Rb/^{86}Sr図上で，a〜dのように位置することになる．これらのうちでの^{87}Rb/^{86}Srと^{87}Sr/^{86}Srは，時とともに図の実線にそって変化し，5億年後にはa'〜d'になり，10億年後にはa''〜d''(a'〜d'，a"〜d"の^{87}Rb/^{86}Srと^{87}Sr/^{86}Srは測定値)になっていることをしめす．直線a'-d'とa"-d"はそれぞれ1つの直線(アイソクロン)をなし，それと^{87}Sr/^{86}Sr軸との交点が，火成岩(マグマ)形成時のSr同位体比(SrI値)にあたる．アイソクロンと$t=0$の傾斜角(a)の大きさは，時間(火成岩の放射年代)の大きさに対応している．放射年代(T)は$\tan a = e^{\lambda t} - 1$($\lambda$は壊変定数)で算出

ン(whole rock isochron・Rb-Sr whole rock isochron)という．全岩アイソクロンで放射年代とSrI値を決定するする方法を**全岩アイソクロン法**という．図3-8には500Maと1,000Maのアイソクロンがしめされているが，アイソクロンの傾斜角(アイソクロンと$t=0$の直線との角)が大きいほど，岩石の形成年代は古いことをしめしている．

　一方，1つの岩石試料からいくつかの種類の鉱物を分離し，岩石と鉱物とで，あるいは鉱物のみでアイソクロンがえられることがある．このようなものを**内的アイソクロン**(internal isochron)という．内的アイソクロンには，岩石と鉱物からえられる**全岩-鉱物アイソクロン**(whole rock-mineral isochron)と，鉱物のみからえられる**鉱物アイソクロン**(mineral isochron)とがある．

アイソクロンの意味　図3-9は日高変成帯の砂質〜泥質変成岩に貫入するホルンブレンドトーナライトのアイソクロン図である．5試料の全岩アイソクロンは約51Ma(図3-9 A)であるが，1試料とそれから分離した黒雲母・フェルシックな部分の全岩-鉱物アイソクロンは約41Ma(図3-9 B)である．このように同一岩体を構成するいくつかの岩石からえられる全岩アイソクロン年代と，そのらのうちの特定の試料からえられる全岩-鉱物アイソクロン年代(あるいは鉱物アイソクロン年代)がことなる例はしばしばみられる．

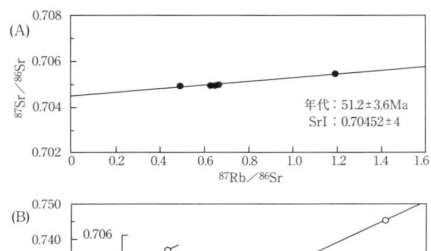

図3-9　日高変成帯のホルンブレンドトーナライトのアイソクロン図(Owada, et al., 1997)
　(A)　5試料のRb-Sr全岩アイソクロン
　(B)　1試料とそれから分離した黒雲母・フェルシックな部分のRb-Sr全岩-鉱物アイソクロン

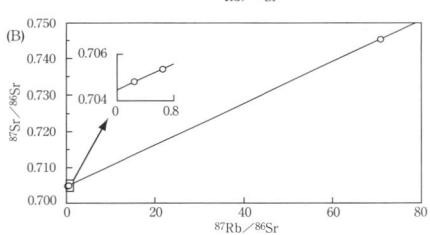

高温下では鉱物間のみでなく岩体の構成岩石間でも，Rb·Sr の再配分や $^{87}Sr/^{86}Sr$ の均一化がおこるが，ある温度以下になると，それはおこらなくなり，それぞれの岩石や鉱物がもっていた Rb/Sr や $^{87}Sr/^{86}Sr$ は保持されるようになる．このように岩石や鉱物が閉鎖系(closed system)になる温度を閉鎖温度(closure temperature)という．Rb-Sr 系の岩石の閉鎖温度は約 700℃ で，黒雲母のそれは約 300℃ と見積もられている．

そこで図 3-9 のような，全岩アイソクロン年代と全岩 - 鉱物アイソクロン年代のちがいは，岩石と黒雲母での Rb-Sr 系の閉鎖温度のちがいを反映したものと解釈されることが多い．すなわち前者の年代は 5 試料(それぞれの試料は 200 m 以上はなれた露頭から採取)をふくむ角閃石トーナライト岩体の固結・冷却年代をしめしているのにたいし，後者の年代は黒雲母が閉鎖温度になった年代をしめしていると考えられる(200 m 以上はなれた岩石のあいだで，Rb-Sr 系が閉鎖系になった段階，約 51 Ma でも，かぎられた大きさの 1 つのトーナライトにふくまれる黒雲母やフェルシックな部分のあいだでは閉鎖系にいたらなかったということ)．Rb-Sr 系に関する岩石と黒雲母の閉鎖温度の差(約 400℃)と，全岩アイソクロン年代と全岩 - 鉱物アイソクロン年代の差(約 10 Ma)から，この角閃石トーナライト岩体の冷却速度は 1 Ma あたり 30〜40℃ と見積もられている．このように同一の火成岩体について全岩アイソクロン法と全岩 - 鉱物アイソクロン法で年代決定することで，火成岩体の冷却速度などを検討できる．

全岩アイソクロン年代と全岩 - 鉱物アイソクロン年代の不一致は変成岩にもしばしばみられる．たとえば火成岩を原岩(§7.1 参照)とする変成岩の全岩アイソクロン年代と，それらのなかの特定の変成岩の全岩 - 鉱物アイソクロン年代を比較すると，全岩 - 鉱物アイソクロン年代のほうが全岩アイソクロン年代よりも若くしめされることが多い．このようなとき，全岩アイソクロン年代はもとの火成岩体の固結・冷却年代(火成岩体の形成年代とみなされる)をしめすのにたいし，全岩 - 鉱物アイソクロン年代は変成作用うけたあとに鉱物が閉鎖温度になった年代(変成作用がおこった年代に近似される)をしめすと解釈されることが多い．すなわち変成作用で加熱されるため，それぞれの岩石に形成される変成鉱物間では Rb·Sr の再配分や $^{87}Sr/^{86}Sr$ の均一化がおこるが，ある程度の大きさをもった岩石間では加熱されても，そのような再配分や均一化はおこらないと考えられる．しかし Rb·Sr が再配分されるか $^{87}Sr/^{86}Sr$ が均一化されるかどうかは，加熱温度にもよるが，年代決定する岩塊の大きさにもよるであろう．これらのことがらについては明確になっているわけではない．

偽アイソクロン　アイソクロン図でいくつかの測定値($^{87}Rb/^{86}Sr$・$^{87}Sr/^{86}Sr$)が直線上にのるとき，この直線がいつもアイソクロンをしめすとはかぎらない．2 種類のことなる組成のマグマ($^{87}Rb/^{86}Sr$・$^{87}Sr/^{86}Sr$ の高いマグマと低いマグマ)混合で形成される一連の火成岩の測定値は，2 点を結ぶ直線上にプロットされるからである．このような直線を偽アイソクロン(pseudo isochron・false isochron)という．偽アイソクロンかどうかを判断するには，おもに記載岩石学的な検討から(§1.1.C 参照)，測定対象の火成岩がマグマ混合で形成されたものかどうかをあきらかにすることが重要．

3.2.B Sm-Nd 法

REE の 1 つの Nd には 7 種の同位体(^{142}Nd・^{143}Nd・^{144}Nd・^{145}Nd・^{146}Nd・^{148}Nd・^{150}Nd)が存在する．このうち ^{143}Nd は ^{147}Sm の放射壊変で生成されたものである．原理的に

は Sm-Nd 法と Rb-Sr 法はまったく同様で，Rb-Sr 法の$^{87}Sr/^{86}Sr$ が Sm-Nd 法の$^{143}Nd/^{144}Nd$ に対応し，Rb-Sr 法の$^{87}Rb/^{86}Sr$ が Sm-Nd 法の$^{147}Sm/^{144}Nd$ に相当．したがって岩石の時間の変化にともなう$^{143}Nd/^{144}Nd$ の変化は次式で算出する．

$$(^{143}Nd/^{144}Nd)_P = (^{143}Nd/^{144}Nd)_{T0} + (^{147}Sm/^{144}Nd)_P \cdot (e^{\lambda t} - 1) \quad \cdots (3.2.1)$$

^{147}Sm の壊変定数(λ)は $6.54 \times 10^{-12} yr^{-1}$ である．起源物質からマグマが生成されるときに，Sm と Nd は Rb や Sr と同様に不適合元素としての性質をもつが，親核種と娘核種間の不適合の度合いは，Rb(親)＞Sr(娘)とは逆に，Sm(親)＜Nd(娘)である．このため A(溶残り岩)・B(起源物質)・C(マグマ)の Sm/Nd の大小関係は，Rb/Sr のときとは逆に，A＞B＞C である(Rb/Sr では A＜B＜C)．したがって，A～C の時間と$^{143}Nd/^{144}Nd$ の関係は図 3-10 のようになる．一般に Rb/Sr の大きい岩石ほど Sm/Nd はちいさい．Sm-Nd 全岩アイソクロン法で火成岩の放射年代と **Nd 同位体初生値**(initial Nd isotope ratio; **NdI 値**)の算出方法を図 3-11 にしめす．

^{147}Sm の壊変定数は^{87}Rb のそれよりもいちじるしくちいさいので，Sm-Nd 法は古い火成岩の放射年代を決定するのには有効であるが，比較的新しい時代(新生代)の火成岩の放射年代を決定するときには，Rb-Sr 法のほうが有効．

また海水には Nd はごくわずかな量(数 ppb)しかふくまれていないので(Sr は 8 ppm 程度ふくまれる)，火成岩の Nd 同位体比は，海水の変質作用の影響をほとんどうけないという利点がある．このためオフィオライトなどの地球化学的性質をあきらかにする研究では，Nd 同位体比の測定はかかせないものとなっている．

テクトニクス場がことなる玄武岩のあいだで，Sr や Nd の同位体比にちがいがあるので，図 3-12 にしめす$^{87}Sr/^{86}Sr$ と$^{143}Nd/^{144}Nd$(εNd)の関係図は 1 種の地球化学的

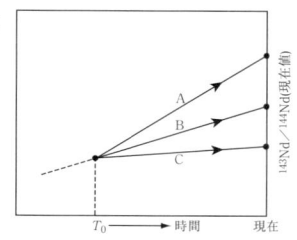

図 3-10 Sm・Nd をふくむ物質系での$^{143}Nd/^{144}Nd$ の時間的変化をしめす模式図
 A：溶残り岩；B：もとの起源物質；C：マグマ

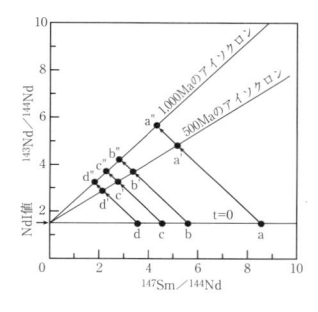

図 3-11 Sm-Nd 全岩アイソクロン法での火成岩の放射年代と NdI 値の決定

ある地質時代に($t=0$)に，ある起源物質から 4 種類の火成岩が形成されたとする．これらの火成岩の形成時には，そのうちの$^{143}Nd/^{144}Nd$ はほぼ等しいが，Sm/Nd($^{147}Sm/^{144}Nd$)がことなっていたとすると，$^{143}Nd/^{144}Nd$—$^{147}Sm/^{144}Nd$ 図上で，a～d のように位置することになる．これらのうちでの$^{147}Sm/^{144}Nd$ と$^{143}Nd/^{144}Nd$ は，時とともに図の実線にそって変化し，5 億年後には a'～d' になり，10 億年後には a"～d"(a'～d'，a"～d"の$^{147}Sm/^{144}Nd$ と$^{143}Nd/^{144}Nd$ は測定値)になっていることをしめす．直線 a'-d' と a"-d"はそれぞれ 1 つの直線(アイソクロン)をなし，それと$^{143}Nd/^{144}Nd$ 軸との交点が，火成岩(マグマ)形成時の Nd 同位体比(NdI 値)にあたる．アイソクロンと $t=0$ の傾斜角(α)の大小は，時間(火成岩の放射年代)の大小に対応している．放射年代(T)は $\tan\alpha = e^{\lambda t} - 1$($\lambda$は壊変定数)で算出

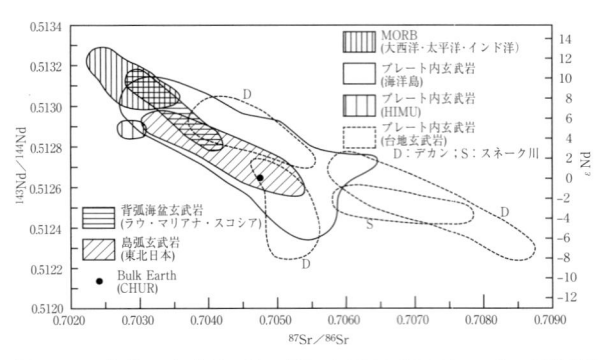

図3-12 各種の玄武岩の$^{87}Sr/^{86}Sr$と$^{143}Nd/^{144}Nd$(εNd)の関係図
文献；MORB・海洋島玄武岩；Staudigel, et al. (1984)；HIMU玄武岩：Chaffey, et al. (1989)・Woodhead (1996)；台地玄武岩：Cox・Hawkesworth (1985)・Menzies, et al. (1984)；背弧海盆玄武岩：Saunders・Tarney (1991)；島弧玄武岩：Ohki, et al. (1994)

判別図としても利用される.

ここで，εNdはつぎのように定義される.

$$\varepsilon Nd = |(^{143}Nd/^{144}Nd)_{IROCK}/(^{143}Nd/^{144}Nd)_{ICHUR} - 1| \times 10^4 \quad \cdots(3.2.2)$$

コンドライトと同一の$^{147}Sm/^{144}Nd$をもつと考えられる地球(Chondritic Uniform Reservior；CHUR)が，創成以降現在まで閉鎖系を維持していると仮定すると，コンドライトの$^{147}Sm/^{144}Nd$と$^{143}Nd/^{144}Nd$(いずれも現在値)から，さまざまな地質時代のCHURの$^{143}Nd/^{144}Nd$が式(3.2.2)で算出される．εNdは火成岩の$^{143}Nd/^{144}Nd$初生値とその放射年代のCHURの$^{143}Nd/^{144}Nd$とを比較したもの.

火成岩のεNdがプラスのときには，そのマグマを生成した起源物質はデプリートしている(CHURよりもNd/Sm比にとぼしい)といい，反対にεNdがマイナスの場合には，起源物質はエンリッチしている(CHURよりもNd/Sm比に富む)という．多くの研究者に採用されているCHURの$^{147}Sm/^{144}Nd$と$^{143}Nd/^{144}Nd$の現在値は，それぞれ0.1966と0.512638で，地球創成期(46億年前)の$^{143}Nd/^{144}Nd$は0.50663とされている．なおBulk EarthはCHURとおなじ意味で使用される.

つぎに，εSrもεNdと同様に次式で算出できる.

$$\varepsilon Sr = |(^{87}Sr/^{86}Sr)_{IROCK}/(^{87}Sr/^{86}Sr)_{ICHUR} - 1| \times 10^4 \quad \cdots(3.2.3)$$

ただしεSrではεNdのときと逆で，プラスのときがエンリッチ(起源物質はCHURよりもRb/Sr比に富む)，マイナスのときがデプリート(起源物質はCHURよりもRb/Sr比にとぼしい)である．CHURの$^{87}Rb/^{86}Sr$と$^{87}Sr/^{86}Sr$の現在値としては，それぞれ0.0827と0.7045が採用されること多い．また地球創成期(46億年前)の$^{87}Sr/^{86}Sr$としては0.69897が採用されている.

3.2.C 火成岩研究の役割——いくつかの研究例

Sr・Nd・Pbなどの放射起源同位体による研究は，火成岩の成因を解明するうえでも大きな役割を発揮している．ここではいくつかの実際の研究例にもとづいてのべる.

まず玄武岩質マグマの結晶分化作用と同化作用で形成された火成岩の$^{87}Sr/^{86}Sr$について考えてみる．玄武岩質マグマの結晶分化作用で中性岩～フェルシック岩が形成

図 3-13 新潟県北部の明神岩安山岩類(鮮新世)の SiO_2 と SrI・NdI の関係(Kondo, et al., 2000)

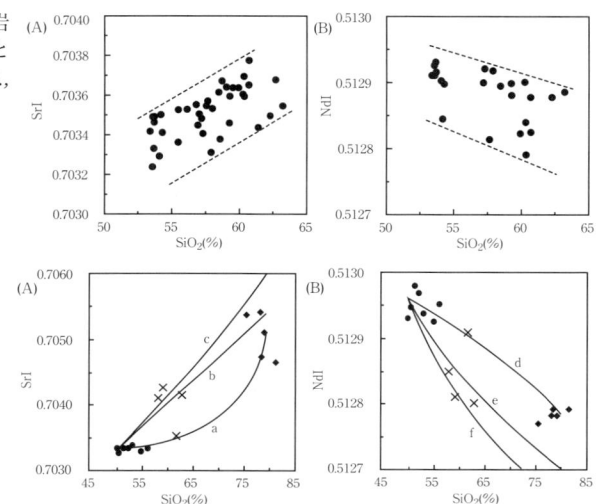

図 3-14 北海道地方遠軽地域の玄武岩・安山岩・流紋岩(約 8 Ma)の SiO_2 と SrI・NdI の関係(Yamashita, et al., 1999 にもとづく)

(A)の曲線 a～c：玄武岩質マグマと SrI・Sr 含有量をことにする 3 種の流紋岩質マグマとの混合線

(B)の曲線 d～f：玄武岩質マグマと NdI・Nd 含有量をことにする 3 種の流紋岩質マグマとの混合線

されるときには $^{87}Rb/^{86}Sr$ が各岩石ごとにことなるが，$^{87}Sr/^{86}Sr$（第四紀火山岩では測定値，古い地質時代の岩石であれば SrI 値）には，ほとんどちがいがみられない（図 3-16 A 参照）．しかし結晶分化作用の過程で，$^{87}Sr/^{86}Sr$ が高く $^{143}Nd/^{144}Nd$ の低い地殻物質を同化すると，SiO_2 にとぼしい岩石よりも，SiO_2 に富む岩石のほうが高い $^{87}Sr/^{86}Sr$・低い $^{143}Nd/^{144}Nd$ をもつようになる（図 3-13）．このような作用が同化分別結晶作用（assimilation and fractional crystallization；AFC）である．図 3-13 の安山岩は玄武岩質マグマが分別結晶作用する過程で地下のカコウ岩質岩石を同化して形成されたと説明されている．また $^{87}Sr/^{86}Sr$・$^{143}Nd/^{144}Nd$ がことなるマフィックマグマとフェルシックマグマが混合するときには，両者の中間的な $^{87}Sr/^{86}Sr$・$^{143}Nd/^{144}Nd$ をもつ中性岩が形成されうる．図 3-14 は玄武岩質マグマと流紋岩質マグマの混合で安山岩が形成されたことをしめす例である．このようなことから火成岩の $^{87}Sr/^{86}Sr$ や $^{143}Nd/^{144}Nd$ などの研究は，火成岩の多様性の要因をあきらかにするうえで，重要な役割をになっている．

3.3 安定同位体

これまでのべてきたのは，放射起源同位体を利用した研究についてであるが，O・H・S などの同位体のうちの安定同位体による研究(詳細は酒井・松久，1996 などを参照)も，雨水・海水・温泉水・硫化鉱物や硫酸塩鉱物などの研究のみでなく，火成岩や隕石についての成因的問題を解明するうえでかかせないものである．

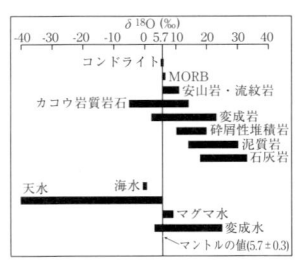

42　3．火成岩の微量元素組成と同位体組成

図 3-15　各種の岩石と水のδ^{18}O（Rollinson，1993）

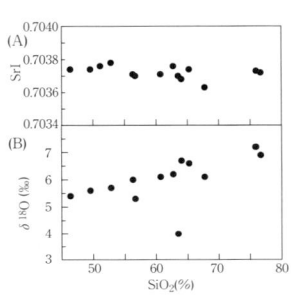

図 3-16　結晶分化作用で形成されたソロモン諸島のハンレイ岩—閃緑岩—トーナライト—トロニェマイトのSiO_2とSrI・δ^{18}Oの関係（Chivas, et al., 1982のデータより作成）

3.3.A　酸素同位体

Oには^{18}O・^{17}O・^{16}Oの3種の同位体が存在する．その大部分は^{16}Oであるが，^{18}Oは約0.2%，^{17}Oは約0.07%ふくまれている．そこでOの同位体比は^{18}O/^{16}Oと^{17}O/^{16}Oでしめす．

試料間のO同位体比（^{18}O/^{16}O・^{17}O/^{16}O）を比較するときは，それらを直接比較するのではなく，標準物質にたいする，それぞれの試料のO同位体比の偏差（‰単位）を測定して比較するという方法がとられている．標準物質としては**SMOW**（Standard Mean Ocean Water；平均海洋水）が使用される．試料の^{18}O/^{16}O・^{17}O/^{16}Oの平均海洋水のそれぞれからのずれをδ^{18}O・δ^{17}Oと表示する．

すなわち各試料について，つぎの値を算出して比較する．

$\delta^{18}O = \{(^{18}O/^{16}O)_{試料}/(^{18}O/^{16}O)_{SMOW} - 1\} \times 10^3$（‰）

$\delta^{17}O = \{(^{17}O/^{16}O)_{試料}/(^{17}O/^{16}O)_{SMOW} - 1\} \times 10^3$（‰）

地球の構成物質や隕石のδ^{18}Oには，図3-15にしめすようなちがいがある．コンドライトは，せまい範囲のδ^{18}O値（5.7±0.3‰）をもつことから，マントル物質もこれとにたδ^{18}O値をもつと考えられている．ハワイ島の玄武岩で組成がことなるものでは，δ^{18}O値に若干のちがいがあることから，マントル物質にはO同位体比に関して，若干の不均質性が存在するという考えもある．

火成岩・変成岩・堆積岩などは，マントル物質よりも高いδ^{18}O値をもつ．一方，海水や雨水などは，マントル物質よりも低いδ^{18}O値をもつ．このようにδ^{18}O値に関しては，マントル物質の値をはさんで，海水や雨水と上記の岩類とは正反対の性質をもつ．

マグマの結晶分化作用の進行とともに，^{87}Sr/^{86}Sr（図3-16 A）や^{143}Nd/^{144}Ndなどの重い同位体どうしの比とことなり，^{18}O/^{16}Oはすこしずつ変化する（マグマ中の固相—メ

図3-17 各種の岩石やダイアモンドなどのδ^{13}C(Rollinson, 1993)

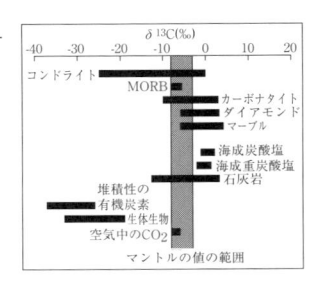

図3-18 世界各地のカーボナタイトのδ^{18}Oとδ^{13}Cの関係(Nelson, et al., 1988にもとづく)

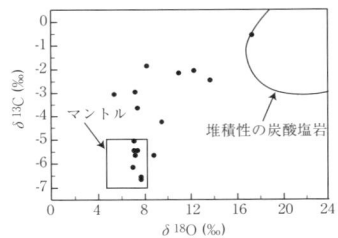

ルト間でO同位体は分別する)ことが知られている(図3-16 B)．

現在では，マグマの結晶分化作用・マグマ混合作用・マグマの同化作用などの解析をするうえで，O同位体比による多くの研究がなされている．

3.3.B 水素同位体

H同位体比(D/H；Dは重水素^{2}H)は

$$\delta D = \{(D/H)_{試料}/(D/H)_{SMOW} - 1\} \times 10^3 (‰)$$

で計算される．1970～1980年代にカコウ岩質マグマの水の起源をあきらかにするために，日本の諸地域のカコウ岩やそれにふくまれる角閃石・黒雲母などの含水珪酸塩鉱物*のH同位体比による研究が進展した(たとえば黒田ほか，1989)．

*：珪酸塩鉱物のなかで水(OHとして)をふくむものが含水珪酸塩鉱物で，それをふくまないものが無水珪酸塩鉱物(カンラン石・輝石など)である

3.3.C 炭素同位体

試料のC同位体比(^{13}C/^{12}C)は，アメリカ合衆国のカロライナ州にみられるピーディー(Peedee)層から産出した白亜紀の矢石(Peedee formation Belemnite；PDB)のそれとの比較から

$$\delta^{13}C = \{(^{13}C/^{12}C)_{試料}/(^{13}C/^{12}C)_{PDB} - 1\} \times 10^3 (‰)$$

で計算される．

地球の構成物質や隕石のδ^{13}Cは，図3-17にしめすようなちがいがある．コンドライトはかなりひろい範囲のδ^{13}C値(-25～0‰)をもつが，カーボナタイト・キンバーライト・ダイアモンドなどの測定値から推定される，マントル物質のδ^{13}C値はかなりせまい範囲のもの(-3～-8‰で平均値は約-6‰)である．MORBの平均的なδ^{13}C値はマントルのそれにちかく-6.6‰である．一方，海成炭酸塩・海成重炭酸塩などは，これらよりも高いδ^{13}C値(-2～+2‰)をもつ．

ことなる起源をもつ炭酸塩岩を識別し，カーボナタイトの成因を考察するうえで

δ^{18}O 値—δ^{13}C 値図が有効であると考えられている．図 3-18 にしめす世界各地のカーボナタイトのうち，マントル物質よりも高い δ^{18}O 値・δ^{13}C 値をもつものは，マントルで生成されたカーボナタイト質マグマと地殻物質との反応で形成されたと説明されている．

3.3.D　イオウ同位体

試料の S 同位体比（^{34}S/^{32}S）は，隕石のそれとの比較から

$$\delta^{34}S = \{(^{34}S/^{32}S)_{試料}/(^{34}S/^{32}S)_{隕石} - 1\} \times 10^3 (‰)$$

で計算される．マグネタイト系カコウ岩とイルメナイト系カコウ岩のあいだで，S 同位体比に系統的なちがいがあることから，カコウ岩の成因をあきらかにするうえでS 同位体比の研究は重要視されている．

4. 火成岩の記載的特徴

　この章は火成岩についての各論に相当し，超マフィック岩・マフィック岩・中性岩・フェルシック岩ごとにのべる．なお日本には非アルカリ岩系の岩石がいちじるしく多いので，アルカリ岩系・非アルカリ岩系に区分して記述するときは非アルカリ岩系からとする．また，おなじ岩系のもののなかでは，細粒な岩石(火山岩)・中間的な粒度の岩石(いわゆる半深成岩)・粗粒で完晶質な岩石(深成岩)の順にのべる．

4.1　超マフィック岩

　超マフィック岩は鉱物組成上はカンラン石・輝石・角閃石などのマフィック鉱物に富み，斜長石がふくまれているときも30%以下である．SiO_2含有量は多くのもので40%前後で，45%をこえるのはまれである．したがって超マフィック岩領域の多くの岩石は超塩基性岩であるが，超塩基性岩でないものもある．たとえば輝岩がこれに相当する(§2.2.C参照)．

　おもな超マフィック岩はコマチアイト(komatiite)・カンラン岩(peridotite)・蛇紋岩(serpentinite)・コートランダイト(cortlandite)・キンバーライト(kimberlite)・輝岩(pyroxenite)・ホルンブレンダイト(hornblendite；角閃石岩)などである．これらのうちで最も多いのは，カンラン岩と蛇紋岩である．なおアルカリ質の火成岩に密接にともなって産出するカーボナタイト(carbonatite)は，しばしばキンバーライトにもともなわれるので，ここでのべる．

4.1.A　コマチアイト

　始生代〜原生代初期のグリーンストーン帯(greenstone belt)に産出する超マフィックな溶岩をコマチアイトという．おもにカンラン石と輝石からなるが，カンラン岩とは組織がいちじるしくことなる(写真4-1)．代表的なものは大型の平板状〜放射状のカンラン石や，それが変成作用をうけて形成された蛇紋石のあいだを，急冷で形成された細長い骸晶状の輝石と変成鉱物の緑泥石(§11.1.C参照)が充填した組織を

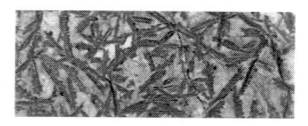

放射状スピニフェックス組織をしめす．暗色部はカンラン石より2次的に生じた蛇紋石，灰色部は"急冷"によって生じた輝石とガラスから変質した蛇紋石など

写真4-1 カナダ楯状地アビティビ(Abitibi)地域の始生代コマチアイトのボーリングコアの研磨面の写真(岩石は高澤栄一氏提供；横幅約7.5 mm)

表4-1 コマチアイトの主化学組成(Nesbitt, 1971；単位：重量%)

	(1)	(1)′	(2)	(2)′
SiO_2	40.25	44.28	45.81	46.91
TiO_2	0.16	0.18	0.37	0.38
Al_2O_3	3.58	3.94	7.35	7.53
Fe_2O_3	4.64	5.10	1.49	1.53
FeO	4.43	4.87	10.13	10.37
MnO	0.18	0.20	0.14	0.14
MgO	34.78	38.26	21.75	22.27
CaO	2.63	2.89	8.78	8.99
Na_2O	0.14	0.15	1.48	1.52
K_2O	0.04	0.04	0.27	0.28
$H_2O(+)$	9.29	fr	2.08	fr

(1)：オーストラリア連邦西部のカンラン岩質コマチアイト
(1)′：同上・H_2O（+）をのぞいた換算値
(2)：オーストラリア連邦西部の玄武岩質コマチアイトの平均値
(2)′：同上・H_2O（+）をのぞいた換算値

もつ．この組織はマグマの急冷で形成されたことをしめしている．このような特異な組織をスピニフェックス(spinifex)組織*という．これはオーストラリア連邦の砂漠に生息する草の1種である，スピニフェックスの葉の形ににていることから命名されたものである．コマチアイトはこのような組織をもつことから，火山性の超マフィック岩と考えられている．玄武岩質の火山岩層中に細長いレンズ状にみられるが，玄武岩質溶岩との互層状のこともある．その場合，両者とも枕状溶岩(§5.3.A-b参照)であることがめずらしくない．化学組成からは，コマチアイトはカンラン岩質コマチアイトと玄武岩質コマチアイトに大別される(表4-1)．これらは南アフリカ共和国北東部のバーバトン(Barberton)山地やオーストラリア連邦西部のイルガン(Yilgarn)地域などに典型的に産出する．

*：結晶が急速に成長すると，しばしば樹枝状(dendritic)になる．火山岩の輝石・カンラン石・鉄鉱鉱物などにみられる．コマチアイトのスピニフェックス組織も樹枝状組織の1種

玄武岩質マグマは，上部マントルを構成するカンラン岩が部分溶融することで生成されると一般的に考えられている．最近の上部マントルに相当する温度・圧力下でのカンラン岩の溶融実験の結果によれば(Takahashi.et al., 1993；Hirose・Kushiro, 1993)，玄武岩質マグマの生成温度は部分溶融がおこる深さ(圧力)にもよるが，1,100～1,500℃程度と考えられる．一方，コマチアイト質マグマの生成には1,700℃以上の高温を必要としている．このことから始生代～原生代初期の上部マントルは温度が高かったと推定されている．

4.1.B カンラン岩

日本ではオフィオライトにともなわれるカンラン岩が蛇紋岩になっていることが多い．蛇紋岩は変成岩の1種であるが，蛇紋石とともにここでのべる．

4.1.B-a 鉱物組成による分類

カンラン岩は図4-1のように，斜方輝石(おもにエンスタタイト)-カンラン石-単斜輝石(おもにディオプサイド)の量比をもとに，ダナイト(dunite；ほとんどカンラ

図4-1 超マフィック岩の分類(Streckeisen, 1976)
灰色部：カンラン岩；白色部：輝岩；Opx：斜方輝石；
Ol：カンラン石；Cpx：単斜輝石

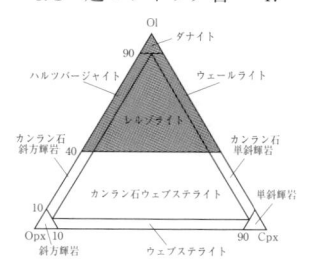

ン石)・ハルツバージャイト(harzburgite；おもにカンラン石と斜方輝石)・ウェールライト(wehrlite；おもにカンラン石と単斜輝石)・レルゾライト(lherzolite；カンラン石・斜方輝石・単斜輝石)の4種類に分類される．なおカンラン石のほかにクロムスピネルを多量(20%以上)にふくむカンラン岩があり，これをクロミタイト(chromitite)ということがある．野外ではこの岩石はダナイトにともなってみられることが多い．

一方カンラン岩は，カンラン石・輝石以外の少量の随伴鉱物をもとに，**斜長石カンラン岩**(plagioclase peridotite)・**角閃石カンラン岩**(hornblende peridotite)・**スピネルカンラン岩**(spinel peridotite)・**ザクロ石カンラン岩**(garnet peridotite)のように分類されることがある．これらは化学組成上はにているが(表4-2)，おもに圧力のちがいで形成されたものと考えられている．この順に高圧下で形成されたものである．カンラン岩にはこのほかに，ピコタイト・マグネタイト・フロゴパイトなどがごく少量ふくまれることがある．一般にカンラン岩は中〜粗粒の完晶質岩で，多くは半

表4-2 カンラン岩・キンバーライト・輝岩の主化学組成（単位：重量%）

	(1)	(2)	(3)	(4)	(5)	(6)	(7)	(8)
SiO_2	45.32	44.21	44.20	43.97	33.2	27.6	52.15	49.54
TiO_2	0.06	0.15	0.13	0.07	1.97	1.65	0.40	0.50
Al_2O_3	4.41	4.13	2.05	1.64	4.45	3.17	3.72	6.17
Cr_2O_3			0.44	0.49			0.85	0.68
Fe_2O_3	1.44	1.94					2.16	1.91
FeO	6.37	6.98	8.29*	6.83*	9.5*	7.62*	4.03	4.12
MnO	0.13	0.15	0.13	0.11	0.17	0.13	0.15	0.14
MgO	38.51	37.68	42.21	44.73	22.8	24.3	21.80	21.03
NiO			0.28	0.36				
CaO	2.73	3.13	1.92	1.10	9.4	14.1	14.12	15.04
Na_2O	0.30	0.53	0.27	0.12	0.19	0.23	0.40	0.68
K_2O	0.02	0.13	0.06	0.03	0.79	0.79	0.06	0.05
P_2O_5	0.00	0.01	0.03	0.06	0.65	0.55	0.01	0.02
$H_2O\pm$	0.70	0.95			10.7	18.7	0.33	0.89
CO_2			0.036	0.038				

*：全Fe含有量(FeO)

(1)：ザバルガッド(Zabargad)島(紅海)の斜長石カンラン岩(Z-92；Bonatti, et al., 1986)
(2)：ザバルガッド島の角閃石カンラン岩(Z-36；Bonatti, et al., 1986)
(3)：スピネルカンラン岩捕獲岩(384個の平均値；Maal φ e・Aoki, 1977)
(4)：タンザニアのラシャイン(Lashaine)火山のザクロ石カンラン岩捕獲岩(8個の平均値；Rhodes・Dawson, 1975)
(5)：南アフリカ共和国のレソト(Lesotho)地域のキンバーライト25個の平均値(Gurney・Ebrahim, 1973
(6)：シベリアのキンバーライト623個の平均値(Ilupin・Lutts, 1971)
(7)：秋田県一の目潟のスピネルウェブステライト捕獲岩 (Aoki・Shiba, 1974)
(8)：秋田県一の目潟のザクロ石ウェブステライト捕獲岩 (Aoki・Shiba, 1974)

写真 4-2 レルゾライト(北海道地方日高変成帯幌満岩体産;薄片は高澤栄一氏提供;直交ニコル・横幅約 4 mm)

自形～他形粒状組織をもつが(写真 4-2),ホルンブレンドをふくむときは大型のホルンブレンドのことが多い.

　カンラン岩の化学組成上の特徴はほかの火成岩と比較して,MgO に富むことである(表 4-2 参照).MgO を 20% 以上ふくむものがほとんどで,40% 以上ふくむものもよくみられる.SiO$_2$ は 45% 以下のものが多く,Al$_2$O$_3$・CaO・Na$_2$O・K$_2$O などはすくないのが一般的である.

蛇紋岩　おもに蛇紋石からなり,まれに少量のマグネタイト・クロマイト・炭酸塩鉱物などをともなう.蛇紋石や炭酸塩鉱物には網状構造(写真 2-14 参照)がみられることがよくある.カンラン岩が広域変成作用や変質作用をうけると,ふくまれるカンラン石と輝石は蛇紋石に変化し,カンラン岩は蛇紋岩化してゆく.この作用が**蛇紋岩化作用**(serpentinization)である.蛇紋岩化はカンラン岩が水(おもに外部からの水)と反応することでおこると考えられている.すなわちカンラン石・輝石のうち Mg に富むものは,約 600℃ 以下の温度下で熱水による変質作用や変成作用をうけると蛇紋石に変化する.

蛇紋石:リザーダイト・クリソタイル・アンチゴライトなどの多形(同質異像)鉱物があるが,変成作用が比較的低温でおこったときに形成される蛇紋石は,おもにリザーダイトやクリソタイルで,変成作用が高温のときには蛇紋石はおもにアンチゴライトに変化する.

4.1.B-b　カンラン岩の変種

　コートランダイト・キンバーライトなどがある.

コートランダイト　ホルンブレンドカンラン岩の 1 種で,大きいホルンブレンドが微小なカンラン石・輝石・斜長石をポイキリティックにふくむ特異な組織をもつ岩石(写真 2-10 参照).少量の黒雲母・マグネタイト・スピネルなどをともなうこともある.おもにカコウ岩地帯(日本では領家変成帯や阿武隈変成帯など)のハンレイ岩にともなわれることが多い.

キンバーライト　カンラン石・斜方輝石・単斜輝石・フロゴパイト・ザクロ石・スピネル・アパタイト・マグネタイトなどからなり,いちじるしく蛇紋岩化したり,炭酸塩化しているものも多い(写真 4-3).カンラン岩と比較して,SiO$_2$ や MgO にとぼしく,CaO に富むことが一般的(表 4-2 参照).斑晶鉱物と石基鉱物を区別できるものも多いが,破砕組織も形成されている.Mg に富む雲母(フロゴパイト)をかなりの量ふくむので**雲母カンラン岩**(mica peridotite)ともいう.これらの鉱物のほかに,上部マントルを構成するカンラン岩・エクロジャイトなどの岩石の破片やダイアモンド[1] などの鉱物を**包有物**[2](inclusion)としてふくむことで有名(写真 4-4).

＊1:ダイアモンドは地下約 100 km ないしそれ以深に相当する高圧下で安定であることが実験で確認

写真 4-3　キンバーライト(南アフリカ共和国キンバレイ産；岩石は諏訪兼位氏提供；直交ニコル・横幅約 4 mm)
　丸みをおびた斑晶鉱物のほとんどがカンラン石で，石基は方解石および酸化鉱物(Fe-Ti 酸化物やペロブスカイトをふくむ)などからなる

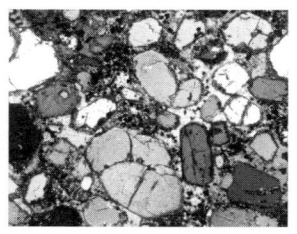

写真 4-4　キンバーライト中に捕獲されたザクロ石カンラン岩(南アフリカ共和国キンバレイ産；岩石は諏訪兼位氏提供；単ニコル・横幅約 4 mm)

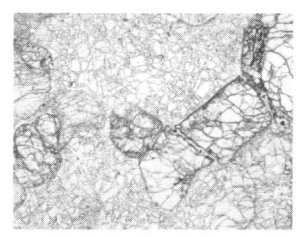

されているので，ダイアモンドをふくむキンバーライトはこれより深所からもたらされたものといえる．南アフリカ共和国中部キンバリー(Kimberley)地域・アフリカ中央部・シベリア東部のヤークーツク(Yakutsk)地域・ノルウェー王国南部のフェン(Fen)地域などは，キンバーライトの産地としてよく知られている．

*2：包有物が岩石のときには捕獲岩(xenolith)といい，鉱物のときには外来結晶(xenocryst；捕獲結晶)

　キンバーライトは火山性爆発で形成されたもので，おもに大陸地域の始生界分布域に直径が 1〜10 m 前後のパイプ状などの岩体としてみられるが，まれに岩床状のものもある．その活動は始生代から新生代まで，いろいろな時代にわたっている．

4.1.B-c　カーボナタイト

　おもに方解石やドロマイト(§7.3 参照)からなるマグマ起源の炭酸塩岩(写真 4-5)．少量のカンラン石・アパタイト・単斜輝石・黒雲母・フロゴパイト・マグネタイト・コランダム・パイロクロア(Ti・Ta・Nb などに富む鉱物)などをともなうこともある．原生代〜古生代のものが多く，安定大陸地域(リフト帯をふくむ)に典型的にみられる．閃長岩・ネフェリン閃長岩・アイジョライトなどのアルカリ質〜強アルカリ質の火成岩にともなって，直径数 km 以下の小規模な岩体としてみられることが多い．南アフリカ共和国のプレミヤー(Premier)鉱山のものように，キンバーライトを貫入する岩脈としてみられることもある．堆積性の炭酸塩岩とは，鉱物組成・組織のちがいでけでなく，$\delta^{18}O$ と $\delta^{13}C$ のちがいで区別されることが多い(図 3-18 参

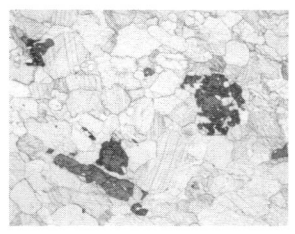

写真 4-5　カーボナタイト(ノルウェー王国アルノー(Alno)産；薄片は宮崎　隆氏提供；単ニコル・横幅約 4 mm)
　黒色の鉱物はエジリン

照).

4.1.B-d　カンラン岩の産状

カンラン岩は産状からみて①〜④に区分される.

①：ハンレイ岩やドレライトなどとともに層状貫入岩体(§5.4.B-d参照)の一部を構成するもの

②：造山帯(変動帯)に貫入したもの

③：アルカリ玄武岩やキンバーライトの捕獲岩

④：中央海嶺(海膨)にみられるもの

①の例としてはアメリカ合衆国のモンタナ州のスティルウォーター(Stillwater)層状貫入岩体などが有名で，岩体の底部には厚さ1km以上の層状カンラン岩がみられる．このようなカンラン岩はソレアイト質の玄武岩質マグマから晶出したカンラン石や輝石が集積して形成された**集積岩**(accumulative rock；沈積岩・cumulate)としてみられることが多い．

②はアルプス型カンラン岩(alpine type peridotite)といわれ，造山帯で横臥褶曲や押しかぶせ褶曲にともなって貫入したものと考えられてきた．しかし1970年代以降は，アルプス型カンラン岩の多くは，玄武岩やハンレイ岩をともなってオフィオライト(ophiolite)を構成するものとみなされるようになった．②には地殻の下部〜上部の衝上帯にともなって上部マントルのカンラン岩が地表にもたらされたものもある．北海道地方の日高変成帯主帯の下部にみられる幌満カンラン岩体は，この種のものとしては世界的に有名である．このほかに**蛇紋岩メランジ**(serpentinite melange)としてみられるものもある．日本では北海道地方の神居古潭変成帯や四国地方の黒瀬川構造帯に大規模な蛇紋岩メランジがみられる．

オフィオライト　超マフィック岩・ハンレイ岩・ドレライト(岩脈)・玄武岩(枕状溶岩)・チャートなどからなる複合岩体で，造山帯にみられる．地中海東部のキプロス島のトロードス(Troodos)オフィオライトやアラビア半島のオマーン(Oman)オフィオライトなどでは，これらの岩石が下位から順に積み重なっていることから(図4-2)，1970年代にはオフィオライトの多くは，海洋プレートの沈み込みにともなって付加あるいは陸側にのりあげた海洋プレートの断片とみなされた．そののち世界各地のオフィオライトの岩石学的研究が進展した結果，これには島弧あるいは背弧海盆のリソスフェアの断片に由来するものもあることがわかってきた．日本では舞鶴帯・神居古潭変成帯・幌尻オフィオライト帯(日高変成帯西帯)などにみられる岩石構成があきらかにされている．最近ではプリュームテクトニクス(plume tectonics)が提唱されたことで，西〜南太平洋の巨大海台を構成する玄武岩と，オフィオライトの玄武岩の微量元素組成や各種の同位体組成($Sr \cdot Nd \cdot Pb$ などの同位体比)などの研究が進展してきた．その結果，日本のオフィオライトの一部は海台の断片である可能性がでてきている(Tatsumi, et al., 1998；榊原ほか，1999など).

蛇紋岩メランジ　現地性や外来性のさまざまな大きさの岩片や岩塊が，蛇紋岩からなる基質中にふくまれる地質体で，全体的に断層運動を激しくうけている．岩片や岩塊は，蛇紋岩の塊状岩のほかに変成岩・火成岩・堆積岩などからなる．

②〜④の多くは，上部マントル物質の一部が地上や海底にもたらされたものと考えられる．②にはカンラン岩やほかの超マフィック岩が，同心円状の複合岩体(岩体全体としてはカンラン岩よりも輝岩やホルンブレンダイトなどが多い)となっているものもあり，これを**累帯超マフィック岩体**(zoned ultramafic complex)といい，アルプス型カンラン岩から区別することがある．この複合岩体は円筒状またはそれにち

図 4-2 オマーンオフィオライトの模式柱状図(Nicolas, 1989 を簡略化)

この図では構造的な方向は考えられているが,各岩相の相対的な厚さは正確ではない.オマーンオフィオライトでは最大の厚さが約 14 km (上位の溶岩から下位のマントル上部のカンラン岩まで)におよぶ海洋プレートの断面がみられる.図中のアンバー(umber)はおもに鉄鉱鉱物の風化産物や Mn の酸化物からなる黒褐色の細粉状の堆積物で,枕状溶岩のあいだや枕状溶岩をおおってみられることが多い

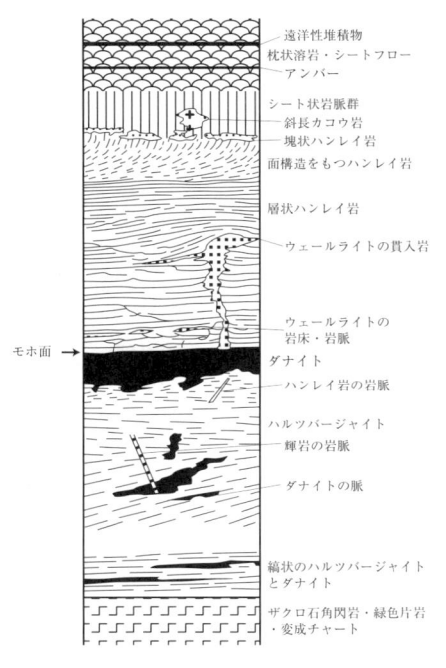

(図中ラベル：遠洋性堆積物／枕状溶岩・シートフロー／アンバー／シート状岩脈群／斜長カコウ岩／塊状ハンレイ岩／面構造をもつハンレイ岩／層状ハンレイ岩／ウェールライトの貫入岩／ウェールライトの岩床・岩脈／ダナイト／ハンレイ岩の岩脈／ハルツバージャイト／輝岩の岩脈／ダナイトの脈／縞状のハルツバージャイトとダナイト／ザクロ石角閃岩・緑色片岩・変成チャート／モホ面)

かい貫入岩体で,個々の岩体は比較的小規模(長径は 1 km 前後が多い)であるが,数 100 km 以上にわたって点状に分布する.ウラル山地やアラスカ南東部がこれらの産地として有名.

4.1.C 輝岩・ホルンブレンダイト

輝岩 おもに輝石からなるので輝石の化学組成ににており,SiO_2 含有量は 50% 前後のものが多い(表 4-2 参照).図 4-1 にしめされるように,おもに斜方輝石のみからなるものを**斜方輝岩**(orthopyroxenite),おもに単斜輝石のみからなるものを**単斜輝岩**(clinopyroxenite),斜方輝石と単斜輝石の両者をふくむものを**ウェブステライト**(websterite)という.しばしばカンラン石がふくまれ,そのときの岩石名は図 4-1 にしめした.そのほかにごく少量ではあるが,ホルンブレンド・斜長石・ピコタイト・クロマイト・マグネタイト・イルメナイトなどをふくむ.産状はカンラン岩やハンレイ岩にともなわれた,比較的小規模な岩体が多い.またキンバーライトや玄武岩中の捕獲岩としてもみられる.

ホルンブレンダイト ほとんどがホルンブレンドからなり,まれに少量の輝石・カンラン石・斜長石を少量ふくむ.産状は輝岩と同様.

4.1.D おもな鉱物

ここで超マフィック岩のおもな鉱物であるカンラン石と輝石についてのべる.カンラン石はマフィック岩の主要な鉱物でもあり,輝石はマフィック岩・中性岩の主要な鉱物でもある.

4.1.D-a カンラン石

化学式は $(Mg,Fe)_2SiO_4$ である.Mg に富むものは緑黄(オリーブ色)～灰色である

が，Feに富むものは黒色である．カンラン石はフォルステライトとファヤライトを端成分とする固溶体である．カンラン石の分析値はSiO_2・FeO・MnO・MgO・CaO・NiOの重量％であらわし，Foは$100 \times Mg/(Mg+Fe)$（分子比）であらわす．これを一般的にMg値(Mg-number)いう．この値が90であれば$Fo_{90}Fa_{10}$(Fo_{90}のように略記することもある)のようにあらわす．カンラン石はFoの値(%)で，フォルステライト($Fo_{100\sim90}$)・クリソライト($Fo_{90\sim70}$)・ハイアロシデライト($Fo_{70\sim50}$)・ホルトノライト($Fo_{50\sim30}$)・フェロホルトノライト($Fo_{30\sim10}$)・ファヤライト($Fo_{10\sim0}$)に区分される．

岩石によくみられるカンラン石は，Foが95〜60くらいのMgに富むもので，カンラン岩・玄武岩・ハンレイ岩，一部の安山岩などの火成岩や，MgO・FeOに富む高度変成岩の主成分鉱物である．Fa成分に富むものは，一部のカコウ岩，FeOに富む安山岩やデイサイト（アイスランダイト質の），一部の流紋岩・アルカリ岩・ペグマタイト，特殊な変成岩などにみられる．

4.1.D-b　輝石
斜方晶系の斜方輝石と単斜晶系の単斜輝石の2群に大別される．

4.1.D-b 1　斜方輝石
エンスタタイト(En)とフェロシライト(Fs)を端成分とする固溶体．化学式は$(Mg,Fe)SiO_3$で，カンラン石$(Mg,Fe)_2SiO_4$より$(Mg,Fe)O$だけがすくない関係になっている．一般に少量のCa・Al・Fe^{3+}・Mnなどをふくむ．斜方輝石は，エンスタタイト・ブロンザイト・ハイパーシン・フェロハイパーシン・ユーライト・フェロシライトに区分される．

組成はEnとFsとであらわす．なおEnは$100 \times Mg/(Mg+Fe)$（分子比）でしめされ，この値（Mg値）が75であれば$En_{75}Fs_{25}$(En_{75}のように略記することもある)のようにあらわす．組成はエンスタタイト($En_{100\sim90}$)・ブロンザイト($En_{90\sim80}$)・ハイパーシン($En_{80\sim50}$)・フェロハイパーシン($En_{50\sim30}$)・ユーライト($En_{30\sim10}$)・フェロシライト($En_{10\sim0}$)である．

En成分に富むものは暗灰色であるが，Fs成分が増加するにつれて黒色がかってくる．エンスタタイトはおもに超マフィック岩に，ブロンザイトとハイパーシンはマフィック〜中性の火成岩や同質の高度変成岩にみられる．フェロハイパーシンやユーライトはFeOに富むフェルシックな火山岩にみられる．

4.1.D-b 2　単斜輝石
①：Mg・Fe・Caを特徴とするディオプサイド(Di)〜ヘデン輝石($CaFeSi_2O_6$；Hd)・オージャイト(Aug)・ピジョン輝石(Pgt)；②：Na・Fe^{3+}を特徴とするエジリン(Aeg)・エジリンオージャイト(Aeg-aug)；③：Na・Alを特徴とするヒスイ輝石(Jd)・オンファス輝石(Omp)，などにわけられる．
ディオプサイド　化学式は$CaMgSi_2O_6$．ディオプサイド〜ヘデン輝石系の固溶体の中間組成として，サーライトとフェロサーライトがある．いずれも柱状結晶．これらのディオプサイド〜ヘデン輝石系の単斜輝石は図4-3にしめすように，En・Fs・Woを端成分とする固溶体とみなすことができる．ディオプサイドは広い温度・圧力下で安定なので，さまざまな火成岩や変成岩にみられる．Crを多くふくみ(約0.5％以上)，淡緑色のものをとくにクロムディオプサイドということがある．これは超マフィック岩にふくまれることが多い．サーライト・フェロサーライト・ヘデン輝石は比較的低温下で，かつFeに富む化学的条件下で安定で，FeOに富む特殊な火成岩や，

図4-3 単斜エンスタタイト(Cen)─ディオプサイド(Di)─ヘデン輝石(Hd)─単斜フェロシライト(Fs)系の単斜輝石の分類(Poldervaart・Hess, 1951)
組成:分子比.灰色部の組成の輝石は存在しない;Wo:ウォラストナイト)

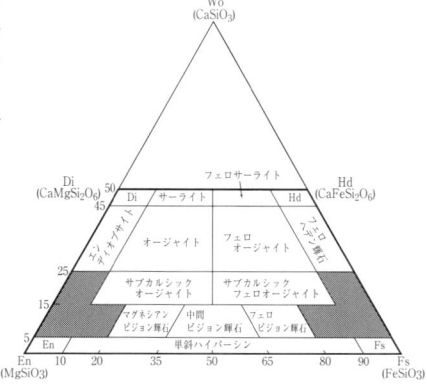

石灰質堆積岩起源の変成岩にみられる.ヘデン輝石は石灰岩スカルン(skarn)に特徴的にみられる.

オージャイト En成分・Fs成分・Wo成分を適量ふくむので,組成変化の範囲が広い(図4-3参照).黒色の柱状結晶である.このうちでFe^{2+}に富むものはフェロオージャイト,Caのすくないものはサブカルシックオージャイト,CaがすくなくFe^{2+}に富むものはサブカルシックフェロオージャイトという.そのほかに少量のTi・Al・Fe^{3+}・Mn・Naなどをふくむが,Tiの比較的多いものをチタンオージャイトという.またNaをある程度ふくむものをソーダオージャイトということがある.オージャイトは超マフィック〜中性の火成岩や変成岩によくみられる.チタンオージャイトはエジリンオージャイトなどとともにアルカリ質のマフィック岩にふくまれる.

ピジョン輝石 Caのすくない単斜輝石で(ただし斜方輝石よりはCaに富む),Mg/Feはかなり変化する(図4-3参照).ピジョン輝石は黒色の柱状結晶で,肉眼ではオージャイトと区別するのはむずかしいが,顕微鏡下では一般に識別が容易(一軸性正号結晶にちかい微小な光軸角をしめすので,コノスコープ像を観察することでオージャイトから区別される).火山岩,とくに玄武岩や安山岩の石基鉱物としてふくまれることが多いが,斑晶鉱物としてふくまれることもある.

エジリン・エジリンオージャイト エジリンの化学式は$NaFe^{3+}Si_2O_6$.エジリンに少量のDi成分とHd成分がふくまれるエジリンオージャイトはエジリンとオージャイトの中間的なものでその組成範囲は広いが,Di・Aeg・Hdを端成分とする固溶体.エジリンは錐鉱石ともいうようにキリの先端のような長柱状(濃緑色)のことが多く,エジリンオージャイトは短柱状のものが多い.両者ともアルカリ質の火成岩,たとえば石英閃緑岩・閃長岩・粗面岩・アルカリカコウ岩などにみられる.

ヒスイ輝石 化学式は$NaAlSi_2O_6$で,しばしば少量のCa・Mg・Fe^{3+}・Fe^{2+}をふくむ.柱状結晶で,白色・緑色・紫色・褐色などのものがあり,きれいなものは宝石のヒスイとして利用.ヒスイ輝石は比較的低温・高圧下で安定な鉱物で,そのような条件下で形成された変成岩(たとえば三波川変成帯や神居古潭変成帯のランセン石片岩)にふくまれる.蛇紋岩にともなわれるものもある(新潟県小滝など).

オンファス輝石 化学式は$(Na,Ca)(Mg,Fe^{2+},Fe^{3+},Al)Si_2O_6$.すなわちJd・Di・Hdを端成分とする固溶体.オンファス輝石はディオプサイドにた単斜輝石であるが,

ディオプサイドよりは光軸角が大きい．またヒスイ輝石よりも色が濃い．高圧下で形成されたエクロジャイトの主成分鉱物．日本では四国地方の別子鉱山東方（三波川変成帯）の東赤石山のものが有名．

4.2 マフィック岩

SiO_2 含有量を基準にして分類される塩基性岩（SiO_2 は 45〜53%）に相当．主成分鉱物として，おもにカンラン石と輝石，ときに角閃石などのマフィック鉱物（40〜70%）と Ca に富む斜長石（バイトウナイト・ラブラドライト）をふくむ．

おもなマフィック岩は玄武岩（basalt）・ドレライト（dolerite）・ハンレイ岩（gabbro）などである．ハンレイ岩と密接にともなうことが多い斜長岩（anorthosite）は完晶質のフェルシック岩であるが，両者間に中間的な岩石もあるので，ここでのべる．しかし化学組成上では塩基性岩に相当するエクロジャイトはマフィックな変成岩である（§7.3.C 参照）．

4.2.A 玄武岩

マフィックな火山岩で，フェルシック岩のカコウ岩とともに，地球表層部の最も主要な火成岩の1つである．斑晶鉱物はおもに斜長石・輝石・カンラン石．表4-3に各種の玄武岩の化学組成と C.I.P.W. ノルムをしめした．

4.2.A-a 鉱物組成・化学組成による分類

4.2.A-a1 ノルムによる分類

玄武岩はノルムで区分される．玄武岩のノルムは図4-4のように，ディオプサイド（Di）・ハイパーシン（Hy）・カンラン石（Ol）・斜長石（Pl）・ネフェリン（Ne）・石英（Qtz）の組合せで表現でき，図4-4の4面体は3つの部分にわけられる．すなわちノルム鉱物として Ne をふくむアルカリ玄武岩（alkali basalt），Qtz をふくむ石英ソレアイト（quartz tholeiite）およびこれらの2つの鉱物をふくまないカンラン石ソレアイト*（olivine tholeiite）である．

*：石英ソレアイトは SiO_2 に過飽和なので過飽和性ソレアイト（oversaturated tholeiite），カンラン石ソレアイトは不飽和なので不飽和性ソレアイト（undersaturated tholeiite）ともいう

ここでカンラン石ソレアイトと石英ソレアイトを区別しないときにはソレアイト

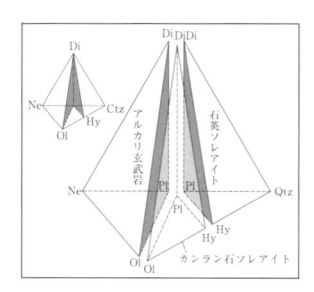

図4-4 ノルムによる玄武岩の分類（Yoder・Tilley，1962にもとづく）
Ol：カンラン石；Ne：ネフェリン；Di：ディオプサイド；Hy：ハイパーシン；Pl(Ab+An)：斜長石；Qtz：石英

表4-3　各種の玄武岩の主化学組成（単位：重量％）・微量元素組成（単位：ppm）・C.I.P.W.ノルム（単位：重量％）

	(1)	(2)	(3)	(4)	(5)	(6)	(7)	(8)	(9)	(10)	(11)
SiO_2	47.79	50.04	49.68	49.79	46.37	44.19	46.18	43.15	50.30	52.84	50.36
TiO_2	0.87	0.81	0.95	2.76	2.40	3.15	2.06	3.71	0.85	0.83	1.46
Al_2O_3	16.77	14.98	14.36	13.75	14.18	13.40	14.47	12.24	18.88	18.40	16.36
Fe_2O_3	10.33*	10.41*	10.52*	2.47	4.09	13.51*	13.52*	13.08*	9.56*	3.27*	9.07*
FeO				8.88	8.91					6.24	
MnO	0.18	0.17	0.19	0.17	0.19	0.17	0.19	0.20	0.15	0.15	0.16
MgO	10.35	8.82	10.03	7.39	9.47	6.84	9.99	8.54	5.91	4.38	7.36
CaO	10.98	12.7	12.33	11.31	10.33	12.87	9.68	11.83	10.59	9.87	10.84
Na_2O	2.46	1.82	1.94	2.39	2.85	2.91	2.63	2.03	2.95	2.35	3.39
K_2O	0.07	0.13	0.30	0.53	0.93	0.76	0.61	3.40	0.44	0.39	0.43
P_2O_5	0.06	0.10	0.11	0.27	0.28	0.42	0.44	0.62	0.14	0.11	0.20
Rb	1	1.5	6.1	10.1	22	16	13.7	127	7.7	9.3	6
Sr	114	100	132	404	500	476	285	1005	437	288	212
Ba	8	32.7	104	132	300	199	298	1119	146	129	77
Nb	1	3	12	20	16	40	15.1	108	2.0	3.2	8
Zr	50	42	53	170	166	207	167	306	59	50.5	130
Y	25	22	20	28	21	23	31	29	16	16.1	30
Hf				3.00		3.87		10.4	1.4	1.1	2.9
Ta						0.93		9.1			1.1
Th				1.20		3.3	1.78	11.3	0.9	1.06	
U								2.3			
La	1.48	2.56	6.5	14.4	18.8	34.20	18.3	81	6.09	6.20	7.83
Ce	5.12	6.71	13.6	36.7	43.0	75.21	41.2	164	15.3	13.18	19.0
Nd	4.75	4.95	7.33	23.4		33.50	23	64	9.3	7.34	13.1
Sm	1.80	1.66	2.01	5.79	5.35	7.09	5.6	10.7	2.36	2.00	3.94
Eu	0.79	0.67	0.75	2.00	1.76	2.36	1.94	3.0	0.92	0.752	1.44
Gd				6.01		6.92	5.7	8.1		2.41	4.87
Tb								0.42			
Dy	3.70	2.92	3.19	4.95		4.93	5.26			2.59	5.24
Er	2.49	1.86	2.08	2.39		2.31	3.08			1.64	3.20
Yb	2.43	1.79	1.99	1.89	1.88	1.89	2.78	2.1	1.60	1.62	3.02
Lu		0.300	0.265			0.28	0.42		0.26	0.256	
Qtz			1.1							8.9	
Or	0.4	0.8	1.8	3.1	5.5	4.5	3.6	10.0	2.6	2.3	2.5
Ab	20.8	15.4	16.4	20.2	20.9	11.7	22.3		25.0	19.9	28.7
An	34.5	32.3	29.6	25.2	23.2	21.2	25.9	14.2	37.0	38.5	28.2
Lct								7.9			
Ne					1.7	7.0		9.3			
Wo(Di)	8.2	12.5	12.9	12.2	11.0	16.6	8.1	16.9	6.1	4.1	10.2
En(Di)	5.1	7.4	7.9	7.4	7.3	8.9	4.7	10.2	3.3	2.3	6.1
Fs(Di)	2.6	4.5	4.2	4.1	2.9	7.2	2.9	5.8	2.7	1.6	3.5
En(Hy)	3.1	13.0	9.5	11.0			0.4		7.4	8.6	2.6
Fs(Hy)	1.6	7.8	5.0	6.0			0.2		6.1	6.1	1.5
Fo(Ol)	12.3	1.1	5.3		11.4	5.7	13.9	7.8	2.8		6.7
Fa(Ol)	6.9	0.7	3.1		5.0	5.0	9.5	4.9	2.5		4.2
Mag	1.8	1.8	1.8	3.6	5.9	2.4	2.4	2.3	1.7	4.7	1.6
Ilm	1.7	1.5	1.8	5.2	4.6	6.0	3.9	7.2	1.6	1.6	2.8
Ap	0.1	0.2	0.3	0.6	0.7	1.0	1.0	1.5	0.3	0.3	0.5

*：全Fe含有量（Fe_2O_3），(1)～(3)・(6)～(9)・(11)のノルムは$Fe_2O_3/FeO = 0.15$として計算した
(1)：N-MORB（大西洋中央海嶺）；(2)：T-MORB（コルベインセイ（Kolbeinsey）海嶺）；(3)：E-MORB（コルベインセイ海嶺）；(4)：プレート内（海洋島）ソレアイト（ハワイ島南東部のキラウエア）；(5)：プレート内（海洋島）アルカリ玄武岩（ハワイ島西部のフアラライ）；(6)：プレート内アルカリ玄武岩（南ポリネシアのマンガイヤ島；HIMU玄武岩）；(7)：プレート内ソレアイト（スネーク川台地玄武岩）；(8)：プレート内アルカリ玄武岩（東アフリカリフト）；(9)：活動的大陸縁玄武岩（南アンデス）；(10)：島弧玄武岩（岩手火山）；(11)：背弧海盆玄武岩（東スコシア海）
文献：(1)～(4)：Sun, *et al*. (1979)；(5)：Basaltic Volcanism Study Project (1981)；(6)：Kogiso, *et al*. (1997)；(7)：Thompson, *et al*. (1983)；(8)：Thompson, *et al*. (1984)；(9)：Thorpe, *et al*. (1984)；(10)：Togashi, *et al*. (1992)；(11)：Saunders・Tarney (1979)

56　4．火成岩の記載的特徴

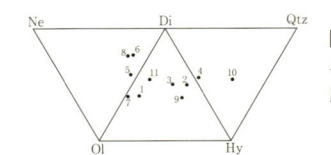

図4-5　図4-4の4面体のなかのDi-Ne-Ol-Hy-Qtz面への各種の玄武岩のノルムのプロット（表4-3のデータより作成）

質玄武岩（tholeiitic basalt）といい，カンラン石ソレアイト質マグマと石英ソレアイト質マグマを区別しなときにはソレアイト質マグマ（tholeiitic magma）という．石英ソレアイトに相当するのはソレアイト質玄武岩のうち，比較的SiO_2に富みノルム鉱物として石英が算出されるもので，カンラン石ソレアイトに相当するのは比較的SiO_2にとぼしくノルムカンラン石が算出されるものである．この本ではアルカリ玄武岩のうちアルカリに富みSiO_2にとぼしく，斑晶鉱物にネフェリンなどの準長石をふくむものを**強アルカリ玄武岩**（peralkaline basalt）といい，準長石をほとんどふくまないアルカリ玄武岩とは区別する．

マグマの性質と結晶分化作用　地表や地下の浅所での玄武岩質マグマの結晶作用の過程では，カンラン石・輝石（Caに富む）・斜長石などが晶出するので，カンラン石ソレアイト質マグマの結晶分化作用で，これらの3鉱物が取りのぞかれると，マグマの組成は図4-4のOl-Di-Pl面からはなれる方向，すなわち石英ソレアイトの領域の組成に変化しうる．カンラン石ソレアイトと石英ソレアイトの2つの境界にあたるHy-Di-Pl面（図4-4）を**シリカ飽和面**（plane of silica saturation）という．

一方，アルカリ玄武岩質マグマあるいはカンラン石ソレアイト質マグマの地表付近での結晶分化作用の結果，マグマの組成が図4-4のOl-Di-Pl面をこえて，一方の領域から他方の領域の組成へ変化するのは困難である．このようにOl-Di-Pl面は，アルカリ岩系の玄武岩（アルカリ玄武岩）と非アルカリ岩系の玄武岩（カンラン石ソレアイトと石英ソレアイト）を区分するうえで重要な境界となっているので**臨界面**（critical plane of silica undersaturation）という．

シリカ飽和度　アルカリ玄武岩は図4-4のアルカリ玄武岩の領域のOl-Di-Pl面にちかい部分にはいるが（ノルム鉱物としてNeが算出される場合でもごくわずかである），強アルカリ玄武岩はアルカリ玄武岩の領域のNeによった部分にはいる．すなわち図4-4は玄武岩質岩石のシリカ飽和度の関係をしめしている．シリカに過飽和な玄武岩ほどQtzによった側の組成をもつが，シリカに不飽和なものほどNeによった側の組成をもつ．表4-3の玄武岩のノルムを図4-4の4面体のなかのDi-Ne-Ol-Hy-Qtz面にプロットしたのが図4-5である．この図から，これらの玄武岩のシリカ飽和度の関係が明瞭にしめされる．

アルカリ岩と非アルカリ岩の区別　SiO_2—(Na_2O+K_2O)図を使用しても区別されるが（§2.3.D参照），ソレアイト質玄武岩の多くは図2-3の非アルカリ岩系の領域にはいり，アルカリ玄武岩と強アルカリ玄武岩の多くはアルカリ岩系の領域にはいる．ソレアイト質玄武岩のうちアルカリの比較的多いものが**高アルカリソレアイト**（high alkali tholeiite）で，すくないものが**低アルカリソレアイト**（low alkali tholeiite）である．前者のうち，とくにAl_2O_3に富むもの（18%±）を**高アルミナ玄武岩**（high alumina basalt）ということがある（Kuno, 1968）．

4.2.A-a2　ソレアイト質玄武岩の鉱物組成

斑晶鉱物として斜長石・カンラン石・単斜輝石・斜方輝石・チタノマグネタイト

などをふくむ(写真2-1参照). カンラン石が斑晶にふくまれているときには, Caにとぼしい輝石(斜方輝石やピジョン輝石)の反応縁(reaction rim)をもつことがある. 石基鉱物の輝石の多くは単斜輝石(ピジョン輝石・オージャイト)である. このほかに石基には, カンラン石(ごくまれ)・シリカ鉱物(トリディマイト・クリストバライト)・斜長石・チタノマグネタイト・ガラスなどがふくまれることがある. 石基はインターグラニュラー組織をしめすことが多いが, インターサータル組織のときもある. また厚い溶岩の中心部ではサブオフィティック～オフィティック組織のこともある.

石基鉱物の輝石がオージャイトとハイパーシンからなる玄武岩をカルクアルカリ玄武岩ということもあるが, この玄武岩とソレアイト質玄武岩間の化学組成上のちがいは明瞭でない(図4-11参照). またカルクアルカリ玄武岩の化学組成からは, ほとんどの場合にノルム鉱物として石英(まれにカンラン石も)が算出される. そこでこの本ではカルクアルカリ玄武岩もソレアイト質玄武岩にふくめる. ソレアイト質玄武岩の斑晶のカンラン石の量比は10%よりすくないのが一般的であるが, ハワイ諸島などの海洋地域には斑晶のカンラン石が多量に集積したソレアイト岩系の玄武岩がみいだされることがあり, このような玄武岩をオセアナイト(oceanite)という. これににた玄武岩は日本列島などの島弧地帯からもみいだされることがあり, 斑晶のカンラン石に富む玄武岩は一般的にはピクライト質玄武岩(picrite basalt)という(写真4-6). ピクライト質玄武岩は玄武岩とカンラン岩やカンラン岩質コマチアイトの中間的な化学組成をもつ(表4-4).

ソレアイト質玄武岩は各種の玄武岩のうちで最も多量にあるもので, 広大な溶岩台地を形成する**台地玄武岩**(plateau basalt;**洪水玄武岩**・flood basalt)や中央海嶺の多くのものは, この種の玄武岩からなる. また日本の現在の火山帯にみられるほとんどの玄武岩もこの種のものである.

写真4-6 ピクライト質玄武岩(新潟県佐渡島小木産;直交ニコル・横幅約4mm)

表4-4 ピクライト質玄武岩の主化学組成(単位:重量%)

	(1)	(2)	(3)	(4)	(5)
SiO_2	43.32	44.0	42.8	48.53	46.0
TiO_2	0.71	0.58	0.97	3.09	0.50
Al_2O_3	14.56	8.3	7.3	8.89	8.8
Cr_2O_3		0.36	0.24		
Fe_2O_3	3.06	2.2	2.7		6.23
FeO	4.25	8.8	8.7	11.43*	4.39
MnO	0.13	0.19	0.17	0.15	0.21
MgO	15.13	26.0	25.7	14.65	21.29
NiO		0.19	0.20		
CaO	8.97	7.3	6.9	7.76	8.85
Na_2O	3.56	0.90	1.08	1.79	1.78
K_2O	0.48	0.06	0.21	1.42	0.88
P_2O_5	0.19	0.07	0.12	0.45	0.13
$H_2O±$	6.18	0.97	2.65		0.51

*:全Fe含有量(FeO)

(1):佐渡島, 小木地域(山川・茅原, 1968)
(2):グリーンランド西方のバフィン(Baffin)島 (Clark, 1970)
(3):グリーンランドのスバールテンフック (Svartenhuk)地域(Clark, 1970)
(4):ジンバブエのヌアネッツィ(Nuanetsi)地域 (Ellam・Cox, 1989)
(5):オーストラリア連邦東方のニューヘブリーデス諸島のオーバ(Aoba)火山(Warden, 1970)

写真4-7　アルカリ岩系のカンラン石玄武岩(鳥取県隠岐島後産；直交ニコル・横幅約2mm)
石基はインターグラニュラー組織

4.2.A-a3　アルカリ玄武岩の鉱物組成

　斑晶鉱物としてカンラン石・オージャイト・チタンオージャイト・チタノマグネタイト・ラブラドライトなどをふくみ，カンラン石は斜方輝石やピジョン輝石の反応縁をもっていない(写真4-7)．石基はカンラン石・オージャイト・チタンオージャイト・マグネタイト・イルメナイト・アルカリ長石(アノーソクレイス)・アパタイト・ガラスなどからなる．アルカリ玄武岩の特徴は，石基にカンラン石・アルカリ長石がふくまれるが，斜方輝石やピジョン輝石がふくまれないことである．石基の組織はインターグラニュラー組織のことが多いが，ときにサブオフィティック～オフィティック組織のこともある．

　アルカリ玄武岩とほぼおなじ鉱物組成からなるものに粗面玄武岩(trachybasalt)がある．ただし石基のアルカリ長石の量比がアルカリ玄武岩のものよりもずっと多い点や，この玄武岩の石基はトラキティック組織をしめすことが多い点などでアルカリ玄武岩とはことなる．

　アルカリ玄武岩のなかで，斑晶のカンラン石とオージャイトをとくに多くふくむものをアンカラマイト(ankaramite)という．これはマダガスカル島やハワイ島に典型的にみられる．また，おもにカンラン石と斜長石(アンデシン)を斑晶にふくむアルカリ玄武岩はハワイアイト(hawaiite)といわれ，ハワイ諸島にみられる．石基がガラス質でおもな斑晶鉱物がカンラン石とオージャイト(一般に斑晶の斜長石はふくまれない)で，暗色のアルカリ玄武岩をリンバージャイト(limburgite)という．なおSiO_2に比較的富む(その点ではソレアイト質玄武岩ににている)が，アルカリ，とくにK_2O/Na_2O値の大きい(1以上)アルカリ玄武岩をショショナイト(shoshonite)という．これはオーストラリア連邦東部・アメリカ合衆国西部・パプア・ニューギニア独立国などにみられる．

4.2.A-a4　強アルカリ玄武岩の鉱物組成

　斑晶鉱物としてネフェリンをふくむカンラン石ネフェリナイト(olivine nephelinite)・ネフェリンベイサナイト(nepheline basanite)と，リューサイトをふくむカンラン石リューサイタイト(olivine leucitite)・リューサイトベイサナイト(leucite basanite)に大別される．

カンラン石ネフェリナイト・ネフェリンベイサナイト　斑晶の無色鉱物としてネフェリンのみをふくむときカンラン石ネフェリナイトといい，ネフェリンと斜長石をふくむときネフェリンベイサナイトという．これらの岩石は斑晶鉱物としてカンラン石・チタンオージャイト・エジリンオージャイト・アルカリ長石などもふくむ．まれに少量のメリライト・黒雲母・角閃石などもふくむ．石基はカンラン石・チタンオージャイト・ネフェリン・チタノマグネタイト・イルメナイト・アパタイト・ガラスなど．石基の組織はアルカリ玄武岩のものと同様．

カンラン石リューサイタイト・リューサイトベイサナイト　斑晶の無色鉱物としてリューサイトのみをふくむときカンラン石リューサイタイトといい，リューサイトと斜長石をふくむときリューサイトベイサナイトという．このほかにふくまれる斑晶鉱物は，ネフェリンベイサナイトやカンラン石ネフェリナイトのものとほぼおなじ．また石基の構成もリューサイトがふくまれる以外は，ネフェリンベイサナイトやカンラン石ネフェリナイトとほぼおなじ．これらの強アルカリ玄武岩の石基の組織はアルカリ玄武岩のものと同様で，インターグラニュラー組織が一般的で，ときにサブオフィティック～オフィティック組織をしめす．

アルカリ玄武岩や強アルカリ玄武岩はソレアイト質玄武岩よりも一般に少量で，日本では山陰～九州地方北部などにみられる新生代玄武岩に，これらのアルカリ玄武岩類がみられる．

4.2.A-b　テクトニクス場による分類

1970年代以降のプレートテクトニクス(plate tectonics)の発展により，テクトニクス場に関する知見が，プレートテクトニクスの観点から整理されたことや，いろいろなテクトニクス場(tectonic environment)の火山岩について，主成分元素・微量元素・同位体比などの大量の分析値が蓄積されたことにより，それぞれのテクトニクス場の玄武岩どうしで，化学組成や同位体組成がことなることがわかってきた．地球の上層部の玄武岩は，**中央海嶺玄武岩**(mid-ocean ridge basalt；MORB)・**プレート内玄武岩**(within-plate basalt；WPB)・**火山弧玄武岩**(volcanic arc basalt；VAB)の3つに大別される．

MORB　通常の(normal)**N-MORB**・不適合元素に富む(enrich している)**E-MORB**・両者の中間的な(transitional)**T-MORB**に細分される．このうちN-MORBが中央海嶺に最も広くみいだされている．E-MORBはアイスランドに典型的にみられる．アイスランドは中央海嶺とマントルプリューム(mantle plume)の両方のテクトニクス場にあるとみられていることから，E-MORBは**P-MORB**ということもある．T-MORBは大西洋中央海嶺の一部で，アイスランドにちかいレイキャネス海嶺(Reykjanes ridge)やアゾレスの南側斜面などにみられる．

WPB　プレート内ソレアイト(within-plate tholeiite；WPT)・プレート内アルカリ玄武岩(within-plate alkali basalt；WPA)に細分される．ハワイ島などの**海洋島玄武岩**(oceanic island basalt；OIB)や大陸内部の台地玄武岩，リフト帯の玄武岩などがWPBに相当．OIBは海洋島ソレアイト(oceanic island tholeiite；OIT)と海洋島アルカリ玄武岩(oceanic alkali basalt；OAB)に細分されることもある．OIBはホットスポット(hot spot)に由来すると考えられている．

海洋プレート上の巨大な海台(たとえば南太平洋のポリネシア海台など)に分布する玄武岩は，地球深部に源をもつ(マントルと核の境界付近で生じるという説がある)巨大なプリューム(superplume；スーパープリューム)に由来すると考えられている．これらの海台には，^{238}U/^{204}Pb比(μ値)・^{232}Th/^{204}PbおよびPb同位体比(^{206}Pb/^{204}Pb・^{207}Pb/^{204}Pb・^{208}Pb/^{204}Pb)が異常に高い玄武岩がみられる．これを**HIMU玄武岩**(high μ basalt)という．HIMU玄武岩をふくむスーパープリュームに由来する玄武岩は，いちじるしく高いNb/Yをもつ(図4-6)．

VAB　**島弧玄武岩**(island arc basalt；IAB)・**活動的大陸縁玄武岩**(active continental margin basalt；ACMB)にわけられるのが一般的で，後者を陸弧玄武岩(continental arc basalt；CAB)ともいう．なおIABのうちのソレアイト質玄武岩を島弧ソレアイ

60   4. 火成岩の記載的特徴

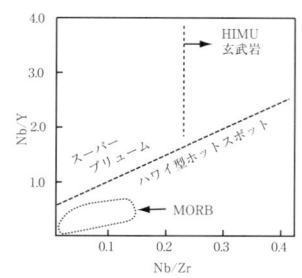

図4-6 巨大な海台の玄武岩(HIMU玄武岩やそのほかのスーパープリューム起源の玄武岩)・OIB・MORBなどのNb/ZrとNb/Yの関係(Tatsumi, et al., 1998にもとづく)

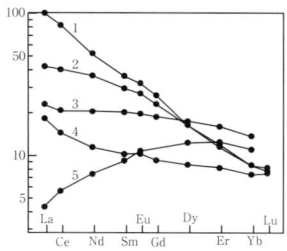

図4-7 コンドライトで規格化した各種の玄武岩のREEパターン(表4-3のデータより作成)
1・2・3・4・5は,それぞれ表4-3の(6)・(4)・(11)・(10)・(1)に対応する.コンドライトのREE含有量はWakita, et al. (1971)による.

ト(island arc tholeiite；IAT)という.
　日本海などの背弧海盆の玄武岩は,IABとMORBの中間的な性質をもつことから,これらから区別して**背弧海盆玄武岩**(back-arc basin basalt；**BABB**)ともいう.
留意点　これらの各種の玄武岩の不適合元素含有量を,始原的マントル物質と平均的MORBのそれで規格化した図(図3-2参照),HFS元素含有量にもとづく玄武岩質岩石の地球化学的判別図(図3-3参照),各種の玄武岩の$^{87}Sr/^{86}Sr$と$^{143}Nd/^{144}Nd$(εNd)の関係図(図3-12参照)などがある.コンドライトのREE含有量で規格化した,これら玄武岩のREEパターンをしめした図4-7と比較してみる.
　これまでのべてきたテクトニクス場がことなる玄武岩の化学的特徴は,これらのどの図でも明瞭に識別されるわけではない.たとえば3種のMORBは,LIL元素含有量・REEパターン・SrやNdの同位体比などの,どの地球化学的指標でも比較的明瞭に区別されるが,WPTとE-MORBは,これらの指標では区別できない.各種の玄武岩間では,いろいろな元素(LIL元素・HFS元素・REEなど)の含有量・元素含有量間の比および各種(Sr・Nd・Pbなど)の同位体比などの地球化学的指標に関して,表4-5にしめすような相違点と類似点がある.

4.2.B　ドレライト
　玄武岩質岩石のなかで粗粒なもの.非アルカリ岩系のものとアルカリ岩系のものとがある.ドレライトの多くは細粒の玄武岩と粗粒のハンレイ岩の中間型の完晶質な岩石で,粗粒玄武岩ともいい,斑晶鉱物と石基鉱物の区別ができないことが多い.ドレライトはアメリカ合衆国ではダイアベース(diabase；輝緑岩)ということが多い.以前は第三紀よりも古いものにダイアベースを使用していたが,現在ではドレライトとダイアベースは同義語として使用されることが多い.産状は岩脈・岩床・ファコリスなどが多い(§5.4.B参照).

4.2.B-a　非アルカリ岩系
　おもにカンラン石・単斜輝石・斜方輝石・斜長石(Caに富む)・石英・チタノマグ

表 4-5　各種の玄武岩の地球化学的特徴（周藤・牛来，1997）

玄武岩	岩系	同位体比	REE パターン	LIL元素・HFS元素
N-MORB	TH	0.7024-0.7030 0.5130-0.5133	LREE にとぼしい	LIL元素・HFS元素にとぼしい. 顕著に高い Zr/Nb(20-30 以上)
T-MORB	TH	N-MORBとE-MORB の中間	N-MORB と E-MORB の中間	N-MORB と E-MORB の中間
E-MORB	TH が主，一部 A-ba	0.7030-0.7035 0.5130-0.5131	LREE にやや富む	LIL元素・HFS元素にやや富む. 低い Zr/Nb(15 以下)
プレート内 (海洋島)	TH	0.7027-0.7065 0.5124-0.5132	THはE-MORBに類似.A-ba はよりLREE に富む	LIL元素・HFS元素に富む.低い Zr/Nb(15 以下)
プレート内 (HIMU*1)	A-ba	0.7027-0.7030 0.51285-0.51295	LREE に顕著に富む	LIL元素・HFS元素に顕著に富む. 顕著に低い Zr/Nb(5 以下)
プレート内 (台地)	TH	0.7035-0.7090 0.5122-0.5131	LREE にやや富む～顕著に富む	LIL元素・HFS元素に富む.低い Zr/Nb(海洋島玄武岩に類似)
プレート内 (リフト帯)	A-ba が主，一部 TH	海洋島に類似か，Srが高くNdは低い	LREE にやや富む～顕著に富む	LIL元素・HFS元素に富む～顕著に富む.
活動的大陸 縁(陸弧)	TH が主	0.7037-0.7045 0.5126-0.5130	LREE にやや富む	LIL元素にやや富み,HFS元素にとぼしい.やや高い Zr/Nb(10～30)
島弧	TH が主	0.7030-0.7055 0.5125-0.5130	LREEにややとぼしい～やや富む*2	LIL元素にやや富み,HFS元素にとぼしい.やや高い Zr/Nb(10～30)
背弧海盆	TH が主	0.7027-0.7043 0.5128-0.5132	LREEにややとぼしい～やや富む*3	LIL元素・HFS元素にやや富む.低い Zr/Nb

*：HIMU 玄武岩はほかの玄武岩と比較して μ 値(^{238}U/^{204}Pb)や Pb 同位体比が高い；*2：T-，E-MORB に類似；*3：島弧玄武岩に類似；同位体比：上が^{87}Sr/^{86}Sr，下が^{143}Nd/^{144}Nd；TH：ソレアイト；A-ba：アルカリ玄武岩

ネタイト・イルメナイト・アパタイトなどをふくむ．まれにホルンブレンド・黒雲母をふくむ．単斜輝石の多くはオージャイトであるがピジョン輝石のときもある．まれに斜方輝石をふくむ．石英をふくむものを**石英ドレライト**(quartz dolerite)という．ドレライトは，他形の単斜輝石がやや細粒の自形の斜長石を包有するオフィティック組織をもつことが多いが（写真 2-9 参照），厚い岩床状のドレライトの周縁相ではサブオフィティック組織やインターグラニュラー組織がしばしばみられる．また単斜輝石や斜長石はしばしば，スフェリティックに配列することがある．日本では第三紀の火山活動域にドレライトを多産するが，その多くは非アルカリ岩系のものである．

4.2.B-b　アルカリ岩系

アルカリ岩系のドレライト（アルカリドレライト）にふくまれる単斜輝石はおもにチタノオージャイトとオージャイトである．しばしばアルカリ長石もふくむ．このほかカンラン石・斜長石・チタノマグネタイト・イルメナイト・アパタイト・黒雲母・角閃石（ケルスータイト・バーケビカイトなど）などをふくむ．これらの鉱物のほかにアナルサイトをふくむものを**アナルサイトドレライト**(analcite dolerite)という．アナルサイトやチタノオージャイトに富むものを**テッシェナイト**(teschenite)ということがある．鉱物組成はテッシェナイトと同様であるが，テッシェナイトよりもチタノオージャイトのすくないものを**クリナナイト**(crinanite)ということがある．日本では山形県温海の住吉岬（中新世の堆積岩に貫入）や北海道地方根室半島（白亜紀の堆積岩に貫入）などに，アルカリ岩系のドレライトの岩床がみられる．

4.2.C　ハンレイ岩

ドレライトよりさらに粗粒の完晶質なマフィック岩．玄武岩・ドレライトと同様

4. 火成岩の記載的特徴

表 4-6　各種のハンレイ岩と石英閃緑岩の主化学組成(単位：重量%)

	(1)	(2)	(3)	(4)	(5)	(6)	(7)	(8)	(9)
SiO_2	46.47	49.32	47.08	48.26	51.90	43.15	38.91	49.52	58.14
TiO_2	0.10	0.29	0.22	0.60	0.41	1.06	1.42	2.31	0.82
Al_2O_3	22.65	18.82	19.50	17.78	15.91	16.07	3.64	21.90	16.53
Fe_2O_3	0.75	0.79	3.31	2.47	3.75	4.36		4.79	4.00
FeO	4.49	6.78	7.37	6.91	6.48	6.47	25.26	3.04	6.35*
MnO	0.06	0.10	0.17	0.18	0.19	0.17	0.44	0.19	0.13
MgO	11.03	8.57	11.39	11.67	7.49	10.91	17.40	1.64	4.03
CaO	10.92	10.88	9.21	12.64	10.70	11.61	5.26	4.88	6.32
Na_2O	2.55	3.48	0.98	0.72	1.74	2.08	0.76	10.42	3.33
K_2O	0.06	0.16	0.16	0.12	0.54	0.34	0.15	5.19	1.76
P_2O_5	0.02	0.02	0.05		0.10		0.19	0.62	0.13
$H_2O\pm$	0.86	0.91	0.61	0.63	0.82	4.44	1.88	0.84	1.78

＊：全 Fe 含有量(FeO)
(1)：日高変成帯北部のトロクトライト(宮下・前田, 1978)
(2)：日高変成帯北部のカンラン石ハンレイ岩(宮下・前田, 1978)
(3)：山口県北部のカンラン石ハンレイ岩(Yamazaki, 1967)
(4)：山口県北部のハンレイノーライト(Yamazaki, 1967)
(5)：山口県北部のホルンブレンド-輝石ハンレイ岩
(Yamazaki, 1967)
(6)：新潟県海川地域の輝石-ホルンブレンドハンレイ岩捕獲岩(Shimazu, et al., 1979)
(7)：室戸岬のフェロハンレイ岩(Yajima, 1972)
(8)：ロシア連邦北西部コラ半島のアイジョライト(Gerasimovsky, et al., 1974)
(9)：新庄市東北方の台山地域の石英閃緑岩 7 個(DY 01〜DY 07)の平均値(Shimakura, et al., 1999)

に，鉱物組成・化学組成上で多くの種類があり，玄武岩と同様に非アルカリ岩系のものとアルカリ岩系のものとがある．各種のハンレイ岩(一部石英閃緑岩をふくむ)の主化学組成を表 4-6 にしめす．

分類　おもに斜長石(Ca に富む)・輝石(単斜輝石が多い)・カンラン石・角閃石などのマフィック鉱物からなる．

　マグマの固結時の物理条件(温度・圧力・水蒸気圧など)で鉱物の量比がさまざまに変化し，これらの鉱物の量比で図 4-8 のように分類される．図 4-8 A は輝石-斜長石-ホルンブレンドの量比によるもの，図 4-8 B はカンラン石-斜長石-輝石の量比によるもの．図 4-8 A の輝岩・ホルンブレンド輝岩・輝石ホルンブレンダイト・ホルンブレンダイトは超マフィック岩(§4.1.C 参照)．

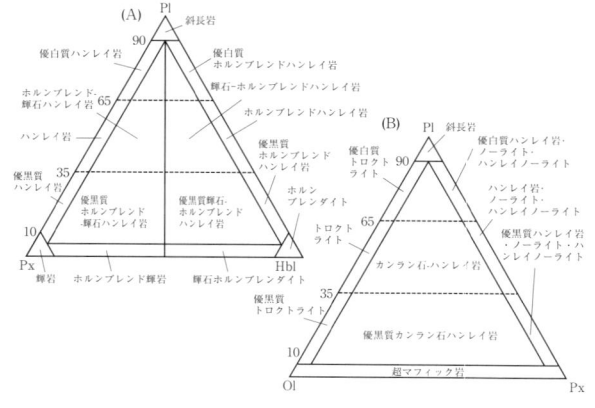

図 4-8　ハンレイ岩の分類図 (Streckeisen, 1976)
　(A)　輝石(Px)—斜長石(Pl)—ホルンブレンド(Hbl)の量比による分類
　(B)　カンラン石(Ol)—斜長石—輝石の量比による分類

4.2.C-a 非アルカリ岩系

図4-8の各種のハンレイ岩(広義のハンレイ岩)のうち,輝石と斜長石からなるものが狭義のハンレイ岩で,これには,おもに単斜輝石と斜長石からなるハンレイ岩(gabbro),おもに斜方輝石(ハイパーシン~ブロンザイト)と斜長石からなるノーライト(norite),単斜輝石・斜方輝石・斜長石からなるハンレイノーライト(gabbro norite),オージャイト・斜方輝石・斜長石(アノーサイト質)からなるユークライト(eucrite)などがふくまれる.

ホルンブレンドをふくむハンレイ岩のうち,とくにそれの多いものがホルンブレンドハンレイ岩(hornblende gabbro)で(写真4-8),この種のハンレイ岩は,まれに少量の黒雲母をふくむ.

輝石をほとんどふくまず,大部分がカンラン石と斜長石(おもにラブラドライト)とからなるものがトロクトライト(troctolite)で,カンラン石とアノーサイト質の斜長石からなるものがアリバライト(allivalite)である.カンラン石のとくに多いものをカンラン石ハンレイ岩(olivine gabbro)という(写真4-9).カンラン石(Feに富む)・輝石(Feに富む)と多くのチタノマグネタイトをふくむものがフェロハンレイ岩(ferrogabbro)である.非アルカリ岩系のハンレイ岩には,これらの鉱物のほかにまれに少量のイルメナイト・石英・アルカリ長石・アパタイトなどもふくむ.

ハンレイ岩・超マフィック岩や,グラニュライトなど変成岩などにふくまれるMgに富む斜方輝石には,(100)面に平行に細い単斜輝石(ディオプサイドかオージャイト)のラメラが多数ふくまれることがある(図4-9 A).これは斜方輝石(高温下でCaをふくんでいた)の冷却過程で,斜方輝石にはいることができなくなったCaがオージャイトのラメラを形成した

写真4-8 ホルンブレンドハンレイ岩(新潟県糸魚川市東方海川産;直交ニコル・横幅約4 mm)

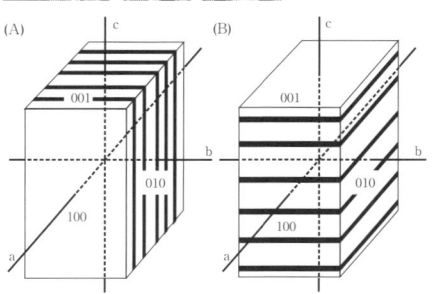

写真4-9 カンラン石ハンレイ岩(アラビア半島オマーンオフィオライト産;薄片は宮下純夫氏提供;直交ニコル・横幅約4 mm)

図4-9 輝石のラメラ(Poldervaart・Hess, 1951)
(A) 斜方輝石(白色部)の(100)面に平行に生じる単斜輝石(ディオプサイドまたはオージャイト;黒色部)のラメラ(ブッシュフェルト型)
(B) 転移ピジョン輝石(白色部)の(100)面に平行に生じるオージャイト(黒色部)のラメラ(スティルウォーター型)

もので，これをオージャイトの**離溶ラメラ**(exsolution lamella)という．このようなラメラをもつ斜方輝石をブッシュフェルト型(Bushveld type)の斜方輝石という．ハンレイ岩には，(001)面に平行なオージャイトのラメラをもつ斜方輝石もしばしば観察される(図4-9 B)．これはピジョン輝石が斜方輝石に**転移**(inversion・transition；**相転移**・phase transition・phase transformation)したもので，転移のときにオージャイトのラメラが形成されたものと考えられている(ピジョン輝石のCa量が斜方輝石がふくむことのできるCa量の限界値をこえているためにオージャイトを形成してから斜方輝石に転移したもの)．このようなラメラをもつ斜方輝石をスティルウォーター型(Stillwater type)の斜方輝石という．また，この斜方輝石はピジョン輝石からの転移で形成されたものであることから**転移ピジョン輝石**ともいう．

4.2.C-b アルカリ岩系

おもにカンラン石・チタンオージャイト・エジリンオージャイト・アルカリ角閃石(リーベッカイト・アルベゾナイトなど)・カルシウム角閃石(バーケビカイト・ケルースータイト)・斜長石・アルカリ長石・ネフェリンなどをふくみ，まれに少量の黒雲母・チタノマグネタイト・イルメナイト・スフーエン・アパタイトなどをふくむ．

アルカリ岩系のハンレイ岩(アルカリハンレイ岩)にはさまざまな名称がつけられているが，チタンオージャイトやエジリンオージャイトを多くふくむものをエセックサイト(essexite)，ネフェリン多くふくむものをセラライト(theralite)という．またアルカリ長石に富むものはションキナイト(shonkinite)といい，長石をほとんどふくまないで，ネフェリンを多くふくむものはアイジョライト(ijolite)という．斜長石・アルカリ長石(正長石)・カンラン石・オージャイトをそれぞれほぼ等量ふくむものをケンタレナイト(kentallenite)という．ケンタレナイトは岩手県鳥越にみられるが，そのほかのものは日本にはほとんどみられない．

4.2.D 斜長岩

おもに斜長石(おもにバイトウナイト〜アンデシン)からなる完晶質な岩石で(写真4-10)，しばしば少量の輝石(ときにはホルンブレンドなど)をふくむ．斜長岩とハンレイ岩の中間型をハンレイ岩質斜長岩という．

斜長岩はおもに始生代や原生代の火成活動の産物で，産状から

①：南アフリカ共和国のブッシュフェルト岩体のような，おもにハンレイ岩からなる層状貫入岩体の一部を構成するもの

②：アメリカ合衆国北東部のアディロンダック(Adirondack)岩体のようなバソリス状の塊状岩としてみられるもの

③：西グリーンランドのフィスケナセット(Fiskenaesset)岩体のような高度に変成された始生界分布域に，調和岩体としてみられるもの

などに区分される．日本ではハンレイ岩体にともなってみられることが多い．たと

写真4-10　斜長岩(アラビア半島オマーンオフィオライト産；薄片は宮下純夫氏提供；直交ニコル・横幅約4 mm)

えば領家変成帯のハンレイ岩体，山口県の高山ハンレイ岩体，茨城県筑波山のハンレイ岩体などにともなうものがその例である．なお斜長岩は月の高地の主要な構成岩石でもある．

4.2.E おもな鉱物

ここでマフィック岩〜フェルシック岩の幅広い組成の火成岩にみられる長石と，おもに中性岩とフェルシック岩の鉱物である角閃石について解説しておく．

4.2.E-a 長石

長石はアルバイト（Ab；$NaAlSi_3O_8$）・カリ長石（Or；$KAlSi_3O_8$）・アノーサイト（An；$CaAl_2Si_2O_8$）の3成分を端成分とする固溶体（図4-10）．長石のうち，おもにAb・Anを端成分とする固溶体が斜長石で，おもにAb・Orを端成分とする固溶体がアルカリ長石である．

斜長石 Or成分は2〜3%しかふくまれないので，斜長石はAn成分に富む（Caに富む）もの，中間のもの，とぼしい（Naに富む）ものの，つぎの6種類に細分される（斜長石の組成は$An_{90}Ab_{10}$あるいは単にAn_{90}のように単純化してしめす）．Caに富むものから順に，アノーサイト（$An_{0\sim90}$）・バイトウナイト（$An_{70\sim90}$）・ラブラドライト（$An_{50\sim70}$）・アンデシン（$An_{30\sim50}$）・オリゴクレイス（$An_{10\sim30}$）・アルバイト（$An_{0\sim10}$）である．斜長石は火成岩にほぼ普遍的にふくまれるが，一般にCaに富む斜長石はマフィック岩に，それにとぼしい斜長石はフェルシック岩にふくまれることが多い．

アルカリ長石 アルカリ岩系の火成岩に多くふくまれる．アルカリ長石は比較的Or成分に富むもの（カリ長石）に，サニディン・正長石・マイクロクリンなどがあり，これらよりもAb成分に富むものをアノーソクレイスという（図4-10参照）．

4.2.E-b 角閃石

角閃石には多くの種類があり一般に化学組成は複雑であるが，カンラン石・輝石とことなり，OHをふくむのが共通の特徴．組成上の特徴にもとづいて，マフィック角閃石・カルシウム角閃石・アルカリ角閃石の3種類に大別される．

4.2.E-b1 マフィック角閃石

直閃石・カミングトナイト・グリュネライトなどがある．

直閃石 化学式は$(Mg,Fe^{2+})_7Si_8O_{22}(OH)_2$で，カンラン石や斜方輝石に水がつけかわ

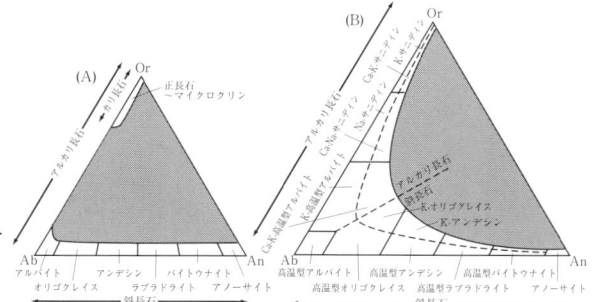

図4-10 長石の化学組成と分類（黒田・諏訪，1983；Smith，1974）

(A) 低温〜中温下で形成される長石（深成岩や変成岩の長石）
(B) 高温下で形成される長石（火山岩の長石）
Ab：アルバイト；Or：カリ長石；An：アノーサイト．(B)の高温型のアルバイトおよびCa—K—高温型のアルバイトの領域は，アノーソクレイスの領域といってもよい．図の灰色部は長石の存在しない領域

わったような組成をもつ．Alもふくむがその含有比は不定で，一般には$(Mg,Fe^{2+},Al)_7$ $(Si,Al)_8O_{22}(OH)_2$．斜方晶系・白〜暗灰色・長柱状である．直閃石は比較的低温下で安定な鉱物であるから，火成岩の初生鉱物としては形成されないが，カンラン石やエンスタタイトなどからの2次的鉱物として形成される(超マフィック岩が変成すると多量に形成される)．また変成岩(キンセイ石-直閃石片岩など)の主成分鉱物としてみられる．

カミングトナイト 化学式は直閃石と同一であるが，少量の Ca・Mn・Fe^{3+}・Al などをふくむ．比較的 Fe^{2+} に富むものをグリュネライトという．$Fe^{2+}/(Mg+Fe^{2+})$ (原子比)はカミングトナイトが 0.3〜0.7，グリュネライトが 0.7〜1.0．単斜晶系・柱状である．Mg の多いものは暗灰色であるが，Fe^{2+} が増加するにつれて黒色がかってくる．カミングトナイトは深成岩や高度変成岩(角閃岩)にふくまれ，まれにデイサイトなどの火山岩にもみられる．グリュネライトは FeO に富む堆積岩起源の変成岩にふくまれる．

4.2.E-b2 カルシウム角閃石

トレモライト・アクチノライト・ホルンブレンド・ケルスータイト・バーケビカイトなどがある．ホルンブレンドのうちの玄武ホルンブレンドや，ケルスータイト・バーケビカイトは褐色で，たがいにかなりにているが，光学性や化学組成に若干のちがいがある．

トレモライト〜アクチノライト ディオプサイドやオージャイトに水がつけくわわったような組成をもつ．化学式は $Ca_2(Mg,Fe^{2+})_5Si_8O_{22}(OH)_2$ である，少量の Al・Fe^{3+} をふくむ．トレモライトは $Fe^{2+}/(Mg+Fe^{2+})$ (原子比)が 0〜0.2，アクチノライトは 0.2〜0.8．単斜晶系・長柱状である．$Fe^{2+}/(Mg+Fe^{2+})$ が微小なものは白色にちかいが，この値が増加するにつれて緑色がかってくる．色の濃いものは青緑色ホルンブレンドと肉眼では区別しにくい．白色で繊維状のトレモライトは1種の石綿として利用される．火成岩の初生鉱物としては形成されないが，ディオプサイドやオージャイトからの2次的な変質物(ウラル石；uralite)としてや，低度変成岩(とくに緑色片岩)によくみられる．

ホルンブレンド これまでのべた角閃石とくらべて化学組成が非常に複雑であるが，つぎの4種類の角閃石

①：トレモライト〜アクチノライト；②：エデナイト〜フェロエデナイト($NaCa_2$ $(Mg,Fe^{2+})_5Si_7Al)O_{22}(OH)_2$)；③：チェルマカイト(Ts)〜フェロチェルマカイト (Fts；$Ca_2(Mg,Fe^{2+})_3Al_2Si_6Al_2O_{22}(OH)_2$)；④：パーガサイト〜フェロヘスティングサイト($NaCa_2(Mg,Fe^{2+})_4AlSi_6Al_2O_{22}(OH)_2$)

を端成分とする固溶体．ホルンブレンドは単斜晶系・暗緑〜黒色(薄片では緑〜褐色)の柱状である．かなり広い温度・圧力下で安定なので，閃緑岩や安山岩をはじめとするカルクアルカリ岩系(§2.3.D-b 参照)の火成岩・超マフィック岩・高度変成岩などの主成分鉱物で，長石についで最も普遍的にみられる鉱物である．

　ホルンブレンドは組成ごとに薄片下の色がことなるので，Z 方向の色で区別し，青緑色ホルンブレンド・緑色ホルンブレンド・褐色ホルンブレンドなどという．火成岩のホルンブレンドが累帯構造をしているときは，内側が褐色，外側が緑〜青緑色であるが，変成岩(累進変成作用をうけたもの)のものでは，その逆の関係になることが多い．これは褐色ホルンブレンド(一般に Ti に富む)が緑〜青緑色ホルンブレンドよりも高温下で安定であることをしめしている．玄武岩や安山岩にふくまれる，

写真 4-11　玄武ホルンブレンドの斑晶(福島県沼沢火山の安山岩；単ニコル・横幅約 4 mm)
　石基はハイアロオフィティック組織

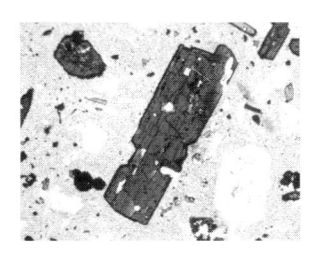

特有な赤褐色(薄片で)をした角閃石を玄武ホルンブレンドという(写真 4-11)．これは Fe^{2+} がすくなく，Fe^{3+} が多いこと，OH がすくないことで特徴づけられており，ホルンブレンドが地表付近の高温下で，酸化‐脱水・酸化作用($Fe^{2+} + OH^{1-} \rightarrow Fe^{3+} + O^{2-} + 1/2\ H_2$)をうけて形成されたもので，酸化ホルンブレンド(oxyhornblende)ともいう．

ケルスータイト　玄武ホルンブレンドににているが，それよりも Ti に富む．これはアルカリ質の火成岩にのみにみられ，日本では隠岐島のものが有名．

バーケビカイト　ケルスータイトと同様にアルカリ質の火成岩のみにみられる褐色の角閃石．これは玄武ホルンブレンドよりも Fe が多いのが特徴．

4.2.E-b 3　アルカリ角閃石

ランセン石・リーベッカイト・アルベゾナイトなどがある．

ランセン石　化学式は $Na_2Mg_3Al_2Si_8O_{22}(OH)_2$ で，しばしば Mg の一部を Fe^{2+} が，Al の一部を Fe^{3+} が置換している．単斜晶系・長柱状である．特有な暗紫青色をしているので識別が容易．ランセン石は低温下でのみ安定な鉱物で，ランセン石片岩の主成分鉱物．

リーベッカイト　化学式は $Na_2Fe_3^{2+}Fe_2^{3+}Si_8O_{22}(OH)_2$ で，ほとんどのものは Mg や Al をふくむ．Fe^{2+} の半分以上を Mg が置換したものをマグネシオリーベッカイトという．単斜晶系・柱状である．薄片で特有の青色(indio‐blue)をしている．これはアルカリカコウ岩・アルカリ質の火成岩・結晶片岩などにみられる．ランセン石とリーベッカイトの中間的な組成をもつものをクロッサイトという．

そのほか　アルベゾナイト・エケルマナイト・カタフォライトなどがあり，これは閃長岩などのアルカリ質の深成岩や同質の火山岩などにふくまれる．

4.3　中性岩

　この本の中性岩は，マフィック鉱物含有量が 20〜40% のもので，安山岩質の火山岩(安山岩や粗面安山岩)や閃緑岩などである．しかし SiO_2 含有量による分類では中性岩の粗面岩や閃長岩はふくめない．非アルカリ岩系・アルカリ岩系の中性岩の順にのべる．

4.3.A　非アルカリ岩系

安山岩(andesite)・ヒン岩(porphyrite)・閃緑岩(diorire)などである．おもにラブラドライト〜アンデシン・輝石・ホルンブレンドなどからなり，まれに少量のカンラン石・シリカ鉱物(石英やトリディマイト)・アルカリ長石などをふくむ．

4.3.A-a 安山岩

日本の現在の火山の主要な構成岩石である．非アルカリ岩系の安山岩はソレアイト岩系のものとカルクアルカリ岩系のものとに区分される（§2.3.D-b参照）．両岩系の安山岩には FeO^*/MgO や MgO 含有量にいちじるしくちがいのあるものが存在するので，両岩系のものにわけて説明する．アダカイト質・バハイト質の安山岩（§4.3.A-a2参照）以外の両岩系の安山岩の主化学組成を表4-7にしめす．なおアダカイト質・バハイト質の火成岩の化学組成は表4-8にしめした．図4-11は表4-7・表4-8をもとにした火成岩の FeO^*/MgO — SiO_2 図である．

4.3.A-a1 ソレアイト岩系

化学組成——ソレアイト岩系とカルクアルカリ岩系のちがい　東北日本の那須火山帯のソレアイト岩系の玄武岩・安山岩・デイサイトでは，SiO_2 が約52%から約69%まで変化するあいだに，FeO^*/MgO は1.8前後から4前後まで増加するのにたいし，カルクアルカリ岩系の安山岩やデイサイトでは，SiO_2 が約58%から約70%に増加するあいだに，FeO^*/MgO は2前後から3.5前後までしか増加しない（図4-11参照）．なおソレアイト岩系とカルクアルカリ岩系とを問わず，SiO_2 含有量が50%前後の玄武岩は1前後の FeO^*/MgO 値なので，この図で両岩系の玄武岩を識別することはできない．

斑晶鉱物と石基鉱物　ソレアイト岩系の安山岩にふくまれるおもな斑晶鉱物は，斜長石・オージャイト・斜方輝石で，まれに少量のカンラン石とごく少量のピジョン輝石をふくむ．これらの斑晶鉱物は単独，あるいは集斑状である．後者の場合，同1種の鉱物が集斑状のこともあり（写真2-12参照），また2種以上の鉱物が集斑状になることもある（写真4-12参照）．集斑状の鉱物はマグマから同時期に晶出したと考えられるので，ふくまれる鉱物の晶出順序や鉱物とメルトとの平衡関係などを考察するときに重要な手がかりとなる．石基鉱物の輝石はオージャイトとピジョン輝石で，

表4-7　非アルカリ岩系の安山岩（一部デイサイトをふくむ）[*1]の主化学組成（単位：重量%）

	(1)	(2)	(3)	(4)	(5)	(6)
SiO_2	57.77	62.85	68.79	60.60	57.4	57.6
TiO_2	0.92	0.66	0.53	0.86	0.7	0.15
Al_2O_3	17.20	16.44	14.29	16.57	15.6	11.1
Fe_2O_3	3.20			3.08		
FeO	5.71	6.17[*2]	5.57[*2]	4.57	6.3[*2]	8.47[*2]
MnO	0.15	0.11	0.12	0.13		0.19
MgO	3.40	0.99	0.54	3.26	8.7	12.3
CaO	8.03	4.83	3.39	6.81	6.8	7.52
Na_2O	2.89	3.57	4.40	2.94	2.8	1.54
K_2O	0.57	1.92	1.73	1.03	1.7	0.47
P_2O_5	0.15	0.25		0.15		0.03
FeO^*/MgO	2.53	6.23	10.31	2.25	0.72	0.69

(1)：那須火山帯のソレアイト岩系安山岩59個の平均値（青木，1978）
(2)：茨城県大子地域のアイスランダイト質安山岩10個の平均値（周藤・八島，1985）
(3)：栃木県茂木地域のアイスランダイト質デイサイト8個の平均値（白水ほか，1983）
(4)：那須火山帯のカルクアルカリ岩系安山岩125個の平均値（青木，1978）
(5)：瀬戸内高マグネシア安山岩の平均値（Tatsumi・Ishizaka，1982）
(6)：父島の無人岩の平均値（白木ほか，1985）
FeO^*：全Fe；*1：アダカイト質～バハイト質の安山岩などの化学組成は表4-8参照；*2：全Fe含有量（FeO）

表 4-8　アダカイト・バハイトおよび日本列島のおもなアダカイト質～バハイト質の火成岩の主化学組成（単位：重量％）と微量元素組成（単位：ppm）

	(1)	(2)	(3)	(4)	(5)	(6)	(7)	(8)	(9)	(10)	(11)	(12)
SiO_2	63.33	63.09	60.08	61.89	54.03	57.46	70.55	68.46	66.42	64.86	67.72	56.0
TiO_2	0.45	0.73	0.75	0.81	0.92	0.55	0.20	0.34	0.49	0.72	0.36	1.04
Al_2O_3	17.14	17.80	15.99	17.08	15.96	17.10	15.66	15.98	16.69	15.87	16.44	16.0
FeO^*	3.65	4.76	5.41	4.01	8.27	5.52	1.80	2.80	3.10	4.19	2.45	4.78
MnO	0.09	0.09	0.09	0.07	0.13	0.10	0.04	0.06	0.07	0.08	0.06	0.09
MgO	1.96	2.75	3.82	3.89	7.49	4.61	0.74	1.09	1.27	2.48	1.06	6.8
CaO	4.75	5.34	6.14	6.43	10.04	6.73	3.56	3.61	4.26	4.21	3.71	7.35
Na_2O	3.81	3.79	3.83	4.56	2.05	3.96	4.56	4.16	4.50	4.63	4.38	4.4
K_2O	1.83	1.41	1.43	1.10	0.94	1.26	1.07	2.31	1.93	2.21	2.27	1.39
P_2O_5	0.21	0.23	0.18	0.17	0.20	0.18	0.07	0.11	0.17	0.27	0.14	0.41
FeO^*/MgO	1.86	1.73	1.42	1.03	1.10	1.20	2.43	2.56	2.44	1.69	2.31	0.70
Ba	416		377	116		493	318	550	586	624	1087	705
Cr	17		119	93	566	122	11	15	4	55	9	110
Nb	9.3	8.0	6.0	3.3	4.3	9.2	3.4	6.8	5.4	13.2	13.0	4.5
Ni	12	11	53	62	211	45	4	6	4	24	3	181
Rb	50	33	37	14	39	36	23	62	44	62	43	12
Sr	844	733	651	1003	977	862	433	679	807	929	1123	1541
Y	9	14	18	15	17	15	8	10	10	16	15	10
Zr	131	159	158	134	109	107	84	108	100	160	73	134
Sr/Y	139	54	37	69	58	62	58	74	82	58	75	154

(1)：中国地方大山・三瓶火山の安山岩・デイサイト6個の平均値(Morris, 1995)
(2)：中部地方昆沙門岳火山の安山岩・デイサイト9個の平均値(Ujike, et al., 1999)
(3)：富山市南方の安山岩(中期中新世)6個の平均値(高橋・周藤, 1999)
(4)：能登半島北部の安山岩(漸新世)2個の平均値(上松ほか, 1995)
(5)：北海道地方奥尻島の玄武岩質安山岩(漸新世)4個の平均値(山本ほか, 1991)
(6)：東北地方北上山地の高Sr安山岩(前期白亜紀)31個の平均値(土谷ほか, 1999 b)
(7)：岩手県東部の浄土ヶ浜周辺の流紋岩類(始新～漸新世)44個の平均値(土谷ほか, 1999 a)
(8)：宮城県沖金華山のカコウ岩(前期白亜紀)56個の平均値(遠藤ほか, 1999)
(9)：岩手県宮古地域のカコウ岩(前期白亜紀)10個の平均値(Tsuchiya・Kanisawa, 1994)
(10)：京都市北部のカコウ岩質岩石(前期白亜紀)53個の平均値(貴治ほか, 2000)
(11)：パナマ共和国西部のアダカイト5個の平均値(Defant, et al., 1991)
(12)：メキシコ合衆国バハカリフォルニアのハレーグェイ地域のバハイト4個の平均値(Saunders, et al., 1987)
FeO^*：全Fe含有量をFeOとして計算した値

斜方輝石はみられないことが多い．石基にはこのほかに斜長石・チタノマグネタイト・イルメナイト・シリカ鉱物・ガラスなどをふくむ．石基の組織は一般に，よりマフィックな安山岩ではインターグラニュラー組織やインターサータル組織をしめし，フェルシックなものではハイアロオフィティック組織やハイアロピリティック組織であることが多い．この石基の組織の特徴は，カルクアルカリ岩系の安山岩にも共通している．これらの安山岩やデイサイトでは非平衡な斑晶鉱物の組合せがみられないことや，斑晶鉱物は正累帯構造をしめすことなどから，これらをNタイプということがある．石基の輝石の組合せからは，これらの岩石の多くはピジョン輝石質岩系である．

図4-11にしめされるようにソレアイト岩系の安山岩やデイサイトには，いちじるしくFeO^*/MgOの高い(5～10)ものが存在する．このような安山岩をアイスランダイト(icelandite)という．この安山岩は1964年にアイスランドの第三紀火山岩から最初にみいだされ(Carmichael, 1964)，造山帯にはあまりみられないものと考えられ

70　4．火成岩の記載的特徴

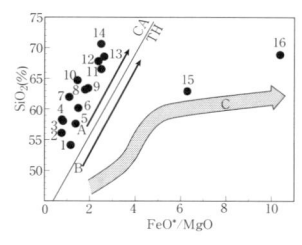

図4-11　日本列島周辺のアイスランダイト質の安山岩・デイサイト・高マグネシア安山岩，およびアダカイト質～バハイト質の火成岩のSiO$_2$とFeO*/MgOとの関係（表4-7と表4-8のデータより作成）

1：北海道地方奥尻島の玄武岩質安山岩（漸新世）4個の平均値；2：メキシコ合衆国バハカリフォルニアのハレーグェイ（Jaraguay）地域のバハイト4個の平均値；3：瀬戸内高マグネシア安山岩の平均値；4：父島の無人岩の平均値；5：東北地方北上山地の高Sr安山岩（前期白亜紀）31個の平均値；6：富山市南方の安山岩（中期中新世）6個の平均値；7：能登半島北部の安山岩（漸新世）2個の平均値；8：中部地方毘沙門岳火山の安山岩・デイサイト9個の平均値；9：中国地方大山・三瓶火山の安山岩・デイサイト6個の平均値；10：京都市北部のカコウ岩質岩石（前期白亜紀）53個の平均値；11：岩手県宮古地域のカコウ岩質岩石（前期白亜紀）10個の平均値；12：パナマ共和国西部のアダカイト5個の平均値；13：宮城県沖金華山のカコウ岩質岩石（前期白亜紀）56個の平均値；14：岩手県東部の浄土ヶ浜周辺の流紋岩類（始新～漸新世）44個の平均値；15：茨城県大子地域のアイスランダイト質安山岩10個の平均値；16：栃木県茂木地域のアイスランダイト質デイサイト8個の平均値

　(A)　那須火山帯のカルクアルカリ岩系火山岩の平均的トレンド
　(B)　那須火山帯のソレアイト岩系火山岩の平均的トレンド
　(C)　アイスランドのシングムーリ火山岩の分化トレンド

文献；那須火山帯：青木(1978)のデータによる；シングムーリ火山岩：Carmichael(1964)のデータによる；CA（カルクアルカリ岩系）とTH（ソレアイト岩系）の境界（境界線はSiO$_2$含有量が46％のときFeO*/MgOが0.5，SiO$_2$が62％のときFeO*/MgOが3.0であることをしめす）：Miyashiro(1974)：FeO*＝FeO＋0.9 Fe$_2$O$_3$

てきた．しかし1980年代以降に，東北日本の脊梁地域から太平洋側にかけての各地と北海道地方北部の中新世の火山岩に，この種の安山岩がみいだされている．斑晶鉱物は斜長石やカンラン石・輝石（ともにFeに富む）などからなり，石基鉱物の輝石もFeに富むものが多い（写真4-12）．

4.3.A-a2　カルクアルカリ岩系

斑晶鉱物と石基鉱物　カルクアルカリ岩系の安山岩（たとえば那須火山帯のもの）の斑晶鉱物は，おもに斜長石・オージャイト・ハイパーシン・ホルンブレンド・チタノマグネタイト・イルメナイトなどからなり，まれに少量のカンラン石・黒雲母・石英をふくむ．これらの斑晶鉱物はしばしば集斑状をしめす．おもな石基鉱物は斜長石・オージャイト・ハイパーシン・チタノマグネタイト・シリカ鉱物など．

マグマ混合の証拠　これらの安山岩の斑晶鉱物には，以下のような特徴が認められることが多い．

写真4-12　アイスランダイト質デイサイト（北部阿武隈地域毛無山産；直交ニコル・横幅約2 mm）
　カンラン石（フェロホルトノライト）と斜長石が集斑状組織を形成．石基は黒色部と白色部からなる不均質なハイアロオフィティック組織

① : しばしば非平衡な組合せ，たとえば Mg に富むカンラン石と石英の共存がみられる(写真 4-13)
② : 斜長石やマフィック鉱物のカンラン石や輝石などには，周縁部で逆累帯構造をしめすものがあり(写真 4-14)，これらと正累帯構造をしめすものとが共存する
③ : 周縁部に分解組織をもつホルンブレンド・黒雲母(写真 2-19 B 参照)がふくまれていたり，周縁部に汚濁帯(dusty zone)をもつ斜長石や，融食形(corroded form)の斜長石がふくまれていたりすることが多い(写真 4-15)
④ : 斜長石はバイモーダルな組成の頻度分布(EPMA を使用して多くの斜長石の中心部を化学分析すると，組成の頻度のピークが An に富む部分ととぼしい部分の 2 つがある)をしめすことが多い

カルクアルカリ岩系の安山岩はこのような特徴をもつことから，R タイプということがある．石基の輝石の組合せからは，これらの岩石の多くはハイパーシン質岩系である．

ソレアイト岩系とカルクアルカリ岩系の安山岩やデイサイトが形成される要因の 1 つに，

写真 4-13 カンラン石と石英の斑晶が共存するカルクアルカリ岩系の安山岩(北海道地方北部置戸産・鮮新世；薄片は神保 啓氏提供；直交ニコル・横幅約 10 mm)
　融食形をなすカンラン石(右上と左下の大型の結晶)の Mg 値は 83〜89 で，石英(右下の 2 つの結晶と左下の小型の結晶)も融食形をなしている．この安山岩はマフィックなマグマとフェルシックなマグマの混合を示唆している．石基はハイアロオフィティック組織

写真 4-14 カルクアルカリ岩系の安山岩の，逆累帯構造をしめす単斜輝石と斜方輝石の斑晶の走査型電子顕微鏡(SEM；Scanning Electron Microscope)による反射電子像(組成像；香川県西部七宝山産・中期中新世；写真は川畑博氏提供)
　(A) : 単斜輝石(横幅は約 0.4 mm)
　(B) : 斜方輝石(横幅は約 0.4 mm)
　両輝石とも中心の白色部よりも外側の黒色部の方が Mg 値が大きい．周縁部(白色部)では黒色部よりも Mg 値は小さくなっている

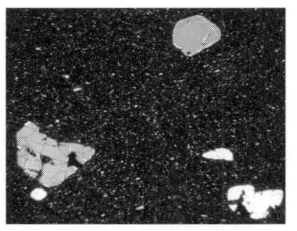

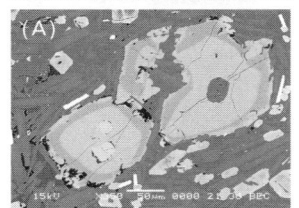

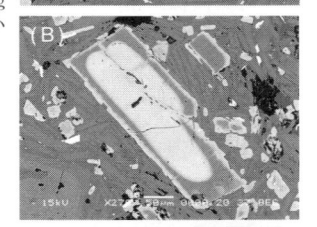

写真 4-15 カルクアルカリ岩系の安山岩の周縁部付近に汚濁帯をもつ斜長石の斑晶(北海道地方旭川市東方米飯山産・中期中新世；薄片は黒岩敬二氏提供；直交ニコル・横幅約 2 mm)
　汚濁帯はガラス・Ca に富む(中心部よりも)微小な斜長石・微小なシリカ鉱物などの集合物からなることが多い．石基はハイアロオフィティック組織

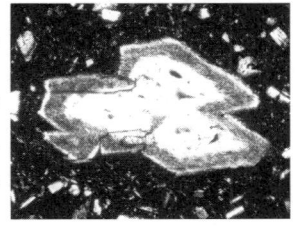

マグマの酸素フュガシティー(f_{O_2})のちがいがあげられている(Osborn, 1959, 1962). 酸素フュガシティーが大きいときには, マグマの Fe は酸化されて 3 価の状態になりやすく, 結晶作用の早い時期からマグネタイト(Fe_3O_4)を晶出する. マグネタイトがマグマから取りのぞかれると, マグマの Fe は減少するが, そのときに SiO_2 は取りのぞかれないのでマグマの SiO_2 含有量は急激に増加する. このようにしてカルクアルカリ岩系の安山岩やデイサイトが形成される. 一方, 酸素フュガシティーがちいさいときには, Fe は 2 価の状態になりやすく, カンラン石や輝石(初期に晶出するものは Fe より Mg に富む)として晶出する. それらが取りのぞかれるとマグマから MgO や SiO_2 も取りのぞかれる. したがってこのような結晶分化作用が進行すると, FeO*/MgO は増加するが SiO_2 は急激には増加しないので, ソレアイト岩系の安山岩やデイサイトを形成する.

しかし最近では, カルクアルカリ岩系の安山岩やデイサイトの多く(R タイプ)は, 上記の①〜④のような斑晶鉱物の特徴をもつことから, 2 種類のマグマ混合で形成されたと考えられるようになってきている(Sakuyama, 1979, 1981 など). マグマ混合の証拠は露頭でもみられる. 写真 4-16 は香川県観音寺周辺の中期中新世の複合溶岩(composite lava)の一部で, デイサイト(白色部)と安山岩(黒色部)が不規則にいりくんでいる状態をしめしている. 両者の境界には急冷周縁相がみられないことや, デイサイト部と安山岩部が相互に包有しあうミングリング(mingling)組織が観察されることなどから, デイサイトと安山岩はマグマの状態で共存していたと考えられる. すなわち写真 4-16 はマグマ混合の途中の段階が凍結されたことをしめしているといえよう.

高マグネシア安山岩 カルクアルカリ岩系の安山岩のうち MgO にいちじるしく富むものが高マグネシア安山岩(high magnesian andesite・high-Mg andesite; **HMA**)である. 日本列島や西太平洋の島弧地帯・活動的大陸縁などの新生代火山活動域ばかりでなく, より古い時代のオフィオライトにもともなわれることがあり, 始生代や原生代のものにもともなわれている.

日本では瀬戸内海地域と小笠原諸島に典型的にみられる. 瀬戸内海地域のものは瀬戸内高マグネシア安山岩とかサヌカイト(sanukite; 讃岐岩)といわれ, 小笠原諸島の父島や兄島のものは無人岩(boninite)といわれる. 無人岩は始新世(約 40 Ma)の, サヌカイトは中期中新世(12〜14 Ma)の火山活動で形成されたものである.

無人岩は枕状溶岩・岩脈・ハイアロクラスタイトなどの産状をしめす. 斑晶含有量が多く, 50% をこえるものもある. 斑晶鉱物はおもにカンラン石(Mg に富む)や輝石からなり, 輝石はエンスタタイト・単斜エンスタタイト・オージャイト・ピジョン輝石など. 斑晶鉱物としてしばしばクロムスピネルもふくむが, 斜長石はふくまない. 無人岩の石基はガラス質のことが多いが, ほとんどの場合にカンラン石や輝石(オージャイト・ピジョン輝石・単斜エンスタタイト・斜方輝石など)の微結晶をともなう(写真 4-17).

写真 4-16 安山岩とデイサイトの複合溶岩の研磨面の写真 (香川県西部天霧山産・中期中新世; 川畑・周藤, 2000)
安山岩(黒色部)とデイサイト部(白色部)がそれぞれ互いに包有しあうミングリング組織が認められる. スケールの 1 目盛は 1 cm

写真 4-17 無人岩(小笠原諸島父島産；薄片は深瀬雅幸氏提供；単ニコル・横幅約 2 mm)
下方の大きな斑晶は単斜エンスタタイトで微斑晶の多くはエンスタタイトとカンラン石．石基はおもに輝石の微結晶とガラスからなる

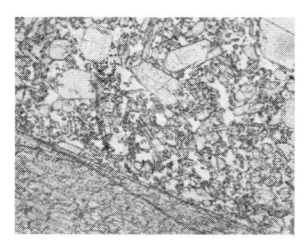

　$MgSiO_3$ 組成をもつ天然の輝石(エンスタタイト)は，ほとんどすべてが斜方晶系のものであるが，実験的には高温になると，斜方晶系ではあるがエンスタタイトとは空間群がことなるプロトエンスタタイトに転移する．この転移は 1 気圧では約 1,000℃ でおこる．プロトエンスタタイトは 2 GPa 以上の高圧下では不安定になり，エンスタタイトが高温でも安定になる．プロトエンスタタイトがゆっくり冷却すれば斜方晶系のエンスタタイトに転移するが，急冷される場合には**単斜エンスタタイト**に転移することが知られている．

　サヌカイトはおもに溶岩としてみられる．斑晶含有量はとぼしく，10% 以下のものが多い．斑晶鉱物は無人岩と同様に，おもにカンラン石(Mg に富む)や輝石からなる(写真 4-18)．輝石はエンスタタイト・ブロンザイト・オージャイトなどで，単斜エンスタタイトはふくまれない．まれに斑晶鉱物として少量の斜長石・ホルンブレンドをふくむ．石基はおもに斜方輝石・チタノマグネタイト・斜長石・ガラスなどからなる．

　化学組成の面では両岩石とも MgO や，Ni・Cr などの適合元素にいちじるしく富む．岩石とそれにふくまれるマフィックな斑晶鉱物の化学組成の検討や，1980 年代におこなわれたサヌカイトの高温・高圧下での溶融実験の結果などから，無人岩やサヌカイトは上部マントルのカンラン岩の部分溶融で生成した初生安山岩質マグマから形成されたものと考えられてきた(Tatsumi, 1982)．しかし，そのような初生安山岩質マグマはカンラン岩が部分溶融して生成したものではなく，沈み込む海洋プレートの上層部(海洋地殻)の部分溶融で生成したフェルシックなマグマが，マントルウエッジを上昇中にマントルと反応して組成変化したものという考えも提唱された(Shimoda, et al., 1998)．

アダカイト質安山岩　無人岩やサヌカイトとはやや化学組成がことなる，カルクアルカリ岩系の安山岩やデイサイトがみいだされた．それらはアリューシャンのアダック島やメキシコ合衆国バハカリフォルニア(Baja California)などに典型的にみられ，アダカイト(adakite；Defant・Drummond, 1990)・バハイト(bajaite；Saunders, et al., 1987)といわれる．これらの岩石は主化学組成の面では MgO にややとぼしい

写真 4-18 瀬戸内高マグネシア安山岩(香川県小豆島産；単ニコル・横幅約 2 mm)
斑晶鉱物は外縁部がサポナイト化したカンラン石，石基はインターグラニュラー組織で無人岩よりもガラスにいちじるしくとぼしい

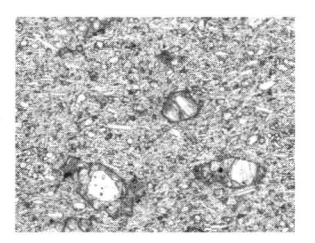

(A) 富山市南方岩稲累層（薄片は高橋俊郎氏提供；単ニコル・横幅約4 mm）．石基はハイアロオフィティック組織
(B) 北海道地方北部豊野層（単ニコル・横幅約4 mm）．石基はハイアロオフィティック組織

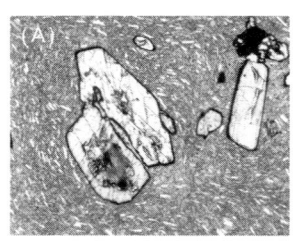

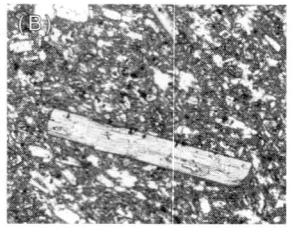

写真4-19 アダカイト質のホルンブレンド安山岩

こと以外，無人岩やサヌカイトとあまりちがいはみられないが（図4-11），前者は高い Sr 含有量・低い Y 含有量・高い Sr/Y・La/Yb が特徴（図4-14参照）．アダカイト質の安山岩やデイサイトのおもな斑晶鉱物は，斜長石・ホルンブレンド・単斜輝石・斜方輝石などで，まれに黒雲母やチタノマグネタイトもふくむ（写真4-19）．アダカイト質の岩石はカコウ岩にもみいだされている（§4.4.A-c 2参照）．

アダカイト質の安山岩・デイサイト・流紋岩は，中国地方の大山・三瓶山，中部地方の毘沙門岳などの第四紀火山や，能登半島の漸新世火山岩，富山市南方の中新世火山岩と，北上山地の前期白亜紀火山岩などからもみいだされている（表4-8・図4-14参照）．能登半島のアダカイト質の安山岩は，N-MORBとおなじ Sr・Nd 同位体比（$^{87}Sr/^{86}Sr = 0.70282 \sim 0.70288$，$^{143}Nd/^{144}Nd = 0.51310 \sim 0.51320$）をもつ（上松ほか，1995；アダカイト質の中性〜フェルシックマグマの成因は§4.4.A-c 2参照）．

4.3.A-b　ヒン岩・閃緑岩

ヒン岩　安山岩よりやや粗粒な中性岩で，変質していて緑色がかっていることが多い．おもな主成分鉱物はラブラドライト・アンデシン・オージャイト・ハイパーシン・ホルンブレンドで，ときに黒雲母・石英をふくむ．そのほかチタノマグネタイト・イルメナイト・アパタイト・ジルコン・スフェーンなどの副成分鉱物や，緑泥石・方解石などの**変質鉱物**（alteration mineral）＊をともなう．斑晶鉱物と石基鉱物がはっきりと区別できないことが多い．大部分はカルクアルカリ岩系．ヒン岩は岩脈としてみられる．

＊：熱水変質作用で形成された鉱物で，おもに粘土鉱物・含水珪酸塩鉱物（フッ石・緑レン石など），シリカ鉱物・炭酸塩鉱物など．2次鉱物（secondary mineral）とほぼ同義語．これにたいしマグマから晶出した鉱物などを1次鉱物（primary mineral；初生鉱物）という

閃緑岩　カルクアルカリ岩系の粗粒・完晶質な中性岩で，色指数は25〜50．おもな主成分鉱物はラブラドライト・アンデシンとホルンブレンド・黒雲母などのマフィック鉱物で，まれにオージャイト・ハイパーシン・アルカリ長石・石英・チタノマグネタイト・イルメナイト・アパタイト・ジルコン・スフェーンなどをふくむ．閃緑岩は半自形粒状組織をもつことが多い（写真4-20）．閃緑岩よりもアルカリ長石に富み，閃緑岩とモンゾナイトの中間型のものをモンゾ閃緑岩（monzodiorite）といい，色指数は20〜50．閃緑岩とほぼおなじ色指数をもつ，石英閃緑岩（石英に富む）・トーナライトは，この本ではカコウ岩の項でのべる（§4.4.A-c 1参照）．

4.3.B　アルカリ岩系

粗面安山岩（trachyandesite）・ミュージアライト（mugearite）・モンゾニ斑岩（mon-

写真 4-20 閃緑岩(福島県いわき市植田産；直交ニコル・横幅約 4 mm)
マフィック鉱物はホルンブレンドと黒雲母

表 4-9 アルカリ岩系の中性岩の主化学組成(単位：重量%)

	(1)	(2)	(3)	(4)	(5)	(6)
SiO_2	55.75	56.81	52.85	53.68	58.48	53.07
TiO_2	1.74	1.76	2.97	2.82	1.57	1.15
Al_2O_3	19.19	13.88	16.68	14.62	16.16	18.76
Fe_2O_3	2.40	0.70	1.43	4.04	1.59	1.63
FeO	2.85	9.37	8.21	6.15	4.78	5.13
MnO	0.09	0.29	0.20	0.22	0.21	0.14
MgO	1.85	2.13	2.82	2.39	2.14	3.81
CaO	4.53	5.04	6.81	6.45	4.61	6.23
Na_2O	5.06	5.00	3.72	3.51	5.53	3.31
K_2O	5.03	2.15	3.43	3.13	4.04	4.79
P_2O_5	0.34	0.72	0.14	0.48	0.39	0.57
$H_2O\pm$	1.25		1.10	2.27		1.17

(1)：ブラジル南東方のイギリス領トリスタンダクーニャ(Tristan da Chunha)島の粗面安山岩(Baker, et al., 1964)
(2)：エチオピアのアファー(Afar)リフトの粗面安山岩(Barberi, et al., 1975)
(3)・(4)：隠岐島後のミュージアライト(Uchimizu, 1966)
(5)：ケニア共和国ケニアリフトのベンモレアイト(Baker, et al., 1977)
(6)：岩手県一戸付近のモンゾナイト(Onuki・Tiba, 1964)

zonite porphyry)・モンゾナイト(monzonite)などである．おもな主成分鉱物はアンデシン・オリゴクレイスと輝石・角閃石・黒雲母のほかに，かなりの量のアルカリ長石をふくむ．シリカ鉱物はまったくふくまれないか，あってもごく少量．非アルカリ岩系の岩石より産出量がすくなく，日本列島のような島弧地帯ではとくにすくない．アルカリ岩系の中性岩の主化学組成を表 4-9 にしめす．最後に強アルカリ岩にふれる．

4.3.B-a 粗面安山岩とミュージアライト

粗面安山岩 安山岩よりもアルカリに富み，CaO にとぼしい．おもな斑晶鉱物のうち，フェルシック鉱物は比較的 Na に富む斜長石(アンデシン・オリゴクレイス)やアルカリ長石で，マフィック鉱物は Na に富む輝石(チタンオージャイト・エジリンオージャイト)や角閃石(リーベッカイトなど)からなり，まれにカンラン石をふくむ．石基鉱物はカンラン石・チタンオージャイト・エジリンオージャイト・アルカリ角閃石・黒雲母・アルカリ長石・チタノマグネタイト・イルメナイト・アパタイトなど．トラキティック組織をしめすことが多い．レータイト(latite)ともいう．

ミュージアライト おもな斑晶鉱物はカンラン石・チタンオージャイト・オリゴクレイス・チタノマグネタイトなど．オリゴクレイス玄武岩(oligoclase basalt)，あるいはオリゴクレイス安山岩(oligoclase andesite)ということもある．ミュージアライトの SiO_2 含有量は 52～60% で，含有量のすくないものを塩基性ミュージアライトともいう．一般に粗面安山岩よりもマフィック鉱物を多くふくむ．石基鉱物は粗面安山岩のものとほとんどちがいはないが，斜長石はオリゴクレイスのことが多い．石基は短冊状のオリゴクレイスがほぼ平行に配列し，流理構造をしめすことが多い．両者とも山陰～九州地方北部などにわずかにみられるにすぎない．

ミュージアライトと粗面岩との中間的な組成のものにベンモレアイト(benmoreite)があり，斑晶鉱物としてアルカリ長石・カンラン石(Feに富む)・オージャイトなどをふくむ．

4.3.B-b　モンゾナイト・モンゾニ斑岩

モンゾナイト　粗粒・完晶質な中性岩で，色指数は15～45．斜長石とアルカリ長石をほぼ等量ふくみ，石英をほとんどふくまない．すなわちカルクアルカリ岩系の閃緑岩よりも，アルカリ長石を多くふくむ．モンゾナイトよりもアルカリ長石を多くふくむものは閃長岩である．したがってモンゾナイトは閃緑岩と閃長岩の中間型の岩石で，閃長閃緑岩(syenodiorite)と同義．モンゾナイトはアルカリ岩系のものが多いが非アルカリ岩系(多くはカルクアルカリ岩系)のものもある．前者は，マフィック鉱物としてアルカリ角閃石・ホルンブレンド・黒雲母などをふくむが，後者はアルカリ角閃石をふくまないのが一般的である．斜長石はアンデシン・オリゴクレイスである．モンゾナイトには，自形の斜長石の粒間を他形のカリ長石が充填した組織がよくみられる．これをモンゾナイト状(monzonitic)組織という(写真4-21)．

モンゾニ斑岩　モンゾナイトと粗面安山岩の中間の粗さのものをいう．両者とも岩手県一戸付近にみられる．

強アルカリ岩　中性岩でアルカリにいちじるしく富むものには，テフライト(tephrite)・ネフェリンモンゾニ斑岩(nepheline monzonite porphyry)・ネフェリンモンゾナイト(nepheline monzonite)などがある．テフライトは斜長石(Caに富む)・エジリン・エジリンオージャイトおよびネフェリンとリューサイトのいずれかを斑晶鉱物としてふくむ噴出岩である．ネフェリンモンゾナイトはアノーソクレイス・斜長石(Naに富む)・ネフェリン・黒雲母・エジリン・エジリンオージャイト・バーケビカイトなどからなる粗粒・完晶質な岩石．ネフェリンモンゾニ斑岩はネフェリンモンゾナイトと同様の鉱物組成であるが，それよりも細粒のものをさす．これらはいずれも日本には産出しない．

4.3.C　おもな鉱物

ここで中性岩・フェルシック岩のおもな鉱物である雲母と，フェルシック岩のおもな鉱物であるシリカ鉱物についてのべる．

4.3.C-a　雲母

白雲母・パラゴナイト・黒雲母・フロゴパイトなどがある．角閃石とともにOHをふくむ重要な鉱物である．

白雲母　化学式は$K_2Al_4Si_6Al_2O_{20}(OH,F)_4$であるが，一般に$Mg \cdot Fe^{2+} \cdot Fe^{3+}$を少量ふくんでおり，$K_2(Al,Fe^{3+},Fe^{2+},Mg)_4(Si,Al)_8O_{20}(OH,F)_4$である．白雲母のうちで6配位のかなりのAlが$Mg \cdot Fe^{2+}$で，4配位のかなりのAlがSiで置換されたものをフェンジャイトという．白雲母は単斜晶系で，白色・淡緑色・淡紅色などの6角板状である．カコウ岩・泥質岩起源の比較的低温下で形成された変成岩・ペグマタイトな

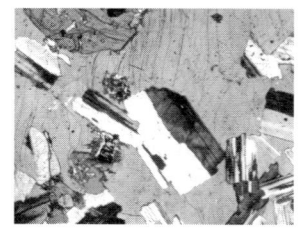

写真4-21　モンゾナイト(岩手県一戸産；薄片は土谷信高氏提供；直交ニコル・横幅約4mm)
　自形のカンラン石・斜方輝石・単斜輝石・黒雲母・斜長石のあいだを他形のカリ長石が充填

どにふくまれる．長石・紅柱石などからの2次的変質物としてや，泥質岩起源の低度変成岩にふくまれるおもな鉱物で，微細な鱗片状の白雲母の1種を絹雲母ということがある．

パラゴナイト 化学式は$Na_2Al_4Si_6Al_2O_{20}(OH)_4$で，少量のKをふくむ．単斜晶系で，白雲母によくにているので，化学分析をしないと識別はむずかしい．パラゴナイトは泥質岩起源の変成岩などにみられる．

黒雲母・フロゴパイト $K_2(Mg,Fe^{2+},Al)_{6\sim5}(Si,Al)_8O_{20}(OH)_4$で，K・Al・Mg・$Fe^{2+}$・$Fe^{3+}$などをふくむ複雑な含水珪酸塩鉱物．組成範囲は広く，フロゴパイト・アンナイト・シデロフィライト・イーストナイトからなる固溶体と考えられる．これらの端成分が適量に混合したものが黒雲母で，褐～黒色の6角板状結晶である．鉱物としてのフロゴパイトはイーストナイト成分をふくむ．黒雲母はかなり広い範囲の温度下で安定な鉱物で，K_2Oに富む火成岩(カコウ岩・デイサイト・流紋岩などのフェルシック岩およびアルカリ質の火成岩など)や変成岩の主成分鉱物である．またフロゴパイトはカンラン岩やキンバーライト，玄武岩の気孔などにみられ，日本では下関ちかくの六連島の玄武岩のものが有名．

4.3.C-b シリカ鉱物

化学式はSiO_2で，多形をしめす．石英(α石英・β石英)・トリディマイト(以上は6方晶系～斜方晶系)・クリストバライト(正方晶系)・コーサイト(単斜晶系)・スティショバイト(正方晶系)の6相が知られている．非晶質のシリカ鉱物としてはオパールなどがある．

石英 シリカ鉱物のうちで，広い範囲の温度・圧力下で安定な鉱物(図4-12)なので，さまざまな岩石にふくまれる．石英が火山岩の斑晶鉱物として晶出するときは，β石英特有の結晶形を仮像(pseudomorph)としてもつことがあるが，カコウ岩の石英のように不定形のものは，形のみからはα石英として晶出したものか，β石英として晶出したものかはわからない．したがってα石英―β石英の転移点を精密に測定することで，本来のおおよその晶出温度を推定できる．

トリディマイト・クリストバライト 比較的高温・低圧下でしか安定に存在できないので，安山岩やフェルシックな火山岩の石基や気孔などに限定されてみられる．

コーサイト・スティショバイト 図4-12にしめされるように，2～3GPa以上の高圧下で安定で，さらに高圧下(10GPa前後以上)ではスティショバイトが安定．コーサイトとスティショバイトは，最初は実験室で合成されたものであるが，そののちアメリカ合衆国のアリゾナ砂漠の隕石孔付近などからみつかった．これは隕石(meteorite)が地表に衝突したときに，一時的に高温・高圧になったために地上の石英が転移して形成されたものである．コーサイトはキンバーライトの捕獲岩(§4.1.B-b参照)からみつかっているので，地球内部にコーサイトが存在するのは確実である．なお石英・コーサイト・スティショバイトの密度は，それぞれ2.65・2.92・4.29で，

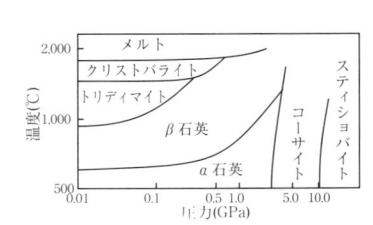

図4-12 シリカ鉱物(SiO_2)の安定関係(Mason・Moore, 1982)

より高圧下で形成されたものほどより大きな密度をもつ．これは高圧下ではSiとOがより密に結合されるからである．

4.4 フェルシック岩

マフィック鉱物含有量が20％以下の優白質岩．中性岩と同様に，非アルカリ岩系のものとアルカリ岩系のものにわけて説明する．フェルシック岩の主化学組成を表4-10にしめす．非アルカリ岩系・アルカリ岩系の順にのべる．

4.4.A 非アルカリ岩系

デイサイト(dacite)・流紋岩(rhyolite・liparite)・カコウ斑岩(granite porphyry)・カコウ岩(granite)などである．シリカ鉱物(石英・トリディマイト)と長石(アンデシン・オリゴクレイス・アルカリ長石)を主成分鉱物とする．おもなマフィック鉱物はホルンブレンドと雲母であるが，斜方輝石・オージャイト・カンラン石(Feに富む)・ザクロ石などもふくまれることがある．

4.4.A-a デイサイトと流紋岩

この本ではシリカ鉱物に富むフェルシックな火山岩のうち，SiO_2含有量が63〜70％くらいのものをデイサイト，70％以上のものを流紋岩とする．

デイサイト 斑晶鉱物として，斜長石(多くはアンデシン・オリゴクレイス)・石英・アルカリ長石などのフェルシック鉱物のほかに，オージャイト・斜方輝石・ホルンブレンド・黒雲母・ザクロ石などをふくむことがある(写真4-22)．石基はフェルシック鉱物(斑晶のものと同様なもの)のほかに，オージャイト・斜方輝石・フェロ

表4-10 フェルシックな火成岩(カコウ岩以外)の主化学組成(単位：重量％)

	(1)	(2)	(3)	(4)	(5)	(6)	(7)	(8)	(9)	(10)
SiO_2	68.73	69.71	77.17	69.97	71.17	64.93	74.05	55.74	57.41	53.01
TiO_2	0.69	0.70	0.12	0.13	0.25	0.71	0.13	0.85	0.66	0.87
Al_2O_3	15.69	14.98	12.11	12.57	13.75	15.61	12.44	18.26	16.79	17.99
Fe_2O_3	2.35	1.87				1.39		1.51	4.36	5.67
FeO	2.48	2.15	0.86*	1.27*	1.47*	2.46	2.53*	4.63	2.07	2.14
MnO	0.10	0.10	0.02	0.05	0.07	0.10	0.06	0.25	0.15	0.29
MgO	1.17	1.09	0.19	0.11	0.43	0.74	0.04	1.01	1.88	0.59
CaO	4.40	3.96	1.11	1.27	1.50	1.96	0.22	2.57	4.65	1.95
Na_2O	3.25	4.12	3.22	3.45	4.22	4.35	5.53	8.53	4.28	7.48
K_2O	1.01	1.14	3.40	4.04	3.17	5.88	4.60	4.82	6.28	6.12
P_2O_5	0.13	0.18	0.01	0.02	0.07	0.16	0.02	0.41	0.45	0.45
$H_2O\pm$			1.42	7.06	3.79	1.93		0.36	0.44	3.12

(1)：那須火山帯のソレアイト岩系のデイサイト7個の平均値(青木, 1978)
(2)：那須火山帯のカルクアルカリ岩系のデイサイト7個の平均値(青木, 1978)
(3)：北海道地方遠軽地域の流紋岩5個(WK-02, 06, 07, 08, 10)の平均値(Yamashita, et al., 1999)
(5)：男鹿半島の真珠岩(深瀬, 未公表資料)
(6)：隠岐島後の粗面岩(Uchimizu, 1966)
(7)：大西洋イギリス領のアセンション(Ascension)島のアルカリ流紋岩(コメンダイト；Harris, 1983)
(8)：ケニア共和国ケニア山のフォノライト(Price, et al., 1985)
(9)：インド南部のタミルナードゥ(Tamil Nadu)地域の閃長岩(Miyazaki, et al., 2000)
(10)：ロシア連邦北西部コラ半島のネフェリン閃長岩(Gerasimovsky, et al., 1974)
＊：全Fe含有量(FeO)

4.4 フェルシック岩

写真 4-22 デイサイト(北海道地方下川町産；薄片は石本博之氏提供；直交ニコル・横幅約 4 mm)
斑晶鉱物はホルンブレンド・斜長石・石英で，石基はハイアロオフィティック組織

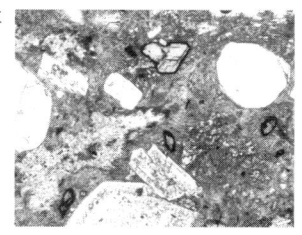

ピジョン輝石・黒雲母・チタノマグネタイト・イルメナイト・アパタイト・ジルコン・ガラスなどをふくむことがある．一般に斑状で，石基の組織はハイアロピリティック組織をしめすものから，ほとんどガラスからなるものなど多様．ガラス質の石基には微細なマイクロライトがふくまれることが多い．

デイサイト*はカルクアルカリ岩系のものが多いが，ソレアイト岩系のものでは，カンラン石・輝石(ともに Fe に富む)を斑晶鉱物としてふくみ，石基にはフェロピジョン輝石やフェロオージャイトなどがふくまれることがある．カルクアルカリ岩系のものと比較してソレアイト岩系のものは FeO^*/MgO が大きく，FeO^* に富む傾向をしめす(図 4-11 参照)．

*：日本では古くからデイサイトを石英安山岩といってきたが，デイサイトには斑晶鉱物として石英をふくまないものが多いので，この名称は適当ではない．また斑晶鉱物として石英がふくまれるデイサイトを，ふくまれないものから区別するために，石英デイサイト(quartz dacite)ということがある

流紋岩 鉱物組成は斑晶・石基鉱物ともデイサイトのものとほとんどちがいがないが，一般にアルカリ長石はデイサイトよりも流紋岩のほうに多い．灰白色で緻密な流紋岩は，いくらか色調のちがう部分(結晶度のちがう部分)が縞状構造をしめすことがよくあるので石英粗面岩(liparite)ともいう．これはマグマの流動で形成された 1 種の流理構造である．石英粗面岩という名称は粗面岩と混同しやすいので，この本では使用しない．流紋岩は一般に斑状で，石基の組織はガラス質・隠微晶質・完晶質までさまざまであるが(写真 4-23)，ガラス質のときにはマイクロライト・クリスタライトをふくむことが多く(写真 2-6 参照)，また流理構造・スフェルリティック組織をしめすこともある．完晶質にちかい石基は，こまかい粒状組織・トラキティック組織をしめす．

ヨーロッパの流紋岩には，アルカリ長石が斑晶鉱物としてふくまれるのが一般的であるが，日本の流紋岩には斑晶のアルカリ長石がふくまれないことが多い．そこで，おもな斑晶鉱物が斜長石(アンデシン・オリゴクレイス)・石英・マフィック鉱物からなる流紋岩を**斜長流紋岩**(plagiorhyolite)という(写真 4-23 参照)．この流紋岩

写真 4-23 流紋岩(男鹿半島門前層産；薄片は深瀬雅幸氏提供；直交ニコル・横幅約 4 mm)
斑晶鉱物は黒雲母・斜長石・石英・チタノマグネタイトで，石基はフェルシティック組織

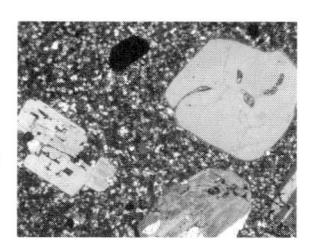

はK₂OよりもNa₂Oに富むのでソーダ流紋岩(soda rhyolite)に相当．なおK₂Oの多い流紋岩をカリ流紋岩(potash rhyolite)という．またSiO₂含有量が70%前後のものを，流紋岩とデイサイトの中間型という意味から**流紋デイサイト**(rhyodacite)ということがある．

流紋岩質マグマが急冷されると，ほとんど鉱物を晶出しないまま固結し，天然ガラスになることがある．それを**黒曜岩**(obsidian；写真2-6参照)や**ピッチストーン**(pitchstone；写真4-24)という．前者は黒色で，1%以下のH₂Oをふくむ．後者は緑褐色で樹脂状の光沢をもつことから松脂岩ということもある．これはH₂Oを多量に(4～10%)にふくむ．両者ともまれに少量の斑晶鉱物をふくむ．石基のガラスにはクリスタライトやマイクロライトがふくまれることが多い(写真2-6参照)．またスフェルライトがふくまれていたり，流理構造がみられたりする．ピッチストーンのガラスには，球状の割れ目がみられるものがある．この割れ目が顕著にみられる火山岩が**真珠岩**(写真2-23参照)．真珠岩も少量の斑晶鉱物をふくむのが一般的である．

4.4.A-b　カコウ斑岩

流紋岩とカコウ岩の中間的な粗さのもののうち，よりカコウ岩にちかいもの．斑晶鉱物と石基鉱物の区別ははっきりしている．斑晶鉱物は石英・アルカリ長石(正長石やサニディン)・斜長石(アンデシンやオリゴクレイス)・マフィック鉱物(ホルンブレンド・黒雲母)などからなり，石基鉱物はこまかい等粒状の石英・アルカリ長石・斜長石の集合体からなる(写真4-25)．まれに少量の黒雲母・白雲母・チタノマグネタイトなどをともなう．カコウ斑岩によくにたものに**石英斑岩**(quartz porphyry)

写真4-24　黒雲母ピッチストーン(男鹿半島門前層産；薄片は深瀬雅幸氏提供；単ニコル・横幅約4mm)

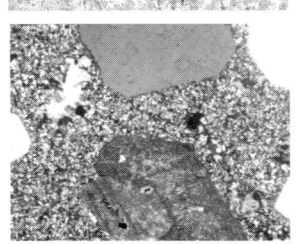

写真4-25　カコウ斑岩(山口市宮野上産；薄片は井川寿之氏提供；直交ニコル・横幅約4mm)
斑晶鉱物はおもに石英・アルカリ長石・黒雲母で，石基はフェルシティック組織

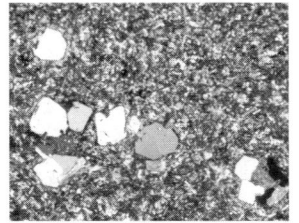

写真4-26　石英斑岩(山口県阿武郡川上村産；薄片は井川寿之氏提供；直交ニコル・横幅約4mm)
斑晶鉱物はおもに石英で，石基はフェルシティック組織

がある．後者は前者よりも，斑晶の長石類がすくなく（おもに石英からなる），後者の石基は前者のものより細粒で緻密（写真4-26）．石英斑岩の斑晶鉱物がほとんどなくなったような岩石を珪長岩（felsite）という．これは大部分が隠微晶質のフェルシック鉱物（おもに石英とアルカリ長石）からなる緻密な岩石をさす．珪長岩にはしばしば球状のスフェルリティック組織がみられる（写真2-20参照）．この種の岩石で，石英とアルカリ長石がつくるマイクログラフィック組織を多くもつものをグラノファイアー（granophyre；文象斑岩）という（写真2-15参照）．

このような斑岩類は，日本ではおもに中国地方や中部地方の白亜紀のカコウ岩や流紋岩にともなわれる．

4.4.A-c　カコウ岩

カコウ岩はフェルシック岩で最も重要な岩石である．フェルシック鉱物は石英・アルカリ長石・斜長石で，おもなマフィック鉱物は黒雲母・白雲母・ホルンブレンドなど．これらのうちフェルシック鉱物が80％以上をしめ，マフィック鉱物はわずかしかふくまれない．

4.4.A-c1　鉱物組成による分類

一般に中性岩である閃緑岩との中間型（石英閃緑岩やカコウ閃緑岩など）もカコウ岩質岩石（granitic rock）という．これらカコウ岩質岩石をフェルシック鉱物の量比で細分したものを図4-13にしめす．

広義のカコウ岩（色指数；5～20）は組成幅が広い．すなわち斜長石（おもにオリゴクレイス）よりもアルカリ長石（正長石～マイクロクリン）に富む狭義のカコウ岩（granite）と，ほぼ等量のアルカリ長石と斜長石をふくむアダメライト（adamellite）をあわせたものが広義のカコウ岩である．アダメライトよりも斜長石に富むものがカコウ閃緑岩（granodiorite）で色指数は5～25．カコウ閃緑岩よりもさらに斜長石に富み，アルカリ長石をほとんどふくまないのがトーナライト（tonalite）で，色指数は10～40．比較的石英にとぼしいものが石英閃緑岩（quartz diorite）で，色指数は20～45．これは中性岩である．以上の岩石の大部分はカルクアルカリ岩系．トーナライトににた岩石でマフィック鉱物にとぼしいもの（色指数；0～10）をトロニェマイト（trondhjemite）という．以上の岩石の大部分はカルクアルカリ岩系．

図4-13のアルカリ長石（Afs）-斜長石（Pl）辺付近のもの（石英をほとんどふくまない）で

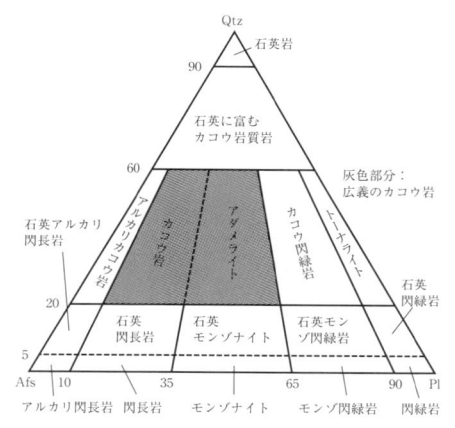

図4-13　カコウ岩質岩石のアルカリ長石（Afs；カリ長石・アノーソクレイス・アルバイト）―石英（Qtz）―斜長石（Pl）の量比による分類（Streckeisen, 1976）

は，アルカリ岩系のものとカルクアルカリ岩系ものの両者がある．すなわちアルカリ長石に富むのが閃長岩で，アルカリ岩系のフェルシック岩（§4.4.B参照）．Afs-Pl辺付近のものでアルカリ長石と斜長石をほぼ等量ふくむものがモンゾナイト（中性岩でアルカリ岩系のものが多い）で（§2.4.C-b参照），斜長石がアルカリ長石よりも多くなるとモンゾ閃緑岩，ほとんど斜長石のみのものが閃緑岩である．後2者の多くはカルクアルカリ岩系の中性岩（§4.3.A-b参照）．これらの岩石よりもやや石英に富んだものもある．すなわち閃長岩と狭義のカコウ岩の中間型が石英閃長岩で，色指数は5～30．モンゾナイトとアダメライトの中間的な岩石が石英モンゾナイト（qauratz monzonite）で，色指数は10～35．またモンゾ閃緑岩とカコウ閃緑岩の中間型を石英モンゾ閃緑岩（qaurtz monzodiorite）といい，色指数は15～40．石英閃長岩はアルカリ岩系に，石英モンゾナイトと石英モンゾ閃緑岩の多くはカルクアルカリ岩系．なお斜長石をほとんどふくまないものに，アルカリカコウ岩・石英アルカリ閃長岩・アルカリ閃長岩などのアルカリ岩系のフェルシック岩があるが（§4.4.B参照），日本にはほとんどみられない．

　非アルカリ岩系のカコウ岩質岩石のマフィック鉱物の組合せは，ホルンブレンドと黒雲母，黒雲母のみ，黒雲母と白雲母，白雲母のみというのがよくみられるものである．ときには輝石が，またごくまれにはFeに富むカンラン石がふくまれる．まれにキンセイ石や珪線石のような変成岩に典型的な鉱物もふくむ．副成分鉱物は，ザクロ石・ジルコン・モナザイト・アラナイト・電気石・アパタイト・スフェーン・チタノマグネタイト・イルメナイト・蛍石など．

　カコウ岩質岩石からなる岩体やその周囲の変成岩体には，優白質の完晶質な岩石が，岩脈・岩床・不規則な貫入岩としてしばしばみられる．このような岩石のなかで比較的細粒で緻密なものにアプライトがある（写真2-8参照）．この岩石はおもに径数mm以下の石英・アルカリ長石・斜長石（おもにオリゴクレイス）からなり，他形粒状組織をもつ．マフィック鉱物は白雲母のことが多く，ときに黒雲母のこともある．鉱物組成はアプライトと同様であるが，これとは対照的にいちじるしく粗粒な結晶（大きさは数cm～数10cmで，ときに数mのものもある）よりなるものをカコウ岩ペグマタイト（granite pegmatite）とか，巨晶カコウ岩という．なおペグマタイトという名称は組成に関係なく，いちじるしく粗粒な火成岩に使用される．

　また一般的なカコウ岩よりも地下深所で形成されたカコウ岩質岩石がチャーノカイト（charnockite）である．これはマフィック鉱物としてMg・Alに富むザクロ石（パイロープ）や輝石をふくむもので（写真4-27），透明感のある濃緑～灰緑色．アルカリ長石にとぼしくトーナライト質のものはエンダーバイト（enderbite），石英にとぼしくモンゾナイト質のものがマンゲライト（mangerite）である．チャーノカイトはおもに始生代や原生代の造山帯にみられる．なおチャーノカイトはグラニュライトに密

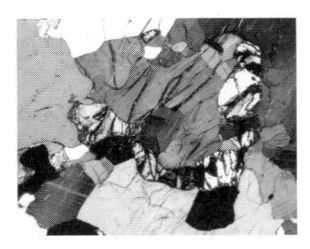

写真4-27　チャーノカイト（スリランカ民主社会主義共和国ワーニ（Wanni）岩体産；薄片はWeerakoon, M. W. K.氏提供；直交ニコル・横幅約2mm）
　マフィック鉱物は単斜輝石と斜方輝石

接にともなってみられることから，グラニュライト相の変成岩とみなされることもある(§9.1.D 参照).

4.4.A-c2 化学組成による分類

1970年代以降，おもに化学組成にもとづき，成因的要素を加味したカコウ岩質岩石の分類や，鉄鉱鉱物(Fe-Ti 酸化物)の量比による分類が提案されている．Ⅰタイプカコウ岩(I type granite; igneous source type granite)・Sタイプカコウ岩(S type granite; sedimentary source type granite)・Aタイプカコウ岩(A type granite; anorogenic type granite)・Mタイプカコウ岩(M type granite; mantle source type granite)の区分[*1]や，マグネタイト系カコウ岩(magnetite-series granitoid)とイルメナイト系カコウ岩(ilmenite-series granitoid)の区分[*2]がそれである．Ⅰタイプ・Sタイプ・Aタイプ・Mタイプカコウ岩の化学組成の比較を表4-11にしめす．

[*1]: Ⅰタイプ・Sタイプカコウ岩は Chappell·White(1974); White·Chappell(1977, 1983), Aタイプカコウ岩は Loisell·Wones(1979), Mタイプカコウ岩は White(1979)が提唱; [*2]: Ishihara(1977, 1981)が提唱

Ⅰタイプカコウ岩 アルミナの飽和度(§2.2.C 参照)の尺度からは，多くはメタアルミナス(一部はパーアルミナス)で，CaO に富むため斜長石・アルカリ長石・石英・黒雲母などのほかに角閃石・単斜輝石をふくむ．高い Na_2O 含有量，低い K_2O/Na_2O でも特徴づけられる．またマフィック岩起源の捕獲岩をしばしばふくみ，SrI 値は比較的低い値($0.704\sim0.706$)をしめすことなどから，Ⅰタイプカコウ岩はマフィック岩と密接な成因関係をもつものと推定されている．日本のカコウ岩質岩石にはこのタイプのものが最も多い．

アダカイト質カコウ岩 始生代のⅠタイプカコウ岩のうち Al_2O_3 に富む(>15%)トロニェマイト・トーナライト・カコウ閃緑岩(デイサイト：これらを TTG または TTD という)がこれに相当．図4-14にしめすように，これらのカコウ岩はアダカイトににた化学組成をもち，低い Y 含有量と高い Sr/Y をもつ(§2.4.C-a1 参照)．これに類似のカコウ岩質岩石や火山岩が，北上山地の太平洋沿岸地帯の前期白亜紀の火成活動域にみいだされてきている(Tsuchiya·Kanisawa, 1994 など)．アダカイト質カコウ岩の多くは斜長石とホルンブレンドをふくむ．アダカイト質カコウ岩を形成したマグマは，沈みこむ海洋地殻が転移して形成されたエクロジャイトの部分溶融(Y や Yb の分配係数の高いザクロ石が溶残り鉱物となって)

表4-11　カコウ岩の各タイプの平均化学組成(Whalen, et al., 1987)

	I	S	A	M		I	S	A	M
SiO_2	69.17	70.27	73.81	67.24	Ba	538	468	352	263
TiO_2	0.43	0.48	0.26	0.49	Rb	151	217	169	17.5
Al_2O_3	14.33	14.10	12.40	15.18	Sr	247	120	48	282
Fe_2O_3	1.04	0.56	1.24	1.94	Zr	151	165	528	108
FeO	2.29	2.87	1.58	2.35	Nb	11	12	37	1.3
MnO	0.07	0.06	0.06	0.11	Y	28	32	75	22
MgO	1.42	1.42	0.20	1.73	Ce	64	64	137	16
CaO	3.20	2.03	0.75	4.27	Ga	16	17	24.6	15.0
Na_2O	3.13	2.41	4.07	3.97					
K_2O	3.40	3.96	4.65	1.26					
P_2O_5	0.11	0.15	0.04	0.06					
飽和度*	0.98	1.18	0.95	0.97					

I·S·A·Mタイプ：Ⅰタイプ·Sタイプ·Aタイプ·Mタイプカコウ岩；*：アルミナ飽和度；単位：$SiO_2\sim P_2O_5$：重量％；アルミナ飽和度は $Al_2O_3/(Na_2O+K_2O+CaO)$ で分子比；$Ba\sim Ga$：ppm

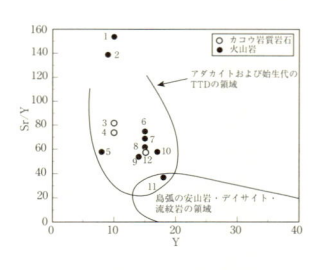

図4-14 日本列島のアダカイト質～バハイト質火成岩のSr/YとYとの関係(表4-8のデータより作成)
1：メキシコ合衆国バハカリフォルニアのハレーグェイ地域のバハイト4個の平均値；2：中国地方大山・三瓶火山の安山岩・デイサイト6個の平均値；3：岩手県宮古地域のカコウ岩質岩石(前期白亜紀)10個の平均値；4：宮城県沖金華山のカコウ岩質岩石(前期白亜紀)56個の平均値；5：岩手県東部，浄土ヶ浜周辺の流紋岩類(始新～漸新世)44個の平均値；6：パナマ共和国西部のアダカイト5個の平均値；7：能登半島北部の安山岩(漸新世)2個の平均値；8：東北地方北上山地の高Sr安山岩(前期白亜紀)31個の平均値；9：中部地方毘沙門岳火山の安山岩・デイサイト9個の平均値；10：北海道地方奥尻島の玄武岩質安山岩(漸新世)4個の平均値；11：富山市南方の安山岩(中期中新世)6個の平均値；12：京都市北部のカコウ岩質岩石(前期白亜紀)53個の平均値
アダカイト・TTDと島弧火山岩の境界はDefant, et al., (1991)による

で生成されたものという考えがある．カコウ岩よりもマフィックなアダカイト質の安山岩は，珪長質なアダカイト質マグマが地表へ上昇する過程でマントル物質と反応して形成されたという考えが有力である．アダカイト質の中性岩～フェルシック岩がみられるテクトニクス場は，形成後あまり時間の経過していない若いプレートや海嶺(25 Maよりも若い)が沈みこんでいると考えられる地帯に限定されていることから，沈みこむプレートが高温であることが，これらのマグマの生成にとって，重要な条件になっていると考えられている(Defant・Drummond，1990など)．

Sタイプカコウ岩 CaOよりもAl_2O_3に富むため，多くはパーアルミナス．斜長石・アルカリ長石・石英・黒雲母のほかに白雲母・ザクロ石・キンセイ石などのAlに富む鉱物をふくむ．角閃石はふくまれない．低いNa_2O含有量，高いK_2O/Na_2Oでも特徴づけられる．また堆積岩起源の捕獲岩をしばしばふくみ，SrI値は高い値(0.706～0.718)をしめす．このような化学的特徴から，Sタイプカコウ岩は泥質岩と密接な成因関係をもつものと推定されている．日本では領家変成帯・日高変成帯に分布するカコウ岩質岩石の一部や，西南日本外帯の南側のもの(中期中新世のもの)などがSタイプカコウ岩に相当．

Aタイプカコウ岩 非造山帯(anorogenic belt)にみられるもので，アルカリ長石とCaにとぼしい斜長石を多くふくみ，黒雲母(Feに富む)・アルカリ角閃石・輝石(Naに富む)・電気石などをふくむ．まれに閃長岩をともなう．アルカリ岩質であるが，パーアルカリックのみでなくメタアルミナス(ごく一部はパーアルミナス)なものもある．Aタイプカコウ岩はIタイプカコウ岩と比較すると(表4-11)，Al_2O_3にとぼしく，アルカリに富んでいるので，$(Na_2O+K_2O)/Al_2O_3$や$(MgO+CaO)/(Fe_2O_3+FeO)$をもとに，Aタイプ・Iタイプカコウ岩を区別できる．またAタイプはGa・Zr・Y・Nb・Ce・REE・F・Clに富むので，Iタイプ・Sタイプ・Mタイプカコウ岩から区別される．SrI値は低いものからいちじるしく高いものまである．Aタイプカコウ岩の成因としては，Iタイプのカコウ岩質マグマが生成したのちの溶残り岩の再溶融作用，あるいはアルカリ岩系のフェルシックマグマの結晶分化作用などが考えられている．フィンランドに典型的にみられる原生代の中期のラパキビカコウ岩や，アフリカ・南極東大陸(東南極)・インドなどにみられる，原生代の末期～古生代のカコウ岩質岩石などはこのタイプのものである．日本では四国地方の足摺岬にみられる．

Mタイプカコウ岩 多くはメタアルミナス．このタイプのカコウ岩はマントル物質に起源があると考えられているもので，斜長石に富みアルカリ長石にとぼしい．マフィック鉱物では角閃石に富み，黒雲母にとぼしく，まれに単斜輝石をふくむ．化学組成ではいちじるしく低い K_2O/Na_2O，高い $CaO/(Na_2O+K_2O)$ で特徴づけられる．また SrI 値は I タイプカコウ岩のものよりもさらに低い．M タイプカコウ岩はパプア・ニューギニア独立国などの島弧地帯にみられる．日本のカコウ岩のうちではフォッサマグナ南部の丹沢トーナライト岩体などが M タイプカコウ岩の性質をもつ．M タイプカコウ岩は，化学組成と Sr 同位体比が島弧火山岩ににているので，沈み込む海洋地殻，あるいは島弧下の上部マントル物質の部分溶融で生成したマグマに由来しているものと考えられている．

斜長カコウ岩 海洋島やオフィオライトにともなってみられるカコウ岩は，おもに斜長石・石英・角閃石あるいは黒雲母からなり，カリ長石をほとんどふくんでいない．化学組成上，いちじるしく低い K_2O/Na_2O で特徴づけられる．また SrI 値も低い．このようなカコウ岩を斜長カコウ岩(plagiogranite)あるいは海洋性斜長カコウ岩(oceanic plagiogranite)という．これらの多くは M タイプカコウ岩のものである．日本では舞鶴帯の夜久野オフィオライトにともなってみられる．

マグネタイト系とイルメナイト系カコウ岩 鉄鉱鉱物の種類にもとづいて区分されたものである．
マグネタイト系カコウ岩：約 0.1 体積％以上の鉄鉱鉱物(おもにマグネタイトからなり，イルメナイト・ヘマタイト・黄鉄鉱などをともなう)をふくみ，スフェーンや緑レン石などがみられる．全岩の Fe_2O_3/FeO(重量％)は約 0.5 以上で，黒雲母と角閃石の Fe^{3+}/Fe^{2+} はイルメナイト系よりは高い．
イルメナイト系カコウ岩：約 0.1 体積％以下の鉄鉱鉱物(イルメナイト・磁硫鉄鉱)をふくみ，石墨・白雲母などが存在することが多い．全岩の Fe_2O_3/FeO(重量％)は約 0.5 以下である．

マグネタイト系とイルメナイト系のこのようなちがいは，カコウ岩を形成したフェルシックマグマの酸素フュガシティー(f_{O_2})のちがいを反映しているものとみられている．すなわちマグネタイト系のマグマでは f_{O_2} が高く，イルメナイト系のマグマでは f_{O_2} が低かったと考えられている．またマグネタイト系はイルメナイト系よりも，SrI 値と O 同位体比が低く，S 同位体比が高い傾向をしめす．これらのことからイルメナイト系のマグマの生成時には，炭質物をふくむ堆積岩が関与していたのにたいし，マグネタイト系のマグマは，炭質物をふくまない地殻物質の再溶融作用で生成されたのではないかと考えられている．北上山地・山陰帯のカコウ岩はマグネタイト系，日高変成帯・領家変成帯・西南日本外帯のカコウ岩の多くはイルメナイト系．

対応関係 I・S・A・M の各タイプカコウ岩とマグネタイト系・イルメナイト系カコウ岩の対応関係はつぎのようである．S タイプカコウ岩の多くはイルメナイト系で，A タイプカコウ岩の大部分はマグネタイト系．I タイプ・M タイプカコウ岩には，マグネタイト系とイルメナイト系の両者がある．

斜長石双晶法による分類 斜長石には 10 数種類(様式)の双晶(twin)があるが，そのうちアルバイト式・ペリクライン式・アクライン式双晶は，火成岩と変成岩の斜長石に普遍的にみられる(これらの様式のみによるものを A 双晶)．一方，カールスバット式・アルバイト─カ

ールスバット式・マネバッハ式・バベノ式双晶などは，典型的な火成岩の斜長石にはよくみられるが，典型的な変成岩の斜長石にはあまりみられない(これらの様式によるものを総称してC双晶という．C双晶にはアルバイト式・ペリクライン式双晶がともなわれることが多い)．この性質を利用して，形成過程のはっきりしないカコウ岩の成因，たとえば変成岩に密接にともなわれる変成条件下で形成された混成型カコウ岩なのか，それともマグマ起源の貫入型カコウ岩なのか，を推定することが可能である．このような斜長石の双晶による方法を斜長石双晶法(plagioclase twin method；Gorai, 1950, 1951 などが提唱．斜長石の双晶を光学的に決定する方法は黒田・諏訪，1983 参照)という．この方法にもとづくと，カコウ岩はI型カコウ岩とM型カコウ岩に区分される．I型はC双晶とA双晶の斜長石をさまざまな量比でふくむことから，マグマから固結した火成岩で，M型はおもにA双晶の斜長石をふくむことから，1種の交代作用の産物であると考えられた．この研究は1950～1960年代に内外のカコウ岩研究者から大いに注目をあびたが，1970年代以降，カコウ岩の多くはマグマ起源であるという考えが定着するにつれて研究者の関心を以前ほどひかなくなり今日にいたっている．

4.4.A-c3　テクトニクス場による分類

カコウ岩質岩石は玄武岩と同様にテクトニクス場ごとに，微量元素の含有量にちがいがみられることから，**中央海嶺カコウ岩**(ocean-ridge granite；**ORG**)・**火山弧カコウ岩**(volcanic-arc granite；**VAG**)・**プレート内カコウ岩**(within-plate granite；**WPG**)・**衝突帯カコウ岩**(syn-collisional granite；**syn-COLG**)に区分されることがある(Pearce, et al., 1984 提唱)．ORG は中央海嶺・背弧海盆内海嶺・前弧海盆内海嶺に，VAG は島弧や活動的大陸縁に，WPG は海洋島や大陸地域にみられるものである．また syn-COLG は大陸—大陸衝突帯・大陸—島弧衝突帯にみられるもので，衝突時に形成されたものである．このようなカコウ岩の微量元素組成にもとづく地球化学的判別図の一部を図 4-15 にしめす．

4.4.B　アルカリ岩系

アルカリ岩系のフェルシック岩としては，粗面岩(trachyte)・閃長岩(syenite)・アルカリカコウ岩(alkali granite)などがある．アルカリ長石を主成分鉱物とし，少量のエジリン・エジリンオージャイト・アルカリ角閃石・黒雲母がふくまれている．

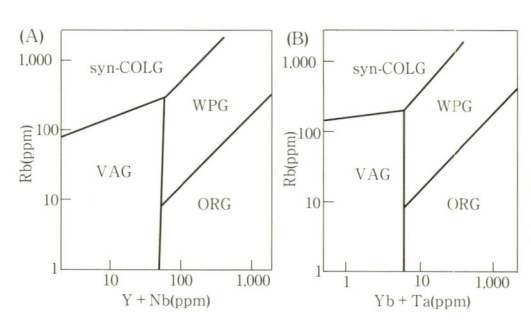

図 4-15　微量元素組成にもとづくカコウ岩質岩石(モードで 5% 以上の石英をもつもの)の地球化学的判別図 (Pearce, et al., 1984)
(A)：Rb—(Y+Nb)図
(B)：Rb—(Yb+Ta)図

ORG：Ocean-ridge granites(中央海嶺カコウ岩；中央海嶺・背弧海盆内海嶺・前弧海盆内海嶺のもの)；VAG：Volcanic-arc granites(火山弧カコウ岩；島弧・活動的大陸縁のもの)；WPG：Within-plate granites(プレート内カコウ岩；海洋島・大陸地域のもの)；syn-COLG：Collisional granites(衝突帯カコウ岩；大陸—大陸衝突帯・大陸—島弧衝突帯のもので，衝突時に形成されたもの)

いちじるしくアルカリに富むときにはネフェリンなどの準長石がふくまれる．

4.4.B-a 粗面岩

灰白色の緻密な岩石で，肉眼で流紋岩と見わけるのはむずかしい．アルカリ含有量はほぼ9〜12%で，SiO_2含有量はほぼ58〜68%で流紋岩よりはすくない．流紋岩と同様にK_2Oに富むものと，Na_2Oに富むものがある．斑晶鉱物はおもにサニディンやアノーソクレースなどのアルカリ長石で，チタンオージャイト・エジリン・エジリンオージャイト・アルカリ角閃石・黒雲母・斜長石(Naに富むオリゴクレース・アルバイト)などを少量ふくむ．石基はアルカリ長石・斜長石(Naに富む)・シリカ鉱物・チタノマグネタイト・イルメナイト・アパタイト・ジルコン・スフェーン・ガラスなどからなり，一般に完晶質でトラキティック組織(写真2-13参照)．

このような岩石にかなりの量のシリカ鉱物がふくまれ，アルカリ含有量は粗面岩とにているが，SiO_2に富むもの(68%以上)をアルカリ流紋岩(alkali rhyolite)といい，コメンダイト(comendite)やパンテレライト(pantellerite)などがある．一方，斑晶鉱物がおもにアルカリ長石・ネフェリンからなり(斑晶量はすくないのが一般的)，エジリンオージャイト・エジリン・アルカリ角閃石などをともなうものをフォノライト(phonolite)という．この岩石は粗面岩よりもSiO_2にとぼしくアルカリに富む．フォノライトにもK_2Oに富むものと，Na_2Oに富むものがある．日本では山陰地方(とくに隠岐島)などに粗面岩やアルカリ流紋岩がみられる．

4.4.B-b 閃長岩

アルカリ岩系の粗粒・完晶質で，アルカリ長石に富み，石英はほとんどふくまれない．斜長石(オリゴクレース)は少量ふくまれる．色指数は10〜35．このほかに，黒雲母・ホルンブレンド・アルカリ角閃石・エジリン・エジリンオージャイトなどがふくまれる(写真4-28)．石英が多いものを石英閃長岩(quartz syenite)といい，色指数は5〜30．フェルシック鉱物がほとんどアルカリ長石からなり，少量の石英と，ときにネフェリンをふくむものをアルカリ閃長岩(alkali syenite)といい，色指数は0〜25．さらに石英が多くなると石英アルカリ閃長岩(quartz alkali syenite)・アルカリカコウ岩(alkali granite)となる(図4-13参照)．一方，アルカリ閃長岩にネフェリンが10%以上ふくまれるようになるとネフェリン閃長岩(nepheline syenite)という．

組成上は閃長岩は粗面岩に，ネフェリン閃長岩はフォノライトに相当．粒度的に閃長岩と粗面岩の中間型を閃長斑岩(syenite porphyry)という．ネフェリン閃長岩とフォノライトとの中間型はチングアイト(tinguaite)という．日本では瀬戸内海地域(岩城島・呉市付近など)のカコウ岩にともなわれる小規模な岩体としてみられる．

4.4.B-c アルカリカコウ岩

カルクアルカリ岩系のカコウ岩よりも，斜長石(斜長石がふくまれるときはほとんどアルバイト)にとぼしく(図4-13参照)，フェルシック鉱物はおもにアルカリ長石

写真4-28 閃長岩(インド南部チェンナイ西方エァラギリ(Yelagiri)岩体産；薄片は宮崎 隆氏提供；直交ニコル・横幅約4 mm)
マフィック鉱物はホルンブレンド

と石英からなる．色指数は0～20．角閃石はリーベッカイト・アルベゾナイトなどのアルカリ角閃石で，輝石がふくまれるときには，エジリンやエジリンオージャイトであることが多い．安定大陸地域(非造山帯)に典型的にみられる．日本では四国地方の足摺岬にみられ，閃長岩や石英閃長岩をともなう．

5. 火成岩体

　火山活動で地表にマグマが噴出すると溶岩や火砕岩などの噴出岩体が形成され，マグマがおもに地表付近に貫入すると岩脈・岩床・潜在円頂丘・ラコリス・ファコリス・ロポリスなどの貫入岩体が形成される（§5.4参照）．また地下でのマグマ活動（深成活動）でカコウ岩に代表される深成岩体が形成される．最近，火山体の地下構造や，噴出岩体や貫入岩体を形成したマグマ供給システムの解析も進展しているので，それらの研究結果について解説したうえで，火成岩の産状についてのべる．この本では火成岩の産状を噴出岩体・貫入岩体・深成岩体にわけてのべる．

5.1　複成火山の地下構造

　岩脈や岩床などの比較的小規模な貫入岩体は，過去に地下から地表にマグマをもたらした通路であったと考えられる．開析がすすんだ火山を調査すると，噴出岩をもたらしたマグマの通路（火道；vent）の大きさ，火道を充填した火山岩の産状，岩脈・岩床の形態や規模などがくわしく観察されることがある．さらに開析された火山では深成岩体を取りかこむように環状岩脈や円錐状岩床（§5.4.A-a3参照）が観察されることがある．

　これらの噴出岩体・貫入岩体・深成岩体の形態・分布，形成年代の同時性などから，深成岩体のちかくにマグマ溜り（magma reservoir・magma chamber）があり，その周辺からマグマが供給されたことが推定される．図5-1は貫入岩体の分布や形態などから推定される，複成火山の地下構造の1例である．この地下構造は地殻の比較的浅所にみられるものである．

5.2　マグマ供給システム

　図5-1にしめされる噴出岩体や地殻浅所の貫入岩体を形成したマグマは，地

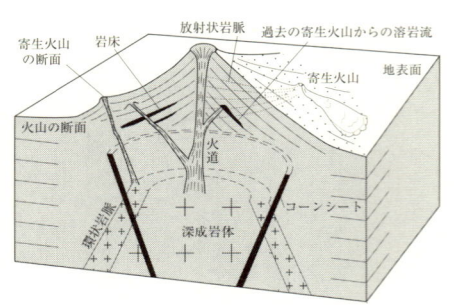

図5-1 複成火山の地下構造の模式図(小屋口，1997)

殻の比較的深所や上部マントルの構成岩石の部分溶融で生成されると考えられている．生成されたマグマが地殻内を移動する経路や，移動する全過程をマグマ供給システム(magma plumbing system)という．マグマが上昇する過程については，直接観察できないことから，不明なことが多くのこされていたが，最近の研究で，"マグマと火山体を連結する動脈"の実体が，かなりはっきりしてきている．

地殻内のマグマ供給システムのおもな過程には，マグマの移動・地殻物質の溶融・マグマの化学組成の変化などがあると考えられる．このようなマグマ供給システムをあきらかにする方法には，地球物理学的方法と地質学的方法の2つがある．地球物理学的方法のうち，マグマが移動する通路の空間的な形態を推定するのに最も有効なものは**地震波**(seismic wave)による方法である．地球内部を伝搬する地震波には，いわゆる縦波(P波)と横波(S波)がある．P波は固体のみでなく液体でも伝搬するのにたいし，S波は固体では伝搬するが，液体では伝搬しないという性質がある．また地殻物質が同一のものであれば，高温部のほうが低温部よりも密度がちいさいので，おなじ深度では地震波の低速度域は高速度域よりも，高温であると解釈される．地震波にはこのような性質があるので，周囲よりも高温のマグマ溜りが地下に存在すると，そこを通過するP波速度は遅くなり，S波は伝搬しなくなるか，あるいはマグマ溜りと周囲との境界付近で反射する．したがって現在活動している火山体下の地殻内部での3次元的な地震波速度の分布(**地震トモグラフィー**；seismic tomography)をあきらかにし，S波の反射面の存在を知ることで，火道やマグマ溜りの空間的な拡がり・形態などを推定できる．また火山性の地震は，マグマが地殻内を移動する過程で，岩石に割れ目が形成されるときにおこる可能性がある．したがって火山性の地震の震源分布をあきらかにすることで，火道の形態・規模などを推定することが可能である．

地質学的方法でもマグマ供給システムの一部を観察できる．図5-1のような火山体が隆起・侵食作用をうければ，岩脈・岩床のみでなく環状岩脈や円錐状岩床も観察されることがあるからである．さらにこれらの貫入岩や噴出岩の岩石学的研究をおこなうことで，マグマの化学組成の変化をもたらした要因などの情報がえられる．

このような地球物理学的方法と地質学的方法でえられた情報の総合的な検討にもとづいて，現在の地球上の主要なマグマ活動域(中央海嶺・海洋島・島弧など)のマグマ供給システムがあきらかにされてきているが，それは一様のものではない．プレートが形成されている中央海嶺は引張応力場にあり，ここではほとんど玄武岩質マグマのみが供給されている．ハワイ諸島に代表される海洋島はホットスポット上にあり，ここでもおもに玄武岩質マグマが供給されている．一方，日本列島のような圧縮応力場におかれている島弧は海洋プレートの沈み込み帯に相当していて，島弧の火山にはマントルウエッジで生成される玄武岩質マグマのほかに，安山岩質・デイサイト質・流紋岩質マグマなど多様なマグマが供給されている．このようにテクトニクス場のちがいや生成されるマグマの組成のちがいなどを反映して，それぞれのマグマ活動域でマグマ供給システムにちがいがある．中央海嶺では，拡大速度の速い東太平洋海膨とそれの遅い大西洋中央海嶺のあいだで，地殻内のマグマ供給システムにちがいがあることがあきらかにされている．すなわち定常的なマグマ溜りは，マグマが多く供給されている東太平洋海膨下には存在しているが，マグマの供給がすくない大西洋中央海嶺下には存在しないと推定されている．

この本では日本の研究者(高橋・佐々木，1995)があきらかにした関東地方北部に位置する日光火山群のマグマ供給システムについてのべる*．

*：テクトニクス場ごとのマグマ供給システムについては高橋(1997)参照

日光火山群のマグマ供給システム　日光火山群は第四紀の後期の火山で，女峰・赤薙火山・溶岩円頂丘群・男体火山・三ツ岳溶岩円頂丘・日光白根火山などからなる(図5-2)．これらの火山ではほぼ東から西に噴出中心を移動させながら現在にいたるまで活動をつづけている．これらの火山の構成岩石についてのくわしい記載的研究がおこなわれ，日光火山群の主要な構成岩石であるカルクアルカリ岩系の安山岩やデイサイトは，2種類のマフィック(玄武岩質)なマグマと4種類のフェルシック(デイサイト質・流紋岩質)なマグマの混合で形成されたことがあきらかにされている．火山岩の斑晶鉱物にみられるさまざまな情報から，マグマ混合は噴火直前あるいは噴火時におこったこと，これらのマグマは火山体直下のマグマ溜りではじめて会合したことなどが推定された．日光火山地域では，地下構造探査を目的とした精密な地震観測もおこなわれ，くわしい3次元の地震波速度の分布やS波の反射面などが

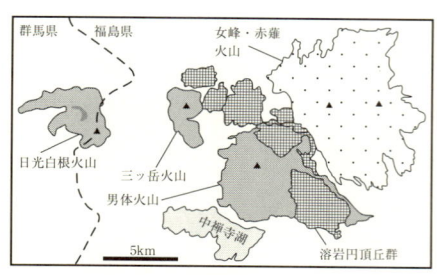

図 5-2 日光火山群の火山体の分布(高橋・佐々木, 1995)

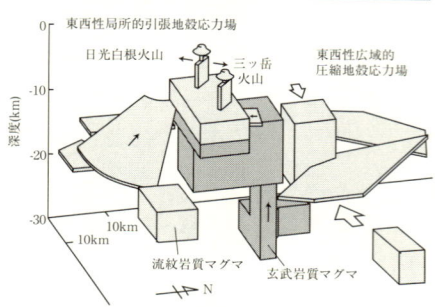

下部地殻から供給される流紋岩質マグマと地下 30 km 以深の上部マントルから供給される玄武岩質マグマが,地殻内部で複雑なシステムを形成し,火山体直下の深度 5〜10 km にあるマグマ溜りで会合している.両者はマグマ混合しながら噴出して,日光白根・三ッ岳の火山を形成している.箱の大きさは地震波の低速度域の分布範囲をしめしたもので,マグマの拡がりをあらわしているわけではない

図 5-3 1 万年前以降の日光火山群のマグマ供給システムの推定モデル(高橋・佐々木, 1995 を高橋, 1997 が一部修正)

あきらかにされている.地震波のデータの解析から,日光火山群の地下全体に複雑な岩床群の存在が推定されたことにより,マグマ混合がおこる以前のマフィックなマグマとフェルシック(デイサイト質・流紋岩質)なマグマの通路を具体的にイメージすることが可能になった.このような研究で想定された日光火山群のマグマ供給システムの模式図を図 5-3 にしめす.

5.3 噴出岩体

噴出岩には溶岩(lava・lava flow;溶岩流)・火砕岩(pyroclastic rock・volcaniclastic rock;火山砕屑岩)がある.

5.3.A 溶岩

地表に流出したマグマが固結したものである.マグマの多くは珪酸塩の溶融体(silicate melt)であるが,いろいろな割合で結晶をふくんでいることが一般的である.

野外で実測された溶岩の温度は,伊豆大島の三原山やハワイ島などの玄武岩質溶岩で 1,000〜1,150℃,桜島や昭和新山などの安山岩質〜デイサイト質溶岩で 850〜1,000℃ である.マグマの粘性はその化学組成・H_2O 含有量・温度・圧力・結晶含有量などに支配されるが,一般に玄武岩質溶岩は粘性が低く,フェルシックなものほど粘性が高い.溶岩や火山体の形はマグマの粘性によりことなる.

5.3.A-a 陸上の溶岩

陸上の溶岩は,その外観と内部構造から,パホイホイ溶岩(pahoehoe lava)・アア

5.3 噴出岩体　93

写真 5-1　陸上の玄武岩質溶岩
　　(A)　パホイホイ溶岩(ハワイ島；写真は山岸宏光氏提供)
　　(B)　アア溶岩(1982年溶岩；三宅島；写真は山岸宏光氏提供).

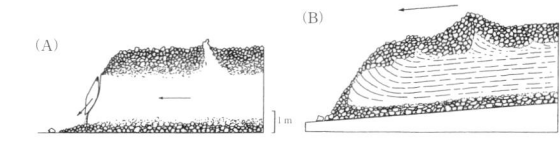

図 5-4　溶岩の内部構造の模式図(Macdonald, 1972)
　　(A)：アア溶岩
　　(B)：塊状溶岩

溶岩(aa lava)・塊状溶岩(block lava)の3種に分類される.

パホイホイ溶岩　高温で粘性の低い玄武岩質溶岩に観察される. 1枚の溶岩の厚さは数m以下のものが多く, なめらかな表面をもつことが特徴. 形態はおもに板状・円筒状などであるが, 表皮がしわ状または縄状になることもある(写真5-1A). 表面は急冷によりガラス質のことが多い. 新鮮な溶岩の表面が冷却・固結すると, 弾力性に富んだ皮殻が生じて平たい袋(toe)が積み重なった形態になる. その一部が破れると溶融状態の溶岩が流出して新しい袋をつくる. これをくりかえしながらパホイホイ溶岩は前進する.

アア溶岩　玄武岩質溶岩の温度が低くなると, 溶岩の表面は多孔質でとげとげしたコークス状になるとともに, クリンカー(clinker；直径数cm〜数10cmくらいの岩塊)が多量に形成され溶岩全体をおおってしまう. このような溶岩をアア溶岩という(写真5-1B). クリンカーは冷却・固結した溶岩表面が, 内部の未固結な粘性流体の流動でひきちぎられるなどして形成される. アア溶岩内部の粘性流体の部分(図5-4A)は, 前進する溶岩の先端部(クリンカーからなる)が崩壊するときに観察される. 前進するパホイホイ溶岩が急にアア溶岩に移行することがある. このことは, 同一組成の玄武岩質溶岩でも, 冷却が進行し粘性が高くなると, パホイホイ溶岩からアア溶岩に移行することをしめしている. アア溶岩は比較的粘性の低い安山岩質溶岩にもしばしばみられる.

　玄武岩質溶岩はさまざまな内部構造をもつ. おもなものはブリスター(blister)・アミグデュール(amygdule)・溶岩チューブ(lava tube)・溶岩トンネル(lava tunnel)・溶岩樹型(lava tree mold)・パイプ状気泡(pipe vesicle)・スパイラクル(spiracle)など.
ブリスター　大型のレンズ状の空洞で気孔が集合して形成されたもの.
アミグデュール　球形にちかい気孔が方解石・石英のような2次鉱物で充填されたもの.

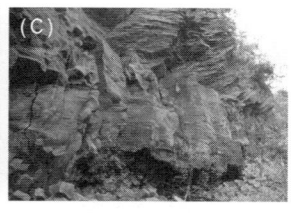

写真 5-2　溶岩の節理
　（A）　デイサイト質溶岩の柱状節理（北海道地方奥尻島南西部；鮮新世・横幅は約 10 m）
　（B）　柱状節理の断面（酒田市西方二股島の玄武岩；後期中新世・飛島周辺の小島）
　（C）　板状節理（北海道地方羊蹄山・縦の長さは約 8 m；写真は山岸宏光氏提供）

溶岩チューブ　溶岩の内部にみられるもので，断面が円形にちかい細長い空洞で，これの大型のもの（直径 10 m 以上，長さ 10 km 以上のものもある）が溶岩トンネル．
溶岩樹型　流動する溶岩に取りこまれた樹木の燃焼後に形成される円筒形の空洞．
パイプ状気泡　溶岩の下部に垂直にのびた気孔．
スパイラクル　溶岩が湿地などに流出したときに発生した小規模な水蒸気爆発で形成された溶岩の下部の不規則な空洞．

塊状溶岩　玄武岩質溶岩の粘性がさらに高くなると塊状溶岩が形成される．塊状溶岩はアア溶岩ににていて，中心部の連続した板状の溶岩体の周囲は直径数 10 cm～1 m くらいの大きさの岩塊の集合からなる（図 5-4 B）．これは比較的厚い溶岩の周囲が冷却・固結したのちにも，内部の粘性流体の部分の流動がつづくため，固結した部分が破砕されて比較的おなじ大きさの岩塊になったもの．この岩塊はアア溶岩のクリンカーとはことなり，平滑な面をもつ多面体．塊状溶岩は粘性の高い玄武岩質溶岩のほかに，安山岩質・デイサイト質・流紋岩質溶岩に最もよくみられ，大規模なものでは，しばしば 100 m 以上の厚さになることがある．

　これまでのべてきた 3 種の溶岩の説明は，1 枚の溶岩（単一のフローユニット；flow unit）のものである．実際の露頭では，複数の溶岩が積み重なっていたり，溶岩と溶岩のあいだに火砕岩がはさまれていたりすることもあるので，溶岩のフローユニットの識別には注意深い観察が必要となる．またアア溶岩のクリンカーや塊状溶岩の岩塊は，容易に侵食されてしまうので，第三紀以前の古い岩体では欠落していることが多い．

節理　柱状節理（columnar joint）と板状節理（platy joint）がある．
柱状節理：溶岩がゆっくり冷却するときに体積が収縮して形成される割れ目で，その方向は溶岩の冷却面に垂直のことが多い．厚い溶岩や岩床にみられることが多く（写真 5-2 A），断面は 6 角形のことが多い（写真 5-2 B）．
板状節理：流下した溶岩の下面に平行な割れ目で（写真 5-2 C），溶岩が急斜面を流下するときに形成されることが多い．流下するときのせん断応力によると考えられている．

5.3.A-b　水中の溶岩
枕状溶岩　陸上でパホイホイ溶岩を形成するような，高温で粘性の低い玄武岩質溶岩が水底で流動すると，枕状溶岩（pillow lava）を形成することが多い（写真 5-3 A・写真 5-3 B）．直径数 cm～数 m の枕状（楕円体状・円筒状・チューブ状）の溶岩の岩

5.3 噴出岩体

塊の集合からなる．1つ1つの岩塊がピローローブ(pillow lobe；写真5-3 C)．枕状溶岩はパホイホイ溶岩ににているが，枕状溶岩では水により急冷されたために，ピローローブにはガラス質の殻(厚さ1 cm程度)のほか，特有の表面構造(図5-5)がみられる．

①：ピローローブののびの方向に凸な曲線をしめす縄模様のしわ(ropy wrinkle；パホイホイ溶岩にもみられる)

②：ピローローブののびの方向に平行なしわ(corrugation)

③：ピローローブの成長過程で固結した殻にできた伸張割れ目(spreading crack)．ピローローブののびの方向に平行に形成されるものと，ピローローブの先端からつぎつぎと円筒をひきだしたように新しいピローが成長したときにピローローブののびの方向に垂直に形成されるものとがある

④：ピローローブの成長停止後にできた伸張割れ目(tentional crack)と収縮割れ目(contraction crack)

ピローローブの内部には放射状および同心円状の割れ目が形成されることが多く，この点からも陸上のパホイホイ溶岩とは区別される．枕状溶岩の先端部ではピローローブの破片が堆積してピローブレッチャ(pillow breccia)を形成する(写真5-3

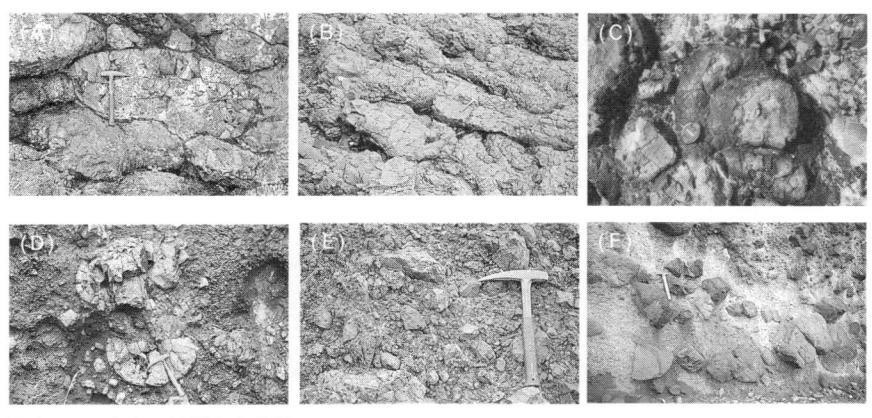

写真5-3 水中の溶岩と火砕岩
(A) 枕状溶岩(北海道地方知志の沙流川ぞい；白亜紀)
(B) 枕状溶岩(下北半島泊；中期中新世)
(C) 枕状溶岩の成長(佐渡島の小木玄武岩；中期中新世；写真は山岸宏光氏提供)．レンズキャップ部分は新しいピローローブが古いピローローブをつき破ってでてきたところをしめす
(D) ピローブレッチャ(下北半島泊；中期中新世)
(E) 安山岩質ハイアロクラスタイト(新潟県西部角田岬；中期中新世)
(F) エピクラスティックな安山岩質火砕岩(北海道地方礼文島南部の香深層；中期中新世；写真は平原由香氏提供)

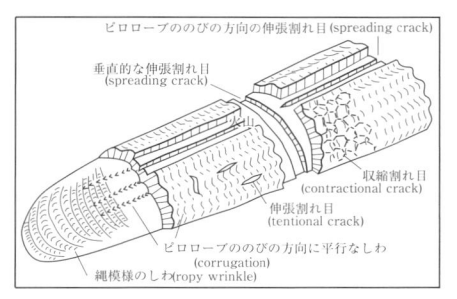

図5-5 枕状溶岩のピローローブの表面構造(山岸，1983)

D).またピローローブが水の急冷で破砕されると,破片が集合してハイアロクラスタイト(hyaloclastite)＊を形成する.枕状溶岩・ピローブレッチャ・ハイアロクラスタイトなどがみられることは,これらが水底で形成されたことをしめすよい指標になる.なお水底を流動性のある溶岩が速い速度で平坦に拡がって流動するとき,板状の溶岩を形成することがある.これをシートフロー(sheet flow)という.厚いものには柱状節理がしばしばみられる.

＊:現在ではハイアロクラスタイトの用語は水中で形成された安山岩質・デイサイト質・流紋岩質の,溶岩・岩脈・ドームなどが水冷破砕されてできた破片の集合物に広く使用される.写真5-3Eは安山岩質のハイアロクラスタイトの露頭写真

粘性の高い玄武岩質溶岩や,さらに高い粘性の安山岩質・デイサイト質溶岩は水底で流動しても,枕状構造をしめすことはまれで,溶岩の表層部が破砕されて岩片の多い溶岩を形成する.

水中火山体の復元 水中で形成された火山体が,そののちの隆起で地表にあらわれるときには,火山体の一部しかみられないことや,侵食で噴出物の一部が欠落していることが多いので,もとの火山体を復元するためにはかぎられた露頭での噴出物の産状の記載が重要である.日本列島では,第三紀に活動した海底火山活動の産物が広く分布していることから,水中で形成された火山体を復元する研究がよくおこなわれている.図5-6は北海道地方南西部の中新世の海底火山活動の噴出物の記載にもとづいて復元された玄武岩質〜安山岩質の海山の断面である.

この海山の形成はつぎのように説明される.
第1のステージ;柱状節理・放射状節理などをともなうフィーダー岩脈(§5.4.A-a参照)が未固結の泥岩に貫入し,両者の反応でペペライト(peperite)＊が形成された.岩脈の頂部から割れ目が生じてハイアロクラスタイトが形成された.これらが積み重なって成長した火山体の不安定な部分が崩壊し,岩屑なだれ(debris avalanche)がおこった.その結果ハイアロクラスタイトは再堆積して層理のよくみられる(20〜30°の傾斜をしめす)角礫岩層(前置角礫岩層・foreset-bedded breccia)を形成した.さらに山体から岩屑が供給され,これが前置角礫岩層をおおう水平な層理をもつ角礫岩層(topset-bedded breccia)を形成した.

＊:水をふくんだ堆積物(未固結な堆積物)中へ溶岩が流動したり岩脈が貫入したりするときに,両者の相互作用による熱的破砕で形成される火山岩の破片と堆積岩の破片の混合物

第2のステージ;第1のステージで形成された火山体に樹枝状のフィーダー岩脈が貫入し,山体上に枕状溶岩を形成した.その一部は急冷により破砕されピローブレッチャ・ハイアロクラスタイトを形成した.火山体の成長にともない地形的に不安定となった部分が崩壊して形成された岩屑なだれ堆積物が山体の斜面に堆積し,前置角礫岩層・水平な層理をもつ角礫岩層がふたたび形成された.火山体の最上部のエピクラスティック(§5.3.B参照;写真5-3

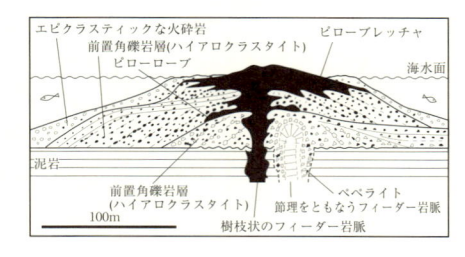

図5-6 水中で形成された火山体の復元図(Yamagishi, 1987)
この火山は玄武岩質・安山岩質の火山岩からなる

F)な火砕岩は，火山体あるいは海岸の礫などに由来する軟らかい岩屑の削はく・移動(マスムーブメント・mass movement)でもたらされた．この研究は，水中火山体の復元では，火山活動でもたらされた噴出物とそれらの再堆積相・エピクラスティックな岩相などの認定が重要であることをしめしているといえよう．

5.3.B 火砕岩

火山砕屑物(pyroclastic material・volcaniclastic material)が固結して形成された岩石が火砕岩である．破片〜塊状の火山噴出物を火山砕屑物というが，火山砕屑物のうち火山噴火で破砕され，火口から放出されて空中を飛行して地表に到達する物質をパイロクラスティック物質といい，一方，成因にかかわらず火山岩の破片を総称するときにはボルカノクラスティック物質という．テフラ(tephra)はパイロクラスティック物質と同義語に使用される．

この本では火山砕屑物をボルカノクラスティック物質の意味で使用する．火山砕屑物と火砕岩は，その構成粒子や性質から表5-1のように分類される．また粗粒な粒子と細粒な粒子が混合した火砕岩もみられるので，火砕岩は図5-7のようにも分類される．このうち火山弾(volcanic bomb)・軽石(pumice)・凝灰岩(tuff)などについて説明する．

火山弾 放出時に完全な液体か一部液体であったものが冷却し，紡錘状・球状・リボン状・パン皮状などの形態となったものである．スパター(spatter)は溶岩のしぶき状の岩塊のこと．溶岩餅(driblet)はスパターとほぼ同様なもので，形態上からの名称．ペレーの毛(Pele's hair)とペレーの涙(Pele's tear)は，おもに玄武岩質マグマの溶岩噴泉(lava fountain)の活動のときに形成されるもので，前者は細長い繊維状のガ

表5-1 火山砕屑物と火砕岩の分類(荒牧，1979)

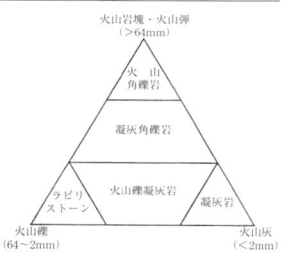

粒子の直径	火山砕屑物			火砕岩		
	特定の外形や内部構造		多孔質のもの	特定の外形や内部構造		多孔質のもの
	なし	あり		なし	あり	
>64 mm	火山岩塊	火山弾	軽石	火山角礫岩(細粒マトリックスをもつもの・凝灰角礫岩)	凝灰集塊岩	軽石凝灰岩
4 mm 〜 2 mm	火山礫	溶岩餅 スパター	スコリア(岩滓)	ラピリストーン(細粒マトリックスをもつもの・火山礫凝灰岩)	アグルティネート(スコリア集塊岩)	スコリア集塊岩(いずれも細粒マトリックスをもつ)
<2 mm	火山灰	ペレーの毛 ペレーの涙		凝灰岩		

図5-7 火砕岩の構成粒子の大きさによる分類(Fisher, 1966)

ラスで，後者は小球状のガラスである．
軽石・スコリア　軽石は多孔質で白色の岩塊，スコリア(scoria)は多孔質であるが，軽石よりも発砲度の低い黒色のものをさす．軽石がフェルシックであるのにたいし，スコリアはマフィックである．
凝灰岩　おもに火山ガラスの破片からなるガラス質凝灰岩(vitric tuff；§2.4参照)，おもに結晶の破片からなる結晶凝灰岩(crystal tuff)，岩片を多くふくむ石質凝灰岩(lithic tuff)などがある．火山灰が高温のときは，中心部が溶結してガラスがのびた組織をしめすことがあり，このような凝灰岩を溶結凝灰岩(welded tuff)という(写真2-21参照)．

　火山放出物はマグマから直接由来したもののみとはかぎらない．そこで，どこからもたらされたかにより，本質(essential)・類質(accessory)・異質(accidental)などの形容詞をつけて分類されることがある．
本質：噴火に直接関係したマグマの固結したもので，たとえば軽石・スコリアである．
類質：噴火に直接関係したマグマが固結したものではないが，それに関係している火山体からきたもので，たとえば古期火山噴出物の岩片など．
異質：噴火活動にかかわりのない岩片で，たとえば基盤岩の破片など．
　日本の第三紀の火砕岩のうちには，火山岩(溶岩や火砕岩)が外因的なさまざまの作用(侵食作用や堆積作用)で破砕されて，2次的に形成された広義の火砕岩が多く存在するが，そのような火砕岩にはエピクラスティック(epiclastic)という形容詞をつけることが多い．
広域テフラの研究　大規模な火山活動がおこると，供給源から数100 km〜数1,000 km以上もはなれた地域に，同一のテフラがもたらされることがある．このようなテフラを広域テフラ(distal tephra・wide-spread tephra)あるいは広域火山灰という．日本では九州地方の鹿児島湾の北端に位置する姶良カルデラ起源の軽石を主体とした火山灰(姶良Tn火山灰)が有名(町田・新井，1976)．広域テフラは遠くはなれた地域間の地層の対比に重要である．最近では，第四紀のテフラのみでなく，第三紀(鮮新〜中新世)の堆積岩層にはさまれているテフラについても，鉱物組成のくわしい研究がなされていて，鍵層としてのテフラの広域分布があきらかにされ，そのことが堆積岩層の対比に有効な役割を発揮している[*]．
[*]：これらの研究結果や水底に堆積した火山灰層の研究方法については黒川(1999)参照

5.4 貫入岩体

　ここでは貫入岩を，岩脈(dike)・潜在円頂丘(cryptodome)などの母岩(country rock・host rock；壁岩；wall rock)の構造をきって貫入するものと，岩床(sheet・sill)・ラコリス(laccolith)・ファコリス(phacolith)・ロポリス(lopolith)などの母岩の構造にほぼ平行に貫入するものとにわけてのべる．

5.4.A　母岩の構造をきる貫入岩体
5.4.A-a　岩脈
　既存の岩石の構造をきって貫入したマグマが固結したもので，平板状またはやや曲面をもつものが多く，一般に傾斜が急である(写真5-4A参照)．岩脈は母岩のなかに割れ目が形成され，それが拡大してできた空間に貫入するものが多いが，周囲の岩石がマグマの熱で溶融したり，マグマに運搬されたりして形成されることもあ

る．前者をダイレーション岩脈(dilation dike)，後者をノンダイレーション岩脈(non-dilation dike)という(図5-8)．ここでは複合岩脈(composite dike)・重複岩脈(multiple dike)・岩脈群(dike swarm)・環状岩脈(ring dike)・円錐状岩床(cone sheet)についてのべる．

5.4.A-a1 複合岩脈・重複岩脈

1つの岩脈は1種類の岩型からなることが多いが，2種類あるいはそれ以上の岩型からなることもある．複合岩脈ではことなる岩型相互のあいだは漸移していて，それらは高温状態であいついで貫入したと考えられるものであるのにたいし，重複岩脈ではことなる岩型相互間の境界は明瞭で，それぞれの貫入時期がことなるもの(図5-9)．母岩との接触部の岩脈には，相対的に低温の母岩に接触したマグマが急冷した結果，細粒・緻密な急冷周縁相(chilled margin)が形成されることがある．重複岩脈では岩脈と母岩との接触部のみでなく，あとから貫入した岩型にも急冷周縁相が形成されることがある(図5-9)．

5.4.A-a2 岩脈群

ある地域では多数の岩脈がほぼ平行に分布していたり，1点から放射状であったりすることがある．これらを岩脈群(dike swarm)という．平行岩脈群(parallel dike swarm)・放射状岩脈群(radial dike swarm)などがある．フィーダー岩脈(feeder dike)にもふれる．

写真5-4 岩脈
(A) 安山岩質ハイアロクラスタイトに貫入する玄武岩の岩脈(下北半島泊；中期中新世；写真は滝本俊明氏提供)，岩脈の厚さは約1.5 m

(B) 玄武岩質のフィーダー岩脈(ギリシア共和国クレタ海サントリニ島；写真は山岸宏光氏提供)，岩脈の厚さは50 cm～1 m

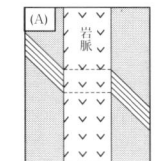

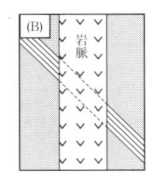

図5-8 岩脈の構造
周囲の岩石のなかの斜線の部分は特定の地層をしめす
(A)：ダイレーション岩脈
(B)：ノンダイレーション岩脈

図5-9 重複岩脈の形成過程
これはaが母岩xに貫入後，冷却したのちbが貫入した重複岩脈の模式図．点部は急冷周縁相をしめす

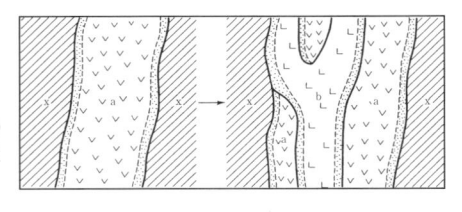

平行岩脈群　その周辺の応力場に支配されて形成された割れ目にそってマグマが貫入して形成されたものと考えられるので，岩脈の方位から貫入時の応力場を推定する研究が古くから(1950年代の後半以降)なされている．図5-10にしめす玄武岩～安山岩の平行岩脈群(岩脈1枚の厚さは数10 cm～数mのものが大半をしめる)では，西北西―東南東方向から東西方向の貫入方位が優勢であることから(図5-11)，これらの岩脈が形成されたとき(13～15 Ma)には，この方向と直交方向に引張的な応力場があったと推定される．

　平行岩脈群の1種にシート状岩脈群(sheeted dike swarm)がある．これはオフィオライトの上部にみられるもので(図4-2参照)，オマーンオフィオライトでは，上位の溶岩層から漸移帯をへてシート状岩脈群が分布する．これは母岩がすべて岩脈からなるもので，その厚さは500 m～1000 mで，1枚の岩脈の厚さは上部では1 m以下であるが下部ではもっと厚い．

放射状岩脈群　中心噴火の火山活動がおこると，マグマの上昇によるおしあげ応力で火山体の中心付近に放射状の弱帯が形成されることがある．この弱帯にマグマが貫入して形成されたもの(図5-12)．このときに，山腹に到達した岩脈が火山体を突き破って噴出したのが側噴火(lateral eruption)であると考えられている．

フィーダー岩脈　おもに火砕岩体(ハイアロクラスタイトなど)にみられる岩脈で，構造的には火砕岩体の比較的下部ではそれらをきる岩脈状で，上部にゆくにつれれて周囲の火砕岩の構造と一致するようになり，ついには火砕岩に移化する岩脈(写真5-4B参照)．周囲の溶岩

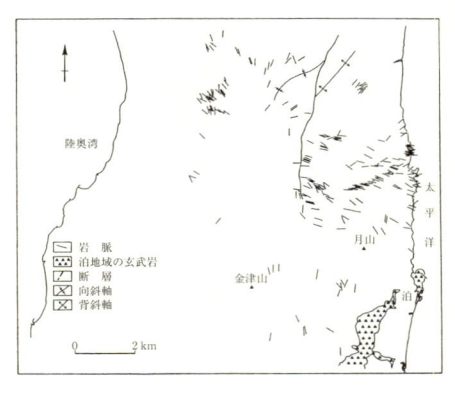

図5-10　下北半島泊地域の中期中新世(13～15 Ma)の平行岩脈群(Takimoto・Shuto，1994)

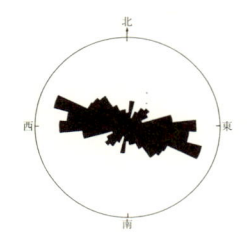

図5-11　図5-10の平行岩脈群(242本)のローズダイアグラム(滝本，未発表資料)
　　　　N 70°W～EWの方位が優勢

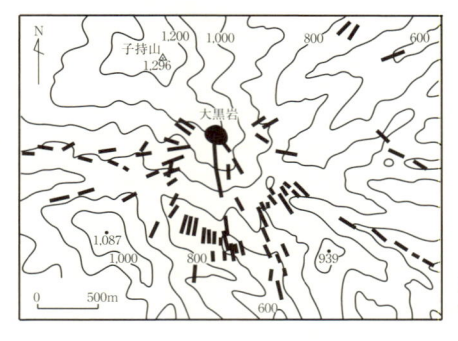

図5-12　群馬県子持山の放射状岩脈群(久保・新井，1964)

や火砕岩と同時期に活動した岩脈で，それらを形成したマグマと同一のものが火道を充填し，それが固結して形成された．

5.4.A-a3 環状岩脈・円錐状岩床

岩脈の大部分は，地表面では直線状にみられることが多いが，環状の露出をしめすものもある（図5-1参照）．これらは円筒状の貫入岩である．円錐状岩床は上方にむかって開く円錐形をした岩床で，貫入岩と母岩との接触面は内側にむかって緩傾斜している．環状岩脈では母岩との接触面は垂直か外側に急傾斜している．岩脈の内側の岩塊は沈降して，1種のカルデラ状になることもある．環状岩脈と円錐状岩床を構成する火成岩はハンレイ岩・ドレライト・カコウ岩・カコウ斑岩・グラノファイアーなどであることが多い．

カルデラとコールドロン カルデラ(caldera)は輪郭が円形あるいはそれにちかい火山性の凹地で，一般的な火口(直径は1km以下のものが多い)よりは大きいものをいう．一方，コールドロン(cauldron)は火山性の陥没地形または陥没構造にたいして使用される．したがってコールドロンは陥没地形が侵食されてしまっても，火山性の陥没が地質学的に認められるときには使用される．環状岩脈や火山噴出物分布域のくわしい地質調査で，過去に火山性の陥没盆地が存在した例が日本列島(とくに西南日本)の白亜紀～第三紀火成活動域であきらかにされている．そのようなコールドロンはつぎのように形成されたと考えられている．環状の割れ目をとおしてマグマが大量に噴出したことにより地下のマグマ溜りが空洞化し，そこに上部の地質体が陥没することで地表に陥没盆地が形成されたというものである．宮崎県北部の**大崩山コールドロン**(Takahashi, 1986)・愛媛県の**石鎚コールドロン**(Yoshida, 1984)などはそのよい例である．図5-13に大崩山コールドロンの地質図をしめした．一方，コールドロンの形成には別の考えもある．すなわち地殻内を上昇してきたマグマ性のダイアピルによ

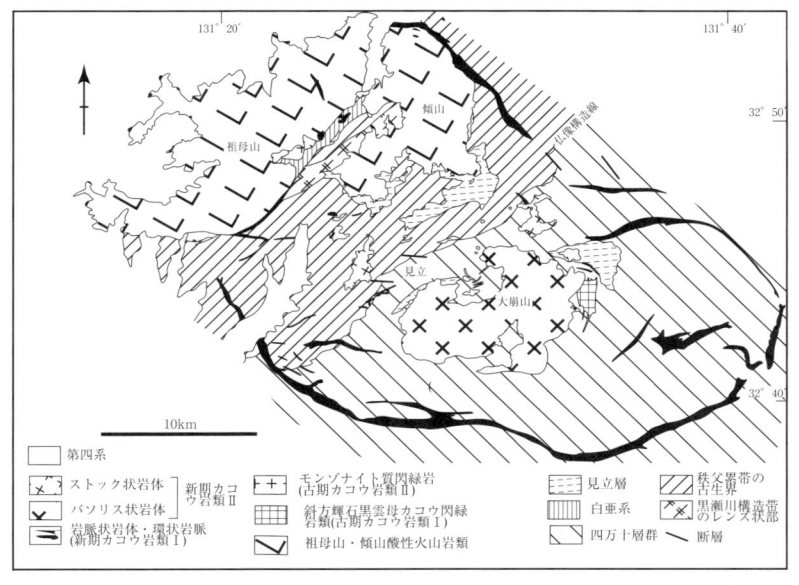

図5-13 宮崎県北部の大崩山コールドロンの地質図(Takahashi, 1986を山本, 1992簡略化)

り，その直上の隆起後に多角形の輪郭をもつ陥没盆地が形成され，そののちのマグマ活動で陥没盆地は火山噴出物で充填されたというもので，群馬・長野県境付近の本宿陥没盆地（本宿グリーンタフ団研グループ，1968）はそのよい例である．

5.4.A-b　潜在円頂丘

デイサイト質～流紋岩質などの粘性の高いフェルシックなマグマが地表付近まで上昇し，母岩に貫入して形成されたドーム状の貫入岩体を潜在円頂丘という．これににたものに溶岩円頂丘（lava dome）がある．

潜在円頂丘　比較的新しい地質時代（第三紀以降）の潜在円頂丘はまだ地下に存在しているものが多いと考えられるので，その内部構造などについてはあまりよくわかっていなかった．1つの潜在円頂丘のほぼ中心部分をとおる断面があらわれている露頭について，くわしく記載された最近の礼文島の研究例を図5-14にしめす．この潜在円頂丘は東西の直径が約200 m，南北の直径が約300 mで，高さは約190 mである．後期中新世の堆積岩に貫入していて堆積岩は岩体の側面のみでなく頂部にもみられ，岩体との接触部にはペペライトが形成されている．図5-14にしめされるように，岩体の冷却にともなう内部構造の変化もくわしくあきらかにされている．岩体の記載的事実から，この潜在円頂丘の形成過程は図5-15のように推定されている．北海道地方の有珠山周辺の明治新山・昭和新山・有珠新山なども潜在円頂丘である．

溶岩円頂丘　粘性の高いフェルシックな溶岩からなるドーム状の噴出岩体で，その多くは火口に成長し，溶岩が火口からおしだされることで形成されたものである．日本で溶岩円頂丘として有名なものに雲仙普賢岳・箱根火山の二子山・浅間火山の小浅間山などがある．これらは比較的ゆっくり成長して形成されたことや，露出がよいことなどから，その形成過程がくわしくあきらかにされている．

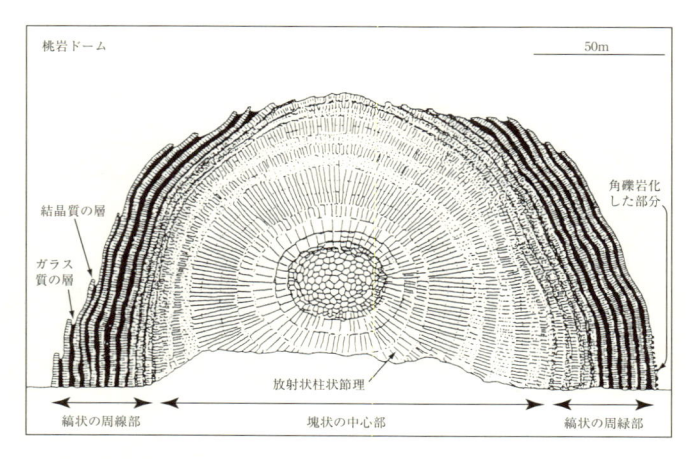

図5-14　北海道地方礼文島南部の中新世のデイサイトの潜在円頂丘（ドーム状貫入岩；桃岩ドーム）の内部構造のスケッチ（Goto・McPhile，1998）
　おもに中心部が塊状で，周縁部には縞状構造がよくみられる．堆積岩との境界部は角礫岩化している．放射状の柱状節理が中心部から周縁部にむかってよくみられる

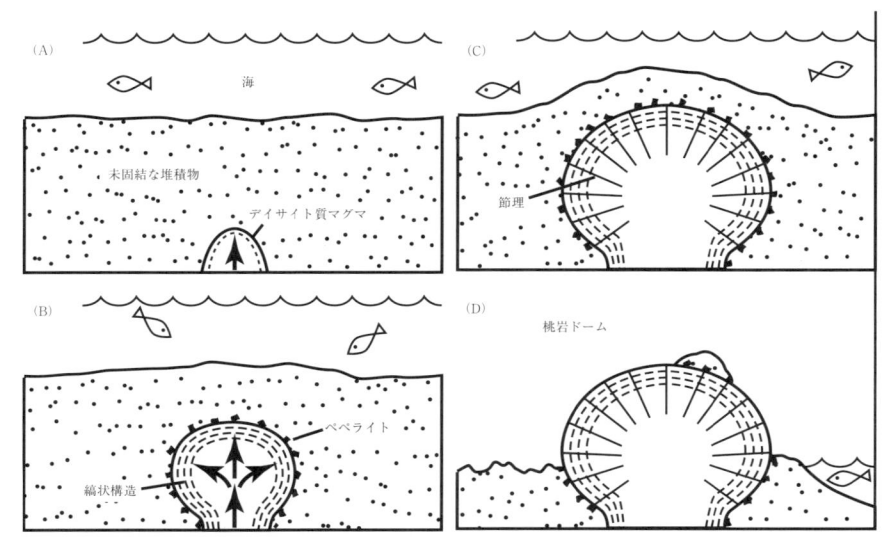

図 5-15 図 5-14 の潜在円頂丘の形成過程をしめす模式図(Goto・McPhile，1998)
　(A)　浅海のあまり固結していない水をふくむ堆積物へデイサイト質マグマが貫入
　(B)　連続的にマグマが供給され，内部からの膨張によりドームが成長した．ドームの急冷周縁相にできた割れ目にそって堆積物が混入しその部分がブロック化し，ペペライトが形成された
　(C)　冷却にともなってドームの表面にたいして垂直な方向の放射状の柱状節理が，周縁部から中心部へむかって形成された．ドームの中心部は冷却速度が最もゆっくりだったため，径が最大の柱状節理となった
　(D)　ドームの上昇後，母岩の堆積岩層の大部分が削はくされたことによって，ほぼ完全な形のドームが出現した

5.4.B　母岩の構造に平行な貫入岩体
5.4.B-a　岩床

　堆積盆内での火山活動では，マグマが層理面にほぼ平行に貫入することがよくある．このような板状の岩体を岩床といい，厚さは 1 m 以下のものから数 100 m のものまである．岩床は玄武岩・ドレライト・ハンレイ岩などのマフィック岩からなることが多い．同一の場所に 2 種類以上のマグマが貫入して固結すれば複合岩床(composite sheet)・重複岩床(multiple sheet)も形成される．大規模な岩床の例としては，南アフリカ共和国のカルー(Karroo)ドレライト岩床(ジュラ紀)や，ニューヨーク近郊のパリセード(Palisades)ダイアベース岩床(三畳紀)などがある．後者はハドソン川の西岸の絶壁を形成し，厚さ 300 m，総延長は約 80 km．

　日本では東北日本の背弧側(日本海側)に多数のドレライト岩床がみられる．これらは中新世泥岩層の層理面にほぼ平行に貫入していることが多く，厚さは 10 m 以下のものから 300 m をこえるものまである．比較的大規模なドレライト岩床では，同一岩床内の部分ごとに，鉱物組成・化学組成のみでなく岩相や節理の大きさなどにちがいがある．このような岩床を分化岩床(differentiated sheet)という(図 5-16)．この分化岩床では，岩体の外側から内側にむかって，カンラン石ドレライトにこま

104　5. 火成岩体

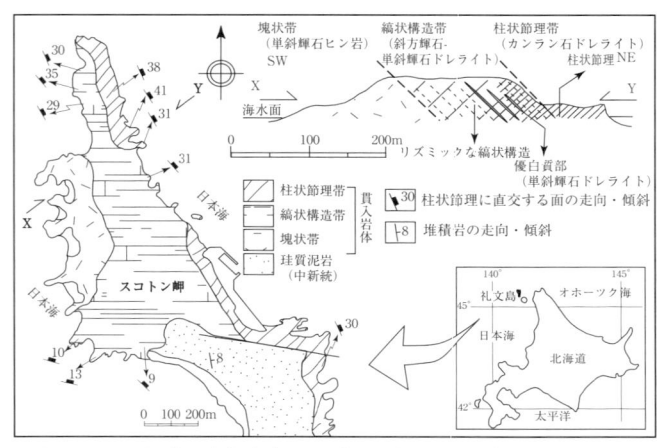

図5-16　北海道地方礼文島最北端の中新世の珪質泥岩に貫入したドレライトの分化岩床の地質図と地質断面図（平原，未公表資料）
　この岩床では塊状帯がその中心部に相当し，その西側にも縞状構造帯・柱状節理帯が分布していたと考えられている

写真5-5　礼文島北部のドレライトの分化岩床（写真は平原由香氏提供）
　（A）：外側柱状節理帯；（B）：縞状構造帯；（C）塊状岩体からなる帯

かい柱状節理（径60〜80 cm）がみられる帯から，おもに斜方輝石-単斜輝石ドレライトに粗い柱状節理（120〜160 cm）と縞状構造（banded structure・compositional banding）がみられる帯をへて，おもに単斜輝石ヒン岩の塊状岩体からなる帯へ漸移している（写真5-5・図5-16）．縞状構造の凹部は凸部よりも気孔を充填したフッ石が多くみられるという特徴がある．岩体の外側ほどこまかい節理がみられるのは，マグマの冷却速度のちがいに起因していると考えられる．

5.4.B-b　ラコリス

　粘性の高いマグマが，水平にちかい地層の層間に，ほぼ層理面にそって貫入するときに形成されるもので，上盤の地層を上方におしあげ，そなえ餅状の岩体なので餅盤ともいう．アメリカ合衆国のユタ州のヘンリー（Henry）山地の第三紀の閃緑岩〜閃緑ヒン岩（diorite porphyrite）のラコリス（図5-17 A）が有名．このラコリスの形成過程の初期にはペルム紀〜第三紀の堆積岩に多くの岩床が貫入し，そののちマグマが上昇し岩床や堆積岩をおしあげ，ラコリスが形成されたことがあきらかにされている．このラコリスの体積は20〜35 km^{3}と見積られている．ラコリスには岩床と同様に複合ラコリス・分化ラコリスなどがある．

5.5 深成岩体　105

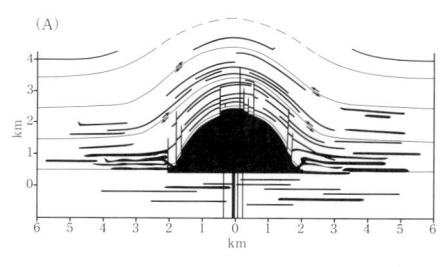

図 5-17　ラコリスとファコリスの断面図
(A)　アメリカ合衆国ユタ州のヘンリー山地の第三紀の閃緑岩〜閃緑ヒン岩ラコリス (Jackson・Pollard, 1988)
(B)　ファコリスの模式断面図

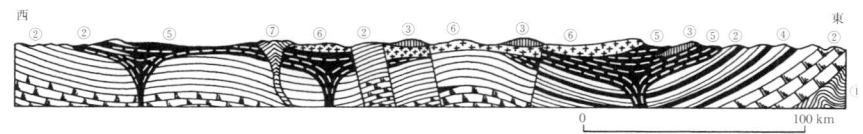

図 5-18　ブッシュフェルトの層状貫入岩体の地質断面図 (Molmes, 1965)
①：始生代基盤岩；②〜③：前期原生代堆積岩〜火山岩；④：ハンレイ岩とそのほかの貫入分化岩(ロポリス)；⑤：カコウ岩質岩石；⑥：新期貫入岩

5.4.B-c　ファコリス

　岩床とラコリスの中間的な状態のもので，地層が褶曲するとき，その背斜部や向斜部に圧力の減少したところができ，そこへマグマが貫入して固結したもの(図 5-17 B)．ファコリスは造山帯の小規模な貫入岩体．

5.4.B-d　ロポリス

　マグマが地層面にほぼ平行に貫入して形成されたものであるが，中央部が盆状にくぼんだ大規模な岩体(直径数 100 m におよぶ)をロポリスという(図 5-18)．スティルウォーター岩体(約 27 億年前)・ブッシュフェルト岩体(約 20 億年前)などが有名で，いずれも先カンブリア時代の火成活動で形成されたものである．
　これらの岩体では下部には早期の結晶集積(沈積)で形成されたと考えられるカンラン岩〜輝岩などの超マフィック岩があり，上部へむかってトロクトライト・ノーライト・ハンレイ岩などの各種のハンレイ岩質岩石が，たがいに漸移関係で層状(縞状)になっている．このような層状構造(layering)がみられる貫入岩体を**層状貫入岩体**(layered intrusion)という．

図 5-19　ソレアイト岩系とカルクアルカリ岩系の分化トレンドの比較
文献；スカエルガード貫入岩体：McBirney (1996) のデータによる；アメリカ合衆国のパリセードダイアベース岩床：Shirley (1987) のデータによる；天城火山：倉沢 (1959) のデータによる

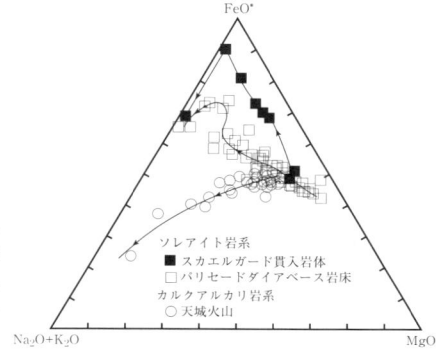

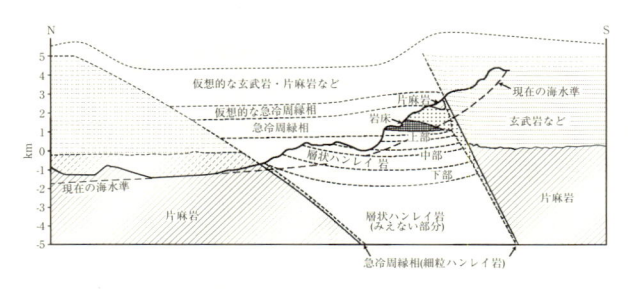

図 5-20 スカエルガード貫入岩体(ロート状貫入岩体)の地質断面図(Wager・Brown, 1968)
この断面図は貫入岩体が形成されたときの推定の断面図．現在の配置は，水平的な海水準との関係から推定できる

　これらの層状貫入岩体や上記の大規模な岩床の多くは，ソレアイト質マグマの結晶分化作用で形成されたものと考えられている(図5-19)．層状貫入岩体のなかで，最もくわしく研究されているものの1つに，グリーンランド東部のスカエルガード(Skaergaard)貫入岩体(第三紀始新世)がある．これはロポリスよりも小規模なロート状貫入岩体(funnel-shaped intrusion)で，円錐の内部をハンレイ岩が充填(図5-20)．現在の露出面は南北の直径が約9.5km，東西の直径が約7kmの長円形．

5.5　深成岩体

　ここでの深成岩体はおもにカコウ岩からなるものをさす．このほかに閃緑岩やハンレイ岩からなる岩体をふくむ．カコウ岩は，典型的なカコウ岩のほかにカコウ閃緑岩や石英閃緑岩などをふくむ．カコウ岩を組成的に比較的広い範囲のものにもちいるときには，カコウ岩質岩石という(§4.4.A-c1参照)．

5.5.A　バソリス――カコウ岩体
5.5.A-a　規模と活動時期

　カコウ岩(カコウ岩質岩石)はほかの火成岩と比較して，大規模な岩体を形成することが多く，大陸地域では1,000km以上にわたって分布することがある(図5-21A)．このような岩体をバソリス(batholith；底盤)という．たとえばカナダのコーストレーンジズバソリス(Coast Ranges batholith)は，幅が200km・長さが2,000kmにも及ぶ巨大なものである．またアメリカ合衆国のシエラネバダバソリス(Sierra Nevada batholith)も長さが500kmにも及ぶ．最近では1つのバソリスは単一のマグマが貫入して形成されたものではなく，貫入時期がことなる，たくさんの小規模なプルトン(pluton；地下で形成される深成岩体)が複合したものであることがわかってきた．シエラネバダバソリスは数100のプルトンからなり，1つのプルトンの面積は小規模なもので$1km^2$以下，大きいものでは$1,000km^2$以上(平均の体積は約$30km^3$)．これらのプルトンの活動時期は後期三畳紀から後期白亜紀までの約1億3,000万年に及ぶ．

　プルトンのうち単一の貫入岩からなるものはストック(stock；岩株)といわれ，そ

の露出面積は100 km²以下が一般的である．プルトンのなかには周縁部から中心部にむけて岩相が同心円状に変化するものがあり，このような岩体を**累帯深成岩体**（zoned pluton）という．これらの岩相はたがいに漸移関係にあるときと貫入関係にあるときとがある．シエラネバダバソリス内のトゥオレミー（Tuolumne）累帯深成岩体の形成過程を図5-22にしめす．一般的に累帯深成岩体では，周縁部から中心部にむかって

図5-21 カコウ岩体の分布
（A） アメリカ合衆国西部の中生代のバソリス（都城・久城，1975；欧文はバソリス名）
（B） 日本列島のカコウ岩（高橋，1999）

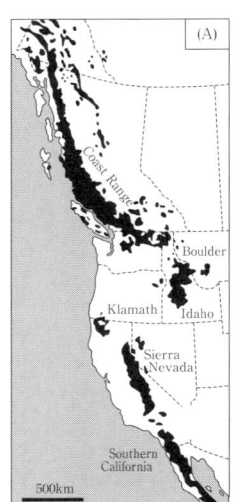

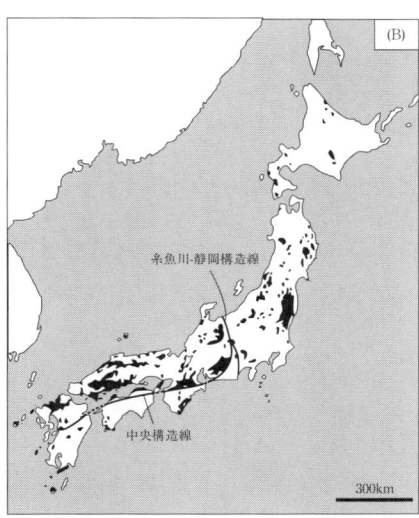

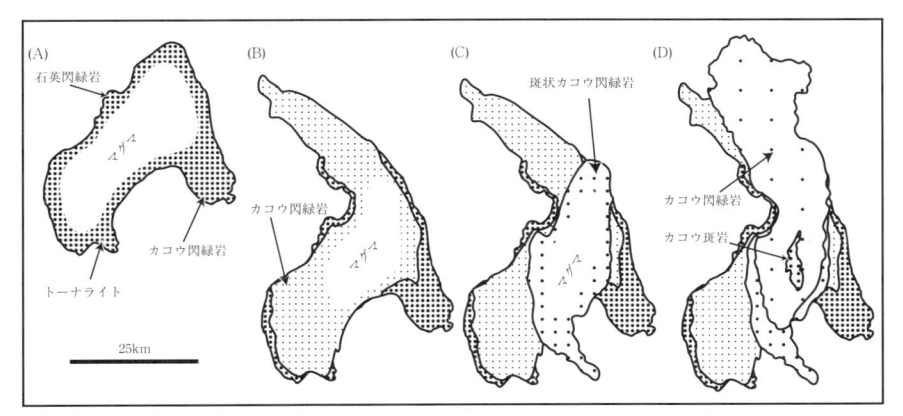

図5-22 シエラネバダバソリス内のトゥオレミー累帯深成岩体の形成過程をしめす模式図（Bateman・Chappell，1979）
（A） 最初のマグマの貫入と周縁部でのカコウ岩質岩石（石英閃緑岩・トーナライト・カコウ閃緑岩）の形成
（B） 大量の新鮮なマグマが貫入してカコウ閃緑岩を形成
（C） 大量の新鮮なマグマが周囲の石英閃緑岩・トーナライト・カコウ閃緑岩に貫入し斑状のカコウ閃緑岩を形成
（D） 北部を中心に大量のマグマが貫入し大規模なカコウ閃緑岩と小規模なカコウ斑岩（岩体の中心部）を形成．この累帯深成岩体は数100万年のあいだに形成されたと考えられている

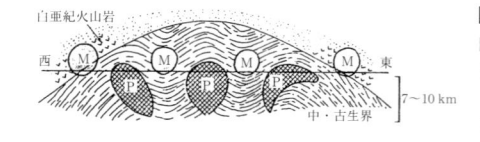

図5-23 バソリスを形成する東北地方北上山地のカコウ岩プルトンの形態と貫入位置(加納・秋田大学花崗岩研究グループ,1978)
P:中深型のプルトン；M:浅所型のプルトン； 実線は現在の地表面,横と縦のスケールはことなっている

よりフェルシックな岩相が形成される傾向がある．

日本でもカコウ岩はほかの火成岩よりも大量に分布する(図5-21B参照)．その活動時代は，古生代およびそれ以前，三畳紀～ジュラ紀，白亜紀～古第三紀，新第三紀に大きく4つに区分されるが，日本のカコウ岩の分布面積の約60%は白亜紀～古第三紀のものである．北上山地での地質調査や重力・磁気探査などから，各プルトンはしずく状(気球状)で，地下数10kmよりも浅所にしか分布していない，ということがあきらかにされている(図5-23)．

カコウ岩質プルトンの定置過程 カコウ岩質プルトンの貫入機構としてストーピング(stoping・magmatic stoping；機械的な破壊)が重要と考えられている．これはマグマが上昇してくるとき母岩を機械的に破壊しながら進入することである．ストーピングでマグマに取りこまれたアグマタイトの存在は，マグマが固結するまで短時間であったために，マグマと母岩とのあいだで化学反応が充分にすすむ時間がなかったことをしめしている．マグマの進入による熱膨張で低温の母岩はさらに破壊され，マグマの上昇が促進される．マグマの量が増大するとマグマ全体がふくらみ(ballooning)，母岩がドーム状におしあげられ(doming)，母岩の割れ目をとおして岩脈や岩床が形成される．また，このようなマグマの運動の過程では，マグマに取りこまれた母岩の破片やマグマから晶出した鉱物は，粒度・形状・比重などに対応して分別・集積する．これをマグマの淘汰作用(sorting)という．地殻内のカコウ岩質プルトンの定置過程(emplacement process)の模式図を図5-24にしめす．この図にはしめされていないが，カコウ岩質プルトンの貫入過程では，下部の高温で軽いマグマは上昇し，上部のやや低温の重いマグマは下降することで，マグマの対流がおこると考えられている．

5.5.A-b 形成場

バソリスを構成するカコウ岩は，それが形成される深度とテクトニクス場のちがいから，浅所型(epizone type)・中深型(mesozone type)・深所型(katazone type)のカコウ岩にわけられることがある．

浅所型のカコウ岩 マグマが比較的地下の浅所に分布する地層や変成岩に貫入して形成された非調和性のカコウ岩である．母岩の構造をきるように貫入しているので**非調和性バソリス**(discordant batholith；非調和性カコウ岩・discordant granite)ともいう．このような非調和性の岩体のうち不規則な円～長円形の露出面をもつ，比較的小規模なものがストックである．

中深型のカコウ岩 比較的地下深所で，褶曲性の構造運動や広域変成作用が進行している場所に，マグマが貫入して固結して形成されたと考えられるカコウ岩である．この種のカコウ岩には，分布形態や**面構造**(foliation)・**線構造**(lineation；図5-25)でしめされる内部構造が，母岩の構造と調和しているものと，そうでないものとがある．調和したカコウ岩は**調和性バソリス**(concordant batholith；調和性カコウ岩・concordant granite)という．

図 5-24 地殻内部のカコウ質プルトンの定置過程をしめす模式図(Paterson, et al., 1991 にもとづき Best・Christiansen, 2001 作成)

より延性的な母岩では深所へむかう下降流と大きな膨らみができる．一方浅所ではストーピング・断層をともなうブロックの上昇などの脆性的なプロセスが進行する

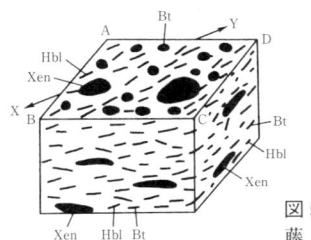

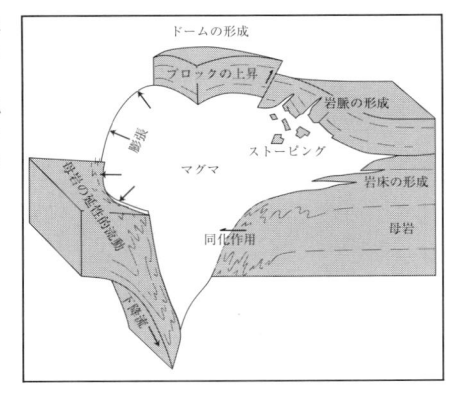

図 5-25 カコウ岩の面構造と線構造をしめす模式図(牛来・周藤，1982)

(A)～(D)：面構造の片理面；X-Y：線構造の方向；Bt：黒雲母；Hbl：ホルンブレンド；Xen：捕獲岩片

深所型のカコウ岩 中深型のカコウ岩が形成されるところよりもさらに深所で，広域変成作用が進行している場所に形成されたと考えられるもので，母岩の結晶片岩・片麻岩などの変成岩に，構造的に調和を保って密にしみこんだような外観をしめすことが多い．

5.5.A-c 母岩と貫入岩の関係

深所型のカコウ岩のように，母岩の変成岩と複雑に混合しあった変成岩と漸移的なものをミグマタイト(migmatite)，あるいは混成型カコウ岩：migmatite type granite)という(図 5-26；§1.2 参照)．ミグマタイト(§7.3 D 参照)とそれにともなわれる変成岩は，分布形態・漸移状態・構造要素(面構造や線構造)の調和性などからして，同一のテクトニクス場で形成されたものと考えられ**原地性カコウ岩**(autochthonous granite)ということがある．

カコウ岩の面構造と線構造の成因は一様ではない．ミグマタイトではともなわれる変成岩のそれらと，よく一致していることが多く，両者は同一のテクトニクス場で形成されたか，あるいは変成岩にカコウ岩質マグマがしみこむときに，すでに形成されていた構造が残存したものであろう．一方，貫入型カコウ岩の面構造と線構造は，カコウ岩質マグマが貫入固結するときの流動に関係して形成されたものと考えられる．

浅所型のカコウ岩のように母岩の構造をきって形成されるものを**貫入型カコウ岩**(intrusive type granite)ということがある．また貫入型とミグマタイトの中間の様相をしめすカコウ岩を混成貫入型カコウ岩といい，両者から区別することもある．日本のカコウ岩の多くは貫入型のもので，混成型～混成貫入型カコウ岩は，日高変成帯・領家変成帯・飛騨帯などにみられる．

貫入型カコウ岩と母岩との境界は明瞭で，カコウ岩質マグマは母岩にたいし接触変成作用(§6.3.A 参照)を及ぼしている．また両者の接触部ではカコウ岩が岩脈として母岩に貫入していたり，角礫状の母岩破片がカコウ岩に取りこまれたりしてい

110 5. 火成岩体

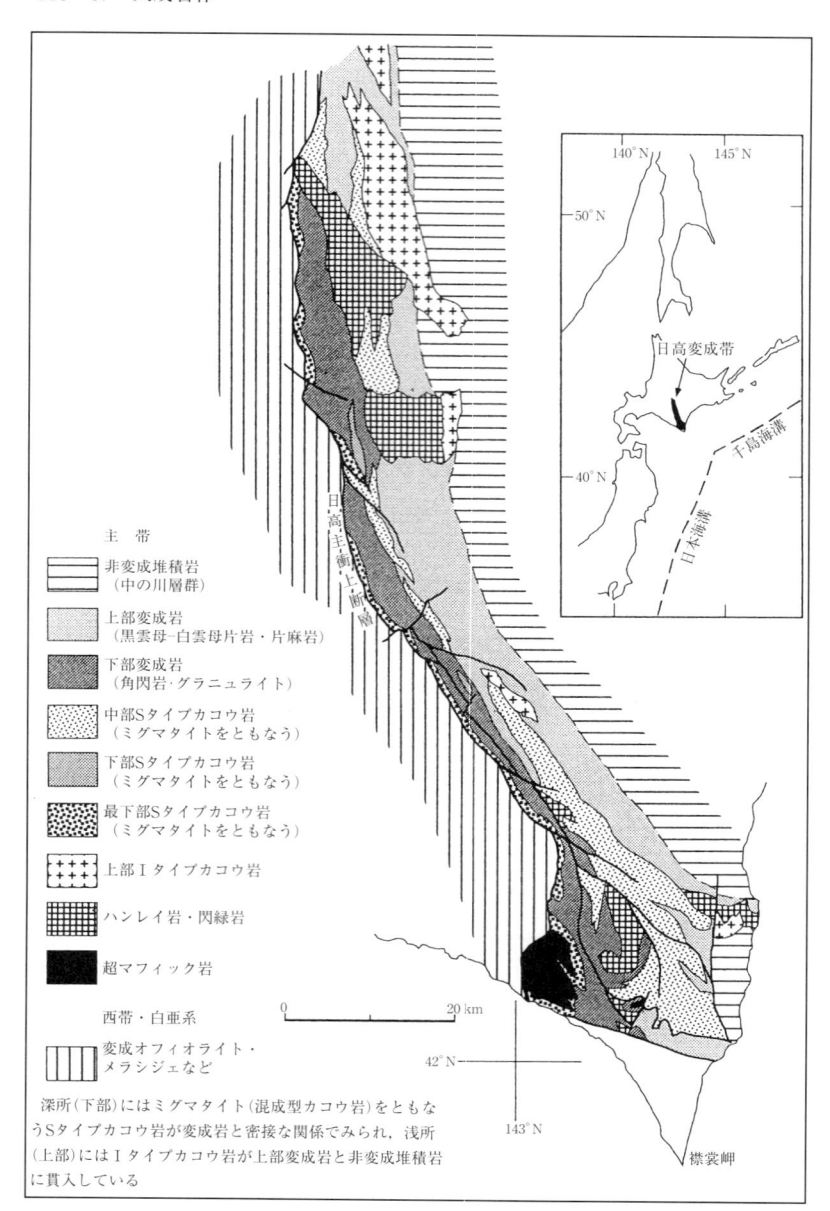

図 5-26 日高変成帯の地質図（小松ほか，1986；Osanai, et al., 1992 による）
　深所（下部）にはミグマタイト（混成型カコウ岩）をともなうSタイプカコウ岩が変成岩と密接な関係でみられ，浅所（上部）にはIタイプカコウ岩が上部変成岩と非変成堆積岩に貫入している

ることがよくある．後者をアグマタイト（agmatite）という．

5.5.B　ハンレイ岩体と閃緑岩体

　閃緑岩やハンレイ岩は独立した岩体としてみられることもあるが，カコウ岩体にともなわれてみられることが多い．前者の好例としては，日本では山口県の高山ハンレイ岩体や室戸岬ハンレイ岩体などが有名である．また領家変成帯や阿武隈変成帯などのカコウ岩にともなわれたハンレイ岩〜閃緑岩体などは，後者のよい例である．ハンレイ岩体や閃緑岩体は，カコウ岩体より一般に小型なので，それのみとってみればストック状または岩脈状をしていることが多い．一般にカコウ岩より風化にたいする抵抗力が強いので，まわりのカコウ岩地帯からぬきでたモナドノック（monadnock）状地形を形成することがよくある．筑波山などはその好例である．なおハンレイ岩は大規模な層状貫入岩体やオフィオライトの主要な構成岩石でもある（図4-2；§4.1.B-d 参照）．

6. 変成作用

6.1 変成作用の種類

　変成岩は既存の岩石(原岩；protolith・precursor)が最初に形成されたときとはちがった温度・圧力下におかれたり，**流体**(aqueous fluid)が関与することなどにともなう化学反応で形成されるが，そのような作用を**変成作用**(metamorphism)という．化学反応がおこらないときでも，鉱物が変形することで岩石の組織が変化し，もとのものとはちがった組織からなる岩石になることがあるが，そのような岩石も変成岩にふくめることがある．

　変成作用の多くは地殻内の温度・圧力下でおこる．もちろん，地球表層部に存在する地殻は，大陸地域・島弧地帯・海洋地域などでことなる厚さをもつので，一概に地殻深所でおこる変成作用といっても，どのようなタイプの地殻内でおこったかにより変成作用の性格がちがっている．ダイアモンドをふくむ一部の変成岩を形成するような変成作用は，地下 150 km よりも深所の上部マントルに相当する温度・圧力下でおこると考えられる．

　変成作用がおこる過程では，一般に 2 種類以上の鉱物間で化学反応がおこり，既存の鉱物がなくなったり，鉱物が形成されたりする．ここでいう化学反応は鉱物間の反応(**固相―固相反応**；solid-solid reaction)で，反応の進行速度はきわめて緩慢であるが，一般に温度上昇にともなって反応はおこりやすくなる．また単一の鉱物では，化学変化ではなく結晶構造が変化することもある．このような現象を**相転移**(転移)という(§4.2.C-a 参照)．また温度・圧力が変化することで，単一の鉱物が 2 種類以上の鉱物になることがある．このような反応を一般に**分解**(breakdown)という．このように新しい鉱物が形成される過程を一般に**再結晶作用**(recrystallization)というが，**変成結晶作用**(metamorphic crystallization)ということもある．変成作用で形成された鉱物を**変成鉱**

114　6. 変成作用

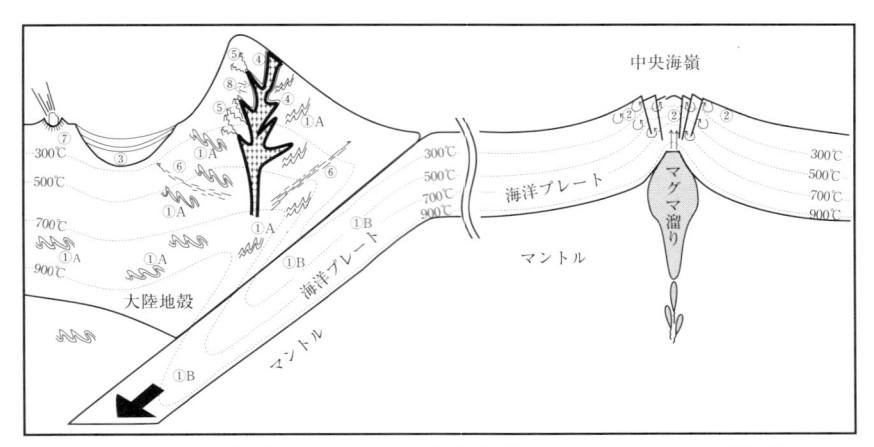

図6-1　さまざまな変成作用をひきおこす地質学的環境(Barker, 1998を一部改変)
①A：造山帯変成作用；①B：沈み込み帯変成作用；②：海洋底変成作用；③：埋没変成作用；④：接触変成作用；⑤：熱水変成作用；⑥：動力変成作用；⑦：衝撃変成作用；⑧：交代作用

物(metamorphic mineral)という．

　変成作用は，地質学的背景により**広域変成作用**(regional metamorphism)と**局所変成作用**(local metamorphism)に大別される．図6-1に各変成作用をとりまく地質学的環境を模式的にしめした．

変成作用と続成作用・火成活動の関係　砕屑物が堆積場に運搬されて堆積物となり，それが堆積岩となるまでの過程でうける作用を総称して続成作用という．堆積岩がさらに地下深所に埋没し，より高温・高圧下で再結晶作用が進行すると，ついには鉱物組成や組織がもとの堆積岩のそれとはことなる変成岩にかわってゆく．このような続成作用と地殻の比較的浅所でおこる変成作用(埋没変成作用)は漸移関係にある．一方，地殻深所の高温・高圧下では変成岩が溶融し，カコウ岩質のマグマを生成することがある．このような部分溶融をともなう変成作用は，変成作用と火成活動の境界ともみなされる．

6.2　広域変成作用

　広域的な構造運動で地下深所にもたらされた既存の堆積岩・火成岩・変成岩がうける変成作用を広域変成作用という．その過程で形成された変成岩を総称して**広域変成岩**(regional metamorphic rock)といい，片理がみられる岩石(結晶片岩)や片麻状組織をしめす岩石(片麻岩)がこれに相当する．広域変成作用でさまざまな変成岩が広い範囲に形成されるが，その集合を**変成岩体**(metamorphic terrane)といい，広域変成岩の分布域を**変成帯**(metamorphic belt；広域変成帯)という．

変成岩体 一般に1つの変成帯を構成する変成岩は比較的にた性質をしめすことから，たとえば高圧型の三波川変成帯・高温型の領家変成帯などのように区分される（§11.5参照）．しかし肥後変成帯は，高圧型の変成岩（間の谷変成岩類）と高温型の変成岩（肥後変成岩類）からなることがわかったので，肥後変成岩体というようになった．このように変成岩体は，ことなる温度・圧力下で形成されたさまざまな変成岩からなる岩体をさすので**変成岩複合岩体**（metamorphic complex）ということもある．このような観点からは，変成岩体の帯状分布域を変成帯ということができる．変成岩体は最近になって記載上よく使用される用語である．

また周囲の地質とは特徴的にことなる小〜中規模の広域変成岩・深成岩の分布域を**変成コアコンプレックス**（metamorphic core complex）＊ということがある．

＊：大陸や島弧内の引張応力場で，薄化した地殻上層に地殻下層の変成岩（火成岩もふくむ）がドーム状・背斜状に上昇したもの

広域変成作用は，変成作用のおこるテクトニクス場のちがいから，**造山帯変成作用**（orogenic metamorphism）・**海洋底変成作用**（ocean-floor metamorphism）・**埋没変成作用**（burial metamorphism）に区分される．

6.2.A 造山帯変成作用

大陸プレートどうしの衝突・島弧と島弧の衝突や海洋プレートの沈み込みなどに起因する，いわゆる**造山運動**（orogenesis）の過程でおこる変成作用で，大規模なものでは数1,000 km^{2}にも及ぶ変成帯を形成することがある．そのような変成帯での変成作用を規定する温度・圧力は広い範囲をしめし，7〜8の変成相（§9.1参照）に相当する極低温〜超高温下・極低圧〜超高圧下で形成された変成岩が分布することがある．大陸プレートどうしの衝突でおこる変成作用を**大陸衝突帯変成作用**（collision zone metamorphism），海洋プレートの沈み込みに起因する変成作用を**沈み込み帯変成作用**（subduction zone metamorphism）ということがある（図6-1参照）．

現在は小規模にしか分布していない変成岩であっても，大陸が分裂する以前の状態を復元することで，大規模な変成帯が想定されることもある．造山帯変成作用で形成された広域変成岩には，一般に**変成岩組織**（metamorphic texture；ファブリック・fabric）が顕著にみられる（写真6-1）．また長い時代の地質過程のなかで複数回の変成作用（**複変成作用**：poly-metamorphism）をうけて形成された広域変成岩には，複雑な再結晶作用の痕跡や変成岩組織がみられる．造山帯変成作用では，粘板岩・千枚岩・結晶片岩・片麻岩・角閃岩・グラニュライト・エクロジャイトなどの各種の変成岩が形成され，このうち地殻深所で形成される変成岩では部分溶融もおこることがある（§8.5参照）．

変成岩にみられる片理・片麻状組織は，変成作用の過程で形成された鉱物粒の配列でしめ

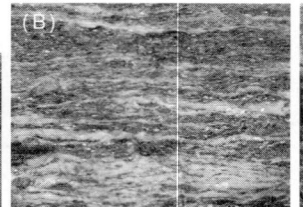

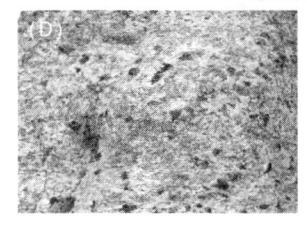

写真 6-1 広域変成岩の変成岩組織
(A) 顕著な片理がみられる千枚岩(岡山県勝山町智頭変成帯産；横幅 12 cm)
(B) ザクロ石の斑状変晶をふくむ結晶片岩(愛媛県新居浜市三波川変成帯産；横幅約 7 cm)
(C) 顕著な縞状構造のがみられる片麻岩(東南極ナピア岩体産；横幅約 10 cm)
(D) サフィリンの斑状変晶をふくむ塊状の超高温グラニュライト(東南極ナピア岩体産；横幅約 9 cm)

される．このような組織が，標本・露頭あるいはもっと大規模なときには**変成岩構造**(metamorphic structure)といい，顕微鏡下で観察される微小スケールのときには**変成岩組織**という．後者はファブリックとほぼ同義である．最近では変成岩組織をマイクロストラクチャー(micro-structure)ということがある．

　Barrow(1893)による古典的な変成岩研究の地として有名なイギリス北部のスコットランド高地(Scottish Highland)の変成岩や，Eskola(1920, 1939)がはじめて変成相(§9.1 参照)を定義したフィンランドのオリイェルビー(Orijärvi)地方の変成岩は，造山帯変成作用で形成された変成岩の典型的なものである．日本では，日高変成帯・阿武隈変成帯・飛騨変成帯・領家変成帯・肥後変成岩体などの高温型変成帯と，神居古潭変成帯・三波川変成帯・三郡変成帯などの高圧型変成帯には，造山帯変成作用で形成されたさまざまな変成岩が分布する(§11.5 参照)．

6.2.B 海洋底変成作用

　大西洋中央海嶺や東太平洋海膨などの中央海嶺や広い大洋底下の，海洋地殻・上部マントルでおこる変成作用である．この変成作用では，マフィック・超マフィック岩を原岩(§7.1 参照)とする変成岩が形成される．一般にこれらの変成岩には，片理・片麻状組織などの変成岩組織はあまりみられない．ほぼ静的な環境下で変成作用が進行した点では，海洋底変成作用は埋没変成作用ににている(図 6-1 参照)．海洋底変成作用は，中央海嶺付近に上昇した高温のアセノスフェアーで熱せられた海水が，海洋地殻・上部マントルの岩石の割れ目(fracture・crack)を通って循環することで進行すると考えられている．このため海洋底変成作用は海嶺変成作用(ocean-ridge metamorphism)ということもある．大洋底で多数確認されるブラックスモーカーや熱水噴出が，この変成作用に強く関与していると考えられている．この点からは，海洋底変成作用は熱水変成作用(§6.3.B 参照)ににている．

　海洋底変成作用の温度・圧力は，比較的低圧(300 MPa 以下)で最高温度も 500℃ 程度であり，この変成作用で，フッ石相・プレーナイトーパンペリー石相・緑色片岩相・低温の角閃岩相の変成岩が形成される(§9.1 参照)．形成される岩石は，変成玄武岩・緑色岩(§9.1.B

参照)・変成ハンレイ岩・蛇紋岩などで，これらの岩石にはもとの火成岩の組織や構造が残存していることが多い．1970年代に，陸上のオフィオライトは海洋プレートの断片とみなされたことから，海洋底変成作用の研究はオフィオライト(たとえばキプロス島のトロードス(Troodos)オフィオライト；Gills・Robinson, 1990など)を対象としてなされてきた(§4.1.B-d参照)．最近では，おもに海洋底から直接採取された試料や，深海掘削計画(Deep Sea Drilling Project；DSDP)・国際深海掘削計画(Ocean Drilling Program；ODP)などによる深海掘削で採取された試料などについて研究されるようになった．コスタリカ沖の深海掘削で採取された試料などのくわしい研究はそのよい例である(Alt,et al., 1986；Ishizuka, 1989など)．

6.2.C 埋没変成作用

厚い堆積岩層(溶岩・火砕岩などの火山岩層をはさむこともある)の下部で続成作用や比較的低温・低圧の変成作用が進行すると，広範囲にわたって鉱物組成が変化し，フッ石相・プレーナイト—パンペリー石相などの変成岩が形成されることがある．このような続成作用と造山帯変成作用の中間的な作用を埋没変成作用という(§6.1参照)．一般にこの変成作用で形成された岩石には，広域変成岩に特有な組織(片理・片麻状組織)はみられず，原岩の堆積構造や岩石組織が残存していることが多い．再結晶作用も完全にはおこなわれないために，変成鉱物は極細粒なものが多く，その識別には，偏光顕微鏡・電子顕微鏡による観察，あるいはX線粉末法などが利用される．このような変成鉱物は，原岩にふくまれていた鉱物(残存鉱物：relic mineral・inherited mineral)と共存していることが多い．

これまでによく研究された埋没変成岩分布域としては，ニュージーランド南島のワカティプ(Wakatipu)地域・アンデス山脈のサンチアゴ(Santiago)地域・オーストラリア連邦西部のハマーズリー(Hamersley)地域などがある．日本の中新世火山岩にみられる，いわゆるグリーンタフ変質*も1種の埋没変成作用である．

*：グリーンタフ変質作用と変質鉱物については歌田(1987)；島津(1991)；吉村(2001)など参照

6.3 局所変成作用

局所変成作用は，広域変成作用よりはるかに小規模な範囲でおこる地殻内の変成作用である．このタイプの変成作用では，変成岩の形成過程での温度上昇や構造運動などの要因を明瞭に認識できることが多い．局所変成作用は，それをもたらす要因のちがいから，**接触変成作用**(contact metamorphism)・**熱水変成作用**(hydrothermal metamorphism)・**動力変成作用**(dynamic metamorphism；破砕変成作用・cataclastic metamorphism)・**衝撃変成作用**(impact metamorphism・shock metamorphism)・**交代作用**(metasomatism)の5つに区分される．

6.3.A 接触変成作用

接触変成作用は，カコウ岩などの貫入岩体からの熱拡散で母岩が局所的に再結晶すること．接触変成作用が及ぶ範囲を**接触変成帯**(contact metamorphic zone；接触

変成域・contact aureole・aureole)という．接触変成帯は火成岩体を取りまくように形成され，その範囲は火成岩体の規模に対応して変化する(幅数cmから数kmに及ぶこともある)．接触変成作用で形成される変成岩の多くは，原岩の化学組成にかかわらず塊状(massive)・緻密なホルンフェルスといい，これらは，あらたな片理や片麻状組織などの変成岩組織を形成しないのが一般的である．しかし低温下で形成されたホルンフェルスでは，原岩の堆積構造(原岩が堆積岩のとき)・片理(原岩が変成岩のとき)が残存していることが多い．また高温下で形成された接触変成岩では部分溶融がおこることがあり，その場合は生成されたメルトが固化して形成されたガラス質部がみられる．接触変成作用は一般に低圧下(200 MPa以下)でおこるが，変成温度は造山帯変成作用の緑色片岩相程度からグラニュライト相の高温部までの広い温度範囲をしめすことから，4つの変成相(アルバイト—緑レン石ホルンフェルス相・ホルンブレンドホルンフェルス相・輝石ホルンフェルス相・サニディナイト相)に区分される(§9.1参照)．

マフィックな火山岩や小規模な火成岩体に取りこまれた砂質・泥質岩は，高温の変成作用にうけてサニディナイト相の変成岩になり，その一部は溶融することがある．このような特殊な接触変成作用をパイロ変成作用(pyrometamorphism)という．生成されたメルトが急冷・固化して形成された褐色ガラスのなかに，キンセイ石・珪線石・ムライト・トリディマイト・斜方輝石などをふくむものをブッカイト(buchite)という．

6.3.B　熱水変成作用

熱水変成作用は，高温の熱水やガスが岩石の割れ目にそって侵入することにより，岩石の化学組成が変化しておこる局所的な変成作用で**熱水変質作用**(hydrothermal alteration)と同義である．海洋底変成作用や地熱地帯で現在も進行中の変成作用は，熱水変成作用の1種とみなすことができる．たとえば岩手県葛根田の地熱地域(geothermal area)の，地下数kmまでの範囲の岩石がうけた再結晶作用と，それらの実際の温度・圧力との対応に関する研究はそのよい例である(Doi, et al., 1998など)．一般に熱水変成作用は極低圧下(<100 MPa)でおこるが，変成温度は700〜800℃にもなることがある．熱水変成作用については，熱水鉱床の成因とのかかわりで，日本をはじめニュージーランド・アイスランドなどで多くの研究がおこなわれている．

6.3.C　動力変成作用

衝上断層帯(thrust fault zone)や剪断(せん断)帯(shear zone)*などを形成する変形作用にともない，既存の岩石が機械的に破壊されることや，あるいは既存の岩石が変形されるときに流体が関与することなどに起因する変成作用でマイロナイト化作用(mylonitization；圧砕作用)ともいう．この変成作用をうけると固結した岩石のおもな鉱物は変形・再結晶してマイロナイト(mylonite；圧砕岩)になる(§12.2.A参照)．比較的低温下でこの変成作用がおこると，再結晶作用をほとんどともなうことなく鉱物の破砕・粒状化が進行してカタクレーサイト(cataclasite)が形成される．摩擦熱により変形の集中域が高温になると岩石は溶融し，シュードタキライト(pseudotachylite・pseudotachylyte)を形成することがある(§12.2.B.参照)．なおこの本では，再結晶作用をともなわないカタクレーサイトについては扱わない．

*：断裂・断層の形成にともない岩石が機械的に破壊され，断層角礫などからなる，ある幅をもった帯

日本では中央構造線ぞいに分布する鹿塩マイロナイトが有名である．これは領家カコウ岩・変成岩起源の典型的なマイロナイトで，中央構造線から約 500～1,000 m の幅で認められ，その分布は中央構造線にそって，中部地方から淡路島まで連続している．なおマイロナイト化の時代は後期白亜紀と考えられている．

6.3.D 衝撃変成作用

隕石などの小天体が，秒速数 km 以上の速度で地表に衝突することによりおこる変成作用である*．アメリカ合衆国のアリゾナのバリンジャー(Barrenger)隕石孔には，隕石が衝突したときに地表の岩石が破壊されて角礫岩状の岩片になったものが集積・固結して形成された**衝撃角礫岩**(impact breccia)が多くみられる．変成作用の継続時間は，ほかの変成作用のそれが地質学的時間スケールであることと大きくことなり，数マイクロ秒～数 10 秒程度の瞬間的なものである．バリンジャー隕石孔には，隕石の衝突のときに，地表の岩石が超高温(2,000℃ 以上)・超高圧(数 100 GPa)下におかれることで形成されたコーサイト・スティショバイト・ダイアモンドをふくむ岩片もみいだされている．超高温を反映しているガラス状の溶融岩片である**インパクタイト**(impactite)もこの変成作用の産物である．これらの衝撃生成物は，侵食のすすんだ古い隕石孔の痕跡を隕石孔と判断するうえで有効である．

*：衝撃変成作用については Bishoff・Stoffler(1992)参照．

6.3.E 交代作用

変成作用の過程で H_2O のみでなく，さまざまな化学成分が移動して，岩石の化学組成が変化すること．そのような過程をとおして，鉱物組成のみでなく，化学組成もいちじるしく変化した岩石を**交代変成岩**(metasomatic rock・metasomatite)という．交代作用は，流体が鉱物粒内部や鉱物の粒間をとおる拡散で，小規模(数 mm～数 m 幅)な反応帯(reaction zone)を形成する**拡散交代作用**(diffusion metasomatism)と，岩石中に浸透した流体と母岩との反応で，岩石の鉱物組成・化学組成が大規模に変化する**浸透交代作用**(infiltration metasomatism)に区分される．

交代作用の好例としては，接触変成作用にともなうスカルン化作用(skarnization)がある．これはマグマから放出された MgO・FeO などをふくむ過熱水蒸気や溶液が，石灰岩に浸透して化学反応し，輝石(ディオプサイド～ヘデン輝石系)・ザクロ石(Ca に富む)・緑レン石などからなるスカルン(skarn)を形成する作用で，しばしば有用な金属鉱物をともなう．おなじく熱水溶液の浸透に因因する珪化作用・絹雲母化作用・カオリン化作用なども，交代作用のよい例である．超マフィック岩と石英長石質片麻岩の境界部に形成される，Al_2O_3・MgO に富み SiO_2 にとぼしい変成岩(サフィリン-ザクロ石グラニュライト)なども交代作用の産物である．交代作用については西山(2000)参照．

6.4 変成作用を支配する要素

変成作用とは，原岩を取りまく物理的環境や化学的環境の変化でひきおこされる地質学的現象である(§6.1 参照)．物理的環境を支配しているのはおもに温度・圧力で，これらが変化することで再結晶作用(固相—固相反応など)がおこり，原岩の鉱物組成・組織が変化して変成岩が形成される．化学的環境の変

化を支配しているのは，おもに H_2O やそのほかの成分をふくむ流体である．流体が岩石に浸透することにより両者間で反応がおこり，原岩の化学組成が変化し，鉱物組成も変化する．

したがって変成岩の研究では，どのような温度・圧力下で，またどのような化学的環境のもとで，どのような変成岩が形成されるのかということを知ることが重要である．鉱物は地殻やマントルのあるかぎられた温度・圧力下で安定に存在できる(たとえば図4-12参照)．また2種類以上の鉱物が化学的な平衡関係のもとに共生できる温度・圧力も限定されている．したがって変成作用の過程で，一般に温度・圧力が緩慢に変化するときには，一定な温度・圧力下で安定な鉱物組成(鉱物組合せ；mineral assemblage)からなる変成岩が形成される．このとき，あるかぎられた時代(時刻)の安定な鉱物組合せを**平衡鉱物組合せ**(equilibrium mineral assemblage)という．しかし温度・圧力や化学的環境の変化が急激におこるときには，変化後の温度・圧力下で平衡に共生している鉱物集合のなかに，変化する以前の温度・圧力下で安定に存在していた鉱物が残存することがある．このように複数の平衡鉱物組合せをふくむ岩石全体の鉱物組合せを**鉱物共生**(mineral paragenesis)という．このような平衡鉱物組合せと鉱物共生の規則性をあきらかにすることは，変成作用の過程を解明するうえで不可欠なことである．

変成作用の過程(変成過程)は，つぎの5つの過程からなり，多くの変成作用ではこれらが複合的におこりながらに進行する．

①：化学組成が変化しない変成過程(isochemical process)
②：元素拡散により化学組成が変化する変成過程(diffusion controlled process)
③：流体をともなう変成過程(fluid-related process)；これにはさらに給水反応(hydration reaction)・脱水反応(dehydration reaction)・元素移動(element mobility)が考えられる
④：部分溶融過程(partial melting process)
⑤：構造運動による原岩の混合をともなう変成過程(tectonic mixing process)

長時間の地質過程のなかで，ある原岩が複数回の変成作用(複変成作用)を経験することもある．このような変成作用では，それぞれの変成過程では上記①～⑤が複雑にからみあって作用するため，原岩を特定するには困難をともなうことが多い．

ゴンドワナ大陸と変成帯

　ゴンドワナ大陸は，現在南半球にあるアフリカ・南アメリカ・南極・オーストラリアなどの諸大陸とインド亜大陸が集合していた状態の巨大大陸である．この大陸が形成・分裂する過程は，いまだ第一級の地球科学的問題として世界中の多くの研究者によって研究が進められている．その成果の一端を紹介する．

　ゴンドワナ大陸においても大規模な変成帯・変成岩体が形成されていたという．これらは大きく2つの時代に区分され，約10億年前（1000 Ma）のグレンビル変動と約5億年前（500 Ma）のパンアフリカ変動である．ゴンドワナ大陸形成以前に存在していた，大陸成長の核ともなる太古代から原生代初期（約25億年以前）の変成岩分布域も，上記各大陸にその存在が知られている．

　ゴンドワナ大陸は，パンアフリカ変動によって形成されたモザンビーク帯とよばれる変成岩分布域（アフリカ東海岸のモザンビークから南極の西クイーンモードランドまで延長するらしい）を境界に，東ゴンドワナ大陸と西ゴンドワナ大陸に区分される．

　日本の南極観測隊が中心になって研究されている東南極のエンダービーランド・東クイーンモードランドは，かつて東ゴンドワナ大陸の中心に位置していたと考えられている．太古代（約40億年から25億年前）の超高温変成岩の分布で特徴づけられるナピア岩体を核に，その周囲にグレンビル変動に相当する時代のレイナー岩体と，パンアフリカ変動によって形成されたリュッツォホルム岩体が順次分布する．これらの西側には，グレンビル変動からパンアフリカ変動で形成された，やまと－ベルジカ岩体とセールロンダーネ岩体が分布する．

　スリランカをふくむインド亜大陸は，ゴンドワナ大陸の時代にはこれら南極地域の変成岩分布域と連続していたと考えられており，ゴンドワナ大陸の分裂以降北上して，約4千万年前（40 Ma）にユーラシア（アジア）大陸に衝突したことがわかっている．この衝突によって，かつて存在していたテーチス海が消滅し，衝突部でヒマラヤの変成岩帯と山脈形成がおこった．ゴンドワナ大陸の時代には，南インドの東ガート帯はナピア岩体に連続し，スリランカのハイランド岩体は南インドのケララコンダライト帯とともにリュッツォホルム岩体に連続していたと考えられている．アフリカやオーストラリアの変成岩分布域も，南極の変成岩分布域との連続性が考えられている．

　アジア大陸の形成は，約2億5千万年前（250 Ma）からである．このとき，多くの微小大陸が衝突・集合し，その衝突境界で高温・超高温変成岩と超高圧変成岩を形成した．たとえば，北中国小大陸（中国北部と韓半島）と南中国小大陸（中国南部）の衝突境界で形成された大別山地域の変成岩類は，この典型である．ゴンドワナ大陸の時代にオーストラリア北部に存在した原生代の変成岩体をふくむ地質体（インド－中国地塊；Indo-China Block）が分裂・北上し，アジア大陸の形成時（250 Ma）に南中国小大陸に衝突した．この衝突時にも高温変成岩・高圧変成岩が形成された．ベトナムのコントゥム地塊に分布する変成岩類がこれに相当する．

7. 変成岩の分類と命名

　変成岩は既存の岩石の鉱物組成や組織が変化した岩石であるから，形成された変成岩のもとになった原岩は，火成岩や堆積岩であったり，もともと変成岩であったりする．このようなことから変成岩を記載するためには，変成岩のみでなく火成岩・堆積岩に関する知識も必要となる．変成岩の命名は，原岩・鉱物配列などの組織（変成岩組織）・変成岩特有の名称の3つを基準としておこなわれることが多い．

原岩を基準とした命名　原岩を重視するときには，原岩の岩型名に変成という接頭語をつけることが一般的である．たとえば原岩がマフィック岩・堆積岩・玄武岩・チャートなどのときには，それぞれマフィック変成岩（§7.1.A参照）・変成堆積岩・変成玄武岩・変成チャートなどという．これらの岩石名は変成岩の原岩をしめすのみで，変成作用の温度・圧力などの条件や構造運動の性質などをあらわしているわけではない．

変成岩組織による命名　組織を基準にするときには，変成作用や構造運動の性質をある程度加味した岩石名をつけることが可能となり，千枚岩・片岩・片麻岩などという．実際には，これらの岩型の名称のまえに鉱物名・原岩名・特徴的な色などをつけて，緑泥石片岩・黒雲母片麻岩・泥質片岩・マフィック片麻岩，あるいは白色片岩（§7.2参照）などのように使用され，岩石名から原岩を識別することも可能となる．変形作用の性質をあらわすときには，マイロナイトやシュードタキライトなども使用される．

変成岩特有の名称　これには角閃岩・グラニュライト・エクロジャイト・ホルンフェルスなどのように，多くの岩石名がある．これらの岩石名の由来は，特徴的な鉱物名であったり，人名・地名や岩石の性質であったりといろいろであるが，一般には接頭語として鉱物名や原岩名をつけて，ザクロ石角閃岩（garnet amphibolite）・泥質グラニュライトなどのように使用される．

7.1　原岩による分類

　変成岩の多くは，化学組成（全岩化学組成をさす）や野外での地質学的背景（地質学的関係）から，その原岩を識別することが可能である．変成岩の化学組成

は，原岩としての火成岩や堆積岩の化学組成とほぼ同一のものとみなされることが多い（表7-1）．すなわち，ある変成岩の化学組成が原岩のそれからあまり変化していないと判断できるときには，火成岩や堆積岩の各種の地球化学的判

表7-1 各種の変成岩の代表的な主成分化学組成

原岩	泥質岩						砂質岩	炭酸塩岩	石灰珪質岩	珪質岩
変成岩	黒雲母–白雲母ホルンフェルス	千枚岩	ザクロ石–黒雲母片麻岩	ザクロ石–黒雲母–珪線石–キンセイ石片麻岩	サフィリン–ザクロ石–斜方輝石片麻岩	白色片岩	ザクロ石–石英片麻岩	マーブル	石灰珪質片麻岩	珪岩
SiO_2	65.40	62.90	62.64	57.32	46.66	56.22	78.85	0.01	48.95	96.36
TiO_2	0.68	1.13	0.71	1.13	1.71	0.30	0.36	0.00	0.12	0.12
Al_2O_3	16.70	16.37	15.69	21.72	22.96	16.00	11.53	0.05	18.56	2.38
FeO^*	5.05	8.58	6.95	12.39	11.85	0.37	4.24		6.58	0.12
MnO	0.11	0.11	0.77	0.19	0.20	0.01	0.04	0.00	0.21	0.01
MgO	2.11	2.97	2.78	4.04	10.37	22.91	2.14	0.30	8.00	0.00
CaO	2.52	2.63	3.29	0.60	3.25	0.10	0.40	55.13	11.75	0.81
Na_2O	3.59	3.70	3.23	0.24	2.06	0.60	0.40	0.01	2.19	0.00
K_2O	2.75	1.46	2.17	1.33	0.91	0.20	2.04		0.12	0.19
P_2O_5	0.14	0.14	0.17	0.03	0.03	0.14	0.00	0.00	0.04	0.01
H_2O	1.41	—	2.29	0.18		3.50		0.14	3017	
CO_2								43.94	0.20	

原岩	フェルシック岩	マフィック岩				超マフィック岩	
変成岩	石英長石質片麻岩	緑色片岩	角閃岩	斜方輝石–単斜輝石片麻岩	エクロジャイト	変成カンラン岩	変成輝岩
SiO_2	76.69	46.46	52.03	51.12	46.26	44.62	54.61
TiO_2	0.04	0.69	0.59	1.15	1.64	0.52	0.35
Al_2O_3	14.27	18.83	13.88	8.56	15.55	4.36	3.64
FeO^*	0.36	13.87	10.44	14.10	10.34	13.82	11.28
MnO	0.01	0.27	0.17	0.22	0.17	0.20	0.20
MgO	0.00	4.17	6.28	14.79	10.54	31.48	23.06
CaO	1.54	11.17	10.18	8.10	12.34	5.04	6.83
Na_2O	1.87	1.42	2.89	0.65	2.11	0.37	0.00
K_2O	5.21	0.34	1.35	1.08	0.02	0.06	0.02
P_2O_5	0.01	0.30	0.30	0.24	0.11	0.02	0.01
H_2O	—	2.31	1.16		0.55		

FeO^*：全Fe含有量をFeOとして計算した値．単位は重量％

表7-2 おもな変成岩の原岩とそれにふくまれる鉱物

変成岩タイプ	原岩の鉱物	原岩
変成炭酸塩岩	方解石・ドロマイト・石英	石灰岩・ドロマイト岩
石灰珪質岩	方解石・ドロマイト・石英・カオリナイト・スメクタイト・斜長石・アルカリ長石・イライト・アルバイト	石灰質泥岩・マール・不純な炭酸塩岩
珪岩	石英	チャート
泥質変成岩	石英・イライト・白雲母・スメクタイト・カオリナイト・斜長石・アルカリ長石・アルバイト	泥岩
砂質変成岩・石英長石質岩	石英・アルバイト・白雲母・方解石・アルカリ長石・斜長石・黒雲母・ホルンブレンド	石英アレナイト・アルコース・カコウ岩・流紋岩
マフィック変成岩	斜長石・アルバイト・ホルンブレンド・緑泥石・石英・単斜輝石・斜方輝石・カンラン石	玄武岩・ドレライト・ハンレイ岩・安山岩・閃緑岩
超マフィック変成岩	カンラン石・ホルンブレンド・斜方輝石・単斜輝石・斜長石	ダナイト・輝石・ハルツバージャイト・レルゾライト・ホルンブレンダイト・コマチアイト

別図（§3.1.B-b 参照）を使用することにより，原岩が形成されたテクトニクス場などについてを論じることがよくなされている．ここでは一般に使用される変成岩の原岩（化学組成）による分類についてのべる（表7-2）．

7.1.A 火成岩起源の変成岩

火成岩の分類の基準と同様に，超マフィック岩・マフィック岩が使用され，変成作用をうけたことを明示するために，これらに"変成(metamorphosed)"をつけ，**超マフィック変成岩**(ultramafic metamorphic rock)・**マフィック変成岩**(mafic metamorphic rock・metabasite)，あるいは**変成超マフィック岩**(metamorphosed ultramafic rock)・**変成マフィック岩**(metamorphosed mafic rock)などという．

一方，中性岩・フェルシック岩は変成岩の記述には一般に使用されることはなく，このような岩石が変成したものは**石英長石質変成岩**(quartzo feldspathic metamorphic rock)ということが多い．しかし石英長石質変成岩の原岩を火成岩のみに限定することはできない．それは石英に富む砂岩（たとえばアルコース）起源の変成岩と，フェルシック岩起源の変成岩とを区別することが困難なことが多いからである．

Shaw(1972)は変成岩の化学組成と堆積岩・火成岩の化学組成の比較にもとづく原岩の推定方法を提唱しているが，ある地域の変成岩の原岩を特定するときには，このような方法と，野外での変成岩の産状のくわしい観察などの地質学的方法による結果とを総合して検討することが重要である．化学組成からおおよその原岩が推定され，さらに野外での産状や顕微鏡下の観察などにもとづき岩石名が特定できるときには，**変成ハンレイ岩**(metagabbro)・**変成玄武岩**(metabasalt)・**変成カコウ岩質岩**(metagranitoid)などのように火成岩の岩石型名が使用される．岩石名を特定せず単に産状のみから**変成岩脈**(meta-dike)などと使用されることもある．

7.1.B 堆積岩起源の変成岩

堆積岩起源の変成岩の原岩には，泥質岩(pelitic rock・argillaceous rock)・砂質岩(psammitic rock)・チャート(chert)・炭酸塩岩(carbonate rock)・マール(marl；炭酸塩鉱物に富む泥質岩)などがあり，それらの変成岩は**泥質変成岩**(pelitic metamorphic rock・metapelite)・**砂質変成岩**(psammitic metamorphic rock・metapsammite)・**変成チャート**(metachert)・**変成炭酸塩岩**(metacarbonate)などという．珪質の炭酸塩岩あるいはマール起源の変成岩は**石灰珪質岩**(calc-silicate rock；§11.2.C 参照)という．

砂質変成岩は石英や長石に富むことから，石英長石質変成岩あるいは**変成砂岩**(meta sandsotone)という．また石英に富むものを**珪質変成岩**(siliceous metamorphic rock)といい，そのうち変成チャートやほとんど石英からなる砂岩を原岩とする変成岩のように，石英にいちじるしく富むものを**珪岩**(quartzite)という．

特殊な化学組成をしめすものでは，**変成縞状鉄鉱**(meta banded iron formation・meta-BIF)・**変成蒸発岩**(meta-evaporite)などの名称も使用される．

7.2 組織による分類

変成岩の原岩が同一のものであっても，変成作用の過程での諸条件のちがい（温度・圧力にちがいや流体などの差異）や構造運動のちがいなどから，鉱物組

合せ・組織のことなる変成岩が形成される．変成岩は岩石の組織のちがいから，粘板岩(slate)・千枚岩(phyllite)・結晶片岩(片岩：schist)・片麻岩(gneiss)・マイロナイト・シュードタキライトのように分類される．

粘板岩・千枚岩 細粒の泥岩や凝灰岩などが，極低温・低圧下の変形作用をうけてはく離性をもつようになった岩石(写真6-1 A 参照)．粘板岩が薄くはがれやすくなるのは，極細粒鉱物が**定向配列**(preferred orientation)＊することで劈開(へき開)が形成されるからである．これをスレートへき開(slaty cleavage)といい，絹雲母・緑泥石などがへき開にそって配列することが多い．千枚岩は粘板岩と結晶片岩の中間的な岩石で，粘板岩よりも再結晶作用が進行している．千枚岩では，雲母・緑泥石などの板状の鉱物が平行に配列した顕著な面構造(片理：schistosity)がみられるようになる．泥質岩起源の千枚岩には炭質物が多くふくまれ，黒色をしめすことが多い．凝灰岩起源のものは緑色千枚岩となる．

＊：変成岩中の鉱物が伸張(elongation)や押しつぶし(flattening)などの変形作用で一方向にひきのばされ，それらが一定方向に配列している状態

結晶片岩 細～中粒(まれに粗粒)で，板状・柱状，あるいは針状の鉱物が平行に配列した顕著な片理を形成する(写真6-1 B 参照)．この片理にそってはがれやすい性質があり，鉱物の粒度が細粒化し肉眼で判別が困難になると準片岩(semi-schist)という．低温・低圧下から比較的低温・高圧下で形成された変成岩に使用されることが多い．欧米では，片麻岩に分類可能な変成岩についても片岩ということがあり，より広範囲な温度・圧力をしめす岩石にも適用される．鉱物由来の特徴的な岩石の色を表現するときには，緑泥石・緑レン石・アクチノライトに富み緑色をしめすものを**緑色片岩**(greenschist)，ランセン石・クロッサイトなどの青色鉱物に富み青味がかったものを**青色片岩**(blueschist)，タルク・フェンジャイト・ランショウ石に富み白色をしめすものを**白色片岩**(white schist)などという．日本の三波川帯などでは点紋片岩(spotted schist)というアルバイトの斑状変晶が顕著にみられる結晶片岩が分布する．

片麻岩 一般に中～粗粒で，鉱物の定向配列による**片麻状組織**(gneissosity・gneissic texture・gneissose texture)をもつ岩石(写真6-1 C 参照)．片麻岩の名称は，比較的高温下で形成された広域変成岩に使用される．標本程度の大きさのものでも縞状構造が認められ，とくにフェルシック鉱物に富む優白質部(leucocratic band)とマフィック鉱物に富む優黒質部(melanocratic band)が互層状に配列するときは**縞状片麻岩**(banded gneiss)という．カコウ岩質の細脈が薄い層状にしみこんだものは注入片麻岩(injection gneiss)という．ある程度の厚さをもつ複数の片麻岩が比較的よく連続し層状構造を形成している場合は**層状片麻岩**(layered gneiss)ともいう(写真7-1)．原岩がある程度特定されるときに，火成岩起源の片麻岩を正片麻岩(orthogneiss)，堆積岩起源の片麻岩を準片麻岩(paragneiss)ということがある．片麻岩や結晶片岩には，再結晶作用で比較的大きな斑晶状の鉱物が形成されることがあり，これを**斑状変晶**(porphyroblast)という．斑状変晶をかこむより細粒な部分を基質(matrix)という(写真7-2)．斑状変晶は変成作用の履歴(§8.3 参照)を考察するうえで重要な残存鉱物を，ポイキロブラスティック(§10.1 参照)にしばしばふくむ．ここでの残存鉱物とは片麻岩のおもな鉱物が形成された時期よりも以前に形成されたものが，包

写真 7-1　層状片麻岩の産状(東南極ナピア岩体産)
　優黒質のマフィック片麻岩と優白質の石英長石質〜泥質片麻岩が層状構造をしめす．各層は数 cm〜数 m の厚さをしめす

写真 7-2　片麻岩の斑状変晶および基質(熊本県中央町肥後変成岩体産；横幅約 7 cm)
　黒雲母・斜長石・カリ長石・石英からなる基質と，ザクロ石の斑状変晶がみられる

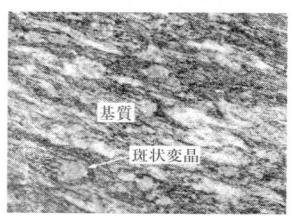

写真 7-3　マイロナイトおよびシュードタキライトの岩石スラブ(北海道地方日高町日高変成帯産；岩石は豊島剛志氏提供；横幅約 20 cm)
　マイロナイト化した変成ハンレイ岩で，変形作用の集中した部分(写真の左側)ではシュードタキライトバンドが形成されている

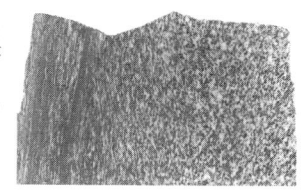

有物*として斑状変晶に取りこまれたものである．

*：キンバーライトやアルカリ玄武岩にふくまれる捕獲岩や捕獲結晶も包有物(§4.1.B-b・§4.1.B-d 参照)

マイロナイト・シュードタキライト　マイロナイトは，断層運動・せん断運動などの変形作用にともない，既存の岩石が変形し，鉱物が細粒化・再結晶化して形成される岩石で，縞状構造・鉱物の線構造がよくみられる．マイロナイト化の過程で，細粒化しにくい鉱物が斑晶状の粗粒な結晶として残存したものはポーフィロクラスト(porphyroclast)という．マイロナイトは原岩の岩型の種類から，カコウ岩質マイロナイト・角閃岩質マイロナイトなどともいう．カコウ岩質マイロナイトでは斜長石・カリ長石などがポーフィロクラストとして残存し，石英・黒雲母・角閃石などは再結晶して細粒化する．マイロナイト化の程度は，細粒な基質とポーフィロクラストの量比，あるいは基質の再結晶した鉱物の粒度で区分され，プロトマイロナイト(protomylonite)・狭義のマイロナイト(オーソマイロナイト・orthomylonite)・ウルトラマイロナイト(ultramylonite)の順に強くなる．
　変形作用がいちじるしく進行すると摩擦熱で岩石が部分溶融することがあり，その生成したメルトが急冷・固結して形成された黒色・緻密な岩石をシュードタキライトという(写真 7-3)．シュードタキライトは変形作用の集中域に形成されることが多い．多くのシュードタキライトは，破砕された鉱物片とガラス質〜隠微晶質な基質からなり，基質にはポーフィロクラストのほかに急冷で形成された針状の斜方輝石のマイクロライトなどが存在する．

ホルンフェルス　低圧下・広い温度範囲内で形成される，鉱物の定向配列・片理・片麻状組織などがみられない細粒・緻密な岩石で，カコウ岩などの貫入岩体による

写真7-4 紅柱石ホルンフェルスの岩石スラブ(チリ共和国コンセプシオン産；岩石は草地 功氏提供；横幅約8cm)
点紋状紅柱石は，空晶石であり，基質はデカッセイトがみられる

接触変成作用により形成される．しばしば紅柱石・キンセイ石の斑状変晶をふくむ(写真7-4)．このような斑状変晶が顕著にみられる細粒の泥質ホルンフェルスは，点紋粘板岩(spotted slate)ともいう．陶芸などの焼物は，人工的に形成された粘土岩起源の高温型ホルンフェルスともみなせる．

7.3 変成岩特有の岩石名による分類

化学組成(原岩)や変成岩組織とは無関係に，変成岩特有の岩石名が使用されることがある．これらは，特定の鉱物組合せで特徴づけられたり，特殊な産状をしめしたりするときに使用される．このような変成岩には，角閃岩(amphibolite)・グラニュライト(granulite)・エクロジャイト(eclogite)・チャーノカイト*・ミグマタイト(migmatite)・マーブル(marble)や，そのほかロディンジャイト(rodingite)・コンダライト(khondalite)・レプティナイト(leptinite)・ダイアフトライト(diaphthorite)．アナテクサイト(anatexite)などがある．このうち，前3者は変成相の名称(§9.1参照)と同一のものであることから，岩石名そのものが，これらの岩石がうけた変成作用の温度・圧力をある程度規定している．

*：チャーノカイトは火成岩としてのカコウ岩質岩石とみなす考え(§4.4.A-c1参照)とグラニュライト相の変成岩とみなす考えがある(§9.1.D・§11.3.A参照)

7.3.A 角閃岩

おもにホルンブレンドと斜長石を主成分鉱物とし，鉱物の定向配列や面構造があまりみられない塊状な岩石で，比較的広範囲の温度・圧力下で形成される(写真7-5)．角閃岩相に相当する温度・圧力下で形成された，角閃石をふくむ変成岩であっても，アルカリ角閃石-石英片岩や直閃石-キンセイ石片麻岩などは角閃岩にはふくめない(§7.2参照)．

片麻状組織がみられるときには，片麻状角閃岩(gneissose amphibolite)という．ホルンブレンドは，高温下で形成された角閃岩では褐色ホルンブレンド(§4.2.E-b2参照)で，単斜輝石・斜方輝石とも共生する(輝石角閃岩・pyroxene amphibolite)．一方，低温下で形成された角閃岩では緑色ホルンブレンド(§4.2.E-b2参照)となり，これは緑レン石とも共生するようになる(緑レン石角閃岩・epidote amphibolite)．カミングトナイトをふくむ角閃岩や，ザクロ石・黒雲母をふくむ角閃岩もしば

写真7-5 角閃岩(北海道地方静内町日高変成帯産；横幅約15 cm)
片理や片麻状組織がみられず，塊状のやや細粒な角閃岩

しばみられる．
　一般に角閃岩はマフィック岩起源のものが多いが，石灰質の堆積岩起源と考えられるものも存在し，前者を**正角閃岩**(ortho-amphibolite)，後者を**準角閃岩**(para-amphibolite)ということがある．

7.3.B　グラニュライト

　粗粒・等粒状の岩石で，グラニュライト相に相当する温度・圧力下で形成された変成岩に使用される名称(§11.2.A-c・§11.2.A-d参照)．白粒岩ともいう．グラニュライトは原岩の種類とふくまれる特徴的な鉱物名にもとづいて命名される．輝石グラニュライト・サフィリングラニュライトとか，推定される原岩をもとに，マフィックグラニュライト・石灰珪質グラニュライトなどという．
　グラニュライトは，一般に雲母・角閃石などの含水珪酸塩鉱物にとぼしく，原岩が砂質〜泥質岩のグラニュライトには，石英・斜長石・アルカリ長石などのほかにザクロ石(Fe・Mgに富む)・キンセイ石・珪線石・斜方輝石・スピネルなどがふくまれる(写真7-6)．マフィック岩起源のグラニュライトには，斜方輝石・単斜輝石がふくまれることが多い．グラニュライトに含水珪酸塩鉱物がふくまれるときは，これらの鉱物はFに富むなどの特徴的な化学組成をしめす．また高温〜超高温下で形成されたグラニュライトは，SiO_2・LIL元素・LREE(§3.1.B参照)にいちじるしくとぼしく，Al_2O_3・MgOに富むなどの特異な化学組成をもつものもしばしばみられる．このようなグラニュライトはその化学組成の特徴(不適合元素にとぼしい)から，部分溶融でこれらの元素にデプリートした溶残り岩(§3.1.B参照)とみなされることがある．これらには，サフィリン・大隅石などの特殊な鉱物もふくまれる(写真7-7)．

写真7-6 高温変成岩(ザクロ石-斜方輝石-キンセイ石グラニュライト)の岩石スラブ(北海道地方浦河町日高変成帯産；横幅約15 cm)
黒雲母をふくまず斜方輝石とキンセイ石をふくむ部分が，ザクロ石・黒雲母をふくむ片麻岩中に部分溶融で形成される

写真7-7 超高温変成岩(東南極ナピア岩体産；岩石は石塚英男氏提供；横幅約10 cm)
サフィリン-斜方輝石-ザクロ石グラニュライト．弱い片麻状組織のがみられるグラニュライトで，粗粒のサフィリンの斑状変品が点在

チャーノカイト：この岩石は太古代〜原生代の造山帯に，グラニュライトにともなってよくみられることから高温型の変成岩とみなすこともあるが，一般的なカコウ岩よりも深所で形成されたカコウ岩質岩石とみなすこともある（§4.4.A-c1参照）．詳細は§11.3.A参照．

7.3.C エクロジャイト

パイロープ成分（Mgに富む）に富むザクロ石・オンファス輝石（§4.1.C参照）を主成分鉱物とし，ランショウ石・石英などをともなう，高圧下で形成されるマフィックな変成岩である．ザクロ石・輝石に富むことから榴輝岩ともいわれた．エクロジャイトには斜長石はふくまれないが，角閃石・ゾイサイトなどがふくまれることがある．一部のエクロジャイトはコーサイト（図4-12参照）をふくむことから，そのようなエクロジャイトは2.5 GPa以上の超高圧下で形成された可能性がある．

原岩の化学組成がマフィック岩とことなるときには，エクロジャイトを形成するような高圧下でも，ヒスイ輝石・ランショウ石・タルクなどの鉱物組合せからなる岩石が形成されることがあり，このような変成岩はエクロジャイト質岩という（写真7-8）．エクロジャイトは，産状からグループA〜Cの3タイプに区分され，それぞれのグループのザクロ石の化学組成がことなることが知られている（Coleman, *et al.*, 1965）．

なおエクロジャイトはここでのべたもののように，高圧型変成帯（§9.2参照）にみられるもののほかに，アルカリ玄武岩やキンバーライトの捕獲岩のものなどがあるので，一部のエクロジャイトは火成岩とみなされることがある．

7.3.D ミグマタイト

この岩石名は，結晶片岩や片麻岩からなる部分とカコウ岩質の部分とが不均質に混在するものについて，Sederholm（1907）が命名（写真7-9・§1.2・§5.5.A参照）．Sederholm（1907）は，このような産状の特徴から，泥質片麻岩・角閃岩などの部分溶融によるカコウ岩質マグマの生成を考え，そのような作用をアナテクシス（anatexis）という．現在では，ミグマタイトの成因は，片麻岩や角閃岩の部分溶融で生成されたメルトと溶残り岩の混合物とする考え（アナテクシス）や，片麻岩や角閃岩にカコウ岩質マグマがしみ込んでできたものとみなす考えがある．したがってミグマタイ

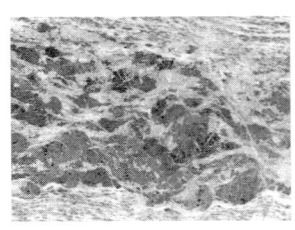

写真7-8 エクロジャイト質岩の岩石スラブ（愛媛県新居浜市三波川変成帯産；岩石は加藤敬史氏提供；横幅約13 cm）
エクロジャイト相の変成作用をうけたハンレイ岩で，緑黒色のバロア閃石質のホルンブレンドの周囲に淡青色のランショウ石が多くみられる

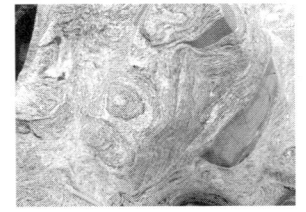

写真7-9 ミグマタイトの産状（ベトナム社会主義共和国のコントゥム地塊産；横幅約75 cm）
優白質部が片麻状組織をしめし，優黒質部がひきのばされてレンズ状になったシュリーレン組織がみられる

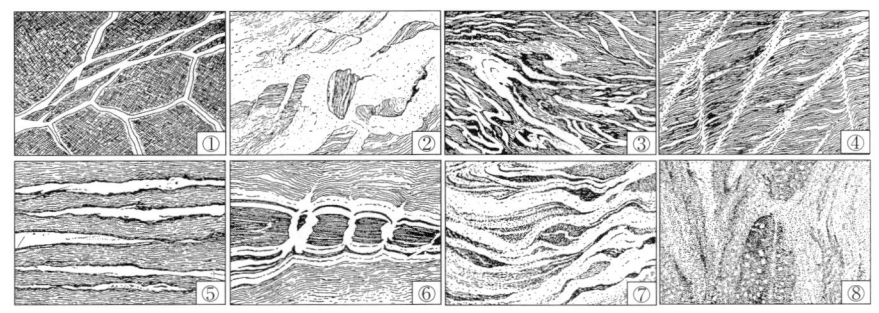

7.3 変成岩特有の岩石名による分類　131

図 7-1　ミグマタイトの組織分類（Mehnert，1968 による）
①：アグマタイト組織；②：ラフト（いかだ）状組織；③：ベナイト組織；④：ネット状ミグマタイト組織；⑤：ストロマティック組織；⑥：膨張組織；⑦：シュリーレン組織；⑧：ネビュライト組織

トの成因を論じるためには，それぞれの地域の露頭でのくわしい産状の検討が必要である．

このようにミグマタイトはほかの変成岩や火成岩にはみられない複雑な岩相で特徴づけられることから，カコウ岩質な部分と結晶片岩質〜片麻岩質な部分についてこまかく区分されることがある．すなわち部分溶融するまえの変成岩，あるいはカコウ岩質マグマが貫入するまえの母岩としての変成岩をパレオゾーム（paleosome），カコウ岩質の部分をネオゾーム（neosome）という．ネオゾームはさらに，マフィック鉱物に富む優黒質部（melanosome）と石英・長石に富む優白質部（leucosome）に区分される．パレオゾームとネオゾームあるいはネオゾーム内の優白質部と優黒質部の形態・組織から，ミグマタイト化の程度のちがいが区分され，アグマタイト・ベナイト（venite・veined migmatite）・ストロマティックミグマタイト（stromatic migmatite）・ネビュライト（nebulite）などという．ミグマタイトの産状区分を図 7-1 にしめした．

アグマタイト　角礫岩状のパレオゾームが，ブロック状にネオゾームの優白質部に取りかこまれたもの（図 7-1①）．一般に母岩にカコウ岩が貫入したときに形成されることが多い（§5.5.A 参照）．パレオゾームがより丸みをおび，変形でひきのばされているものはラフト状組織（raft-like structure）という（図 7-1②）．

ベナイト　カコウ岩質の優白質の脈がネットワーク状にみられ，優黒質部といりまじった産状をしめす．優白質部・優黒質部ともに変形し，微褶曲構造をしめすことがある（ベナイト組織；図 7-1③）．変形が弱く，パレオゾームあるいは優黒質部の片理をきる優白質の脈状のものはネット状組織（net-like structure）という（図 7-1④）．

ストロマティックミグマタイト　最も一般的なミグマタイトで，優白質部が層状に形成され，パレオゾームあるいは優黒質部の片理とは調和的であることが多いが，片理をきることもある（図 7-1⑤）．優黒質部がブーダン（boudin）を形成し，ひきちぎられたブーダンの間げきに優白質部がしみこむものは**膨張組織**（dilation structure）という（図 7-1⑥）．また変形が強まり，優白質部がひきのばされると同時に優黒質部がレンズ状〜縞状になったものはシュリーレン組織（schlieren structure）という（図 7-1⑦）．

ネビュライト　カコウ岩質の優白質部が不定形・パッチ状に形成され，優黒質部との境界が

漸移関係にあること(図7-1⑧)．一般に，泥質変成岩などの部分溶融により形成されると考えられる．

7.3.E マーブル

石灰岩の主成分鉱物である方解石は，広い温度・圧力下で安定な鉱物であるから，$CaCO_3$ 以外のほかの成分をあまりふくまない純粋な石灰岩が変成作用をうけると，おもに粗粒の方解石からなる変成岩になる．これをマーブルあるいは方解石マーブル(calcite marble)[*1] という．おもにドロマイトからなるドロマイト岩[*2]を原岩とする変成岩はドロマイトマーブル(dolomite-marble；苦灰大理石)という．写真7-10は，カンラン石・スピネル・フロゴパイトをふくむ不純なマーブル[*3]である．

[*1]：この本では多くの場合にマーブルを使用するが，特に必要があるときには方解石マーブルを使用する；[*2]：化学式が $CaMg(CO_3)_2$ の鉱物をドロマイト(dolomite；苦灰石)，ドロマイトを主成分鉱物とする岩石をドロマイト岩(dolostone・dolomite；ドロマイト・苦灰岩)とする；[*3]：方解石以外の変成鉱物をふくむマーブルをさす(§11.2.C-a1参照)．

7.3.F そのほかの変成岩

ロディンジャイト 石灰珪質岩の1種であるが，アルカリ元素や炭酸塩鉱物にとぼしい優白質の岩石(写真7-11)．おもな主成分鉱物は単斜輝石とCaに富むザクロ石で，ほかにプレーナイトやベスブ石などのCaに富む鉱物をふくむ．ロディンジャイトは，蛇紋岩中に取りこまれたマフィック岩が，海洋底変成作用下でCaOの交代作用で形成されたと考えられている．

コンダライト グラニュライト相に相当する温度・圧力下で形成された Al_2O_3 に富む泥質変成岩に使用される岩石名で，石墨含有ザクロ石-珪線石片麻岩などがこれに相当(写真7-12)．スピネル・キンセイ石・斜長石・カリ長石・石英などをふくみ，黒雲母などの含水珪酸塩鉱物がみられないのがこの岩石の鉱物組成上の特徴．石墨鉱床をともなうことが多い．コンダライトはインド南部・スリランカ民主社会主義共

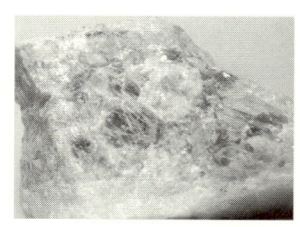

写真7-10 マーブル(スリランカ民主社会主義共和国ハイランド岩体産；横幅約20 cm)
写真の下部は純粋なマーブル，上部はカンラン石・スピネル・フロゴパイトをふくむ不純なマーブル

写真7-11 ロディンジャイトの産状(岡山県勝山町三郡—蓮華変成帯産)
弱い片理がみられる蛇紋岩中にブロック状に産出するロディンジャイト

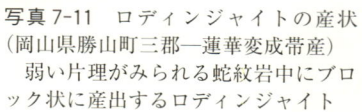

写真7-12 コンダライト(スリランカ民主社会主義共和国のハイランド岩体産；横幅約12 cm)
含水珪酸塩鉱物をふくまない，ザクロ石-珪線石-スピネル-石墨片麻岩．写真中央部のやや優黒質層は，スピネルに富む

和国(スリランカ)などに広く分布していることから，この岩石名は南アジア地域でとくに使用される傾向がある．

レプティナイト　グラニュライト相などの高度変成作用で形成されたザクロ石含有石英長石質片麻岩．コンダライトと同様に，黒雲母などの含水珪酸塩鉱物にとぼしい．石英・長石に富みザクロ石などにとぼしいものはレプタイト(leptite)ともいう．堆積岩起源とする考えと，流紋岩などのフェルシック岩起源とする考えがある．

ダイアフトライト　マイロナイト化した変成岩に用いられた岩石名で，後退変成作用の影響が強い．現在では，あまり使用されない岩石名である．

アナテクサイト　高温の変成作用の過程で変成岩が部分溶融して形成されたカコウ岩質岩石．ミグマタイトのネオゾームに相当．

和名のない変成岩名の由来

　グラニュライト・チャーノカイト・エクロジャイト・ミグマタイトなど，カタカナ書きされる変成岩は人名や地名などに由来することが多い．
　たとえばグラニュライトは，それにふくまれる鉱物の形態をあらわす名詞'granule'（粒状）に岩石名をあらわす接尾語'ite'をつけたものである．粒状の砂糖が'グラニュー糖'とよばれるのとおなじである．国内では白粒岩ともよばれるが，これは石英長石質で優白質なグラニュライトにつけられた名称である．しかし今日では優黒質のグラニュライト（マフィックグラニュライト）も多く知られるようになったので，あまり使われることのない名称となった．
　チャーノカイトは人名に由来する．17世紀末にインドのカルカッタに駐留していたイギリスの軍人 Charnock 氏の墓石（1693年没）が，この岩石でつくられていたことにより，'charnock + ite' となった．イギリス人の地質学者の Holland は，墓石がカコウ岩でありながら斜方輝石を多くふくんでいることに注目し，1893年に命名した．類似の岩石として，エンダーバイト（enderbite）がある．この名称は南極のエンダービーランド（enderby land）に由来し，そこで発見されたトーナライト質のチャーノカイトにたいし Tilley が命名した．
　コンダライトやロディンジャイトも地名に由来する．Khondalite は，インド南部オリッサ州の'Khonds（コンヅ）'で1902年に Walker によって命名された．この場合のように，接尾語として'lite'が使われることも多い．Rodingite はニュージーランドの'Roding 川'で蛇紋岩にふくまれるブロックとして発見され，1911年 Bell によって命名された．
　エクロジャイトは，ギリシア語の'ekloge'（選択）に由来する．これは，エクロジャイトの産状がブロック状で，露頭において母岩中からうまく選択して採取する必要があったからである．また Sederholm によって命名されたミグマタイトは，マグマと既存の岩石が混合したことを意味する，'mix + magma + ite'に由来する．
　一方，マーブルには'ite'や'lite'がつかない．これはギリシア語の'marmaros（白く光る石）'に由来すると考えられている．

　ちなみに安山岩の英語名の由来は'アンデス山脈'（Andes）の'岩石'（ite）ということである．

8. 変成作用の限界と進行過程

8.1 変成作用の温度-圧力範囲

　変成作用は地殻～上部マントルでおこる地質現象である．そのため地殻浅所では比較的低温・低圧下で変成作用が進行するが，地殻深所では比較的高温・高圧下で変成作用がおこることになる．島弧地帯などに沈み込む海洋プレートは，高圧下にあるにもかかわらず，変成作用は比較的低温下で進行するらしい．温度・圧力と変成作用の区分のを図8-1にしめした．

図8-1　変成度の温度・圧力領域
　広域変成作用は，低温変成作用・高温変成作用・超高温変成作用・高圧変成作用および超高圧変成作用に区分できる．接触変成作用は，極低圧で低温から超高温の温度条件下でおこる

　図中には，変成作用を検討するうえで重要な固相—固相反応をしめした．紅柱石・珪線石・ランショウ石の関係は，低圧～中圧の変成作用に，ヒスイ輝石やコーサイトを形成する反応は高圧～超高圧の変成作用に重要

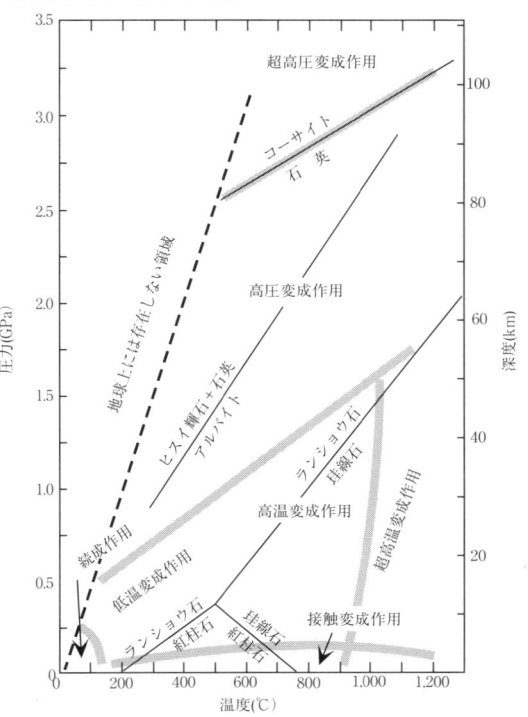

温度による分類 低温変成作用(low-temperature metamorphism)・高温変成作用(high-temperature metamorphism)に区分され，それぞれ低度変成作用(low-grade metamorphism)・高度変成作用(high-grade metamorphism)ともいう．したがって変成作用の温度にちがいがあるときには変成度(metamorphic grade・grade of metamorphism)がことなるという．

Winkler(1979)は，変成度を極低度(very low-garde)・低度(low-grade)・中度(medium-grade)・高度(high-grade)の4つに区分したが，この区分は現在では使用されていない．最近では低温変成作用は約500℃以下・400〜500 MPaまでの温度-圧力範囲でおこるものをいう(Robinson・Merriman, 1999)．低温下の変成作用と続成作用には明確な境界はなく漸移関係にあるが，いちおう目安として，約150±50℃が考えられている(Frey・Kisch, 1987)．一方，高温側の変成作用のうち，900℃以上の高温下での変成作用は超高温変成作用(ultrahigh-temperature metamorphism；UHT)ということがある(Harley, 1998)．たとえば東南極のナピア岩体産の超高温グラニュライトでは，1,100℃以上の変成温度が見積もれている(Harley・Motoyoshi, 2000など)．高温変成作用の限界は，化学組成・圧力・流体の分圧などでことなるので一概には見積ることができないが，部分溶融がおこりメルト(マグマ)が生成される温度を変成作用の上限とするのが一般的である．そのようにして見積もられる高温変成作用の限界には，650℃程度から1,200℃程度までの温度幅が存在する．変成岩が部分溶融することを超変成作用(ultramatamorphism)ということがある．

圧力による分類 低圧変成作用(low-pressure metamorphism)・高圧変成作用(high-pressure metamorphism)・超高圧変成作用(ultrahigh-pressure metamorphism；UHP)に区分され，低温であっても500 MPa以上の圧力下で形成された変成岩は高圧変成岩(high-pressure metamorphic rock)という．変成作用の低圧側の限界は，接触変成作用がおこる圧力範囲とみなすことができる．すなわち地表付近ということである．一方高圧側の限界は，3.5〜4.5 GPa程度と見積もられる．これはアルプスのドラマイラ(Dora Maira)地域のMgに富むザクロ石(純粋なパイロープ成分にちかい組成)とコーサイトをふくむエクロジャイトや，カザフスタン北部のコクチェタフ(Kokchetav)地域のダイアモンドをふくむエクロジャイトなどで推定された変成圧力にもとづいている(Chopin, 1984；Schertl, et al., 1991；Sobolev・Shatsky, 1990)．これらのエクロジャイトは約750〜900℃の変成温度をしめすが超高圧変成岩(ultrahigh-pressure metamorphic rock)といい，高温変成岩あるいは超高温変成岩とは区別される．

8.2 変成度の変化

地表の堆積盆で形成された堆積岩(砂岩や泥岩など)がさらに地下深所に移動すると，それらは高温・高圧下におかれると同時に，これまでとはことなる構造運動をうけるようになる．そのような条件下では堆積岩は再結晶作用うけるようになり千枚岩や結晶片岩などの変成岩が形成されるであろう．それらがさらに時間とともに高い温度・圧力下にもたらされると，片麻岩や砂泥質グラニ

ュライトに変化することになるであろう．このような変成過程では，すくなくとも続成作用から低度変成作用をへて，高度変成作用にいたる変成度の変化がおこったことになる．このことをもうすこしくわしく説明する．

標本の大きさの変成岩では時間の変化にともない変成度が変化する過程，すなわち個々の変成岩には，それらが経験した温度‐圧力変化などの履歴がきざみこまれている．一方，同一の時代・時刻をとったとき，地殻の浅所から深所へむかう温度‐圧力変化に対応し，低変成度の変成岩から，より高変成度の変成岩に漸移している．このような変成度の変化は，個々の岩石にみられる変成度の変化ではなく，個々の岩石の分布域のちがい(空間的差異)に相当する変成度の変化とみなすことができる．すなわち変成度の空間的変化をしめしている．

以下に，個々の変成岩の変成度の時間的変化と変成度の空間的変化*についてのべるが，今日でも両者が混同されて使用されることがある．岩石の放射年代が数多く決定されはじめ，変成作用に正確な時間の概念が導入されたのは1980年代中ごろ以降である．

*：両者の差異については都城(1994)参照

8.3 昇温期変成作用と後退変成作用——個々の変成岩の変成度の時間的変化

変成岩にきざみこまれた変成履歴(時間変化にともなう温度‐圧力変化)をあらわすものとして，昇温期変成作用(prograde metamorphism)と後退変成作用(retrograde・retrogressive metamorphism；降温期変成作用)がある．

8.3.A 昇温期変成作用

変成作用の進行とともに変成岩の温度は上昇し，やがてその変成岩がうけた変成作用の最高温度(thermal peak)になる．このときの変成度を最高変成度(metamorphic peak)といい，最高変成度にいたる温度上昇期(prograde stage)の変成過程を昇温期変成作用という．このような変成過程での変成岩の温度の変化は温度‐圧力図(pressure-temperature diagram；P-T diagram)で温度‐圧力変化経路(pressure-temperature path；P-T path・P-T trajectory)として表現されることが多い(図8-2)．変成過程での個々の変成岩の温度変化と圧力との関係はいつも同一のものとはかぎらない．たとえば図8-2の経路a・bの変成岩の温度は，より高圧状態から圧力が下降しながら最高温度(図8-2のP点)にいたっている．また経路dの変成岩は温度上昇とともに圧力も上昇する．経路cはある地温こう配のもとで昇温期変成作用が進行して最高温度(P点)にいたったと考えられる．経路e・fの変成過程では，P点にいたる以前にP点よりも高温になるため，Q点や，R点にいたるまでの過程が昇温期変成作用となる．

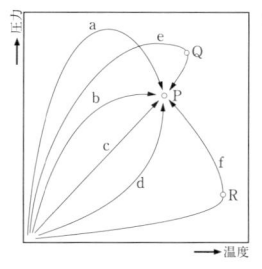

図 8-2　昇温期変成作用の模式図

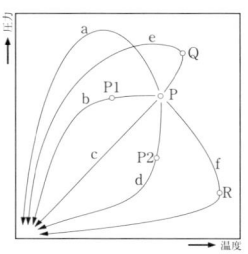

図 8-3　後退変成作用の模式図

8.3.B　後退変成作用

さまざまな地質時代に地下深所で形成された広域変成岩は，そののちの地殻変動による隆起〜削はく作用で，地表の広い範囲にわたって露出するようになる．この地質過程はつぎのような変成過程をへていると考えることができる．すなわち地下深所の高温下で形成された変成岩が**温度下降期**(retrograde stage)をへて地表にもたらされたということである．このような過程では，高温下で形成された変成岩の鉱物組合せや組織が，低温下で安定な鉱物組合せや組織に変化するようになる．こうした最高温度状態からの温度の下降でおこる変成作用を後退変成作用という．後退変成作用のP-T path は，図8-3の経路a〜dなどでしめされ，経路eやfでは，P〜Q点間およびP〜R点間が昇温期変成作用をしめし，Q点およびR点以降の経路が後退変成作用をしめす．経路bのP〜P_1点間は圧力がほとんどかわることなく温度が下降しているので，ここでしめされる変成過程を**等圧冷却過程**(isobaric cooling)といい，経路dのP〜P_2点間は温度がほぼ不変のまま圧力が減少しているので，ここでの変成過程を**等温減圧過程**(isothermal decompression)という．

8.3.C　変成度の解析と温度 - 圧力 - 時間経路

多くの変成岩では，昇温期変成作用にともなって変成反応がおこりやすい．これは昇温期には，鉱物 A + 鉱物 B = 鉱物 C + 鉱物 D + H_2Oのような脱水反応がおこるためである．昇温期変成過程では，多くの変成岩で鉱物 A や鉱物 B が消失するので，岩石に昇温期の痕跡をみいだすのは困難なことが多い．一方，後退変成作用期には，変成岩に H_2O などの化学反応を促進する流体が残存していることがすくないため，一般に温度下降にともなう固相—固相反応はおこりにくくなる．そのため地表で採取された岩石試料のくわしい検討から，一連の変成作用で形成された変成岩のなかに最高変成度をしめす鉱物組合せをみいだすことができる．しかし温度下降期にもせん断帯などにそって H_2O などの流体が付加され，あらたな再結晶作用がおこることにより最高温度下で形成された鉱物がほとんど分解・消失してしまうこともあ

8.3 昇温期変成作用と後退変成作用――個々の変成岩の変成度の時間的変化　139

る．

　ある変成岩の原岩形成から変成作用をへて地表に露出するまでのあいだの全体の変成作用の過程が，図8-2の昇温期変成作用の経路aあるいはbから，図8-3の後退変成作用の経路cあるいはdをへる経路をとるとき，この経路を時計回りのP-T経路(clockwise P-T path)という．一方，これとは逆に全体の変成作用の過程が，図8-2の経路d(昇温期変成作用)から図8-3の経路a(後退変成作用)をへる経路のときには，そのような経路は反時計回りのP-T経路(counterclockwise P-T path·anticlockwise P-T path)という．図8-3の経路eは，Q点で最高変成度にいたった反時計回りの経路で，経路fはR点で最高変成度にいたった時計回りの経路である．図8-2の経路cから図8-3の経路cに変化するような変成過程は，ある地温こう配のもとで昇温期変成作用が進行して最高温度(P点)にいたるが，そののち，昇温期の温度‐圧力変化経路と同一の経路にそって，昇温期とは逆に温度・圧力とも下降するというものである．しかし実際にはこのような経路をしめす変成過程はあまりみられない．

　最近，改良された表面電離型質量分析計の普及や，さまざまな鉱物の各種の同位体の閉鎖温度がある程度までわかってきたことなどにより(§3.2.A参照)，岩石や鉱物の各種の放射年代決定がくわしくおこなわれるようになっている(図3-8参

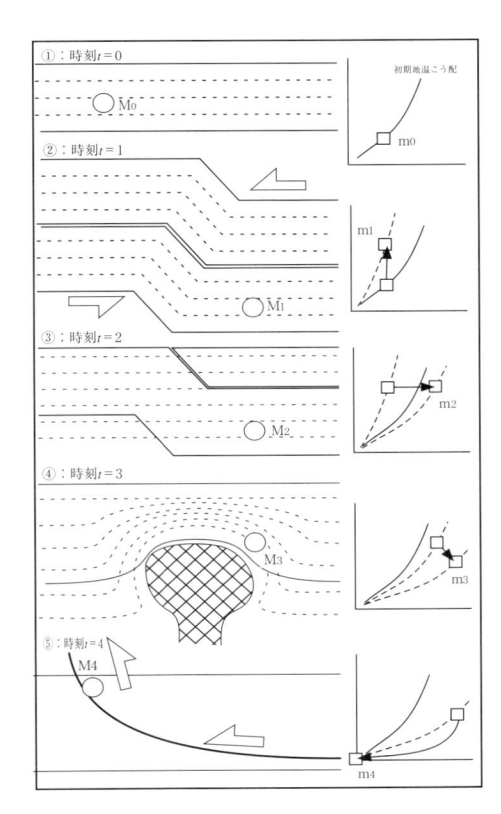

図8-4　模式的な地質過程での変成岩の温度‐圧力‐時間経路

　$t=0$：地殻内でのある地温こう配でおこった変成作用の初期状態，$t=1$：地殻の衝突により地殻の厚さが増大した状態，$t=2$：地温こう配が回復し昇温期変成作用が進行する状態，$t=3$：地殻深部にマグマが底付けした状態(昇温期変成作用はさらに進行する)，$t=4$：衝上運動で岩石が地表に露出する過程

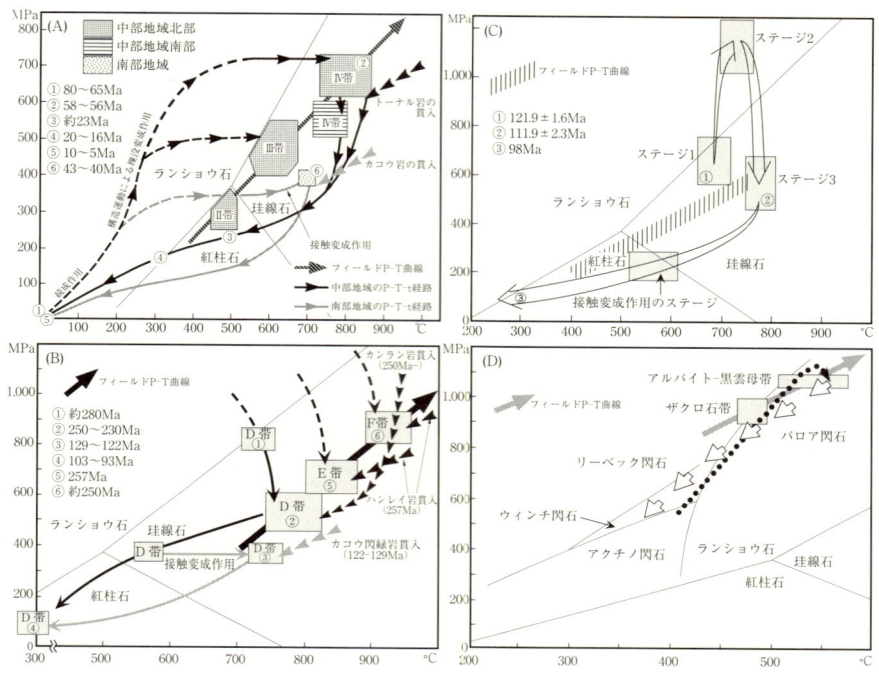

140　8. 変成作用の限界と進行過程

図8-5　日本の変成帯の温度 - 圧力 - 時間経路(CD参照)
(A)　日高変成帯主帯(Komatsu, *et al.*, 1989 と Osanai, *et al.*, 1992)
(B)　肥後変成岩体(小山内ほか, 1996)
(C)　阿武隈変成帯(Hiroi, *et al.*, 1998)
(D)　三波川変成帯(Banno, 2000)

照).その結果,現在では図8-2・図8-3にしめされるような温度 - 圧力変化経路に時間(年代値)という尺度を追加できるようになり,**温度 - 圧力 - 時間経路**(pressure-temperature-time path；P-T-t path)があきらかにされるようになった.最近ではP-T-t path に変形作用の履歴を加味した**温度 - 圧力 - 時間 - 変形経路**(pressure-temperature-time-deformation path：P-T-t-D path)も検討されている.模式的な温度 - 圧力 - 時間経路を図8-4に,日本のいくつかの変成帯であきらかにされたP-T-t path を図8-5にしめす.

模式的な温度 - 圧力 - 時間経路　ある変成岩の時計回りの温度 - 圧力 - 時間経路が形成される過程を,図8-4に模式的にしめした.変成作用は,時刻 $t=0$ から $t=4$ へ以下のように進行したと考えられる.

①：時刻 $t=0$：地殻内の岩石 M_0 は,定常的な地温こう配の環境下で比較的低温・低圧下(m_0)で変成作用をうけた.

②：時刻 $t=1$：地殻の衝上をともなう構造運動で岩石 M_0 は地殻深所(高圧下)へもたらされ(岩石 M_1),高圧下で変成作用が進行した.このとき岩石 M_1 の温度はあまり上昇しなかったと考えられる.その結果,岩石 M_1 は比較的低温・高圧下(m_1)での変成作用をうけた.

③：時刻 $t=2$：地殻深所の岩石 M_1 の温度は，時間の経過とともにそれが位置する深度に対応した温度まで上昇した（定常的な温度こう配の環境のもとにおかれた）．このように岩石 M_1 は，等圧で昇温した結果，高温下（m_2）で岩石 M_2 に変化した．

④：時刻 $t=3$：マントル起源の火成岩体が地殻深所へ貫入（底付）した結果，岩石 M_2 をふくむ地殻物質は全体に隆起し，地表では削はく作用が進行した．この結果，岩石 M_2 は火成岩体により熱せられてさらに高温下におかれるようになったが，地殻の隆起・削はくで圧力は低下した．ここで，温度は最高温度まで上昇し（m_3），岩石 M_3 が形成された．m_3 にいたる過程が昇温期変成作用である．

⑤時刻 $t=4$：岩石 M_3 をふくむ地殻内に衝上断層が形成され，岩石 M_3 は地表にむかって移動した．この過程では温度・圧力は低下し，給水反応をともなう後退変成作用が進行して，低変成度の鉱物をふくむ岩石 M_4 となった．

8.3.C-a　P-T-t path の例1——日高変成帯主帯

日高変成帯主帯で考えられている P-T-t path を図8-5Aにしめす．この変成帯の東西断面は地殻の断面と考えられており，層序的に下位（西側）から上位（東側）にむかって，グラニュライト相・角閃岩相・緑色片岩相〜緑レン石角閃岩相・プレーナイト—パンペリー石相の変成岩が分布する（図8-6参照）．原岩の堆積年代は，放散虫化石にもとづき80〜65 Maが推定されている（図8-5A①）．これらの原岩は温度・圧力がともに上昇する埋没変成作用につづき，ほぼ等圧の昇温期変成作用をへて，58〜56 Maにグラニュライト相の最高変成度になった（図8-5A②）．そののち変成岩は地表にむかって上昇する過程で後退変成作用をうけ，グラニュライト相の変成岩も緑色片岩相やプレーナイト—パンペリー石相の変成鉱物をふくむようになった．後退変成期の年代としてK-Ar法による鉱物の放射年代がえられており，ホルンブレンド（K-Ar系の閉鎖温度は約500℃）では約23 Ma（図8-5A③），黒雲母（K-Ar系の閉鎖温度は約300℃）では20〜16 Maとなる（図8-5A④）．変成岩が最終的に地表に露出するようになったのは，変成帯の周囲に分布する礫岩の礫種の解析から10〜5 Maが推定され，より深所で形成された変成岩ほどより若い年代の礫岩にみられる（図8-5A⑤）．主帯南部では，後退変成期にうつる以前の約40 Maに，カコウ岩による接触変成作用をうけた（図8-5A⑥）．

8.3.C-b　P-T-t path の例2——肥後変成岩体

肥後変成岩体では北から南にむかって，緑色片岩相（A帯・B帯）から角閃岩相（C帯）をへてグラニュライト相（D帯・E帯）まで，泥質変成岩の変成度は累進的に上昇している．D帯にはマントルからもたらされたとみられるカンラン岩がせん断帯にそって分布し，このカンラン岩には，E帯よりも深所に存在していたとみられるサフィリングラニュライト・ザクロ石-コランダムグラニュライト（F帯）が取りこまれている．

このうちD帯〜F帯の最高変成度をしめす温度-圧力範囲は，各種の地質温度計・圧力計（§9.1.J参照）や各帯の境界の反応アイソグラッド（§8.4参照）で推定される．D帯〜F帯がしめす約250 Maでのフィールド P-T 曲線（§8.4参照）は，図8-5B中に太い矢印でしめされている．肥後変成岩体の温度-圧力-時間経路は，D帯の泥質変成岩について解析されている．D帯の岩石は，最高変成度（図8-5B②：250〜240 Ma）にいたる以前に，十字石・ランショウ石が安定であった高圧をしめす角閃岩相の変成過程（図8-5B①：約280 Ma）をへて，圧力が低下しながら温度が上昇して

最高変成度にいたるという昇温期変成作用をうけている．昇温期変成作用の熱源は，257 Ma の年代をしめすハンレイ岩の貫入岩体と考えられている．E 帯・F 帯の泥質変成岩が，最高変成度いたった年代は 257〜250 Ma をしめしている（図 8-5 B⑤・図 8-5 B⑥）．

K-Ar 法による黒雲母の放射年代や Rb-Sr 黒雲母-全岩アイソクロン年代から，後退変成作用で約 300℃ まで冷却したのは 103〜93 Ma と推定されている（図 8-5 B④）．約 122 Ma にトーナライトが D 帯の泥質変成岩に貫入しており，その熱的影響により，泥質変成岩には局所的で小規模な部分溶融現象がみられる（図 8-5 B③）．

8.4 累進変成作用とフィールド P-T 曲線――同一時刻の変成度の空間的変化

8.4.A 変成分帯

変成度の空間変化 変成帯にはある同一の地質時代（あるいは時刻）に形成された変成岩が広い範囲にわたって分布し，しかも低変成度の変成岩から，より高変成度の変成岩に漸移している場合がしばしばみられる．すなわち地殻の浅所の低温・低圧下で形成された変成岩から深所の高温・高圧下で形成された変成岩へ，その鉱物組合せは低変成度のものから高変成度のものへ変化しているということである．これは同一時刻の変成度の空間的変化をしめしていて，低変成度から高変成度への変成度の空間的変化がみられる地域を**累進変成地域**（progressive metamorphic region）といい，そのような地域の変成作用を**累進変成作用**（progressive metamorphism）という．接触変成帯では，変成作用の熱源となったカコウ岩などの貫入岩体にむかって，低変成度の変成岩から高変成度の変成岩へ漸移していることが多い．

変成分帯とアイソグラッド 低変成度の変成岩から高変成度の変成岩へと，規則的分布をしめす変成岩分布域を，ある限定された温度・圧力下でのみ安定な鉱物（index mineral；指標鉱物）の出現や鉱物組合せのちがいなどにもとづいていくつかの帯（zone；温度・圧力のことなる帯）に区分することを**変成分帯**（metamorphic zoning）という．ある地域の変成分帯をおこなうときには，泥質変成岩やマフィック変成岩など，原岩を区別したうえでそれぞれについておこなう必要がある．これは泥質岩とマフィック岩のように原岩の化学組成がことなると，それぞれの変成岩について指標鉱物の出現や鉱物組合せに着目した分帯の境界が，おなじ温度・圧力をしめしているとはかぎらないからである．この分帯の境界を**アイソグラッド**（isograd）という．アイソグラッドには，指標鉱物の出現や消滅で設定される**鉱物アイソグラッド**（mineral isograd）と，特定の化学反応による特定の鉱物組合せの出現で定義される**反応アイソグラッド**（reaction isograd）がある．これまでは，鉱物アイソグラッドによる変成分帯が世界各地の変成帯や接触変成帯でなされてきたが，泥質変成岩であっても，化学組成のちがいなどで，同一の指標鉱物の形成される温度・圧力がことなることがあるため，最近では反応アイソグラッドで変成分帯されるようになってきている．

アイソグラッドは，地形図や地質図などの 2 次元平面上に線としてしめされ，反応アイソグラッドは温度-圧力図上では反応曲線としてしめされる．アイソグラッドによる変成分帯図の例を，高温型変成岩分布域の日高変成帯主帯（図 8-6），高圧型変成岩分布域の三波川変成帯（図 8-7）でしめす．

8.4 累進変成作用とフィールドP-T曲線——同一時刻の変成度の空間的変化　143

図8-6　北海道地方の日高変成帯主帯全域の変成分帯図（小山内ほか，1997）

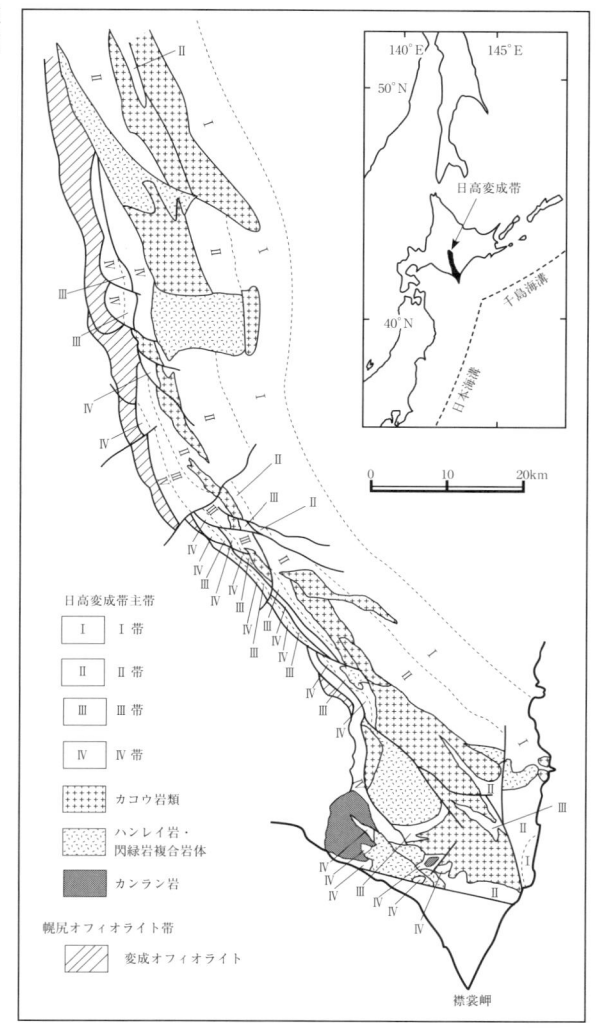

日高変成帯主帯の変成分帯　図8-6は北海道地方の日高変成帯主帯（図5-26参照）の変成分帯を，泥質変成岩の鉱物組合せの変化にもとづいておこなったものである．変成度の上昇とともに，Ⅰ帯（変成岩の特徴的な鉱物は'緑泥石＋フェンジャイト'；プレーナイト—パンペリー石相）→Ⅱ帯（'白雲母＋黒雲母'；緑色片岩相～緑レン石角閃岩相）→Ⅲ帯（'珪線石＋カリ長石'；角閃岩相）→Ⅳ帯（'ザクロ石＋キンセイ石＋カリ長石'または'ザクロ石＋斜方輝石＋キンセイ石＋カリ長石'；グラニュライト相）のように鉱物組合せが変化し，4帯に分帯される．各帯間の境界でみられる反応アイソグラッドは以下のとおりである．

　Ⅰ帯→Ⅱ帯：緑泥石＋フェンジャイト＝白雲母＋黒雲母＋石英＋H_2O
　Ⅱ帯→Ⅲ帯：白雲母＋石英＝珪線石＋カリ長石＋H_2O

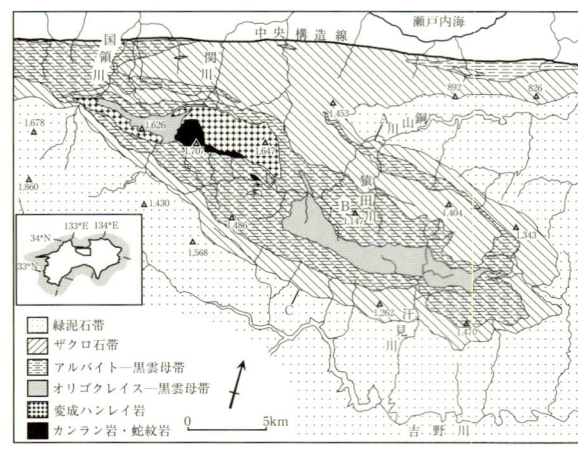

144   8. 変成作用の限界と進行過程

図中のA-B-Cでしめす線にそって，顕著なナップ構造をしめす断面図が描かれている(Hara, et al., 1990参照)

図8-7　四国地方中央部の三波川変成帯の変成分帯図(Higashino, 1990)

Ⅲ帯→Ⅳ帯：①黒雲母＋珪線石＋石英＝ザクロ石＋キンセイ石＋カリ長石＋H_2O
　　　　　②ザクロ石＋黒雲母＋石英＝斜方輝石＋キンセイ石＋カリ長石＋H_2O

　マフィック変成岩はⅡ帯〜Ⅳ帯に分布し，Ⅱ帯では'緑色ホルンブレンド＋緑レン石'，Ⅲ帯では'緑褐色ホルンブレンド＋斜長石±ザクロ石±カミングトナイト'，Ⅳ帯では'褐色ホルンブレンド＋斜方輝石±単斜輝石'のように，特徴的な鉱物組合せが変化する．

8.4.B　フィールドP-T曲線

　日高変成帯主帯では，泥質変成岩にもとづいて4帯に変成分帯されているが(図8-6参照)，反応アイソグラッドの定義からすると，Ⅰ帯とⅡ帯の境界をしめす反応アイソグラッドの温度はⅠ帯の変成岩の最高変成温度をあらわしていることになる．同様にして，Ⅱ帯とⅢ帯，Ⅲ帯とⅣ帯の境界をしめす反応アイソグラッドの温度は，それぞれⅡ帯とⅢ帯の変成岩の最高変成温度に相当している．

　このときⅠ〜Ⅳ帯それぞれの平衡鉱物組合せをもとにした地質圧力計(§3.4.A-j参照)やふくまれるアルミノ珪酸塩鉱物の種類などから，それぞれの反応アイソグラッド(最高変成温度)に相当する変成圧力を決定することができる．たとえばⅡ帯では，紅柱石が安定に存在し珪線石・ランショウ石がみられないことから，最高圧力は約380 MPaと見積もられる(図8-5 A参照)．

　このようにしてえられる各帯の最高変成度は温度-圧力図上でそれぞれある限定された領域であらわされる．各点を結ぶ線(圧力−温度配列；piezo-thermic array)は**フィールドP-T曲線**(field P-T curve)という(都城，1994)．このフィールドP-T曲線は，ある同一時刻の地殻内の圧力にたいする温度上昇の割合，すなわち**変成地温こう配**(metamorphic geothermal gradient)をあらわしている(図8-8)．なお変成作用がおこった地域の地下の深度と温度との関係を**変成地温**(metamorphic geotherm)といい，そのこう配が変成地温こう配になる．変成地温こう配はkmあたりの温度(℃)であらわすことが多い．

　接触変成作用は一般に低圧下(200 MPa以下)でおこるので(§6.3.A参照)，接触変成岩では，カコウ岩などの貫入岩体からの熱拡散が母岩にあたえる効果のちがい

図8-8 累進変成作用の模式図
　時期のことなる2つのフィールドP-T曲線と，地殻内部の深度がことなる岩石(A)〜(C)が履歴した，ことなった温度‐圧力経路(昇温期変成作用と後退変成作用)の関係がしめされている

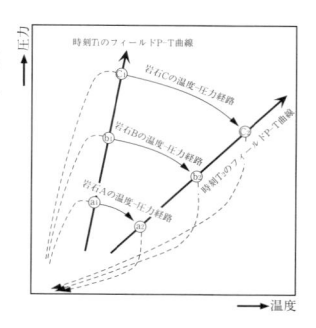

で，変成岩に形成される温度こう配(一般に貫入岩体にちかい変成岩ほど高温下で形成され，貫入岩体からはなれたものほど低温下で形成される)にそって，ほぼ等圧のフィールドP-T曲線が描かれる．

フィールドP-T曲線と温度‐圧力(‐時間)経路の関係　累進変成作用をしめすフィールドP-T曲線と，昇温期変成作用・後退変成作用をしめす個々の変成岩の温度‐圧力(‐時間)経路はことなるものであるのが一般的である．このことを図8-8の模式図で説明する．図8-8のa_2点〜c_2点は，累進変成作用をうけたある変成帯の，時刻T_2でのフィールドP-T曲線を構成している．すなわち，この変成帯の変成岩は時刻T_2に最高変成度にいたったということである．実際に日高変成帯主帯を例にとれば，日高変成帯主帯の泥質変成岩では，58〜56 Maに最高変成度(グラニュライト相)になったことがあきらかにされているので(図8-5 A参照)，日高変成帯で解析されたフィールドP-T曲線はこの時代(58〜56 Ma)のものということになる．しかし，これより以前の(古い)時代(昇温期変成作用のある時刻)には，これとはことなるフィールドP-T曲線が存在したはずである．すなわち図8-8で，変成帯を構成する変成岩が時計回りの昇温期変成作用をうけたとすると，時刻T_2のフィールドP-T曲線上の各点(a_2点〜c_2点)の変成岩は，これより以前の時刻(たとえば時刻T_1)には，それぞれa_1点〜c_1点に位置していたと推定され，これら各点を結ぶ矢印は，時刻T_1のフィールドP-T曲線とみなすことができる．このように個々の変成岩の温度‐圧力(‐時間)経路とフィールドP-T曲線とはことなるものであるのが一般的である．

　ある変成帯で変成相系列がしめされ(§9.2参照)，一見累進変成作用をしめしているようにみえても(フィールドP-T曲線が描かれるときでも)，各変成相(変成度)に相当する変成作用の時代がことなることがあるので，累進変成作用の解析には変成作用の時代についても注意深い検討が必要である．

8.5　変成岩の部分溶融

　地殻深所では角閃岩相やグラニュライト相の高温変成作用(§9.1参照)が進行すると，泥質変成岩やマフィック変成岩は部分溶融することがある．変成岩が部分溶融するときにおこる溶融反応を，図8-9に模式的にしめした．

　地殻深所での変成岩の部分溶融現象を直接観察することは不可能である．地表に露出したミグマタイトなどの部分溶融に関連したと考えられる岩石(写真

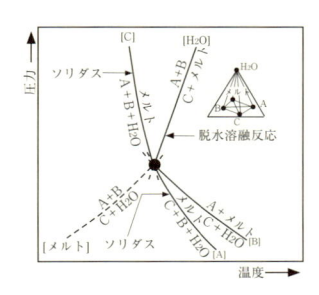

146　8. 変成作用の限界と進行過程

図8-9 変成岩の部分溶融に関する溶融反応の模式図
　鉱物(A)～(C)とメルトおよびH_2Oの5相が存在する場合の,さまざまな溶融反応を温度-圧力図上にしめした.黒線は溶融反応,点線は溶融をともなわない脱水変成反応をしめす.5本の反応線が交差する黒点では5相が共存する.右上の3角形は,ある3成分系における5相の化学組成を模式的にしめしてある

7-9参照)であっても,どの部分がメルトをしめしているのかを識別することは容易なことではない.したがって変成岩の部分溶融についてはおもに,理論的・実験岩石学的に解析されることが多い.天然の岩石では,Sタイプカコウ岩の成因に関連して泥質変成岩の部分溶融,またIタイプカコウ岩の成因に関連してはマフィック変成岩の部分溶融が,検討されている(§4.4. A-c2参照).

調和溶融　変成岩には鉱物粒間に流体が存在していることが多いので,変成岩が部分溶融するときには,H_2Oに富む流体が関与する溶融反応が最も低温下でおこる.すなわち昇温期変成作用の過程で変成岩の温度がそのソリダス(solidus；固相線)にいたると変成岩は溶融するようになり,はじめてメルトが生成される.このときのメルトの量はごくわずかなものである.ソリダスでおこる溶融反応では,図8-9のA＋B＋H_2O＝メルトの反応曲線のように,岩石にふくまれる複数の鉱物とそれらの粒間に存在する流体のH_2Oが反応してメルトのみが生成される.泥質変成岩では,式8.5.1にしめされるような溶融反応となる.このときメルトの化学組成は,反応に関与した複数の鉱物の化学組成の総和と一致することから,この溶融は**調和溶融**(congruent melting)とみなされる.

非調和溶融　変成岩のソリダスよりも高温下での溶融反応では,図8-9のC＋H_2O＝A＋メルトの反応曲線のように,あらたな無水鉱物とメルトが生成される.さらに高温下でおこる溶融反応では(図8-9のA＋B＝C＋メルトの反応曲線),鉱物粒間に流体が存在しなくとも,雲母・角閃石などの含水珪酸塩鉱物が分解することで放出されたH_2Oでメルトが生成される.これを**脱水溶融**(dehydration melting)という.脱水溶融などのソリダスよりも高温下でおこる溶融(たとえば式8.5.3の反応)は,メルトとともにあらたな無水鉱物が形成されることから**非調和溶融**(incongruent melting)とみなされる.変成温度が上昇すると脱水溶融反応が促進され,部分溶融度が増大する.

溶融温度　泥質変成岩の部分溶融にかかわる溶融反応を図8-10にしめす.泥質変成岩の溶融は,中～高圧の角閃岩相の高温部(約600～650℃)で次式の反応ではじまる.

　　白雲母＋アルバイト＋カリ長石＋石英＋流体＝メルト　　　　……(8.5.1)

　この溶融反応は,H_2Oに飽和した泥質変成岩のソリダスでのものである.低圧下では高圧下よりも泥質変成岩のソリダスは高温になり,そこでの溶融はつぎの反応

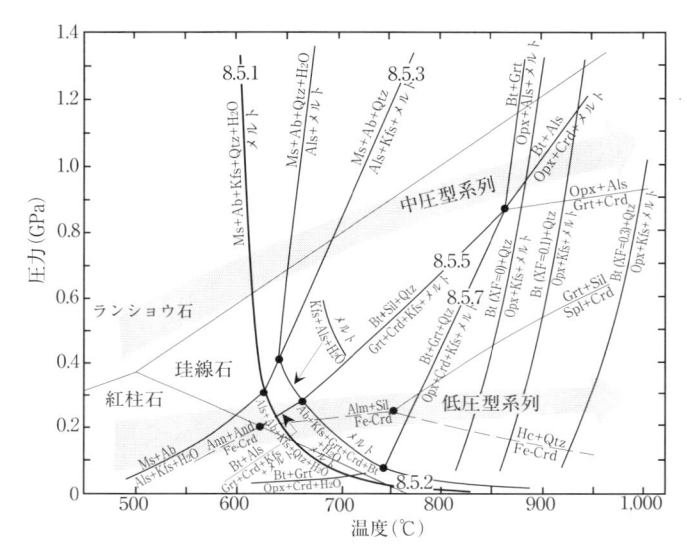

図8-10 泥質変成岩の部分溶融反応(Spear, et al., 1999による；CD参照)
図中の式8.5.1～8.5.7は，本文中にしめした反応式であり，式8.5.1・式8.5.2が泥質変成岩のソリダスに相当．反応曲線上の鉱物の略記号は表見返し参照

でおこる．

紅柱石＋アルバイト＋カリ長石＋石英＋流体＝メルト　……(8.5.2)

泥質変成岩のソリダスよりもさらに高温になると，つぎの脱水溶融反応がおこる．

白雲母＋斜長石＋石英＝珪線石＋カリ長石＋メルト　……(8.5.3)
黒雲母＋珪線石＋斜長石＋石英＝ザクロ石＋カリ長石＋メルト　……(8.5.4)
黒雲母＋珪線石＋石英＝ザクロ石＋キンセイ石＋カリ長石＋メルト　……(3.3.5)
黒雲母＋斜長石＋石英＝斜方輝石＋カリ長石＋メルト　……(8.5.6)
黒雲母＋ザクロ石＋石英＝斜方輝石＋キンセイ石＋カリ長石＋メルト　……(8.5.7)

これらの反応のうち黒雲母が関与する泥質変成岩の脱水溶融反応は，グラニュライト相の約800℃でおこると考えられている(たとえばVielzeuf・Holloway，1988)．しかし泥質変成岩の溶融温度は黒雲母のMg含有量・F含有量のちがいで変化する．黒雲母のF含有量が多くなると脱水溶融反応がおこる温度が高くなり，F含有量が5％程度の場合，溶融温度は約1,000℃(Hensen・Osanai，1994など)．角閃岩などのマフィック変成岩でも，泥質変成岩での黒雲母が関与する脱水溶融反応(式8.5.4～8.5.7)とほぼおなじ温度下で，ホルンブレンドが関与する脱水溶融反応がおこる．しかしそのときの部分溶融度は，泥質変成岩のそれよりも低いことがあきらかにされている．したがって泥質変成岩とマフィック変成岩が同程度に部分溶融するには，マフィック変成岩は泥質変成岩よりも高温を必要としている．

9. 変成相と変成相系列

　化学組成の類似した2種類の玄武岩質岩石が変成作用をうけ，両者が同一あるいは類似の鉱物組合せからなる変成岩になるときには，それらを形成した変成作用の温度・圧力はほぼ同一であったと考えられる．このように，ある特定の鉱物組合せが安定に存在できる温度‐圧力範囲で形成されたすべての変成岩は，1つの**変成相**(metamorphic facies)にふくまれる．変成相の概念を提唱したのは，フィンランドのエスコラ(Eskola,P.E.)である．Eskola(1915)による変成相の定義を，原文のまま紹介する．

"In any rock or metamorphic formation which has arrived at a chemical equilibrium through metamorphism at constant temperature and pressure conditions,the mineral composition is controlled only by the chemical composition.We are led to a general conception which the writer proposes to call metamorphic facies."

　すなわち変成相は，変成作用のおこった時代や地域・変成岩形成に関与した構造運動などのちがいに関係することなく，変成作用の温度・圧力で規定されるものである．このとき同一の変成相の変成岩でも，玄武岩起源の変成岩と泥質岩起源の変成岩では鉱物組合せがことなるように，変成作用の過程で化学的に平衡になった原岩の化学組成のちがいを考慮にいれる必要がある．

　世界各地の変成帯では，変成相の配列が，低温・低圧の変成相から高温の変成相へ変化することや，低温・低圧の変成相から高温・高圧の変成相へ変化することもある．このような変成相の変化をしめす配列を**変成相系列**(metamorphic facies series)という(Miyashiro, 1961 など)．

9.1　変成相区分

　Eskola(1920)は，マフィック岩起源の変成岩の鉱物組合せのちがいにもとづき，緑色片岩相・角閃岩相・ホルンフェルス相・サニディナイト相・エクロジャイト相の5つの変成相を区分した．そののちEskola(1939)は，緑レン石角

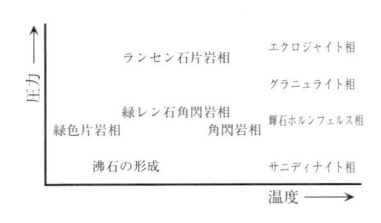

図9-1 エスコラによる変成相区分と各変成相の温度・圧力条件の概要(Eskola, 1939による)

閃岩相・ランセン石片岩相・グラニュライト相の3つの変成相を追加し,ホルンフェルス相を輝石ホルンフェルス相と再定義することで,最終的に8つの変成相に区分した(図9-1).ランセン石片岩相は,今日では青色片岩相ということが多い.おもにマフィック変成岩の名称が各変成相の名称に使用されるのは,Eskolaがマフィック変成岩を基準にして変成相区分をおこなったためである.

それ以降,多くの研究者がさまざまな変成相を提唱した.ニュージーランドのクームス(Coombs, D.S)は,極低温の変成岩(埋没変成作用および熱水変成作用で形成された変成岩)にたいし2つの変成相を提唱し,フッ石相・プレーナイト—パンペリー石相に区分した(Coombs, 1954, 1960; Coombs, et al., 1959).また低温のホルンフェルスにたいしても2つの変成相が提唱され,アルバイト—緑レン石ホルンフェルス相・ホルンブレンドホルンフェルス相が区分される(Fyfe, et al., 1958).

現在では,これら12の変成相が広くうけいれられているが,最近では緑レン石角閃岩相を,緑色片岩相と角閃岩相の中間的なものとみなすことも多い.プレーナイト—パンペリー石相は,高圧部のパンペリー石—アクチノライト相・低圧部のプレーナイト—アクチノライト相と,それらの中間をしめすプレーナイト—パンペリー石相に細区分されることもある(Liou, et al., 1987など).各変成相と温度・圧力の関係を図9-2にしめす.

1990年代以降,超高温変成作用と超高圧変成作用の研究が飛躍的に進展した.これらの変成作用をうけた変成岩は,それぞれグラニュライト相とエクロジャイト相の一部として扱われることもあるが,最近ではこれらの変成相とは独立に扱われることが多い.超高温変成岩と超高圧変成岩をふくむ各変成相の変成岩の代表的な鉱物組合せを表9-1にしめす.なお,それぞれの変成相はある温度範囲をしめすため,同一変成相であっても低温側を低度(lower),高温側を高度(upper)と区別することがある.たとえば高度角閃岩相・低度グラニュライト相などという.

図 9-2 変成相区分および各変成相の温度・圧力領域(Spear, 1993 に加筆)
接触変成作用の変成相区分はしめしていない

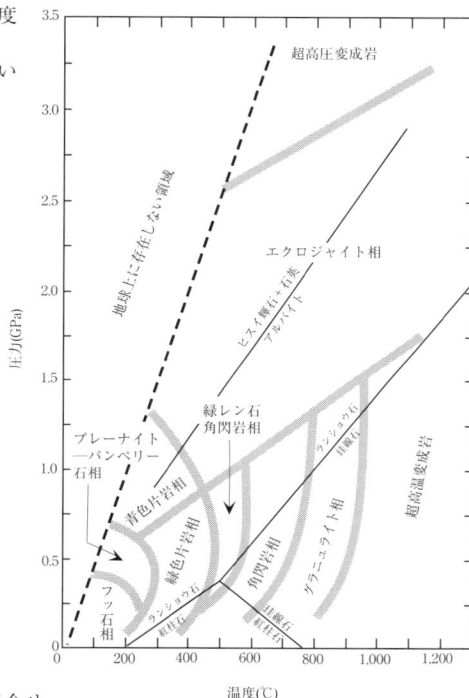

表 9-1 マフィック変成岩の代表的鉱物組合せ

変成相	マフィック変成岩の構成鉱物
フッ石相	ローモンタイト・ワイラカイト・アナルサイト
プレーナイト-パンペリー石相	プレーナイト+パンペリー石(+緑泥石+アルバイト)
緑色片岩相	緑泥石+アルバイト+緑レン石(ゾイサイト)+石英±アクチノライト
角閃岩相	ホルンブレンド+斜長石(オリゴクレース〜アンデシン)±ザクロ石
グラニュライト相	斜方輝石+単斜輝石+斜長石±ザクロ石±ホルンブレンド
青色片岩相	ランセン石+ローソン石・ランセン石+緑レン石(+アルバイト±緑泥石)・ヒスイ輝石+石英
エクロジャイト相	ザクロ石+オンファス輝石(±ランショウ石)
接触変成岩の変成相	低温〜高温の接触変成岩にみられる変成相は,緑色変岩相〜グラニュライト相の鉱物組合せとおなじ

超高温のマフィック変成岩では,グラニュライト相と同様の鉱物組合せとなる.また超高圧のマフィック変成岩ではコーサイトやダイヤモンドがふくまれること以外はエクロジャイト相と同様

以下に,極低温〜低温の変成相(フッ石相とプレーナイト—パンペリー石相)・緑色片岩相・角閃岩相・グラニュライト相・青色片岩相・エクロジャイト相・低温のホルンフェルス相・高温のホルンフェルス相と,超高圧変成岩・超高温変成岩などについて説明する.これらの変成相での鉱物の消長関係を表 9-2 にしめす.

9. 変成相と変成相系列

表 9-2 マフィック変成岩の各変成相の鉱物の消長関係

(A) 低圧～中圧型

変成相	プレーナイト―パンペリー石相	緑色片岩相	緑レン石角閃岩相	角閃岩相	グラニュライト相
アルバイト	────────	────────	────────	────────	────
ローモンタイト	─‒‒				
緑レン石	────────	────────	────────	‒‒	
プレーナイト	──── ‒‒				
パンペリー石	────────				
緑泥石	────────	────────	────────	‒‒‒‒	
アクチノライト	‒‒‒‒	────────	────────	‒‒	
方解石	────────	────────			
石英	────────	────────	────────	────────	────
フェンジャイト	────────	‒‒‒‒‒‒‒‒	‒‒‒‒		
斜長石 (>An 17)			────────	────────	────
ホルンブレンド			────────	────────	‒‒‒‒
単斜輝石				‒‒‒‒	────
斜方輝石				‒‒	────
ザクロ石			‒‒‒‒	‒‒‒‒‒‒‒‒	────
黒雲母			‒‒‒‒‒‒‒‒	‒‒‒‒‒‒‒‒	‒‒‒‒
カミングトナイト				‒‒‒‒	‒‒‒‒
バロウ型分帯		緑泥石帯	黒雲母帯 ／ ザクロ石帯 ／ 十字石―ランショウ石帯 ／ 珪線石―白雲母帯	カリ長石―珪線石帯	キンセイ石ザクロ石帯

(B) 高圧型

変成相	プレーナイト―パンペリー石相	青色片岩相	エクロジャイト相
アルバイト	────────	──────── ‒‒‒	
ローソン石	──── ‒‒	────────	
緑レン石・ゾイサイト	────────	────────	
プレーナイト	────		
パンペリー石	────────	‒‒‒‒	
緑泥石	────────	──────── ‒‒‒	
アクチノライト	────	──── ‒‒	
方解石	────────	‒‒‒‒	
石英	────────	────────	
ランセン石	‒‒	──────── ‒‒‒	
ヒスイ輝石		‒‒ ────────	
オンファス輝石		────────	────
ザクロ石		‒‒‒‒‒‒‒‒	────
パラゴナイト		‒‒‒‒‒‒‒‒	
ランショウ石		‒‒‒‒‒‒‒‒	

9.1.A 極低温～低温の変成相

フッ石相（写真 9-1 A）とプレーナイト―パンペリー石相（写真 9-1 B）の変成相で，これらをまとめて**サブ緑色片岩相**（sub-greenschist facies）ということがある．Eskola (1939) も低変成度の変成岩にフッ石がみられることに注目していたが，そのフッ石にもとづく変成相区分をしていない（図 9-1 参照）．

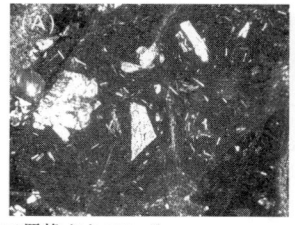

9.1 変成相区分

写真9-1 極低温～低温変成相の変成岩

(A) フッ石相の変成作用をうけた変成玄武岩(ODP-504B孔；薄片は石塚英男氏提供；直交ニコル・横幅約4.5mm)．ブラストオフィティック組織がみられ，斜長石の斑晶はフッ石で置換されている

(B) プレーナイト―パンペリー石相(パンペリー石―アクチノライト相)の変成作用をうけた砂質～泥質変成岩(徳島県祖谷渓三波川変成帯産；薄片は石塚英男氏提供；単ニコル・横幅約4.5mm)

凝灰岩やグレイワッケ(§13.2.A-b1参照)が極低温～低温の変成作用をうけて形成された変成岩には，変成温度の上昇にともない，つぎの3ステージの鉱物組合せの変化がみられる．

ステージ1 ヒューランダイト+アナルサイト+石英
ステージ2 ローモンタイト+アルバイト+石英
ステージ3 プレーナイト+パンペリー石+石英

ステージ1は続成作用との漸移帯とみなされ，典型的なフッ石相の変成作用はステージ2で，ステージ3がプレーナイト―パンペリー石相となる．フッ石相では，セラドナイト・スメクタイト・カオリナイトも出現する．海洋底変成作用などの低圧の変成作用では，フッ石相でチャバザイト・ワイラカイトなどのフッ石が安定に存在することもあきらかにされており，北海道地方の幌加内オフィオライトのフッ石相は高温側にむかい，チャバザイト帯・ローモンタイト帯・ワイラカイト帯に分帯される(Ishizuka, 1985)．図9-3はフッ石相内の圧力変化にともなう変成鉱物の共生関係である．

約250℃以上のプレーナイト―パンペリー石相ではローモンタイトがみられなくなり，プレーナイト・パンペリー石にくわえ，アルバイト・緑泥石・フェンジャイト・スフェーンと少量の緑レン石がみられるようになる．ローソン石・スティルプ

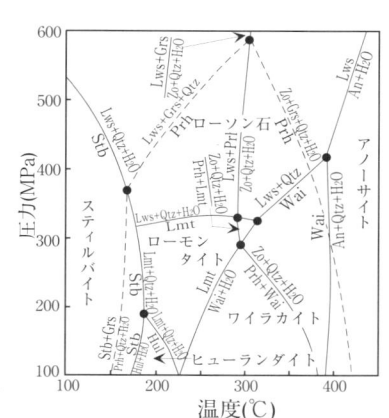

図9-3 極低温の変成相の変成反応(Bucher·Frey, 1994を一部改変)
点線で囲まれた領域ではプレーナイトが安定．反応曲線上の鉱物の略記号は表見返し参照

154 9. 変成相と変成相系列

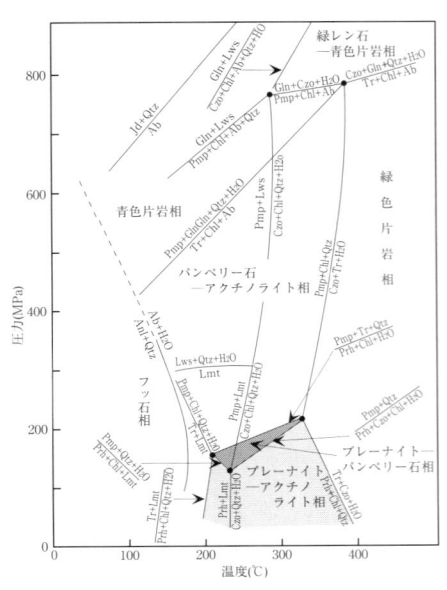

図9-4 低温の変成相の温度・圧力領域と変成反応(Liou, et al., 1987；Schiffman・Day, 1999による)

写真9-2 緑色片岩相の変成作用をうけたマフィック変成岩(徳島県徳島市三波川変成帯産；単ニコル・横幅約2 mm)
緑レン石・アクチノライト・緑泥石をふくむ緑色片岩

ノメレーンも出現することがある．橋本(1966)は，プレーナイト―パンペリー石相の高温・高圧部でのプレーナイトの消失する範囲をパンペリー石―アクチノライト相として分離した．
　Liou, et al.(1987)は，合成実験から火山岩の極低温〜低温の変成相の温度‐圧力範囲を図9-4のようにまとめ，低圧のプレーナイト―アクチノライト相を区分した．

9.1.B　緑色片岩相
　マフィック変成岩・泥質変成岩にわけてのべる．
マフィック変成岩　プレーナイト・パンペリー石がみられなくなり，緑泥石・アクチノライト・緑レン石が出現する変成相．これらの鉱物によりマフィック変成岩は緑色をしめすようになる．一般にアルバイト・石英をふくみ，黒雲母・スティルプノメレーンもふくまれることがある．一般に，緑色片岩相のマフィック変成岩(写真9-2)のうち片理があるものは結晶片岩の緑色片岩で(§7.1.A参照)，片理はないものの緑色片岩相の鉱物組合せをしめすものが**緑色岩**(greenstone)である．
泥質変成岩・石灰珪質岩　泥質変成岩には紅柱石あるいはランショウ石が出現し，珪線石が変成鉱物としてみられることはない．$FeO \cdot Al_2O_3$に富む泥質変成岩ではクロリトイドがふくまれ，MgOに富む石灰珪質岩ではタルク・フロゴパイトが出現することがある(図9-5)．緑色片岩相に相当する変成温度は，350〜500℃程度で，圧力は200 MPaよりやや低圧から800 MPa程度までである(図9-2参照)．スコットランド高地のバロウ型累進変成地域の緑泥石帯・黒雲母帯(§9.2.B参照)の泥質変成岩は，この変成相に相当．
角閃岩相との境界　緑色片岩相の高温部では，つぎの2つの鉱物の組成変化がほぼ同時におこることにより，角閃岩相へ変化する．
　①：アルバイト　→　オリゴクレース
　②：アクチノライト　→　ホルンブレンド

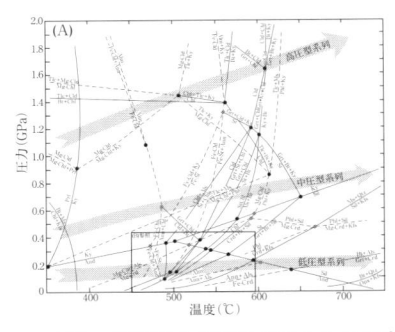

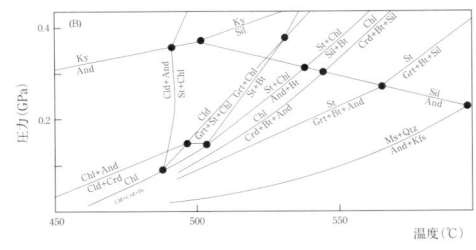

図 9-5　変成反応

(A)　泥質岩の各変成相でみられる変成反応(Spear・Cheney, 1989 による)
点線は Fe・Mg の端成分の反応.反応曲線上の鉱物の略記号は表見返し参照
(B)　全体図の枠囲み部分の拡大図

写真 9-3　緑レン石角閃岩相のマフィック変成岩(福井県九頭竜三郡—蓮華変成帯産；薄片は辻森　樹氏提供；単ニコル・横幅約 4.5 mm)
緑レン石・バロア閃石質ホルンブレンドからなる緑レン石角閃岩

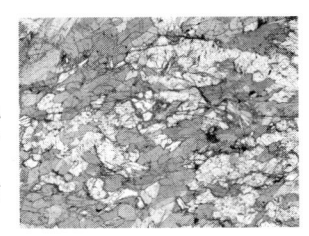

　高圧下では,オリゴクレースの形成よりも低温下でホルンブレンドが形成されるため,このような緑色片岩相と角閃岩相の境界部を,緑レン石角閃岩相あるいはアルバイト—緑レン石角閃岩相といい,独立の変成相とみなすことがある(写真 9-3).緑レン石角閃岩相の泥質変成岩では,バロウ型累進変成地域のザクロ石帯(§9.2.B 参照)に相当する'ザクロ石(アルマンディン成分に富む)＋黒雲母＋白雲母＋石英'の鉱物組合せがよくみられる.石灰珪質岩では,トレモライト・アクチノライト・ゾイサイトなどがみられる.
　一方,低圧下では(接触変成岩をふくむ),ホルンブレンドの形成に先立ち斜長石(オリゴクレース～ラブラドライト)がみられ,'アクチノライト＋斜長石'の鉱物組合せが安定となる.

9.1.C　角閃岩相

　角閃岩相は,マフィック変成岩での'ホルンブレンド＋斜長石(An が 17% 以上)'の鉱物組合せの出現で定義される.

マフィック変成岩　石英をふくみ Al_2O_3・FeO に富むものはザクロ石(パイロープ—アルマンディン系)が出現する.低度角閃岩相では黒雲母や緑レン石がふくまれることがある.高度角閃岩相では単斜輝石やカミングトナイトがふくまれることがあるが,前者は Al_2O_3 にとぼしく CaO に富む岩石にみられ,後者は Al_2O_3・CaO にとぼしい岩石にみられる.角閃岩相の変成岩(写真 9-4)でも変成温度が上昇するとともに,ふくまれるホルンブレンドは緑色から褐色へ変化する.

泥質変成岩・石灰珪質岩　低圧下で形成された泥質変成岩には紅柱石,高圧下で形成されたものにはランショウ石,そして高温下で形成されたものには珪線石が出現する(§11.2 参照).石灰珪質岩ではディオプサイド・グロシュラー・スカポライト

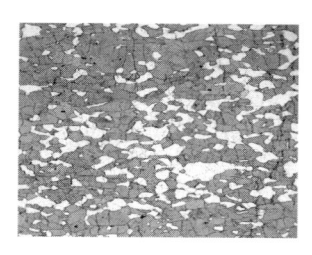

写真9-4　角閃岩相のマフィック変成岩(北海道地方静内町日高変成帯産；単ニコル・横幅約4.5 mm)
褐色ホルンブレンドをふくむ角閃岩

がふくまれるようになる．この変成相に相当する温度は500〜700℃程度で，圧力は200 MPaよりやや低圧から1.0 GPa以上の広い範囲となる(図9-2参照)．

低〜中圧の角閃岩相の高温部では，流体が存在するときには，泥質変成岩は部分溶融することがある．そのとき生成したメルトが周囲の変成岩に浸透してミグマタイトが形成される可能性がある．同様な温度・圧力下でマフィック変成岩の部分溶融もおこるが，部分溶融度は泥質変成岩のそれよりもちいさいのが一般的である．部分溶融度が大きくなり，流動可能なマグマが生成されるには，さらに高温のグラニュライト相に相当する温度が必要(§8.5参照)．

バロウ型累進変成地域の十字石帯・ランショウ石帯・珪線石帯(§9.2.B参照)の低温部の泥質変成岩は角閃岩相に相当．

9.1.D　グラニュライト相

この変成相の変成岩は含水珪酸塩鉱物をふくんでいないか，ふくんでいてもごく少量である．

マフィック変成岩　角閃岩相より高温で，マフィック変成岩に'斜方輝石＋単斜輝石＋斜長石＋石英'の鉱物組合せが安定に存在する変成相である．低度グラニュライト相の変成岩には，パーガサイト質ホルンブレンド・カミングトナイト・黒雲母などがふくまれることがある．ザクロ石は存在するが，とくにグラニュライト相の高圧部の岩石では，斜方輝石と斜長石が反応して'ザクロ石＋単斜輝石＋石英'の鉱物組合せが多くみられるようになる．また，とくに低圧部(400 MPa以下)では，マフィックグラニュライトにスピネルがふくまれるようになる．

泥質変成岩・石灰珪質岩　珪線石・キンセイ石・ザクロ石・カリ長石・石英などがふくまれ，白雲母がみられないことが特徴．黒雲母はふくまれることが多く，Al_2O_3にとぼしい岩石は斜方輝石をふくむことがあるが，一般には珪線石との共生はみとめられない．スピネル(ヘルシナイトのことが多い)がふくまれるときには，キンセイ石・珪線石と共生することが多く，グラニュライト相の一般の泥質変成岩では'スピネル＋石英'の鉱物組合せが出現することはまれである．とくに高圧部の泥質グラニュライトでは，ランショウ石も出現する．石灰珪質岩では，カンラン石やウォラストナイトがふくまれるようになる．バロウ型累進変成地域の珪線石—カリ長石帯(§9.2.B参照)や日高変成帯主帯のIV帯は，グラニュライト相に相当．

温度・圧力　グラニュライト相に相当する温度は700〜900℃程度で，圧力は200 MPaよりもやや低圧から1.2 GPa以上までの広い範囲である(図9-2参照)．世界各地の造山帯変成作用がおこっている地域では，グラニュライト相の変成岩(写真9-5)が変成作用の最高温度をしめすことが多い．

脱水反応　グラニュライト相の変成岩では，昇温期変成作用で脱水反応が進行することから，岩石からH_2Oが除去される．ホルンブレンド・黒雲母などの含水珪酸塩

写真9-5 グラニュライト相の泥質変成岩(スリランカ民主社会主義共和国ハイランド岩体産；単ニコル・横幅約4.5mm)
ザクロ石・珪線石・キンセイ石をふくむ泥質片麻岩

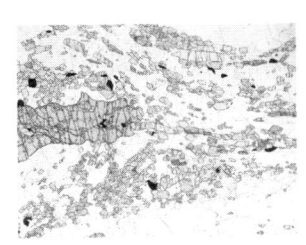

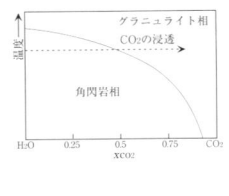

図9-6 高温変成岩(角閃岩相～グラニュライト相)の脱水反応の模式図(Winter, 2001による)
　角閃岩相からグラニュライト相への変化は，温度の上昇あるいはおなじ温度条件でもCO_2の浸透による脱水反応でおこる

鉱物をふくむ，高度角閃岩相～グラニュライト相の変成岩にCO_2に富む流体が浸透してきたときには，つぎのような反応がおこる．

　　ホルンブレンド＋黒雲母＋石英＋CO_2＝斜方輝石＋カリ長石＋斜長石＋炭酸塩鉱物＋H_2O

　この反応は脱水反応の典型的なもので，変成温度は同一であっても角閃岩相からグラニュライト相へ変化することをしめしている(図9-6)．このような例はインド南部・スリランカなどのホルンブレンド-黒雲母片麻岩などにみられ，この脱水反応で斜方輝石をふくむ高温型の変成岩が形成されることから，これはチャーノカイト(Mg・Alに富むザクロ石や輝石をふくむ)の形成過程をしめすものとして注目されている(たとえばHansen, et al., 1987)．またこの変成相に相当する温度・圧力下では，泥質グラニュライト・マフィックグラニュライトともに部分溶融がおこると考えられる(写真7-9参照)．その結果，一般にグラニュライト相の変成岩は，LIL元素やほかの不適合元素(§3.1.B参照)にとぼしい傾向がみとめられる．

9.1.E 青色片岩相

　青色片岩相は，プレーナイト—パンペリー石相と緑色片岩相より高圧で，エクロジャイト相よりも低温の変成相．

　マフィック変成岩　Naに富む青色の角閃石(ランセン石・クロッサイト・リーベッカイトなど)がふくまれることが特徴．青色片岩相の低圧部のマフィック変成岩(写真9-6 A)は'ランセン石＋緑レン石'の鉱物組合せをもつ．青色片岩相の高圧部のマフィック変成岩(写真9-6 B)では，アルバイトの分解により'ヒスイ輝石＋石英'の鉱物組合せが安定に存在するようになる．

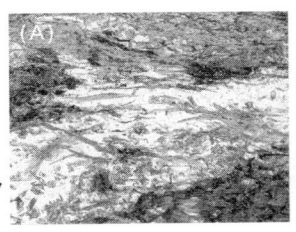

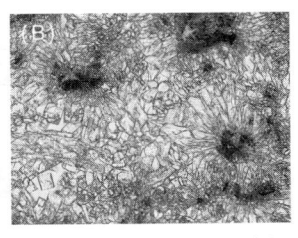

写真9-6 青色片岩相のマフィック変成岩
　(A)　青色片岩相低圧部のランセン石・パンペリー石・スティルプノメレーンをふくむ青色片岩(岡山県大佐山三郡—蓮華変成帯産；薄片は辻森　樹氏提供；単ニコル・横幅約2mm)
　(B)　アルバイト-ヒスイ輝石岩(長崎県西彼杵半島長崎変成岩産；薄片は石塚英男氏提供；単ニコル・横幅約2mm)

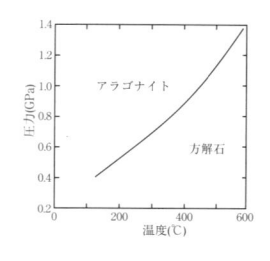

図 9-7 方解石とアラゴナイトの相平衡関係
　　　青色片岩相では，アラゴナイトが安定となる

　この変成相を特徴づける鉱物として，ローソン石も重要である．ローソン石は，プレーナイト―パンペリー石相の岩石でも安定に存在するが，青色片岩相の広い範囲の温度・圧力下で形成された岩石にもみられ，ランセン石と共生．また低圧下で安定であった方解石にかわり，アラゴナイトがみられるようになることもこの変成相の変成岩の特徴（図 9-7）．緑泥石・スティルプノメレーン・絹雲母・パンペリー石・アルバイト・石英なども存在する．

泥質変成岩　青色片岩相の泥質変成岩の産出はすくないが，それらにはタルク・パラゴナイト・白雲母（フェンジャイトあるいはセラドナイト成分に富む）・ザクロ石・クロリトイド・ランショウ石などがふくまれる．最近では，低温下で安定な，Fe・Mg にとぼしく Al に富む緑泥石（須藤石）が，高温下で分解して形成されるカルフォライトの存在も知られるようになった．

温度・圧力　この変成相に相当する温度の範囲は 200〜500℃ 程度（図 9-2 参照）．圧力は低温部では約 500 MPa で，高温部では 1.5 GPa 程度と考えられている．

　青色片岩相は，低温・高圧下でおこる沈み込み帯変成作用に典型的に出現する．この変成作用で形成される変成岩の変成相は，フッ石相・プレーナイト―パンペリー石相あるいは緑色片岩相から青色片岩相へ変化している（§8.3 参照）．青色片岩相の低温・低圧部では，ローソン石・アルバイト・緑泥石が共生する温度‐圧力範囲が存在し，Miyashiro (1994) はこの温度‐圧力範囲をローソン石―アルバイト―緑泥石相として独立させることを提唱している．

9.1.F　エクロジャイト相

　エクロジャイト相は，青色片岩相よりも高温で，角閃岩相・グラニュライト相よりも高圧をしめす変成相．

マフィック変成岩　この変成相のマフィック変成岩（エクロジャイト）の特徴は，オンファス輝石とザクロ石（パイロープ成分に富み，グロシュラー成分にも比較的富む）をふくむが，同時に斜長石がふくまれないことである（写真 9-7）．斜長石がエクロジャイト相の変成岩にみられないのは，エクロジャイト相に相当する温度・圧力下にいたる過程で，斜長石のアルバイト成分は，青色片岩相に相当する温度・圧力下で

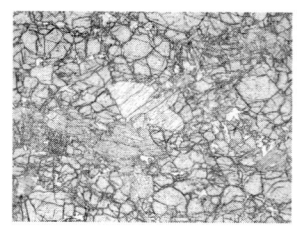

写真 9-7　エクロジャイト相のマフィック変成岩（愛媛県土居町三波川変成帯産；単ニコル・横幅約 4.5 mm）
　　　ザクロ石・オンファス輝石をふくむエクロジャイト

ランセン石・ヒスイ輝石が形成されることにともない消費されることと，またアノーサイト成分は，エクロジャイト相に相当する温度で角閃石・輝石と反応してオンファス輝石・ザクロ石を形成することで消費されることなどにもとづいている．角閃石や輝石が存在しないときでも，エクロジャイト相に相当する温度・圧力下ではアノーサイトは分解して'ゾイサイト＋ランショウ石＋石英'の鉱物組合せ，あるいは'グロシュラー＋ランショウ石＋石英'の鉱物組合せとなる．

泥質変成岩 低圧下で緑泥石・フロゴパイトが分解して'タルク＋フェンジャイト'の鉱物組合せとなり，白色の変成岩となる．Schreyer(1977)は，このようなエクロジャイト相の泥質変成岩を白色片岩と命名．エクロジャイト相の低温・高圧部の泥質変成岩では，緑泥石が安定に存在せず，タルク・ランショウ石・クロリトイドがみられ，さらに高温になるとクロリトイドが分解してランショウ石・黒雲母・ザクロ石が形成されるようになる．

温度・圧力 エクロジャイト相は変成温度により，低温部(約450〜550℃)・中温部(550〜900℃)・高温部(900〜1600℃)に区分されることがある(Carswell, 1990)．それぞれの温度条件に相当するエクロジャイトでは，鉱物組合せとふくまれるザクロ石の組成にちがいがみられる．低温部・中温部・高温部は，Coleman, *et al.*(1965)が産状のちがいから区分したグループC〜Aのエクロジャイトにほぼ対応している．グループCのエクロジャイトは，青色片岩にともなってレンズあるいは薄層としてみられ，緑レン石・ゾイサイト・角閃石(Naに富む)・フェンジャイト・パラゴナイトなどからなる．ザクロ石のパイロープ成分は$100 \times Mg/(Mg+Fe^{2+}+Mn+Ca)$(分子比)であらわされるが，グループCのエクロジャイトのザクロ石のパイロープ成分は30%以下である．グループBのエクロジャイトは，角閃岩相やグラニュライト相の変成岩にともなって，レンズあるいは薄層としてみられる．これには石英・ランショウ石・ゾイサイト・パラゴナイト・角閃石(Caに富む)などがふくまれることがあり，ザクロ石は30〜55%のパイロープ成分をもつ．このグループのエクロジャイトの最高圧力は2.0 GPaに及ぶとされている．グループAのエクロジャイトの多くは，キンバーライトやアルカリ玄武岩の捕獲岩としてみられ，おもにランショウ石・コーサイト・ダイアモンドなどからなる．ザクロ石のパイロープ成分は，50%以上．グループAのエクロジャイトには最高で4.5 GPaの圧力をしめすものがあり，このエクロジャイトは超高圧変成岩(§9.1.I参照)のものでもある．

9.1.G 低温のホルンフェルス相

低温のホルンフェルス相とは，アルバイト―緑レン石ホルンフェルス相とホルンブレンドホルンフェルス相をさす．それぞれ緑色片岩相と角閃岩相の極低圧部(約200 MPa以下)に相当．アルバイト―緑レン石ホルンフェルス相よりも低温の温度範囲では，この変成相とプレーナイト―パンペリー石相・フッ石相との識別が困難である．

マフィック変成岩 緑色片岩相・角閃岩相のものににた鉱物組合せをもつが，Caにとぼしい角閃石(カミングトナイトなど)を多くふくみ，ザクロ石がみられないといった特徴をもつ．

泥質変成岩 極低圧下で形成されたものでもさまざまな鉱物組合せがあるので，マフィック変成岩と比較してよりこまかな変成相区分が可能である．

アルバイト―緑レン石ホルンフェルス相：低温部で'緑泥石＋カリ長石'の鉱物組合せが安定であるが，これは約430℃で'黒雲母＋白雲母'に変化する．高温部では緑泥石が分解し，黒雲母の量比が増加するとともにクロリトイドが形成される．

写真9-8 低温の泥質ホルンフェルス(チリ共和国コンセプシオン産；単ニコル・横幅約2.0 cm)
セクター累帯構造をしめす紅柱石(空晶石)をふくむ

ホルンブレンドホルンフェルス相：緑泥石が不安定になり，約520℃でキンセイ石が形成される．Mgに富むキンセイ石は，緑泥石(Mgに富む)と紅柱石の反応で形成される．この反応は低温のアルバイト―緑レン石ホルンフェルス相でもおこりうる．ホルンブレンドホルンフェルス相の高温部(約570℃)では，'白雲母+石英'の鉱物組合せが不安定になり，'紅柱石+カリ長石'が安定となる．このような低温の泥質ホルンフェルスでは，紅柱石あるいはキンセイ石の点紋状の斑状変晶が形成されることが多い(写真9-8)．また一般にザクロ石や十字石はみられない．

9.1.H 高温のホルンフェルス相

高温のホルンフェルス相は，輝石ホルンフェルス相とサニディナイト相をさし，グラニュライト相の極低圧部に相当．輝石ホルンフェルス相に相当する温度は約650℃からはじまる．この温度は角閃岩相の高温部にも相当．サニディナイト相に相当する温度は約800℃以上．

マフィック変成岩 ホルンブレンド・カミングトナイトが分解し'斜方輝石+単斜輝石+斜長石+石英'の鉱物組合せがみられる．グラニュライト相のものとことなる点は，ザクロ石がみられないこととスピネルが多くみられることである．

泥質変成岩 '黒雲母+紅柱石'の鉱物組合せが不安定になり，'ザクロ石+キンセイ石'が安定となる(写真9-9)．約700℃では，紅柱石から珪線石への転移がおこる．また白雲母が分解し，その結果'コランダム+カリ長石'の鉱物組合せが存在するようになる(図9-8)．700℃よりやや低温では泥質変成岩の部分溶融がおこる可能性がある．この温度はH_2Oに飽和したカコウ岩のソリダスよりも高いためである．また100 MPaより低い圧力下では，部分溶融がおこる温度よりも低温下で，高温の変成

写真9-9 高温の泥質ホルンフェルス(岡山県柵原産；単ニコル・横幅約4.5 mm)
キンセイ石の斑状変晶の粒間に，針状の直閃石がみられる

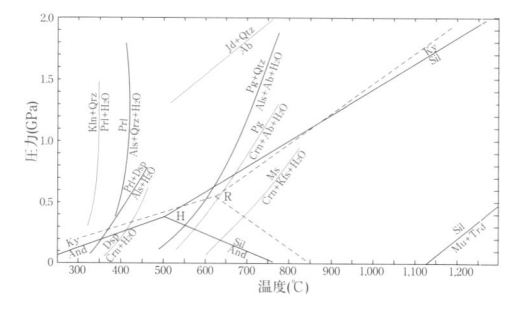

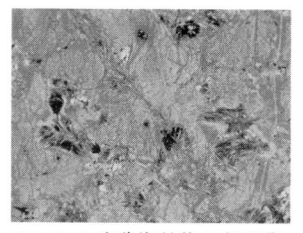

図9-8 アルミノ珪酸塩鉱物の相平衡関係
図中にはアルミノ珪酸塩鉱物が関わる反応(太線)と関連する代表的反応(細線)をしめした．紅柱石・珪線石・ランショウ石の安定関係は，実線(H)がHoldaway(1971)，点線(R)がRichardson, et al., (1969)による

9.1 変成相区分　161

岩を特徴づける斜方輝石が形成される(図9-5参照).輝石ホルンフェルス相の高温部では'ザクロ石＋黒雲母'の鉱物組合せが不安定になり,'斜方輝石＋キンセイ石＋カリ長石＋メルト'が安定になる.これは輝石ホルンフェルス相の高温部では泥質変成岩が部分溶融する可能性があることを示唆している.

　泥質変成岩では,輝石ホルンフェルス相に相当する温度・圧力下で安定に存在したキンセイ石が分解することにより,スピネルが形成される.マフィック岩に捕獲された泥質岩では溶融がおこり,その結果ブッカイトが形成される(§6.3.A参照).ブッカイトにはキンセイ石の分解で形成されたと考えられるムライトがみられる.ムライトの形成には,1,100〜1,200℃以上の高温が必要と考えられている(図9-8参照;§11.2.A参照).

9.1.1　超高圧変成岩

　超高圧変成作用は,エクロジャイト・ザクロ石カンラン岩あるいは泥質岩・石灰質堆積岩などの堆積岩を原岩とする変成岩としてみとめられる.これらの変成岩は,エクロジャイト相の超高圧部に相当する圧力下,すなわち石英—コーサイトの相境界(約2.5GPa;図4-12参照)をこえる高圧下の上部マントル内でおこる変成作用で形成されたものである.変成温度は一般に750〜900℃程度と考えられ,まれに1,100℃に及ぶこともある(図9-9).

マフィック変成岩　超高圧変成岩を特徴づける鉱物は,コーサイト・ダイアモンド(マイクロダイアモンド)である.タルクをふくむエクロジャイトや,マグネサイト・ディオプサイド・Ti-クリノヒューマイトなどをふくむザクロ石カンラン岩も,超高圧変成岩と考えられている.コーサイト・ダイアモンドは,ザクロ石・ジルコンあるいはオンファス輝石などの包有物としてみられ,地表への上昇過程(後退変成過程)で,それぞれ石英集合体や石墨に転移していることが多い.

泥質変成岩　'タルク＋フェンジャイト＋パイロープ(Mgに富むザクロ石)＋ランショウ石＋石英'の鉱物組合せがみられ,パイロープにコーサイトが包有されている(写真9-10).2.5GPa以上の圧力は,地下100km以上の深度に相当しているので,堆

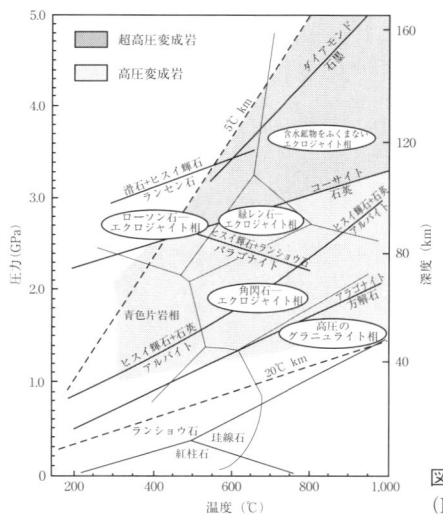

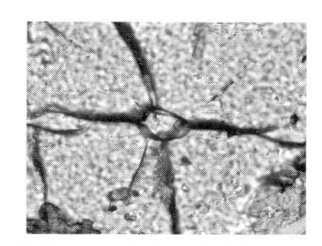

写真9-10　超高圧変成作用をうけた泥質変成岩のザクロ石に包有されたコーサイト(イタリア共和国チニャーナ湖地域産;薄片は郷津知太郎氏提供;単ニコル・横幅約0.4mm)
　コーサイトの周囲には,顕著な放射状クラックがみられる

図9-9　高圧〜超高圧変成岩の温度・圧力領域(Liou, *et al.*, 1998に一部加筆)

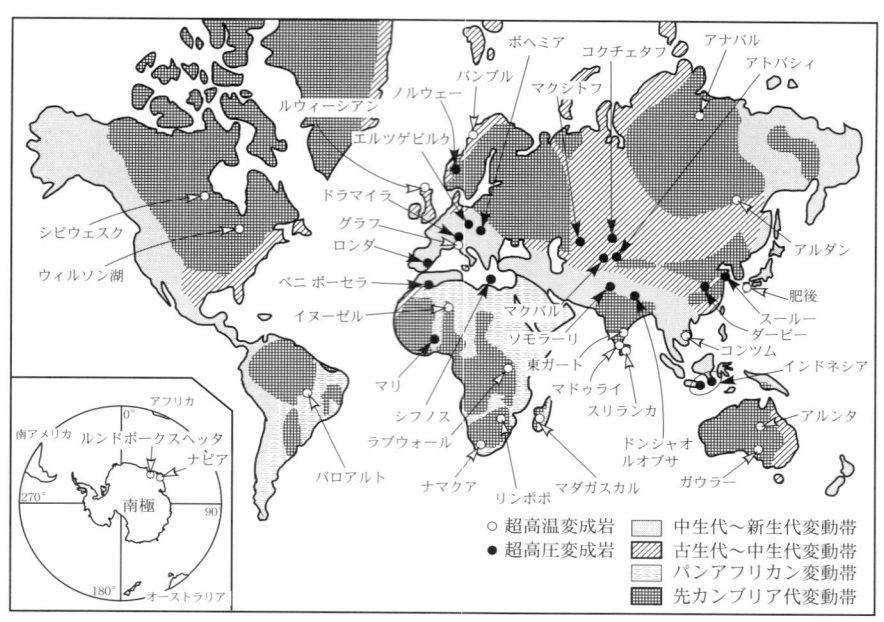

図 9-10　超高圧変成岩・超高温変成岩の分布
超高圧変成岩の分布および各地の変動帯時代区分は，Liou, et al., (1998)による

積岩起源の超高圧変成岩の存在は，地殻上部で形成された泥質岩などが，部分溶融をすることなく地下深所までもたらされたことを示唆している．現在知られている超高圧変成岩分布域を，超高温変成岩のそれとともに図9-10にしめした．

9.1.J　超高温変成岩

超高温変成作用は，グラニュライト相の高温部に相当する温度下（900〜1,100℃程度）でおこる地殻内の変成作用（crustal metamorphism）で，圧力範囲は700 MPa〜1.3 GPa程度（中〜下部地殻に相当する圧力）である．

超高温下でも，とくに高温・高圧下で形成された泥質片麻岩・石英長石質片麻岩には，'サフィリン＋石英' 'スピネル＋石英' 'ザクロ石＋大隅石＋石英' および '斜方輝石＋珪線石＋石英' などの鉱物組合せがみられる（写真9-11）．しかし1,000℃・1.0

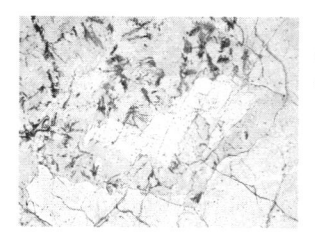

(A) 大隅石（中央）の周囲に，針状の微細な斜方輝石をふくむシンプレクタイトがみられる（単ニコル）

(B) シンプレクタイトは，斜方輝石・キンセイ石・カリ長石・石英からなる（直交ニコル）

写真 9-11　超高温変成作用をうけた泥質変成岩中の大隅石（東南極ナピア岩体産；横幅約4.5 mm）

図 9-11 高温〜超高温の泥質変成岩の変成反応
　一般の超高温変成岩は中圧型系列をしめすと考えられ，0.7〜1.2 GPa 程度の圧力条件をしめす

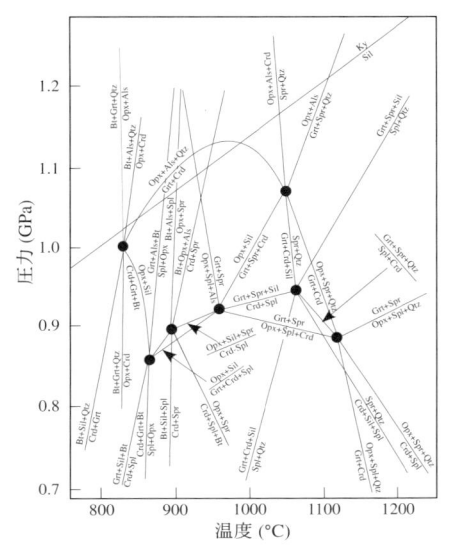

GPa 以下の温度・圧力下で形成された超高温変成岩には，より低温の泥質グラニュライト(グラニュライト相)の鉱物組合せと同様に'ザクロ石＋キンセイ石＋珪線石＋石英'もみられる(図 9-11)．また，いちじるしく Al に富む斜方輝石(最大で 12%)・F を多量(5〜8%)にふくむ黒雲母・フロゴパイト，あるいはアルバイトのラメラをもつカリ長石(メソパーサイト；§2.4 参照)なども超高温変成岩を特徴づける鉱物とされている．

　超高温変成作用をうけたマフィック変成岩とグラニュライト相のそれは，ほぼおなじ鉱物組合せをもつ．しかしマフィック変成岩にホルンブレンドがふくまれるときは，超高温の泥質変成岩の黒雲母などと同様に，その多くはいちじるしく F に富むホルンブレンドである．特殊な化学組成をしめす縞状鉄鉱ににた斜方輝石-マグネタイト-石英片麻岩(meta-ironstone ともいう)では，変成ピジョン輝石の分解で形成された単斜輝石ラメラをもつ斜方輝石(転移ピジョン輝石；§4.2.C-a 参照)が存在し，両輝石の**地質温度計**(geothermometer)*などからは 1,000℃ 以上の温度が見積られている．超高温変成岩には，サフィリンや大隅石をふくむが石英がみられないことがある．このような超高温変成岩は，昇温期変成過程で，変成岩が部分溶融することで生成されたメルトが分離したのちの，溶残り岩であることが多い．

*：岩石や鉱物の組成などからその形成温度を推定する手段のこと．化学平衡のもとで共生している鉱物間(単斜輝石―斜方輝石間など)の元素あるいは同位体の交換反応は温度依存性があるので，これを利用して，鉱物の元素含有量や同位体比のデータから鉱物の形成温度が推定できる．なお岩石や鉱物の形成圧力を推定する手段のことを**地質圧力計**(geobarometer)という．鉱物の転移曲線や反応曲線が圧力軸にたいして傾きが大きいときには，これを地質圧力計として利用できる

9.2　変成相系列と圧力型

　変成分帯された変成岩分布域では，地域内の温度・圧力のちがいを反映し

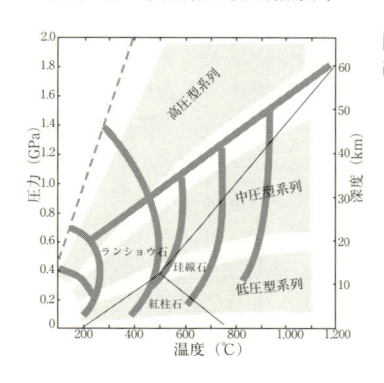

図9-12 変成相系列の模式図(Winter, 2001を一部改変)

図中の変成相区分は，Spear(1993)による

て，一連の変成度あるいは変成相の変化がみられる(§8.4.A参照)．このような変化を変成相系列という(Miyashiro, 1961)．変成相系列は，圧力のちがいによりつぎの3つの**圧力型**(baric type)に区分される．**低圧型系列**(low-pressure series；low P/T series)・**中圧型系列**(medium-pressure series；medium P/T series)・**高圧型系列**(high-pressure series；high P/T series)．低圧型と中圧型の中間を**低圧中間型**(low-pressure transitional type)・中圧型と高圧型の中間を**高圧中間型**(high-pressure transitional type)ということもある．low P/T(低P/T比系列)は変成相の変化にともなう温度(T；temperature)の上昇よりも圧力(P；pressure)の上昇がちいさいことをあらわし，high P/T(高P/T比系列)は温度の上昇にたいして圧力の上昇が大きいことをあらわしている．

これらの変成相系列は個々の変成岩分布域の温度・圧力の特徴をしめしている．すなわち変成相系列は変成岩分布域のフィールドP-T曲線をしめしていることになる．したがって変成相系列を決定することは，その変成帯での変成時の温度構造(変成地温こう配)を推定するのに重要である．各変成相系列の温度・圧力変化と，それから推定される深度との関係を図9-12にしめす．

9.2.A 低圧型系列

9.2.A-a おもな特徴

高温—低圧型系列(high-temperature- low-pressure series・high-T-low-P series)あるいは**紅柱石—珪線石系列**ともいう(図8-5参照)．低圧型系列がみられる変成帯や接触変成帯では，50℃/kmあるいはそれ以上の変成地温こう配をしめす．低圧型系列はスコットランド北部のバカン(Buchan)地域，日本の領家変成帯・阿武隈変成帯などの，造山帯変成作用で形成された変成岩に典型的にみられることから，この型の変成相系列は**バカン型**(Buchan type)あるいは**領家—阿武隈型**(Ryoke-Abukuma type)ということがある．

9.2.A-b 変成度

低圧型系列は低温部から高温部へむかって，緑色片岩相の低圧部→角閃岩相の低圧部→グラニュライト相の低圧部への変成度の変化をしめすことが多い．さらに低温の変成作用が識別されるときには，フッ石相やプレーナイト―アクチノライト相もみいだせることもある．接触変成帯でのこの型の変成相系列では，アルバイト―緑レン石ホルンフェルス相から輝石ホルンフェルス相にいたる変化がある．

9.2.B 中圧型系列
9.2.B-a おもな特徴

ランショウ石―珪線石系列あるいはバロウ型(Barrovian type)ともいう．中圧型系列がみられる変成帯の変成地温こう配は30℃/km程度．造山帯変成作用で形成された変成岩にみられるこの型の変成相系列では，低温部から高温部へ，フッ石相→プレーナイト―パンペリー石相→緑色片岩相→緑レン石角閃岩相→角閃岩相→グラニュライト相→超高温変成作用という変成相の変化がみられる．角閃岩相の高温部よりも高温下では，泥質変成岩・マフィック変成岩ともに部分溶融がおこる可能性がある．またグラニュライト相の変成岩や超高温変成岩では含水珪酸塩鉱物がみられないのが一般的である．

9.2.B-b バロウ型・バカン型の変成分帯

イギリス北部のスコットランド高地のグレートグレン(Great Glen)断層とハイランド境界(Highland Boundary)断層にはさまれた地域(グランピアン高地；Grampian Highland)に分布する累進変成作用をうけた変成岩は，世界で最もくわしく研究されている変成岩(図9-13)．そのため世界のほかの地域の変成作用を研究するときに

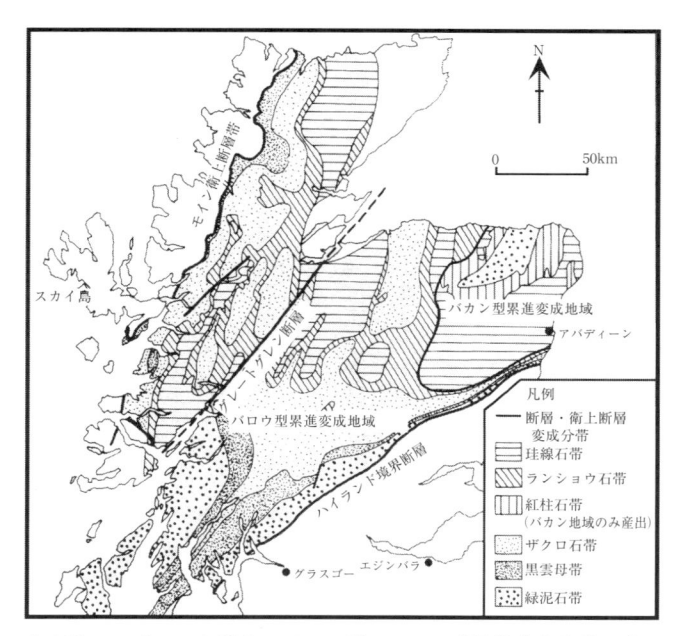

図9-13 スコットランド高地のハイランド岩体のバロウ型・バカン型累進変成地域の変成分帯図(Gillen, 1982に一部加筆)

も，この地域の累進変成作用と比較されることが多い．

スコットランド高地の変成岩は，約500 Maのカレドニア造山運動により形成されたと考えられており，スコットランド高地の大部分をしめるバロウ型累進変成地域(Barrovian region)と東側のバカン型累進変成地域(Buchan region)のものに区分される．前者はBarrow(1893)の研究以降，多くの研究がなされてきた代表的な中圧型系列をしめす累進変成地域であり（バロウ型），後者はRead(1952)がバカン型として以来，バロウ型とはことなる低圧型系列～低圧中間型の変成岩分布域とみなされている．バロウ型・バカン型累進変成地域の変成分帯は，泥質変成岩での指標鉱物の出現・消滅を基準におこなわれている．

変成分帯と鉱物組合せ バロウ型累進変成地域の泥質変成岩は，現在では緑泥石帯・黒雲母帯・ザクロ石帯・十字石帯・十字石—ランショウ石帯・珪線石帯・珪線石—カリ長石帯の7つの帯に変成分帯される．なおカッコ内にしめす鉱物は，泥質変成岩に随伴する変成炭酸塩岩の鉱物組合せである．

緑泥石帯：緑泥石＋フェンジャイト＋アルバイト＋石英
黒雲母帯：黒雲母＋緑泥石＋フェンジャイト＋アルバイト＋石英(タルク・フロゴパイト)
ザクロ石帯：ザクロ石＋黒雲母＋緑泥石＋白雲母＋アルバイト＋石英＋緑レン石(トレモライト・アクチノライト・緑レン石・ゾイサイト)
十字石帯：十字石＋ザクロ石＋黒雲母＋白雲母＋斜長石＋石英(ザクロ石帯とおなじ)
十字石—ランショウ石帯：ランショウ石＋十字石＋ザクロ石＋黒雲母＋白雲母＋斜長石＋石英(ディオプサイド)
珪線石帯：珪線石＋ザクロ石＋黒雲母＋白雲母＋斜長石＋石英(グロシュラー・スカポライト)
珪線石—カリ長石帯：珪線石＋ザクロ石＋黒雲母＋カリ長石＋斜長石＋石英(Mg-カンラン石)

なお泥質変成岩にともなってみられるマフィック変成岩は，緑色片岩相・緑レン石角閃岩相(緑色片岩相と角閃岩相の漸移帯)・角閃岩相・低度グラニュライト相の4つの変成相のものに区分されるが，これらと泥質変成岩をもとにした変成分帯との対応関係は以下のようである．泥質変成岩にもとづく緑泥石帯・黒雲母帯がマフィック変成岩にもとづく緑色片岩相に相当．またザクロ石帯・十字石帯は緑レン石角閃岩相(緑色片岩相と角閃岩相の漸移帯)に，十字石—ランショウ石帯・珪線石帯は角閃岩相に，珪線石—カリ長石帯は低度グラニュライト相に相当．

一方，バカン型累進変成地域の変成分帯は，現在では緑泥石帯・紅柱石帯・珪線石帯の3つの鉱物帯に区分されており，バカン型の変成岩には紅柱石・キンセイ石がみられる点でバロウ型の変成岩とはことなる．

9.2.C 高圧型系列

低温—高圧型系列(low-T high-P series)あるいはヒスイ輝石—ランセン石系列ともいう．高圧型系列の変成岩には，ランセン石・ローソン石などのほかに'ヒスイ輝石＋石英'の鉱物組合せが特徴的にみられる．この型の変成相系列は，変成地温こう配が10℃/kmあるいはそれ以下の沈み込み帯での付加体の変成作用にみられ，フッ石相→プレーナイト—パンペリー石相(パンペリー石—アクチノライト相)→青色片岩相→エクロジャイト相への変成相の変化がみられる．

高圧型系列で比較的温度が高いときは三波川型(Sanbagawa type)，より温度が低

いときにはフランシスカン型(Franciscan type)ともいう．超高圧変成岩は，この型の変成相系列にはそわないことが多い．ランセン石質の角閃石は形成されるが'ヒスイ輝石＋石英'の鉱物組合せができるほど高圧をしめさない変成相は高圧中間型とみなされる．

10. 変成岩の組織

　変成岩の鉱物は，既存の鉱物が固体のまま再結晶することで形成される．このような再結晶作用がおこるときには，岩石や鉱物は同時に変形作用をうけることが多い．その結果，変成岩には火成岩・堆積岩にはみられない，特有な組織・構造が形成される．極低温・低圧下で形成された変成岩には，原岩の堆積岩・火成岩の組織が残存していることがある．また部分溶融をともなうような高温下の変成作用で形成された変成岩には，変成岩に特有な組織というよりはむしろ，火成岩的な組織がみられる．このように変成岩がどのような温度・圧力下で形成されたか，どの程度の変形作用をうけたかにより，その組織はちがったものになる．したがって変成岩の組織を正しく記載することは，変成岩の形成過程をあきらかにするうえで不可欠なことであるといえよう．この本では変成岩を記載するうえで重要な，組織に関する用語を一般的組織・非変形組織・変形組織にわけてのべる．

10.1　一般的組織

　原岩の残留組織から変成岩組織の順に，レリクト(relict)・ブラスト-(blasto-)・ブラストオフィティック(blastophitic)組織・ブラストポーフィリティック(blastoporphyritic)組織・ブラストサミティック(blastopsammitic)組織・-ブラスティック(-blastic)・イディオブラスティック(idioblastic)組織・ハイプイディオブラスティック(hypidioblastic)組織・ゼノブラスティック(xenoblastic)組織・ポーフィロブラスティック(porphyroblastic)組織・ポイキロブラスティック(poikiloblastic)組織・レピドブラスティック(lepidoblastic)組織・ネマトブラスティック(nematoblastic)組織・スケルタル(skeletal)組織・点紋状(spotted)・縫合組織(sutured)についてのべる．

レリクト　変成岩に原岩の組織が残存すること，およびその組織そのもの．残留組織あるいはパリンプセスト(palimpsest)ともいう．

ブラスト-　残留を意味し，残留斑状(blastoporphyritic)のように原岩の組織の名称の接頭語とする．

ブラストオフィティック組織　火成岩のオフィティック組織が残存しているときの変成

170　10.　変成岩の組織

写真10-1　プレーナイト―パンペリー石相の変成作用をうけたドレライトのブラストオフィティック組織(オマーン首長国産；薄片は石塚英男氏提供；直交ニコル・横幅約4.5 mm)

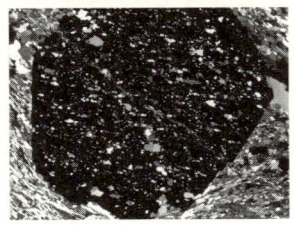

写真10-2　ザクロ石-十字石片岩中のイディオブラスティックなザクロ石の斑状変晶(富山県宇奈月宇奈月変成岩産；直交ニコル・横幅約4.5 mm)　石英をポイキロブラスティックに包有し，ふるい状組織をしめす．

岩組織(写真10-1)．残留オフィティックともいう．この組織がある変成岩の原岩はオフィティック組織をもつ火成岩であることをしめす．

ブラストポーフィリティック組織　原岩の火成岩の斑晶鉱物が変成岩に残存していること．残斑晶状ともいう．このとき石基はほぼ完全に変成鉱物となる．

ブラストサミティック組織　原岩の砂岩の組織が変成岩に残存していること．

-ブラスティック　変成作用で形成された組織に使用する接尾語．

イディオブラスティック組織　自形の変成鉱物からなる組織(写真10-2)．火成岩・堆積岩の鉱物の自形に相当(§2.4参照)．

ハイピディオブラスティック組織　半自形の変成鉱物がしめす組織．サブイディオブラスティック(subidioblastic)組織ともいう．火成岩・堆積岩の鉱物の半自形に相当(§2.4参照)．

ゼノブラスティック組織　他形の変成鉱物がしめす組織．火成岩・堆積岩の鉱物の他形に相当(§2.4参照)．

ポーフィロブラスティック組織　再結晶作用のときにほかのものよりも大きく成長した結晶(斑状変晶・ポーフィロブラスト)が，細粒の基質にかこまれた組織(写真10-2)．眼球片麻岩はカリ長石の斑状変晶がとくに粗粒になったもの．火成岩の斑状組織に相当(§2.4参照)．

ポイキロブラスティック組織　斑状変晶が多数の細粒の異種の鉱物を包有した組織(写真10-2参照)．包有鉱物が多くなると，ふるい状(sieve)組織ともいう．火成岩のポイキリティック組織に相当(§2.2.E-b参照)．

レピドブラスティック組織　雲母・緑泥石などの板状～鱗片状の鉱物が多量に平行に配列する組織．

ネマトブラスティック組織　角閃石や珪線石などの長柱状・繊維状の鉱物が定向配列する組織．

スケルタル組織　ポイキロブラスティック組織の1種で，包有鉱物の量がふえて，包有する斑状変晶が樹枝状・網状に薄いフィルムでつながったようにみえる組織(写真10-3)．

点紋状　極細粒の基質に，細粒の斑状変晶あるいは鉱物の集合体が肉眼で確認できる

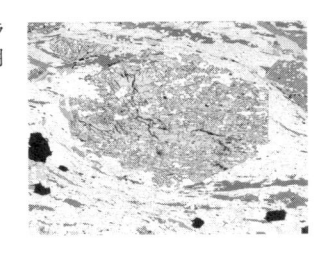

写真10-3 ザクロ石-十字石片岩中のイディオブラスティックなスケルタル組織(富山県宇奈月宇奈月変成岩産・単ニコル・横幅約4.5 mm)
十字石の斑状変晶が，多量の石英を包有

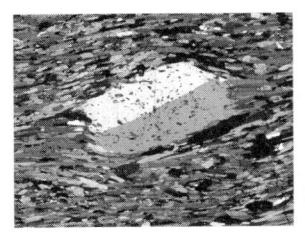

写真10-4 点紋緑色片岩の点紋状のアルバイトの斑状変晶(愛媛県土居町・三波川変成帯；直交ニコル・横幅約4.5 mm)

組織(写真10-4).
縫合組織 大きな鉱物が細粒化するとき，鉱物間の境界が不規則にいりくんだ組織で，とくに石英の粒間によくみられる．

10.2 非変形組織

　グラノブラスティック(granoblastic)組織・デカッセイト(decussate)・シンプレクタイト・コロナ(corona) などがある．
グラノブラスティック組織 多角形の他形の変成鉱物が定向配列しないで，ほぼ等粒状をしめす組織．モザイク(mozaic；寄木状)ともいう(写真10-5)．グラニュライト・エクロジャイトや，マーブル・石英岩などの単一鉱物からなる変成岩に一般にみられ，とくに純粋のマーブルのときには**糖状**(saccharoidal；サッカロイダル)ともいう．塊状で中～粗粒のグラノブラスティック組織をしめす変成岩をグラノフェルス(granofels)ということがある．
デカッセイト ホルンフェルスに典型的にみられる組織で，半自形の柱状～短柱状の鉱物がいろいろな方向をむいて十字にからみあっている組織(写真10-6)．雲母・ホルンブレンド・輝石などが，このような組織を形成することが多い．
シンプレクタイト 同一時期の再結晶作用で形成された，2種類あるいはそれ以上の種類の鉱物が連晶となること(§2.4.D参照)．高温下で形成された変成岩に多くみられ，最高変成条件からの減圧期(decompression stage)に形成される反応組織であることが多い．鉱物は通常の顕微鏡下で識別できることも多いが，電子顕微鏡によ

写真10-5 斜方輝石-単斜輝石グラニュライトのグラノブラスティック組織(東南極ナピア岩体産；単ニコル・横幅約4.5 mm)

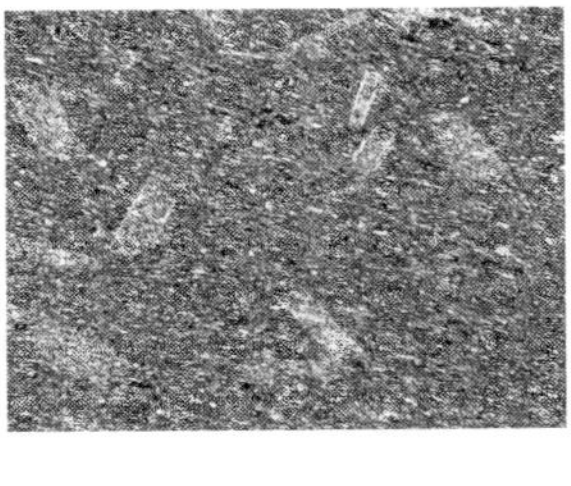

写真10-6 紅柱石ホルンフェルスの基質中の細粒の紅柱石がしめすデカッセイト(京都府和束町産；直交ニコル・横幅約2 mm)

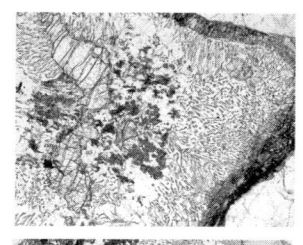

写真 10-7 ザクロ石-斜方輝石-キンセイ石-珪線石片麻岩中のザクロ石の斑状変晶が周囲の石英と反応して形成された斜方輝石-キンセイ石シンプレクタイト(ベトナム社会主義共和国コントゥム地塊産；単ニコル・横幅約 4.5 mm)
極細粒の斜方輝石・スピネルはシンプレクタイト(中央)を形成

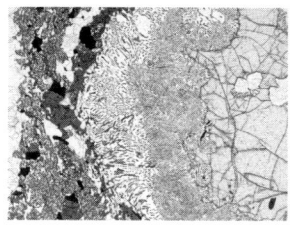

写真 10-8 ザクロ石-キンセイ石-スピネル片麻岩中のザクロ石斑状変晶の周囲に形成されたシンプレクタイト状コロナ(スリランカ民主社会主義共和国ハイランド岩体産；岩石は廣井美邦氏提供；単ニコル・横幅約 4.5 mm)
シンプレクタイトの外側にはスピネルのみからなるモート状コロナも形成

る高倍率の反射電子像などでの観察が有効である．ザクロ石と石英の反応で形成された斜方輝石とキンセイ石のシンプレクタイトを写真 10-7 にしめす．シンプレクタイトは火成岩の鉱物にもしばしばみられる(写真 2-17・写真 9-11 B 参照)．

コロナ　火成岩の鉱物にもよくみられる(§2.4 参照)．コロナのうち単一の鉱物がほかの鉱物を完全に取りかこむときにはモート(moat)という(写真 10-8)．

10.3　変形組織

ポーフィロクラスティック(porphyroclastic)組織・リボン(ribbon)・ヘリサイト(helicitic structure)組織・アウゲン(augen)・プレッシャーシャドー(pressure shadow)・スパイラル(spiral)組織・プレキネマティック(prekinematic)組織・シンキネマティック(synkinematic)組織・ポストキネマティック(postkinematic)組織などがある．

ポーフィロクラスティック組織　変形作用により岩石が破砕され細粒化したとき，原岩の粗粒な結晶が残存しポーフィロクラストとなって斑状変晶状にみえる組織(写真 10-9)．変形がいちじるしく，ポーフィロクラストが丸みをおび内部が細粒(sub-grain)化したときはモルタル(mortar)という．細粒化した石英間の境界は，不規則にいりくんだ縫合組織をしめす．

リボン　マイロナイト化作用(§6.3.C 参照)などで形成された，いちじるしくひきのばされた結晶のことをいい，石英に多くみられ，リボン石英(ribbon quartz)という(写真 10-10)．

写真 10-9 マイロナイト化した変成ハンレイ岩中の斜方輝石のポーフィロクラスト(北海道地方日高町日高変成帯産；薄片は豊島剛志氏提供；単ニコル・横幅約 1.5 cm)
非対称な変形構造がみられる

写真 10-10 マイロナイト化した泥質グラニュライトのリボン石英(東南極ナピア岩体産；直交ニコル・横幅約 2 mm)

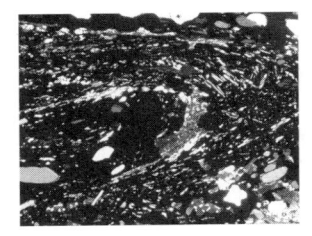

写真 10-11 ザクロ石-キンセイ石-珪線石片麻岩(コンダライト)のザクロ石の斑状変晶中の褶曲したヘリサイト状珪線石(インド南部マドゥライ岩体産；直交ニコル・横幅約 4.5 mm)

ヘリサイト組織 斑状変晶に基質の鉱物と同一のものが包有され，それらが定向配列する組織(写真 10-11)．これらの包有物は斑状変晶の成長にともなって取りこまれたもので，その定向配列(si 片理；si-foliation)は，斑状変晶の成長以前の面構造の名残りで，基質の鉱物がしめす面構造(se 片理；se-foliation)との関係から，変成・変形過程が読みとれる．

アウゲン 粗粒な長石(とくにカリ長石)のポーフィロクラストが細粒の石英や雲母などにかこまれる組織．片麻岩やマイロナイト化したカコウ岩などによくみられる(写真 12-6 参照)．アウゲンとはドイツ語で眼を意味し，眼球構造(augen structute)ともいう．眼球構造で特徴づけられる珪長質片麻岩や片麻状カコウ岩は眼球片麻岩(augen gneiss)といい，日本では飛騨帯・領家変成帯のものが有名である．

プレッシャーシャドー 粗粒な鉱物あるいは鉱物集合体の両側で強い変形を免れた領域が形成され，周囲の基質とはことなる組織をもつ細粒の鉱物集合がみられること(写真 10-12)．粗粒結晶の両側で非対称なプレッシャーシャドーがあるときには，変形・せん断作用の運動方向や強さを決定するのに有効である．ストレインシャドー(starin shadow)ともいう．

スパイラル組織 ヘリサイト組織の 1 種で，斑状変晶にみられる si 片理をしめす包有鉱物が S 字状に回転したようにみえる包有物配列(inclusion trail)をとる組織．スノーボウル組織(snowball structure)ともいい，変形作用により回転しながら斑状変晶が形成されたことをしめす(写真 10-13)．

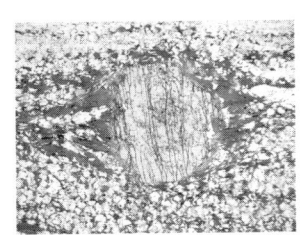

写真 10-12 ザクロ石-黒雲母片麻岩のザクロ石の周囲に形成された細粒の黒雲母からなるプレッシャーシャドウ(熊本県砥用町肥後変成岩体産；単ニコル・横幅約 3 mm)

写真 10-13 ザクロ石-角閃石片岩のザクロ石の斑状変晶中のヘリサイト状緑レン石がしめすスパイラル組織(愛媛県土居町三波川変成帯産；直交ニコル・横幅約 2 mm)

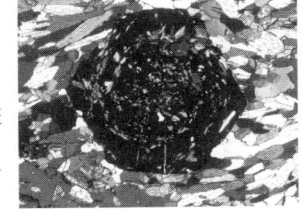

プレキネマティック組織 昇温期あるいは降温期変成作用の，ある時期の変成・変形作用で形成された鉱物に注目したとき，それ以前に形成された鉱物が変形した組織．

シンキネマティック組織 昇温期あるいは降温期変成作用の，ある時期の変成・変形作用の進行中に結晶成長した鉱物にたいする組織．

ポストキネマティック組織 昇温期あるいは降温期変成作用の，ある時期の変成・変形作用ののちに形成された変成鉱物にたいする組織．

11. 広域変成岩の記載的特徴

11.1 おもな変成鉱物

泥質変成岩・石灰珪質岩・マフィック変成岩に特徴的な変成鉱物をまとめる．なお輝石・角閃石・雲母・長石・石英なども変成岩にしばしばみられる鉱物であるが，これらの鉱物についてはカンラン石とともに第4章（§4.1.D・§4.2.E・§4.3.Cで説明した．

11.1.A 泥質変成岩

アルミノ珪酸塩鉱物・ザクロ石と，そのほか十字石などの変成鉱物の特徴についてのべる．

11.1.A-a アルミノ珪酸塩鉱物

泥質岩が変成作用をうけると形成されることが多い．これには紅柱石・珪線石・ランショウ石の3種の多形鉱物があり，化学式はいずれも Al_2SiO_5．これらの3鉱物は広い範囲の温度・圧力下で安定に存在する（図9-8参照）．また $3Al_2O_3 \cdot 2SiO_2$ の化学組成をもつムライトは，超高温・極低圧下で安定である．紅柱石は低圧，ランショウ石は高圧，珪線石は高温下で安定に存在することをしめしている．紅柱石・珪線石・ランショウ石の密度はそれぞれ，3.13〜3.16・3.23〜3.27・3.53〜3.65で，より高圧下で安定なものほど密度が大きい．

紅柱石・珪線石・ランショウ石の安定な温度-圧力範囲と3重点（triple point；不変点・invariant point）の位置は実験的に決定されたものであるが，それらは研究者ごとに多少のちがいがある．たとえばRichardson, et al.(1969)は3重点の温度・圧力として，約620℃・600 MPaを見積っている．Holdaway(1971)はより精密な実験から，501℃・380 MPaとした（図9-8参照）．Holdaway(1971)の実験結果にしたがうと，変成岩に紅柱石がふくまれるときには，その変成圧力として380 MPa以下が見積られ，珪線石をふくむときには，501℃以上の変成温度が推定される．現在では，Holdaway(1971)の3重点が使用されることが多い．

極低圧下で安定なムライトは，つぎのような鉱物の分解や2種類の鉱物間の反応で形成される．

珪線石＋コランダム＝ムライト；約1,000℃
珪線石＝ムライト＋石英；約1,100℃
Fe-キンセイ石＝ムライト＋トリディマイト＋メルト；約1,200℃

Mg-キンセイ石＝ムライト＋メルト；約 1,400℃

紅柱石・珪線石・ランショウ石には，FeやCrなどがごく少量ふくまれることがある．紅柱石に多量のMn(Mn_2O_3 最大 20% 程度)がふくまれるときにはビリディンといい，これは緑色の鉱物である．ビリディンの安定領域は，紅柱石よりも高温側へ拡大するとの実験結果もある．

11.1.A-b ザクロ石

変成岩の主要な鉱物の1種．昇温期変成作用あるいは後退変成作用の過程での温度-圧力変化を反映して，累帯構造をしめすことが多く，また形成時期がことなるほかの鉱物を包有することが多い．ザクロ石は泥質変成岩・マフィック変成岩・石灰珪質岩をはじめ，さまざまな変成岩にみられる．ザクロ石の化学組成はザクロ石をふくむ岩石の化学組成の影響をうけるだけでなく，形成時の温度・圧力の影響をいちじるしくうけている．急速に結晶成長したザクロ石には，セクター累帯構造(写真 11-1；§2.3.D-b参照)がみられることがある．ザクロ石の化学式は $X_3Y_2Z_3O_{12}$ でしめされ，Xには一般に Fe^{2+}・Mn・Mg・Caがはいる．6配位のYは，Al・Fe^{3+}・Tiなどでしめられることが多いが，Cr^{3+}・V^{3+} などがはいることもある．4配位のZはSiでしめられる．

変成岩中のザクロ石の多くは，アルマンディン($Fe^{2+}{}_3Al_2Si_3O_{12}$)・スペサルティン($Mn_3Al_2Si_3O_{12}$)・パイロープ($Mg_3Al_2Si_3O_{12}$)・グロシュラー($Ca_3Al_2Si_3O_{12}$)を端成分とする固溶体．これらのうちグロシュラーではAlを Fe^{3+}・Ti・Cr・V^{3+} などが置換して多様な化学組成をしめす．

Ca質のザクロ石はアンドラダイト($Ca_3(Fe^{3+},Ti)_2Si_3O_{12}$)・ウバロバイト($Ca_3Cr_2Si_3O_{12}$)・ゴールドマナイト($Ca_3V_2^{3+}Si_3O_{12}$)を端成分とする固溶体．アンドラダイトがTiを多くふくむときはメラナイトという．

アルマンディン・スペサルティン・パイロープをおもな端成分とする固溶体をパイラルスパイトという．

低度変成岩のザクロ石はアルマンディン成分・スペサルティン成分に富み，パイロープ成分・グロシュラー成分にとぼしいのが一般的である．変成度が上昇すると変成岩にふくまれるザクロ石はパイロープ成分に富むようになり，圧力が増加するとグロシュラー成分も増加することが多い．超高圧下で形成されたエクロジャイトには，パイロープ成分に富む白色のザクロ石も出現する．グロシュラーとアンドラダイトを端成分とする固溶体はグランダイトといい，Caに富む石灰珪質岩やスカルンなどに多くみられる．緑色のゴールドマナイトは，ケニアや南極の石墨を多くふくむ石灰珪質片麻岩(calc-silicate gneiss)などにみられる．

11.1.A-c そのほかの変成鉱物

十字石・クロリトイド・スピネル族・キンセイ石・サフィリン・大隅石・コラン

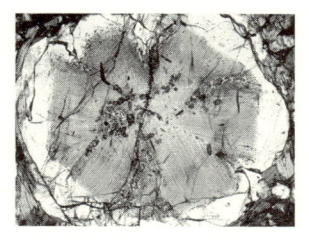

写真11-1 ザクロ石-黒雲母片麻岩中のザクロ石斑状変晶がしめすセクター累帯構造(熊本県甲佐町肥後変成岩体産；薄片は吉村康隆氏提供；単ニコル・横幅約 4.5 mm)

ダム・コーネルピンについてのべる.

十字石 黄～黄金色で, 色合いの点で変成岩にみられるほかの鉱物とはことなる. バロウ型累進変成地域などの中圧型系列の角閃岩相の泥質変成岩を特徴づける変成鉱物の1つで, 化学式は$Fe_2^{2+}Al_9Si_4O_{23}(OH)$である. 一般にFeに富むが($Mg/(Fe^{2+}+Mg)<0.3$), Fe^{2+}はMg・Znに置換され, Alの一部はFe^{3+}・Tiに置換されることがある. Mgが増加すると淡黄色, Tiが増加すると黄褐色をしめすようになる.

十字石はコランダム・スピネルを主成分鉱物とするエメリー(emery)などにもみられ, まれにバカン型の低圧型系列の変成岩やエクロジャイト・サフィリングラニュライトなどの高圧あるいは高温の変成岩にもみられる. 変成度が高くなると, 十字石のMg・Ti含有量は富む傾向がある. ザクロ石と同様にセクター累帯構造をしめすことがある. 変質すると, 周縁部や割れ目にそって雲母質の変質物であるピナイトが形成されることもある. 昇温期変成作用で形成された泥質グラニュライトには, しばしばザクロ石に包有された十字石がみられる. 十字石は化学的風化に強い鉱物であることから, 堆積岩や川砂のなかからもみいだされる.

クロリトイド 変成岩にみられる青色をしめす鉱物の1種で硬緑泥石ともいう. 化学式は$(Fe^{2+}, Mn, Mg)(Al, Fe^{3+})_2SiO_5(OH)_2$である. クロリトイドは低温下で形成される泥質変成岩や変成玄武岩などにふくまれることが多い. クロリトイドの安定な圧力は, 接触変成岩が形成される低圧下からランセン石・ランショウ石と共生する高圧下までの広い範囲に及ぶ. クロリトイドはFeに富むが, Mnに富むとき($Mn/(Fe^{2+}+Mn+Mg)$は最大0.6程度)にはオットレ石という.

クロリトイドには炭質包有物がふくまれ, 砂時計構造をしめすことがある. 緑色片岩相の変成岩では, クロリトイドは緑泥石・フェンジャイト・パラゴナイト・ザクロ石などと共生してみられる. やや高温の角閃岩相の変成岩では, クロリトイドは十字石・ザクロ石と共生することもある. さらに青色片岩相の変成岩では, クロリトイドはランセン石・ザクロ石などと共生し, Mgに富むクロリトイドはカルフォライト($(Fe^{2+}, Mg)Al_2Si_2O_6(OH)_4$)ととも共生することがある.

スピネル族 スピネルは鉱物名としてのみでなく族名としても使用される. スピネル族はさまざまな変成岩にみられる一般的な変成鉱物である. スピネル族の化学式はXY_2O_4である. XにはFe^{2+}・Mg・Mn・Znなどがはいる. YはAl・Fe^{3+}・Cr・Tiなどでしめられる.

変成岩にふくまれるスピネル族の多くは, スピネル($MgAl_2O_4$)・ヘルシナイト($Fe^{2+}Al_2O_4$)・ガーナイト($ZnAl_2O_4$)・マグネタイト($Fe^{2+}Fe_2^{3+}O_4$)・クロマイト($Fe^{2+}Cr_2O_4$)を端成分とする固溶体.

スピネルとヘルシナイトの中間組成のものはプレオネイストという. プレオネイストは高温下で形成されたSiO_2にとぼしい泥質変成岩やマフィック変成岩にみられることが多い. ガーナイト成分を多くふくむときは, 比較的低温下で形成された泥質変成岩でも, スピネルと石英の共生がみられる. クロマイト成分に富むスピネルは, 超マフィック変成岩や高温下で泥質変成岩が部分溶融して形成される溶残り岩(§3.1.B‐b参照)にふくまれることが多い. このほかにMg・Crに富むものをピクロクロマイト($MgCr_2O_4$)という. スピネルとピクロクロマイトの中間組成のものをクロムスピネルといい, これは超マフィック岩・マフィック岩によくみられる. この本では特別の場合(特徴的な組成をあらわすとき)をのぞき, スピ

ネルをスピネル族として使用する．

キンセイ石　変成岩にみられるキンセイ石は，低圧型系列～中圧型系列の広い温度-圧力範囲で安定で，泥質岩起源の広域変成岩や接触変成岩によくみられる．キンセイ石の化学式は$(Mg,Fe^{2+})_2Al_4Si_5O_{18} \cdot nH_2O$で，$Mn \cdot Fe^{3+} \cdot Na \cdot K$も少量ふくまれる．$H_2O$は$CO_2$と置換する．

　変質するとキンセイ石の周縁部にそって，あるいは内部に網状に，ピナイト化することが多い．キンセイ石は，低温下で形成された変成岩では黒雲母・紅柱石と共生するが，高温下で形成されたものでは，珪線石・ザクロ石・スピネルなどとも共生．グラニュライト相の変成岩では，斜方輝石・ザクロ石と共生．キンセイ石は超高温変成岩では，サフィリン・大隅石とも共生．キンセイ石は高温下で多形鉱物としてのインド石に変化する．

サフィリン　比較的まれにしかみられない変成鉱物で，サフィリンブルーともいわれるように，青色をしめすことが特徴．一般に，Al_2O_3に富みSiO_2にとぼしい泥質変成岩や溶残り岩にみられるが，SiO_2にいちじるしく富む不純な珪岩にもみられる．化学式は$(Mg,Fe^{2+})_2(Al,Fe^{3+})_4SiO_{10}$である．サフィリンはキンセイ石などと同様にMgに富む．いちじるしくMgに富む($Mg/(Fe^{2+}+Mg)>0.9$)ときは淡青色で，Alを置換してCrがふくまれるときは緑色をおび，Fe^{3+}が多くなると青味が強くなる．

　サフィリンは，すくなくとも800℃以上の高温下で形成されたグラニュライト相の変成岩や，超高温変成岩にみられる．石英をふくまないときは，斜方輝石・ザクロ石・キンセイ石・珪線石・コーネルピンなどと共生し，比較的低温下で形成された変成岩にみられるが，サフィリンと石英が共生するときは，1,050℃以上の高温下と考えられる．'サフィリン＋カリ長石＋石英'の鉱物組合せは，超高温・高圧下で安定．日本でのサフィリンをふくむ変成岩の報告は，日高変成帯の幌尻オフィオライト(§11.5参照)にみられる含サフィリン変成トロクトライト(Miyashita, et al., 1980)と，肥後変成岩体のサフィリン-コランダム-スピネルグラニュライト(Osanai, et al., 1998)の2例である．

大隅石　変成岩にみられることはまれで，ふくまれるときは，約850℃以上の高温下で形成されたグラニュライト相の変成岩あるいは超高温変成岩にかぎられる．化学式は$(K,Na,Ca)(Mg,Fe^{2+})_2(Al,Fe^{3+})_3(Si,Al)_{12}O_{30} \cdot nH_2O$であるが，$H_2O$をふくまないことがある．キンセイ石よりもさらにMgに富み，$Mg/(Fe^{2+}+Mg)$は0.9以上のことが多い．

　大隅石はザクロ石・斜方輝石・サフィリン・キンセイ石などと共生．高温・高圧実験結果から，大隅石は約1.1GPa以下の比較的低圧下で安定であることが確認されている(Motoyoshi, et al., 1993)．大隅石は後退変成作用の過程で'キンセイ石＋斜方輝石＋カリ長石＋石英'に分解し，周縁部をこれらの鉱物からなるシンプレクタイトでかこまれていることが多い．その結果，肉眼では月長石ににた閃光光沢がみられる(§2.4参照)．

コランダム　シリカに不飽和でAl_2O_3に富む泥質変成岩に多くみられる．化学式はAl_2O_3である．コランダムにCrがふくまれるものはルビー(ruby)といい，赤色をしめす．$Fe^{3+} \cdot Ti$をふくむときはサファイア(sapphire)といい，青色をしめし，Fe^{3+}のみがふくまれると黄色や緑色となる．

　コランダムは広い範囲の温度・圧力下で安定で，低圧の角閃岩相の泥質片麻岩・泥質ホルンフェルスや，火山岩に捕獲された泥質変成岩などにしばしばみられる．コランダムは紅柱

石・珪線石・キンセイ石・黒雲母・カリ長石あるいは十字石などと共生. 高温～超高温下で形成された泥質グラニュライトにもみられ, このような岩石ではスピネル・サフィリン・キンセイ石・珪線石などと共生. 一般に石英と共生することはないが, インドの東ガート帯などにみられる高圧のグラニュライトに '石英+コランダム' の鉱物組合せがみとめられている. 後退変成作用の過程で, 白雲母やダイアスポアに変化することがある.

コーネルピン 変成岩に産出することは比較的まれであるが, SiO_2 にとぼしく, $Al_2O_3 \cdot MgO$ に富む泥質変成岩にみられることが多い. 化学式は $(Fe,Mg)(Fe,Mg,Al)_9(Si,Al,B)_5(O,OH,F)_{22}$ で, B をふくむことが特徴. このためコーネルピンと低温下で安定な B 含有電気石との関連も重要と考えられている.

Mg に富むコーネルピンは無～淡灰色で, Fe が増加するにつれ緑色・青色・茶色などの濃い色彩となる. これまで報告された世界各地の例(約 70 か所)では, コーネルピンはフロゴパイト・キンセイ石・ザクロ石・サフィリン・斜方輝石・コランダム・スピネル・珪線石などと共生し, 高度角閃岩相・グラニュライト相ないしは超高温変成岩に相当する温度・圧力下で形成されると考えられている. オーストラリア連邦中央部のアルンタ地域から, Fe^{3+} に富み黒色で長さが 10 cm に及ぶコーネルピンの斑状変晶をふくむサフィリングラニュライトが報告されている.

11.1.B 石灰珪質岩

ここでスカポライト・ヒューマイトについてのべる.

スカポライト スカポライトは, 石灰珪質岩などの広域変成岩や交代変成岩にみられる代表的な変成鉱物. 化学式は $(Na,Ca,K)_4Al_3Si_9O_{24}(Cl,CO_3,SO_4)$ で, $Na_4Al_3Si_9O_{24} \cdot Cl$ のマリアライトと $Ca_4Al_6Si_6O_{24} \cdot CO_3$ のメイオナイトを端成分とする固溶体.

マリアライトは $3\,NaAlSi_3O_8 \cdot NaCl$, メイオナイトは $3\,CaAl_2Si_2O_8 \cdot CaCO_3$ と表示でき, スカポライトのマリアライト-メイオナイト固溶体は, 斜長石のアルバイト-アノーサイト固溶体と類似している. スカポライトが広域変成岩にみられるときは, 緑色片岩相～グラニュライト相の広い範囲の温度・圧力下で安定に存在し, 変成度の上昇にしたがってメイオナイト成分が増加する. スカポライトはスカルンなどの交代変成岩にもみられ, そのときはマリアライト成分に富むことが多い.

ヒューマイト族 淡黄～黄褐色の特徴的な色をしめす. ヒューマイトは, 鉱物名としてのみでなく族名としても使用される. ヒューマイト族は, 斜方晶系のノルベルジャイト $(Mg(OH,F)_2 \cdot Mg_2SiO_4)$・ヒューマイト $(Mg(OH,F)_2 \cdot 3\,Mg_2SiO_4)$, および単斜晶系のコンドロダイト $(Mg(OH,F)_2 \cdot 2\,Mg_2SiO_4)$・クリノヒューマイト $(Mg(OH,F)_2 \cdot 4\,Mg_2SiO_4)$ に区分される.

これらはカンラン石 (Mg_2SiO_4) の原子配列をもつ層とブルース石 $(Mg(OH,F)_2)$ の原子配列をもつ層が互層状をなす結晶構造をしめすが, F をふくまず Ca に富むカルシオコンドロダイトや Fe・B に富むノルベルジャイトも存在する. ヒューマイト族の鉱物は, マーブル・ドロマイトマーブル・スカルンに多くみられ, MgO に富む石灰珪質岩にも出現する. Ti に富むときは, 超高圧変成作用をうけた超マフィック変成岩にもみられる. この本では, 特別の場合(特徴的な組成をあらわすとき)をのぞき, ヒューマイトをヒューマイト族として使用する.

11.1.C マフィック変成岩

ここでマフィック変成岩によくみられる緑泥石・プレーナイト・パンペリー石・

ローソン石・緑レン石についてのべる．

緑泥石　化学式は $(Fe,Mg,Al)_{12}(Al,Si)_8O_{20}(OH)_{16}$ で，$Mg/Fe \cdot Si/Al$(原子比)は変化する．比較的 Mg に富むものはペンニナイト (penninite)・クリノクロア (clinochlore)，Fe に富むものはダフナイト (daphnite)・チューリンジャイト (thuringite) などがあり，Al に富むものはアメサイト (amesite) という．

　プレーナイト―パンペリー石相・緑色片岩相などの低変成度の変成岩に特徴的にふくまれる緑色鉱物の1種で，マフィック変成岩のほかに泥質変成岩などにもふくまれる．緑泥石の安定な温度-圧力範囲は比較的広い．緑泥石はパンペリー石と共生するときは，約 300℃ 程度で両者の反応で消失することがあるが，単独でみられるときは約 700℃ まで安定に存在できる．緑泥石の安定な圧力の上限は，緑泥石がパンペリー石やアクチノライトと反応してランセン石を生じるあたりの圧力 (600 MPa～1.0 GPa) までである．

プレーナイト　化学式は $Ca_2Al_2Si_3O_{10}(OH)_2$ で，Al の一部を Fe^{3+} が置換することがある．

　低変成度の変成岩にみられる鉱物でマフィック変成岩に一般的にふくまれるが，泥質変成岩・石灰珪質岩などにもみられる．形成される温度-圧力範囲は，温度 200～300℃・圧力 300 MPa 以下の比較的低圧のプレーナイト―パンペリー石相である．さらに低温下でおこる海洋底変成作用・熱水変成作用では，プレーナイトは原岩の火山岩の斑晶の斜長石などを置換してみられる．

パンペリー石　化学式は $Ca_4(Fe^{2+},Mg)(Al,Fe^{3+})_5Si_6O_{22}(OH)_3 \cdot 2H_2O$ で，Ca を置換して Na が少量ふくまれたり，$Fe^{2+} \cdot Mg$ を置換して Mn がふくまれたりすることもある．

　淡青緑～暗緑色で，プレーナイトと同様にプレーナイト―パンペリー石相などに相当する低温下で形成されるマフィック変成岩によくみられる．一般に 200～300 MPa 以上の比較的高圧下で安定で，青色片岩相に相当する温度・圧力下でもみられることが多い．ときには火山岩の変質鉱物として，粘土鉱物・方解石・プレーナイトと共生し，150℃・50 MPa 以下の温度・圧力でも形成されることがある．Fe に富むパンペリー石は比較的低温・低圧下でも安定で，いちじるしく Fe に富むものはスティルプノメレーン・ヘマタイトとも共生．

ローソン石　化学式は $CaAl_2Si_2O_8 \cdot 2H_2O$ で，アノーサイトに H_2O がくわわった組成をしめす．

　一般に青色片岩相や低温のエクロジャイト相などに相当する高圧下で変成作用をうけたマフィック変成岩・泥質変成岩にみられる．この鉱物は結晶の大きさにかかわらず短冊状の自形結晶となる．青色片岩相の低圧部では 'ローソン石 + アルバイト' の鉱物組合せが安定であるが，青色片岩相の高圧部では 'ローソン石 + ヒスイ輝石' の組合せが安定．

緑レン石　緑レン石グループを構成し，化学式は $X_2Y_2Z_3(O,OH,F)_{13}$ で，Mg にいちじるしくとぼしく $Ca \cdot Fe \cdot Al$ に富む．また REE に富むこともある．X には $Ca \cdot Fe^{2+} \cdot Mn \cdot Ce \cdot La \cdot Y \cdot Th$ などがはいる．Y は $Al \cdot Fe^{3+} \cdot Ti$，Z は Si などでしめられる．

　変成岩にふくまれる緑レン石の多くは，ゾイサイト ($Ca_2(Al,Fe^{3+})Al_2O \cdot OH \cdot Si_2O_7 \cdot SiO_4$)・緑レン石 ($Ca_2(Fe^{3+},Al)Al_2O \cdot OH \cdot Si_2O_7 \cdot SiO_4$)・ピーモンタイト ($Ca_2(Mn^{3+},Fe^{3+},Al)_3O \cdot OH \cdot Si_2O_7 \cdot SiO_4$)・アラナイト (($Ca,Mn,Ce,La,Y)_2(Fe^{2+},Fe^{3+},Al)_3O \cdot OH \cdot Si_2O_7 \cdot SiO_4$) を端成分とす

る固溶体.

　緑レン石は広い範囲の温度・圧力下で形成され，さまざまな変成岩にみられる変成鉱物であるが，Ca に富むことから，一般にマフィック変成岩・石灰珪質岩・変成炭酸塩岩などにに多くふくまれる．Fe に富む緑レン石は，緑色片岩相・角閃岩相の低温部の変成岩にみられ，ゾイサイトは青色片岩相・エクロジャイト相などの高圧変成岩にみられる．'ゾイサイト＋ランショウ石＋石英'の鉱物組合せは，超高圧変成岩にもまれにみられる．

11.2　堆積岩起源の広域変成岩

11.2.A　泥質変成岩

原岩の特徴　泥質変成岩は，多くの変成岩分布域にみられる代表的な変成岩で，泥岩・頁岩などの砕屑性堆積岩（泥質岩）を原岩としている．泥質岩は一般に Al_2O_3 に富む粘土鉱物（スメクタイト・カオリナイト）や続成作用の過程で形成された層状珪酸塩鉱物（絹雲母・パラゴナイト）を多くふくむので，化学組成上は，$SiO_2 \cdot Al_2O_3 \cdot FeO \cdot MgO \cdot K_2O \cdot H_2O$ などに富む．

変成岩の特徴　泥質変成岩には原岩の化学組成を反映して，石英がふくまれることが多く，K に富む雲母や Al に富むアルミノ珪酸塩鉱物（ランショウ石・珪線石・紅柱石）も多く形成される．緑泥石‐白雲母片岩・スティルプノメレーン‐白雲母片岩・十字石‐ザクロ石片岩・黒雲母‐白雲母片麻岩・ザクロ石‐キンセイ石‐珪線石片麻岩・ザクロ石‐斜方輝石グラニュライトなどはよく知られた泥質変成岩である．ここでは変成相や変成作用のタイプ別に代表的な泥質変成岩についてのべる．

11.2.A-a　極低温の泥質変成岩

　極低温の変成作用を概観したうえで，この変成作用で形成された粘板岩・千枚岩の特徴をのべる．

11.2.A-a1　変成作用の概観

　200～350℃程度の極低温の変成作用をうけた泥質変成岩からなる変成帯は，アンキ帯（anchizone）・エピ帯（epizone）ということがある（Kübler, 1967, 1968）．この変成作用は堆積岩が形成される続成作用と緑色片岩相などの低温変成作用の漸移的なものと位置づけられている．アンキ帯・エピ帯の境界は，温度約300℃・深度10～12 km と見積もられている（たとえば Merriman・Peacor, 1999）．アンキ帯・エピ帯に相当する温度-圧力範囲は，マフィック変成岩を基準にして区分される変成相の，フッ石相の一部，プレーナイト―アクチノライト相・プレーナイト―パンペリー石相およびパンペリー石―アクチノライト相の低圧部などの温度-圧力範囲に相当．

変成反応　続成作用～フッ石相の変成過程（温度が200℃以下，深度が7～8 km 以浅）で，原岩の泥質岩にふくまれていたスメクタイトなどの粘土鉱物はイライト・緑泥石に変化するので，アンキ帯・エピ帯にみられる粘板岩・千枚岩では，イライト・緑泥石などの膨潤性粘土鉱物（swelling clay mineral）の量比が増加すると同時にイライトの結晶化度（illite crystalinity）が増加する*．

＊：イライトの結晶に存在する，水などを吸収する膨潤層の割合が減少することを意味する．膨潤層がすくなくなるとX線回折ピークがより鋭くなることを利用して，イライトの結晶化度の評価がおこなわれている

182　11.　広域変成岩の記載的特徴

またアンキ帯の高温部では
　　　カオリナイト＋石英＝パイロフィライト＋H_2O　　　　　　　　　……(11.2.1)

の脱水反応がおこり，極低圧のエピ帯の高温部では
　　　パイロフィライト＝紅柱石＋石英＋H_2O　　　　　　　　　　　……(11.2.2)

の脱水反応がおこることもある．

　極低温の変成作用をうけた泥質変成岩には，有機物起源の炭質物がしばしばふくまれる．それらの結晶化度はちいさく，多くのものはX線回折でえられる(002)面の間隔(d 002)が大きく，完全な石墨にはなっていない．**石墨化度**(graphitizing degree)はd 002値とそのX線ピークの半値幅から計算され，その計算方法はTagiri(1981)が提案した．

　なお式11.2.1の反応を化学式であらわせば

$$Al_2Si_2O_5(OH)_4(カオリナイト)+2SiO_2(石英)=Al_2Si_4O_{10}(OH)_2(パイロフィライト)+H_2O$$

となる．このような脱水反応では，一般に温度が高くなると左辺から右辺へ反応が進行する．脱水反応にかぎらず，この本であつかった固相—固相反応や単一鉱物の分解反応などをしめす反応式では，温度あるいは圧力(または両方)が上昇すれば，反応は左辺から右辺へ進行し，これらが下降すれば右辺から左辺へ反応は進行する．そこで，たとえば式11.2.1の反応がおこったことをあらわす記述では，とくにことわらないかぎり，反応が左辺から右辺へ進行したことを意味する．反応が右辺から左辺へ進行するときの記述はそのように明記した．またこの本で使用した，変成鉱物の形成に関係した反応式では鉱物の化学式は省略した．

11.2.A-a2　代表的な岩石

粘板岩　黒～暗灰色の細粒・緻密な岩石で，へき開が顕著にみられ，板状にはがれやすい．極低温の変成作用で形成されるため，再結晶作用はあまりうけていない．そのため野外では非変成の堆積岩とされることもあるが，顕微鏡下の観察では多くの細粒の変成鉱物が形成されていることが確認できる．多くの粘板岩では，原岩の堆積構造が残存し，その解析から地層の上下判定なども可能である．

千枚岩　粘板岩よりも高温下で形成され，変形作用の影響も大きくなり，その結果，片理がみられるようになる．また縞状構造もみられるようになる．このように千枚岩は，粘板岩と結晶片岩の中間的な岩相をしめす(写真11-2)．

　粘板岩・千枚岩は，イライト・白雲母(フェンジャイト質：§4.3.C-a参照)・緑泥石・石英・長石(アルカリ長石・アルバイト)などからなり，炭質物・硫化物や，方解石・シデライトなどの炭酸塩鉱物と，パイロフィライトもふくまれる．パラゴナイト・マーガライトなどの雲母もふくまれることがある．粘板岩にみられる石英・長石は，原岩の泥質岩を構成し

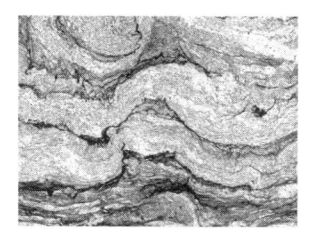

写真11-2　千枚岩(三重県鳥羽市三波川変成帯産；単ニコル・横幅約2mm)
　絹雲母・石墨に富む優黒層と絹雲母・石英からなる優白層が縞状構造をしめす

ていた砕屑物粒子であることも多い．鱗片状の雲母・緑泥石が定向配列し，顕著なレピドブラスティック組織をしめす（§10.1 参照）．

11.2.A-b　低変成度の泥質変成岩

　低変成度の変成作用を概観したうえで，この変成作用で形成された緑泥石‐白雲母片岩・白雲母‐黒雲母片岩・クロリトイド片岩・十字石片岩などの特徴をのべる．

11.2.A-b1　変成作用の概観

　ここでの低変成度は，プレーナイト―パンペリー石相の高温部・緑色片岩相（緑レン石角閃岩相の低圧部をふくむ）に相当する温度・圧力のものである．この変成度はバロウ型累進変成地域（§9.2.B 参照）の緑泥石帯・黒雲母帯・ザクロ石帯および十字石帯の低温部に相当．低変成度の泥質変成岩にふくまれるおもな変成鉱物は，緑泥石・白雲母・黒雲母・クロリトイド・アルミノ珪酸塩鉱物など．アルミノ珪酸塩鉱物に関しては，低圧下で形成された岩石のものは紅柱石で，高圧下で形成された岩石にはランショウ石がみられる．岩石の化学組成が MgO に富むときには，高圧下でタルクが，低圧下で緑泥石が形成されるようになる．泥質変成岩で十字石が最初にみられるのは緑色片岩相に相当する温度・圧力下である．

変成反応　低度変成作用がおこる温度・圧力下での泥質変成岩の形成には，つぎのような変成反応が関与すると考えられている．

$$\text{緑泥石} + \text{カリ長石} = \text{白雲母} + \text{黒雲母} + \text{石英} + H_2O \quad \cdots\cdots(11.2.3)$$
$$\text{緑泥石} + \text{パイロフィライト} = \text{クロリトイド} + \text{石英} + H_2O \quad \cdots\cdots(11.2.4)$$
$$\text{緑泥石} + \text{白雲母} = \text{クロリトイド} + \text{黒雲母} + \text{石英} + H_2O \quad \cdots\cdots(11.2.5)$$
$$\text{緑泥石} + \text{白雲母} + \text{石英} = \text{ザクロ石} + \text{黒雲母} + \text{石英} + H_2O \quad \cdots\cdots(11.2.6)$$
$$\text{クロリトイド} + \text{黒雲母} = \text{ザクロ石} + H_2O \quad \cdots\cdots(11.2.7)$$
$$\text{クロリトイド} + \text{黒雲母} + H_2O = \text{ザクロ石} + \text{緑泥石} \quad \cdots\cdots(11.2.8)$$
$$\text{クロリトイド} + \text{紅柱石（またはランショウ石）} = \text{十字石} + \text{緑泥石} + H_2O \quad \cdots\cdots(11.2.9)$$
$$\text{クロリトイド} = \text{十字石} + \text{ザクロ石} + \text{緑泥石} + H_2O \quad \cdots\cdots(11.2.10)$$

岩石が MgO に富む系では，以下のような反応がおこる．

$$\text{タルク} + \text{カリ長石} = \text{フロゴパイト} + H_2O \quad \cdots\cdots(11.2.11)$$
$$Mg\text{‐緑泥石} + \text{カリ長石} = \text{フロゴパイト} + \text{白雲母} + H_2O \quad \cdots\cdots(11.2.12)$$
$$\text{タルク} + \text{白雲母} = Mg\text{‐緑泥石} + \text{フロゴパイト} + H_2O \quad \cdots\cdots(11.2.13)$$

11.2.A-b2　代表的な岩石

緑泥石‐白雲母片岩　千枚岩よりも片理がよくみられる．一般に石墨が多くふくまれ黒色のことが多いため黒色片岩（black schist）ともいう．おもな主成分鉱物は千枚岩と同様に緑泥石・白雲母・石英・アルバイトで，石墨・アパタイト・電気石・スフェーン・方解石などをともなう．緑泥石と白雲母は共生し，まれにフェンジャイト成分に富む淡緑色の白雲母がふくまれる．アルバイトは絹雲母化していることもある．レピドブラスティック組織をしめす緑泥石・白雲母の多い薄層では，微小褶曲や微小褶曲の翼部にみられる褶曲軸面と平行なへき開（クレニュレーションへき開；crenulation cleavage）などの変形組織が観察されることも多い．このタイプの変成岩が，やや高温下の変成作用をうけると黒雲母が少量みられるようになり，緑泥石・白雲母‐黒雲母片岩となる．また三波川帯などでは Mn に富むザクロ石をふく

む，ザクロ石-緑泥石-白雲母片岩がみられる(写真11‐3)．

白雲母‐黒雲母片岩　緑泥石が安定でなくなる(式11.2.3の反応による)温度よりも，変成作用の温度がさらに高温になると，白雲母‐黒雲母片岩が形成される．この岩石はおもに白雲母・黒雲母・石英・斜長石などからなり，石墨・アパタイト・電気石・スフェーン・方解石・ジルコン・ザクロ石などをともなう．ザクロ石はスペサルティン成分をふくむパイロープ―アルマンディン系のもので，黒雲母と共生．原岩が Al_2O_3 に富む泥質岩では，紅柱石‐白雲母‐黒雲母片岩が形成され，これには空晶石状の紅柱石の斑状変晶がしばしばふくまれる(写真11‐4)．

　紅柱石は，後退変成作用の過程で白雲母に変化することが多い． Al_2O_3 ・MnOに富む特殊な化学組成の原岩のときは，ビリディン‐白雲母‐黒雲母‐ピーモンタイト片岩が形成される(写真11‐5)．この岩石は，淡桃色の基質に緑色のビリディンの斑状変晶がめだつという特徴をもつ．顕微鏡下では，ビリディンは黄緑～緑色の多色性をしめし，その多くは石英を包有しポイキロブラスティック組織をしめす．ザクロ石がふくまれるときには，その組成はスペサルティン成分に富み，ふくまれる白雲母もMnを多くふくむため淡桃色をしめすことがある．不透明鉱物のブラウン鉱もふくまれることがある．

クロリトイド片岩　クロリトイドができる固相―固相反応(式11.2.4あるいは式11.2.5)よりも高温下では，クロリトイド‐緑泥石‐白雲母片岩が形成される．この岩石では，緑泥石・白雲母に富む優黒質な薄層とクロリトイドをふくみ石英に富む優白質な薄層が，縞状構造を形成している．優黒質な薄層には黒雲母がふくまれることがある．アルバイト・石墨・鉄鉱鉱物などがふくまれることが多い．クロリト

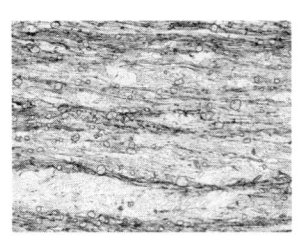

写真11-3　ザクロ石-緑泥石-白雲母片岩(高知県立川地域三波川変成帯産；薄片は石塚英男氏提供；単ニコル・横幅約2mm)
　緑泥石・白雲母・石英・アルバイトなどからなる基質に，細粒でイディオブラスティックなザクロ石の斑状変晶が点在する

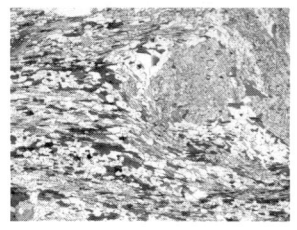

写真11-4　白雲母-黒雲母-紅柱石片岩(愛知県額田町領家変成帯産；薄片は浅見正雄氏提供；単ニコル・横幅約4.5mm)
　白雲母・黒雲母がレピドブラスティックに定向配列し，回転した紅柱石の斑状変晶がみられる

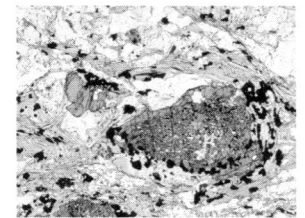

写真11-5　ビリディン-白雲母-黒雲母-ピーモンタイト片岩(北海道地方静内町日高変成帯幌尻オフィオライト帯産；単ニコル・横幅約4.5mm)
　淡桃色の白雲母が定向配列し，緑色のビリディンの斑状変晶は石英をポイキロブラスティックに包有する

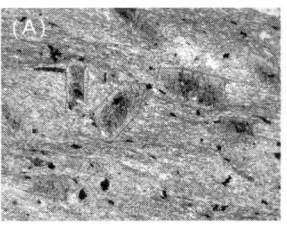

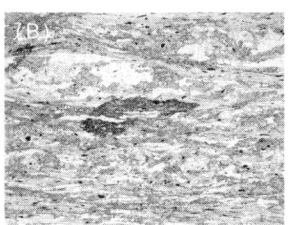

写真11-6 クロリトイド片岩
(A) 集片双晶をしめすイディオブラスティックなクロリトイドが片理をきって成長している(茨城県日立市産；単ニコル・横幅約4.5 mm)
(B) 片理と平行に配列するハイプイディオブラスティックなクロリトイドの斑状変晶(福井県荒島岳飛驒変成帯産；薄片は浅見正雄氏提供；単ニコル・横幅約4.5 mm)

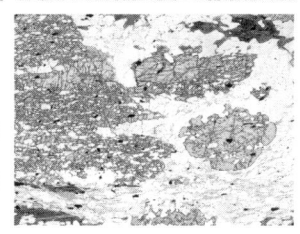

写真11-7 十字石-ザクロ石-黒雲母片岩(富山県宇奈月町宇奈月変成岩産；単ニコル・横幅約4.5 mm)
淡黄色の十字石は石英をポイキロブラスティックに包有し，スケルタル組織をしめす

イドの斑状変晶は一般に淡青色で集片双晶*をしめし，片理をきって成長することがある(写真11-6A)．また変形がいちじるしいときには，クロリトイドの自形性が弱まり，片理と平行になる(写真11-6B)．

*：polysynthetic twinning；双晶の1種．結晶粒中に多数の双晶がたがいに平行に集合

さらに高温下では式11.2.6～11.2.8の反応にもとづき，アルマンディン成分に富むザクロ石が形成されるようになる．その結果，含ザクロ石クロリトイド片岩が形成される．

十字石片岩 泥質変成岩にみられる十字石は，緑色片岩相の最高温部付近の温度・圧力下で，クロリトイドと紅柱石(またはランショウ石)の反応(式11.2.9)，あるいはクロリトイドの分解(式11.2.10)などで形成される．十字石をふくむ泥質変成岩には十字石-白雲母-緑泥石片岩などがある．この岩石には，ザクロ石・紅柱石のほかに，斜長石・石英・イルメナイト・アパタイト・ジルコン・電気石などもふくまれる．十字石片岩が高圧下で形成されたときは，紅柱石のかわりにランショウ石がみられる．淡黄～黄色の十字石の斑状変晶は，ポイキロブラスティック組織あるいはスケルタル組織をしめすことがあり，このとき十字石は細粒の斜長石・石英を包有する(写真11-7)．

緑色片岩相の低圧・高温部と角閃岩相との境界付近の温度・圧力下では，ザクロ石と緑泥石の反応により十字石・黒雲母が形成されることにより，十字石片岩に黒雲母がみられるようになる．このような結晶片岩に十字石-ザクロ石-黒雲母片岩がある(写真11-7)．

11.2.A-c 高変成度の泥質変成岩

高変成度の変成作用を概観したうえで，この変成作用で形成された変成岩の代表的な例として，十字石-ランショウ石片麻岩・ザクロ石-黒雲母片麻岩・ザクロ石-キンセイ石-黒雲母片麻岩・ザクロ石-斜方輝石-キンセイ石片麻岩・ザクロ石-珪線石-スピネル-キンセイ石片麻岩についてのべる．

11.2.A-c1 変成作用の概観

ここでの高変成度は，角閃岩相とグラニュライト相に相当する温度・圧力のもの

である．この変成度はバロウ型累進変成地域（§9.2.B 参照）の十字石帯の高温部・十字石―ランショウ石帯・珪線石帯・珪線石―カリ長石帯に相当．高変成度の泥質変成岩にふくまれる重要な変成鉱物は，十字石・キンセイ石・ザクロ石・スピネル・斜方輝石・アルミノ珪酸塩鉱物など．アルミノ珪酸塩鉱物のうち紅柱石または珪線石は，おもに低圧下で形成される岩石にみられ，ランショウ石または珪線石はおもに中〜高圧下で形成されるものにみられる．

変成反応 十字石は，式 11.2.9 の反応などで形成され，角閃岩相の低温部に相当する温度・圧力下では安定に存在するが，角閃岩相の中〜高温部の温度・圧力下ではつぎの反応がおこるので，十字石は不安定になって分解し，ザクロ石・キンセイ石・アルミノ珪酸塩鉱物などが安定となる．

$$\text{十字石} + \text{緑泥石} = \text{黒雲母} + \text{アルミノ珪酸塩鉱物} + H_2O \quad \cdots\cdots(11.2.14)$$

$$\text{十字石} = \text{ザクロ石} + \text{黒雲母} + \text{アルミノ珪酸塩鉱物} + H_2O \quad \cdots\cdots(11.2.15)$$

$$\text{十字石} + \text{石英} = \text{ザクロ石} + \text{キンセイ石} + \text{アルミノ珪酸塩鉱物} + H_2O \quad \cdots\cdots(11.2.16)$$

$$\text{十字石} = \text{ザクロ石またはキンセイ石} + \text{スピネル} + \text{アルミノ珪酸塩鉱物} + H_2O$$
$$\cdots\cdots(11.2.17)$$

昇温期変成作用の過程で式 11.2.15〜11.2.17 の反応がおこるときは，ザクロ石・キンセイ石に十字石が残留鉱物として包有されることがある．珪線石―カリ長石帯（グラニュライト相の低温部；§9.1 参照）では，つぎの反応で白雲母と石英が反応してカリ長石・珪線石がみられるようになる．

$$\text{白雲母} + \text{石英} = \text{カリ長石} + \text{珪線石} + H_2O \quad \cdots\cdots(11.2.18)$$

一般にこの反応がおこる温度付近からグラニュライト相の変成度になるとみなされているが，低圧下ではこの反応は角閃岩相の高温部でもおこる．ただし，そのときにはカリ長石・紅柱石・H_2O が形成される．角閃岩相の高温部（約 650℃）〜グラニュライト相の低温部に相当する温度では，つぎの反応がおこってザクロ石・キンセイ石・斜方輝石が形成される．

$$\text{黒雲母} + \text{珪線石} + \text{石英} = \text{ザクロ石} + \text{キンセイ石} + \text{カリ長石} + H_2O \quad \cdots\cdots(11.2.19)$$

$$\text{黒雲母} + \text{ザクロ石} = \text{斜方輝石} + \text{キンセイ石} + \text{カリ長石} + H_2O \quad \cdots\cdots(11.2.20)$$

式 11.2.20 は，輝石ホルンフェルス相のような極低圧部の圧力で形成される泥質変成岩でもみられる反応である．グラニュライト相の高温で比較的低圧下では，つぎの反応がおこる．

$$\text{ザクロ石} + \text{珪線石} = \text{キンセイ石} + \text{スピネル} \quad \cdots\cdots(11.2.21)$$

十字石が不安定になる温度よりも高温下では，泥質変成岩が部分溶融し，カコウ岩質のメルトが生成される可能性がある．そのとき，ザクロ石・斜方輝石をふくむ泥質変成岩が溶残り岩となるであろう．部分溶融にかかわる変成鉱物の反応については，式 8.5.1〜8.5.7 にしめした（§8.5 参照）．

以上のような高変成度の変成過程でおこる再結晶作用で形成された泥質変成岩は，黒雲母・ザクロ石・キンセイ石・アルミノ珪酸塩鉱物などをふくむ片麻岩となることが多い．とくにグラニュライト相に相当する温度・圧力下で形成された岩石（片麻岩・グラニュライトなど）には斜方輝石もしばしばみられるようになる．また

ザクロ石・スピネル・珪線石・キンセイ石などの無水鉱物のみからなる片麻岩もみられる.

11.2.A-c2 代表的な岩石

十字石-ランショウ石片麻岩 角閃岩相の高圧部に相当する変成度の十字石―ランショウ石帯(バロウ型累進変成地域)を特徴づける泥質片麻岩. おもな主成分鉱物は十字石・ランショウ石・白雲母・斜長石・石英で, まれにごく少量の黒雲母をふくむ. 斜長石は, 細粒の白雲母・石英をポイキロブラスティックに包有する(写真11-8). この岩石には'十字石+石英'の鉱物組合せがみられることから, 式11.2.14～11.2.17の反応がおこる温度よりも低温下で形成された変成岩とみなされる. より高温下では十字石が不安定になるので(式11.2.14～11.2.17), ザクロ石-ランショウ石片麻岩(garnet‐kyanite gneiss)が形成される(写真11‐9).

ザクロ石-黒雲母片麻岩 緑色片岩相～角閃岩相に相当する温度・圧力下で形成される一般的な泥質変成岩. おもな主成分鉱物は黒雲母・ザクロ石・斜長石・石英で, まれにカリ長石をふくむ. イルメナイト・磁硫鉄鉱・アパタイト・ジルコン・電気石・石墨などをともなう. 黒雲母に富む優黒質の薄層と, 石英・長石に富む優白質の薄層が縞状構造をしめすのが, この岩石の岩相上の大きな特徴. ザクロ石の斑状変晶は, 石英・珪線石をポイキロブラスティックに包有することがある. この岩石が変形作用を強くうけているときには, スパイラル組織をしめすザクロ石の周囲に, 黒雲母・石英などからなるプレッシャーシャドーをともなうことがある. 優黒質の薄層の黒雲母は片麻状組織にそって定向配列する(写真11‐10).

ザクロ石-キンセイ石-黒雲母片麻岩 式11.2.14～11.2.17の反応がおこる温度よりもかなり高温下で形成される. この片麻岩は, さらに高温下でも形成される(式11.2.18と式11.2.19の反応がおこり, 白雲母・黒雲母が不安定になる温度). すなわち, この片麻岩は角閃岩相～グラニュライト相の広い範囲の温度下で形成されるということである. おもな主成分鉱物はザクロ石・キンセイ石・黒雲母・斜長石・カリ長石・石英で, 副成分鉱物は鉄鉱鉱物・磁硫鉄鉱・アパタイト・ジルコン・モナザイト・石墨など. 珪線石がふくまれるときは, 黒雲母と共生したりザクロ石に

写真11-8 十字石-ランショウ石片麻岩(イタリア共和国アオスタ産;単ニコル・横幅約4.5 mm)
淡黄色の十字石とランショウ石が接触(中央)

写真11-9 ザクロ石-ランショウ石片麻岩(インド南部カリムナガール産;単ニコル・横幅約4.5 mm)
ザクロ石の斑状変晶は緑泥石を包有し, ランショウ石と接触している. 基質には白雲母がレピドブラスティックに配列

写真11-10 ザクロ石-黒雲母片麻岩(北海道地方浦河町日高変成帯産;単ニコル・横幅約4.5 mm)

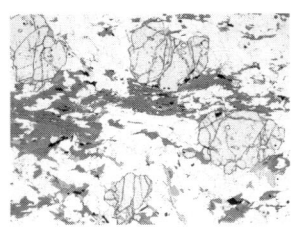

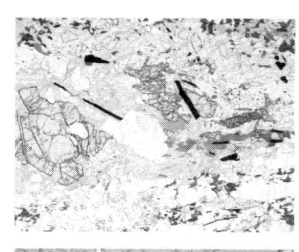

写真 11-11 ザクロ石-キンセイ石-黒雲母片麻岩(ベトナム社会主義共和国コントゥム地塊産；単ニコル・横幅約 4.5 mm)
ザクロ石の斑状変晶(中央)の周囲にキンセイ石があり、キンセイ石の一部は細粒の緑色スピネルや珪線石をふくむ

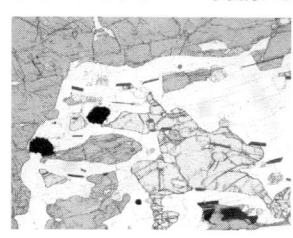

写真 11-12 ザクロ石-斜方輝石-キンセイ石グラニュライト(インド南部マドゥライ岩体産；単ニコル・横幅約 4.5 mm)
淡緑～淡赤色の多色性をしめす斜方輝石とハイプイディオブラスティックなザクロ石の斑状変晶がみられ、基質はキンセイ石・斜長石・カリ長石・石英からなる

包有されたりする．

ザクロ石は Mn・Ca にとぼしいパイロープ―アルマンディン系のもので、十字石・石英などをポイキロブラスティックに包有したり、緑色のスピネル(ヘルシナイト)・珪線石と共生したりすることがある．このようなザクロ石とほかの鉱物との包有・共生関係は、昇温期変成作用の過程で、式 11.2.16・式 11.2.17 の反応がおこったことの証拠をしめしているといえよう．ザクロ石を取りかこむようにキンセイ石がみられることがある．このキンセイ石はスピネル(ヘルシナイト)とシンプレクタイトを形成することが多い(写真 11-11)．これは昇温期または減圧期に、式 11.2.21 の反応にもとづいて形成されたことをしめしている．

ザクロ石-斜方輝石-キンセイ石片麻岩 グラニュライト相の高温部に相当する温度・圧力下で形成される片麻岩で、片麻状組織がみられないで、グラノブラスティック組織をしめすときはザクロ石-斜方輝石-キンセイ石グラニュライトという．おもな主成分鉱物はザクロ石・斜方輝石・キンセイ石・斜長石・カリ長石・石英で、イルメナイト・ルチル・ジルコン・モナザイト・アパタイト・石墨などを少量ふくむ．ザクロ石は不定形をしめすことが多く、式 11.2.20 の反応後の残留鉱物とみなされる．黒雲母がふくまれるときは、それは後退変成期の変成反応で形成されたものと考えられる(写真 11-12)．

ザクロ石-珪線石-スピネル-キンセイ石片麻岩 式 11.2.19・式 11.2.20 の反応がおこる温度よりも高温のグラニュライト相に相当する温度・圧力下で形成される．グラノブラスティック組織をしめすことが多く、そのときはコンダライト質グラニュライト(khondalitic granulite)ともいう．おもな主成分鉱物はザクロ石・珪線石・スピネル(ヘルシナイト)・キンセイ石・斜長石・カリ長石・石英などの無水鉱物のみからなる．スピネルはキンセイ石と共生するが、石英と接触することはない．副成分鉱物はイルメナイト・ジルコン・モナザイト・アパタイト・石墨など．黒雲母がふくまれるときはザクロ石に包有され、極細粒な鉱物としてみられる(写真 11-13)．また、このような高温下で形成された変成岩であるにもかかわらず、昇温期変成過程での残留鉱物をしめす十字石がザクロ石に包有されることがある．この片麻

写真 11-13 ザクロ石-珪線石-スピネル-キンセイ石片麻岩（スリランカ民主社会主義共和国ハイランド岩体産；単ニコル・横幅約 4.5 mm）

ザクロ石の斑状変晶の周囲に珪線石・スピネルをふくむキンセイ石がみられ，含水鉱物はふくまれない

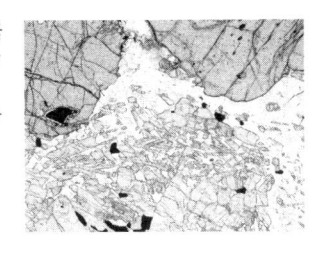

岩は泥質変成岩が部分溶融(式 8.5.4・式 8.5.5 参照)したのちに，溶残り岩として形成されることが多く，ミグマタイトの優黒質部などでもよくみられる．

11.2.A-d 超高温の泥質変成岩

ここでは超高温変成作用を概観したうえで，この変成作用で形成されたサフィリン-大隅石-ザクロ石-斜方輝石グラニュライト・サフィリン-ザクロ石-斜方輝石片麻岩・斜方輝石-珪線石-石英片麻岩などの泥質変成岩についてのべる．

11.2.A-d1 変成作用の概観

地殻内部に相当する圧力下でおこる変成作用でさまざまな広域変成岩が形成されるが，そのなかで超高温変成岩は最も高い変成温度下(900℃ 以上)で形成されたもの．東南極のナピア岩体などの超高温の泥質変成岩は，1,100℃ 以上の高温下で形成されたことがあきらかにされている．超高温変成岩は，圧力型で区分される変成相系列の中圧型系列の変成岩に相当するものが多い．このような温度・圧力下で形成された泥質変成岩を特徴づける変成鉱物には，Al に富む斜方輝石・サフィリン・大隅石などがある．また特徴的な鉱物組合せとしては，'スピネル+石英''ザクロ石+大隅石+石英''サフィリン+石英''斜方輝石+珪線石+石英'などがある．一般にザクロ石は Mg に富み，比較的低圧下で形成された岩石にはキンセイ石もみられる．アルミノ珪酸塩鉱物は珪線石である．一般に含水珪酸塩鉱物はふくまれないが，まれに F に富むフロゴパイトがみられる．

変成反応 ザクロ石-珪線石-スピネル-キンセイ石片麻岩などにみられる'ザクロ石+キンセイ石+珪線石'の鉱物組合せは，グラニュライト相の変成岩にもみられるが(§11.2.A-c2 参照)，800 MPa～1.1 GPa 程度の圧力下では，1,000℃ 以上の高温下で形成される変成岩にもみられる可能性がある(図 9-11 参照)．

しかし，さらに高温・高圧下では'ザクロ石+キンセイ石+珪線石'の鉱物組合せは，つぎの変成反応で超高温変成岩を特徴づける鉱物組合せに変化する．

ザクロ石+キンセイ石+珪線石=スピネル+石英	……(11.2.22)
ザクロ石+キンセイ石=斜方輝石+スピネル+石英	……(11.2.23)
ザクロ石+キンセイ石+珪線石=サフィリン+石英	……(11.2.24)
ザクロ石+キンセイ石=サフィリン+斜方輝石+石英	……(11.2.25)
ザクロ石+キンセイ石=斜方輝石+珪線石+石英	……(11.2.26)

これらの変成反応で形成される鉱物組合せのうち'スピネル+石英'は低圧・高温下で安定に存在し，'サフィリン+石英'は比較的高圧・高温下で安定である．そして'斜方輝石+珪線石+石英'は高圧下で安定(図 9-11 参照)．

岩石の化学組成が K_2O に富むときは，グラニュライト相に相当する温度・圧力下で安定であった'ザクロ石+キンセイ石+珪線石'は，式 11.2.22 の反応がおこる温度

よりもやや高温下で,つぎの反応がおこって大隅石をふくむ鉱物組合せに変化する.

キンセイ石＋斜方輝石＋カリ長石＋石英＝ザクロ石＋大隅石　……(11.2.27)
キンセイ石＋斜方輝石＋カリ長石＝サフィリン＋大隅石＋石英　……(11.2.28)

さらに高温下では,つぎの反応もおこる.

キンセイ石＋カリ長石＋石英＝サフィリン＋大隅石＋珪線石　……(11.2.29)

このとき大隅石が安定に存在できる圧力の範囲は,1.15 GPa 程度までと見積られている.'サフィリン＋石英'が安定な温度・圧力下では,つぎのような反応もおこる可能性がある.

ザクロ石＋サフィリン＝斜方輝石＋スピネル＋石英　……(11.2.30)
ザクロ石＋サフィリン＋珪線石＝スピネル＋石英　……(11.2.31)
斜方輝石＋珪線石＝ザクロ石＋サフィリン＋石英　……(11.2.32)
斜方輝石＋珪線石＋キンセイ石＝サフィリン＋石英　……(11.2.33)

これらの反応に関与する鉱物はほぼすべてが無水鉱物で,キンセイ石も H_2O ではなく CO_2 をふくむようになる.石英は針状のルチルを包有することが多く,肉眼で淡青～淡灰色をしめすようになる.斜方輝石・サフィリン・大隅石も針状のルチルを包有することがある.

11.2.A-d2　代表的な岩石

サフィリン-大隅石-ザクロ石-斜方輝石グラニュライト　この岩石は超高温下で形成された典型的なグラニュライト(写真11-14).一般に粗粒のグラノブラスティック組織をしめし,片麻状組織はみられない.この岩石は 1,050℃ 以上の温度下,800 MPa～1.0 GPa の圧力下で形成され,ザクロ石・サフィリンにみられる包有鉱物の種類などから昇温期変成作用の過程を推定できる.またさまざまな鉱物組合せからなるシンプレクタイトの解析から,後退変成作用の過程も推定できる.おもな主成分鉱物はザクロ石・サフィリン・斜方輝石・大隅石・珪線石・カリ長石・斜長石・石英などで,副成分鉱物はスピネル・ルチル・ジルコン・モナザイト・イルメナイト・スリランカイト($ZrTi_2O_6$)など.カリ長石はメソパーサイトとしてみられることもある.またFに富むフロゴパイトがふくまれることがある.

'キンセイ石＋斜方輝石＋カリ長石＋石英''キンセイ石＋斜方輝石＋カリ長石''キンセイ石＋カリ長石＋石英'などの鉱物組合せからなるシンプレクタイトがみられるが,これらは大隅石とザクロ石などの反応,あるいは大隅石とサフィリンなどの反応,すなわち式 11.2.27～11.2.29 で右辺から左辺にむかう反応(後退変成作用)で形成されたものと考えられる.

サフィリン-ザクロ石-斜方輝石片麻岩　900℃ 以上の温度下,900 MPa 以上の圧力下で形成.このタイプの片麻岩は,ザクロ石・斜方輝石・サフィリンに富む優黒質

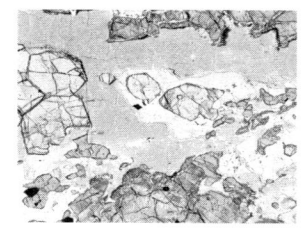

写真11-14　サフィリン-大隅石-ザクロ石-斜方輝石グラニュライト(東南極ナピア岩体産;単ニコル・横幅約 4.5 mm)
　斜方輝石(上下)は針状のルチルをふくむ.ザクロ石は中央.大隅石は多量の微細針状のルチルをふくむ.サフィリンは斑状変晶となり大隅石・カリ長石・石英からなる基質に点在

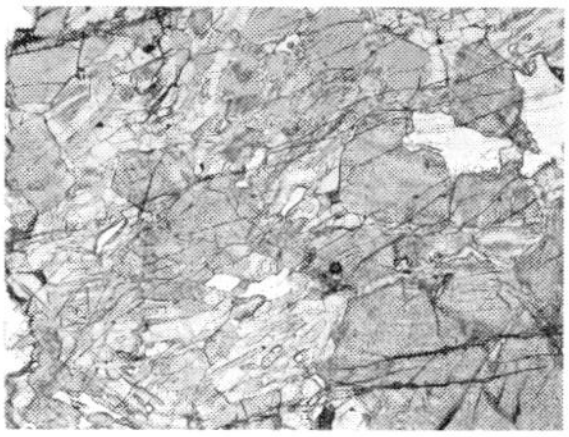

写真11-15 サフィリン-ザクロ石-斜方輝石片麻岩(東南極ナピア岩体産；単ニコル・横幅約4.5 mm)
斜方輝石の斑状変晶(右下)とのこりの大部分はザクロ石とサフィリンのシンプレクタイトからなる

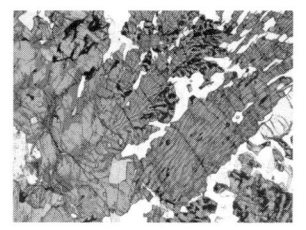

写真11-16 サフィリンと斜方輝石のシンプレクタイト(インド南部マドゥライ岩体産；単ニコル・横幅約4.5 mm)
Alに富む斜方輝石が後退変成過程で分解し、Alにとぼしい斜方輝石とサフィリンのシンプレクタイトを形成

写真11-17 斜方輝石・珪線石・キンセイ石のシンプレクタイト(東南極ナピア岩体産；単ニコル・横幅約4.5 mm)
サフィリンの斑状変晶の周囲に形成された、斜方輝石・珪線石・キンセイ石からなるシンプレクタイト。サフィリンとシンプレクタイトの境界部には、薄い珪線石モートがみられる。サフィリンは、緑色スピネルを包有している

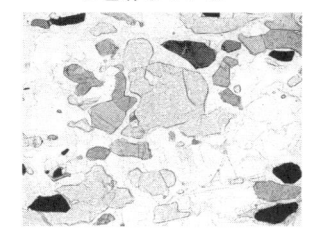

写真11-18 斜方輝石-珪線石-石英片麻岩(インド南部東ガート帯産；単ニコル・横幅約4.5 mm)
珪線石の斑状変晶(中央)の周囲に斜方輝石・スピネル・石英がみられる

層と、石英・長石に富む優白質層が縞状構造をしめすこともあるが、片麻状組織のみられない塊状のグラニュライトのこともある(写真11-15)。おもな主成分鉱物はザクロ石・斜方輝石・サフィリン・キンセイ石・カリ長石(メソパーサイト)・斜長石・石英で、副成分鉱物はルチル・ジルコン・モナザイト・イルメナイト・アパタイトなど。この片麻岩に石英がみられないで岩石全体が優苦質のときは、ザクロ石・斜方輝石・サフィリンに富み、スピネルをふくむようになる。

後退変成作用の影響強くうけているときは、Alに富む斜方輝石(Al_2O_3最大約12%)から離溶したサフィリンが、Alにとぼしい斜方輝石とともにシンプレクタイトを形成したり(写真11-16)、'サフィリン+斜長石'の鉱物組合せのシンプレクタイトも形成されたりする。石英をかなりふくむ、サフィリン-ザクロ石-斜方輝石片麻岩もしばしばみられるが、この岩石には後退変成作用の過程で、サフィリンと石英の反応(式11.2.32・式11.2.33で右辺から左辺へむかう反応)で形成されたと推定される'斜方輝石+珪線石±キンセイ石'の組合せからなるシンプレクタイトがみられる(写真11-17)。またザクロ石と石英の反応で形成されたと考えられる'斜方輝石+キンセイ石'のシンプレクタイトがしばしばみられる。

斜方輝石-珪線石-石英片麻岩 約1.1 GPa以上の比較的高圧下で形成される超高温の泥質変成岩(写真11-18)。これは比較的細粒な片麻岩で、片麻状組織が顕著に

みられることが多い．おもな主成分鉱物は斜方輝石・珪線石・スピネル（ヘルシナイト）・斜長石・カリ長石・石英で，副成分鉱物はイルメナイト・ジルコンなど．斜方輝石は淡赤〜淡青緑色の多色性をしめす．一般に斜方輝石・珪線石・石英が接触していることはまれで，これらの鉱物の周縁部には後退変成作用の過程で形成されたとみなされる，キンセイ石・ザクロ石がモート状（§8参照）にみられる．この片麻岩にはサフィリンがみられないことから，この岩石の変成温度は約1,050℃以下であったと推定される．

11.2.A-e 高圧〜超高圧の泥質変成岩

ここでは高圧〜超高圧下でおこる変成作用を概観したうえで，この変成過程で形成された，スティルプノメレーン-パンペリー石-ローソン石片岩・ローソン石-ランセン石-石英片岩・ザクロ石-クロリトイド-フェンジャイト片岩・ランショウ石-十字石-タルク-石英片岩などの泥質変成岩についてのべる．

11.2.A-e1 変成作用の概観

青色片岩相に相当する温度・圧力よりも低温・低圧下でおこる変成反応については，すでにのべたので（§11.2.A-a・§11.2.A-b参照），ここでは，おもに青色片岩相・エクロジャイト相の泥質変成岩と超高圧の泥質変成岩を形成した変成作用にかかわる変成反応についてのべる．このような高圧〜超高圧下で形成された泥質変成岩はあまり多くみられないが，タルク・緑泥石・フェンジャイト・ザクロ石・クロリトイド・十字石・ランショウ石・カルフォライト・ゾイサイト・マーガライト・パラゴナイト・ローソン石・ヒスイ輝石・アルバイト・石英・コーサイトなどの鉱物をふくむ変成岩が知られている．

これらの変成鉱物は化学組成の特徴から，Fe・Mgで特徴づけられるグループ（緑泥石・フェンジャイト・黒雲母・クロリトイド・十字石・タルクなど）と，Ca・Naで特徴づけられるグループ（アルバイト・アノーサイト・ゾイサイト・マーガライト・パラゴナイト・ローソン石・ヒスイ輝石など）に区分されるので，これらの鉱物を形成する変成反応の検討は，各グループごとになされている．

変成反応 Fe・Mgで特徴づけられる鉱物グループでは，青色片岩相からエクロジャイト相にかけて，変成温度が上昇するとともに，つぎのような反応がおこる．なおこのような変成相に相当する温度・圧力下では，泥質変成岩でもランセン石・ヒスイ輝石がみられる（§11.3参照）．

$$\text{緑泥石} + \text{フェンジャイト} = \text{黒雲母} + \text{クロリトイド} + H_2O \quad \cdots\cdots(11.2.34)$$
$$\text{緑泥石} + \text{カリ長石} = \text{タルク} + \text{フェンジャイト} + H_2O \quad \cdots\cdots(11.2.35)$$
$$\text{クロリトイド} + \text{ランショウ石} = \text{十字石} + \text{緑泥石} + H_2O \quad \cdots\cdots(11.2.36)$$
$$\text{クロリトイド} + \text{緑泥石} = \text{十字石} + \text{黒雲母} + H_2O \quad \cdots\cdots(11.2.37)$$
$$\text{緑泥石} = \text{タルク} + \text{ランショウ石} + \text{黒雲母} + H_2O \quad \cdots\cdots(11.2.38)$$
$$\text{十字石} = \text{ザクロ石} + \text{黒雲母} + \text{ランショウ石} + H_2O \quad \cdots\cdots(11.2.39)$$

これらの反応がおこる圧力範囲よりも高圧下では，つぎの反応がおこると考えられる．

$$\text{黒雲母} + \text{緑泥石} = \text{タルク} + \text{クロリトイド} + H_2O \quad \cdots\cdots(11.2.40)$$
$$\text{タルク} + \text{クロリトイド} = \text{黒雲母} + \text{ランショウ石} + H_2O \quad \cdots\cdots(11.2.41)$$
$$\text{クロリトイド} = \text{ザクロ石} + \text{黒雲母} + \text{ランショウ石} + H_2O \quad \cdots\cdots(11.2.42)$$

これまで知られているエクロジャイト相の最高圧部の泥質変成岩は，'パイロープ＋ランショウ石＋タルク＋フェンジャイト＋石英'の鉱物組合せをしめす．

一方，Ca・Naで特徴づけられる鉱物グループでは，青色片岩相の低圧部では'ゾイサイト＋マーガライト＋石英'の鉱物組合せが安定で，高圧部ではローソン石が安定か，あるいは'ヒスイ輝石＋石英'の鉱物組合せが安定になる．これらの鉱物組合せの変化は，低圧下から高圧下にむかっておこる，つぎのような反応にもとづいている．

アノーサイト＋H_2O＝ゾイサイト＋マーガライト＋石英 ……(11.2.43)
ゾイサイト＋マーガライト＋石英＋H_2O＝ローソン石 ……(11.2.44)
アルバイト＝ヒスイ輝石＋石英 ……(11.2.45)

エクロジャイト相に相当する温度・圧力下では'ゾイサイト＋ランショウ石＋石英'が安定に存在する．またパラゴナイトも，つぎの反応で形成される．

アノーサイト＋H_2O＝ゾイサイト＋ランショウ石＋石英 ……(11.2.46)
マーガライト＋石英＝ゾイサイト＋ランショウ石＋H_2O ……(11.2.47)
ローソン石＝ゾイサイト＋ランショウ石＋石英＋H_2O ……(11.2.48)
ランショウ石＋斜長石＋H_2O＝ゾイサイト＋パラゴナイト ……(11.2.49)
マーガライト＋石英＝ゾイサイト＋パラゴナイト＋H_2O ……(11.2.50)
ローソン石＋ヒスイ輝石＝ゾイサイト＋パラゴナイト ……(11.21.51)

超高圧変成作用をうけた泥質変成岩では，シリカ鉱物ではコーサイトをふくむようになり，無色にちかいパイロープ・ランショウ石・タルクなどもふくまれる．エクロジャイト相の約600〜700℃以上の温度下では，アルバイト・石英・パラゴナイト・ヒスイ輝石などが部分溶融反応をへて溶融するようになる．

なお上記の式11.2.45の反応のように，青色片岩相の高圧部・エクロジャイト相に相当する温度・圧力下では，ヒスイ輝石をふくむ変成岩が形成される．しかしヒスイ輝石-石英岩などは多くは，変成ハンレイ岩・角閃岩・エクロジャイトなどのマフィック変成岩が，Na_2Oの交代作用をうけて形成されたアルビタイト(albitite；曹長石岩)を原岩とする変成岩と考えられている(§11.3.B参照)．

11.2.A-e2 代表的な岩石

スティルプノメレーン-パンペリー石-ローソン石片岩 青色片岩相の低温・低圧部に相当するローソン石―アルバイト―緑泥石相の泥質変成岩で(写真11-19)，褐色のスティルプノメレーンに富む薄層，緑色で細粒のパンペリー石に富む薄層，ローソン石に富む薄層などが，片理にそって縞状構造をしめす．おもな主成分鉱物はスティルプノメレーン・パンペリー石・ローソン石・緑泥石・石英・アルバイトなどで，スティルプノメレーンに富む薄層には，極細粒のクロリトイドがふくまれる

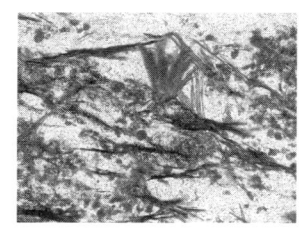

写真11-19 スティルプノメレーン-パンペリー石-ローソン石片岩(岡山県大佐山三郡―蓮華変成帯産；薄片は辻森　樹氏提供；単ニコル・横幅約2mm)

褐色のスティルプノメレーンと青緑色のパンペリー石や，極細粒のローソン石(中央)もみられる

写真 11-20　ローソン石-ランセン石-石英片岩(高知県高知市黒瀬川構造帯産；薄片は石塚英男氏提供；単ニコル・横幅約 2 mm)
　ランセン石は定向配列し，短冊状のローソン石は片理と直交方向をしめすものもみられる

写真 11-21　ザクロ石-クロリトイド-フェンジャイト片岩(イタリア共和国チニャーナ湖地域産；薄片は郷津知太郎氏提供；単ニコル・横幅約 4.5 mm)
　フェンジャイト・緑泥石がつくる片理と平行なクロリトイド(中央)がみられる

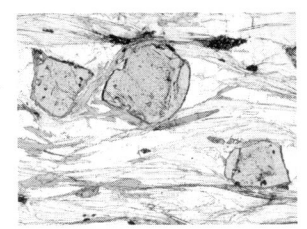

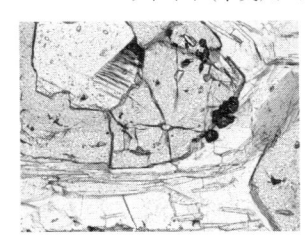

写真 11-22　コーサイトをふくむザクロ石の斑状変晶
(写真 11-21 と同一岩石；単ニコル・横幅約 2 mm)
　ザクロ石は斑状変晶中にコーサイトをふくむ

ことがある．スティルプノメレーンはレピドブラスティック組織をしめし，片理とほぼ平行に配列するが，ローソン石は定向配列しない．

ローソン石-ランセン石-石英片岩　青色片岩相を特徴づける泥質変成岩(写真 11-20)の 1 種．おもな主成分鉱物はランセン石・ローソン石・石英で，少量のヘマタイト・炭質物をふくむ．ランセン石の周縁部には緑泥石が形成されていることがある．石英に富む部分にみられるランセン石は自形結晶であることが多い．ランセン石は Fe に富み淡青紫～淡青色の多色性をしめす．ローソン石は細粒で短冊状の自形結晶である．やや低圧下で形成されたローソン石-ランセン石-石英片岩では，しばしばスティルプノメレーン・パンペリー石をふくむ．

ザクロ石-クロリトイド-フェンジャイト片岩　青色片岩相～エクロジャイト相の泥質変成岩の 1 種．おもな主成分鉱物はザクロ石・フェンジャイト・緑泥石・石英．ザクロ石の斑状変晶は，ポイキロブラスティックにルチル・石英などを包有する．基質には，長柱状で淡青紫色のクロリトイド・細粒のルチルもみられる(写真 11-21)．フェンジャイト・緑泥石はレピドブラスティック組織をしめし，縫合状の石英とともに片理を形成する．この岩石のザクロ石には，超高圧変成作用を証拠づけるコーサイト(図 4-12 参照)が包有されることがあり，コーサイトの周囲のザクロ石には特徴的な放射状クラックがみとめられる(写真 11-22)．ザクロ石にコーサイトが包有されることは，この岩石が超高圧下からエクロジャイト相に相当する圧力下へ圧力が低下してきた過程で形成されたことを示唆している．

11.2.B　砂質～珪質変成岩

　堆積岩起源の変成岩のなかで，石英に富む砂岩起源あるいはチャート起源の変成岩は，泥質変成岩よりも Al_2O_3・K_2O にとぼしく SiO_2 に富む．野外でみられるこれ

らの変成岩の産状などから，原岩が砂岩とわかるときには，それを原岩とする変成岩は砂質変成岩あるいは変成砂岩という(§7.1.B参照)．砂質変成岩で雲母などに比較的富むときは準泥質変成岩(semipelitic metamorphic rock)ということもある．砂質変成岩は石英・長石を多くふくむので石英長石質変成岩ともいう(§7.1.A参照)．石英に富むものを珪質変成岩，そのなかで，変成チャートやのように石英にいちじるしく富むときは珪岩ということもある(§7.1.B参照)．

砂質～珪質変成岩と泥質変成岩にふくまれる変成鉱物の種類と量比に関しては，石英が後者よりも前者に多くふくまれる点をのぞくと類似しているので，砂質～珪質変成岩の変成作用は，石英以外の変成鉱物の出現と消滅にかかわる変成反応にもとづき検討される．そのときに泥質変成岩の変成鉱物にみられる変成反応(§11.2.A参照)の多くを適用できる．したがって，ここでは砂質～珪質変成岩の代表例について紹介するのみとする．

11.2.B-a 低変成度の砂質～珪質変成岩

フッ石相・プレーナイト―パンペリー石相の低温部に相当する温度・圧力下にある砂質岩には，変成作用の影響がほとんどみられないことから，これらは非変成の砂岩としてあつかわれることが多い．

一方，プレーナイト―パンペリー石相の高温部から緑色片岩相に相当する温度・圧力下では，泥質変成岩と同様に，砂質変成岩にもプレーナイト・パンペリー石・緑泥石・フェンジャイト・スティルプノメレーンなどの変成鉱物が形成される．このような温度・圧力下で形成される砂質変成岩にはスティルプノメレーン-石英片岩などが，また珪質変成岩岩には含ザクロ石珪岩(garnet - bearing quartzite)などがある．

スティルプノメレーン-石英片岩 プレーナイト―パンペリー石相～青色片岩相低圧部の砂質変成岩．おもな主成分鉱物はスティルプノメレーン(Feに富む)・緑泥石・石英・方解石で，アパタイト・マグネタイトを少量ふくむ(写真11-23)．レピドブラスティック組織をもつスティルプノメレーン，緑泥石に富む薄層，石英や方解石に富む薄層などが縞状組織を形成する．

含ザクロ石珪岩 緑色片岩相に相当する変成作用をうけた変成チャートで，ほとんどが石英からなる．微量にふくまれる鉱物は，極細粒のザクロ石・白雲母・緑泥石・アパタイトなどで，これらは石英の粒間にみられる(写真11-24)．石英はグラノブラスティック組織をしめし，顕著な片理・片麻状組織はみられない．なお，この

写真11-23 スティルプノメレーン-石英片岩(埼玉県長瀞町三波川変成帯産；単ニコル・横幅約4.5 mm)
片理と平行に配列した緑褐色のスティルプノメレーンがみられ，優白質層は石英・方解石などからなる

写真11-24 含ザクロ石珪岩(香川県詫間町領家変成帯産；直交ニコル・横幅約2 mm)
極細粒のザクロ石・白雲母(中央)とその周囲の石英粒の境界には縫合組織がみられる

岩石をふくむ多くの珪岩では，昇温期・降温期変成作用の変成反応をみいだすことはむずかしい．

11.2.B-b　高変成度の砂質〜珪質変成岩

　砂質〜珪質変成岩は一般に石英に富むが，これらのうち角閃岩相・グラニュライト相に相当する温度・圧力下で形成されたものや超高温変成岩に相当するものでは，同様な温度・圧力下で形成された泥質変成岩と類似の鉱物組合せがみられる．ここでは珪線石-ザクロ石-石英片麻岩(sillimanite - garnet - quartz gneiss)・ザクロ石-黒雲母珪岩(garnet - biotite quartzite)・サフィリン-石英グラニュライト(sapphirine - quartz granulite)について説明する．これらはいずれも石英に富む岩石である．

珪線石-ザクロ石-石英片麻岩　角閃岩相の高温部に相当する温度・圧力下で形成される砂質片麻岩．おもな主成分鉱物は石英・珪線石・ザクロ石・黒雲母・斜長石で，副成分鉱物はイルメナイト・ジルコン・モナザイトなど(写真11-25)．針状の珪線石・黒雲母は定向配列し，基質の石英はグラノブラスティック組織をしめす．この砂質片麻岩は，黒雲母・斜長石・カリ長石に富み，ザクロ石・キンセイ石をふくむ泥質片麻岩としばしば互層状に産出する．

ザクロ石-黒雲母珪岩　グラニュライト相に相当する変成作用をうけたK_2Oにやや富む変成チャート．おもな主成分鉱物として石英を多くふくみ，ザクロ石・黒雲母・カリ長石を少量ふくむ．副成分鉱物はイルメナイト・ルチル・ジルコンなど(写真11-26)．緑色片岩相の珪岩(写真11-24参照)と同様に，基質のほとんどがグラノブラスティック組織をしめす石英からなるが，カリ長石もふくまれる．細粒のザクロ石・黒雲母は石英の粒間にみられ，片理をしめすような定向配列はみられない．

サフィリン-石英グラニュライト　超高温変成作用で形成された典型的な珪質の変成岩(写真11-27)．他形のサフィリンの斑状変晶，あるいは`サフィリン+ザクロ石

写真11-25　珪線石-ザクロ石-石英片麻岩(ベトナム社会主義共和国コントゥム地塊産；単ニコル・横幅約4.5mm)
　石英からなる基質中に，細粒のザクロ石．珪線石の斑状変晶がみられる．少量の黒雲母もみとめられる

写真11-26　ザクロ石-黒雲母珪岩(スリランカ民主社会主義共和国ハイランド岩体産；単ニコル・横幅約4.5mm)
　細粒のザクロ石(左上)と極細粒の黒雲母(下)がみられる．周囲は縫合組織をしめす石英

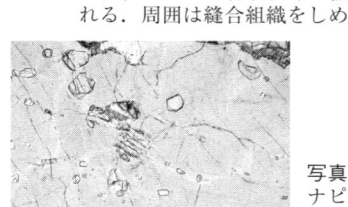

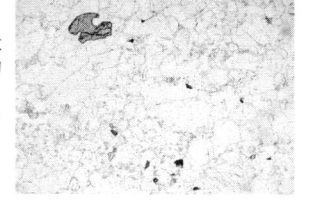

写真11-27　サフィリン-石英グラニュライト(東南極ナピア岩体産；単ニコル・横幅約4.5mm)
　多量の微細針状のルチルを包有する石英からなる基質中に，ザクロ石・サフィリンが点在

+石英'の鉱物組合せからなるシンプレクタイト状の集合がみられる．そのほかにルチル・ジルコン・アパタイトもふくまれる．基質はすべて石英からなり，石英には多くの細針状のルチルが包有されている．

サフィリンは'斜方輝石＋珪線石±キンセイ石'の鉱物組合せからなるシンプレクタイトに取りかこまれることがある(写真11-17参照)．これは後退変成過程で，式11.2.32あるいは式11.2.33の右辺から左辺への反応がおこったことを示唆している．ザクロ石と共生するサフィリンの斑状変晶には，斜方輝石・スピネルが包有されている．このような変成鉱物の共生・包有関係は，式11.2.30の右辺から左辺へむかう反応がおこったことを示唆している．

11.2.B-c 高圧の砂質〜珪質変成岩

ここでは青色片岩相・エクロジャイト相に相当する変成作用で形成されたリーベッカイト－緑レン石－ザクロ石－石英片岩・ピーモンタイト－白雲母－ザクロ石－石英片岩・エジリン－ローソン石－石英岩・ザクロ石－オンファス輝石－石英エクロジャイトなどの砂質〜珪質変成岩についてのべる．

リーベッカイト－緑レン石－ザクロ石－石英片岩　青色片岩相のやや低圧部に相当する温度・圧力下で形成された砂質変成岩で，'リーベッカイト＋緑レン石'の鉱物組合せで特徴づけられる．おもな主成分鉱物はリーベッカイト・緑レン石・ザクロ石で，ほかに石英・フェンジャイトをふくむ(写真11-28)．リーベッカイト・緑レン石・フェンジャイトは片理にそって定向配列し，基質の石英はひきのばされてリボン状組織をしめす．細粒ザクロ石の斑状変晶はほぼ自形で，ポイキロブラスティックにマグネタイトを包有する．淡青色のMgに富むリーベッカイトは，結晶の中心部では無色のランセン石のことがあり，このランセン石はザクロ石をポイキロブラスティックに包有することがある．

ピーモンタイト－白雲母－ザクロ石－石英片岩　青色片岩相に相当する温度・圧力下で形成されたMnOに富む砂質〜珪質変成岩(写真11-29)．おもな主成分鉱物はピーモンタイト・白雲母・ザクロ石・石英で，電気石・ブラウン鉱・ヘマタイトなどもふくむ．白雲母・ザクロ石・電気石もすべてMnに富み，白雲母は淡桃色．基質の石英は細粒化し縫合組織をしめし，白雲母・ピーモンタイトは片理にそってレピドブラスティックに定向配列する．ザクロ石は自形で，石英を包有する．

エジリン－ローソン石－石英岩　青色片岩相に相当する温度・圧力下で形成された

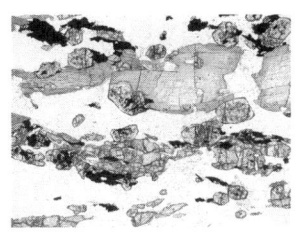

写真11-28　リーベッカイト-緑レン石-ザクロ石-石英片岩(徳島県徳島市三波川変成帯産；単ニコル・横幅約4.5 mm)
　リーベッカイトと接触してイディオブラスティックなザクロ石

写真11-29　ピーモンタイト-白雲母-ザクロ石-石英片岩(イタリア共和国チニャーナ湖地域産；薄片は郷津知太郎氏提供；単ニコル・横幅約4.5 mm)
　ピーモンタイト・白雲母は定向配列し，イディオブラスティックなザクロ石の斑状変晶は回転していることがある

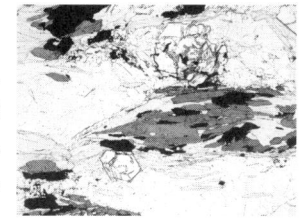

写真 11-30　エジリン-ローソン石-石英岩(高知県高知市産黒瀬川構造帯；薄片は石塚英男氏提供；単ニコル・横幅約 4.5 mm)
　左上はランセン石-ローソン石片岩(変成玄武岩)．'エジリン＋ローソン石＋石英'組合せは片理をきって形成された変成石英脈みられることが多い

写真 11-31　ザクロ石-オンファス輝石-石英エクロジャイト(愛媛県土居町産三波川変成帯；単ニコル・横幅約 4.5 mm)
　オンファス輝石の周囲に，極細粒の淡青緑色ホルンブレンド・アルバイト・ゾイサイトからなるシンプレクタイトがみられる

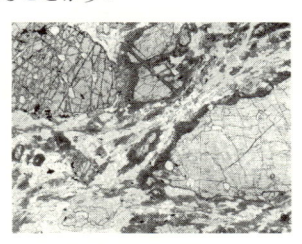

変成玄武岩(ランセン石-ローソン石片岩)に変成石英脈としてみられる岩石(写真 11-30)．いわゆる堆積岩起源の変成岩とはことなるが，この岩石と石英長石質の変成堆積岩とでは，鉱物の種類と岩石の形成にかかわる変成反応などで類似している点が多い．この変成石英脈は，周囲の変成玄武岩(ランセン石-ローソン石片岩)の片理を斜めにきって形成され，ポストキネマティックな変成作用をしめしているが，ランセン石-ローソン石片岩と同様に青色片岩相の変成作用をうけている．この変成石英脈はエジリン・ローソン石・石英・ランセン石からなり，ローソン石はこの石英脈と直交方向に成長している．エジリンは濃緑色の針状結晶で，変成石英脈とランセン石-ローソン石片岩の境界部から石英脈に放射状に成長している．

ザクロ石-オンファス輝石-石英エクロジャイト　エクロジャイト相の典型的タイプの砂質変成岩(写真 11-31)．おもな主成分鉱物はザクロ石・オンファス輝石・石英・パラゴナイト・フェンジャイトなどで，ザクロ石は石英をポイキロブラスティックに包有する．淡緑色のオンファス輝石・雲母は，片麻状組織にそって定向配列する．ザクロ石・オンファス輝石の周囲には，後退変成作用で形成されたとみられる，極細粒の淡青緑色ホルンブレンド・アルバイト・ゾイサイトからなるシンプレクタイトがみられる．

11.2.C　変成炭酸塩岩〜石灰珪質岩

おもに炭酸塩鉱物からなる変成岩で，石灰岩を原岩とするマーブル(方解石マーブル)と，ドロマイト岩を原岩とするドロマイトマーブルがある(§7.3 参照)．

しかし石灰岩・ドロマイト岩には，チャート・ヘマタイトなどの沈殿堆積物，あるいは砂・泥などの砕屑物粒子が多量に混入していることが多い．このように石灰岩・ドロマイト岩の化学組成上の不純度(impurity)が増大したときには，石灰質堆積岩(石灰質泥岩あるいはマール)といい，これらが変成作用をうけると石灰珪質岩(§7.1.B 参照)が形成される．

石灰珪質岩は方解石・ドロマイト・石英のほかに，ディオプサイド・グロシュラー・トレモライト・ゾイサイト・ウォラストナイト・スカポライト・ヒューマイト・スピネル・カンラン石・フロゴパイトなどの $Ca \cdot Fe \cdot Mg \cdot Al$ に富む鉱物をふくむ．これらのうちどのような鉱物が出現するかは，原岩の化学組成や変成作用の温度・圧力のほかに，岩石に存在する流体の CO_2 の割合($H_2O + CO_2$ にたいする CO_2 の分子

比をさし，X_{CO_2}であらわす）などに大きく依存している．

11.2.C - a 変成炭酸塩岩

ここでは変成炭酸塩岩を形成した変成作用を概観したうえで，この変成過程で形成された，方解石マーブル・トレモライト - フロゴパイト - ヒューマイトマーブル (tremolite - phlogopite - humite marble)・カンラン石 - スピネルマーブル (olivine - spinel marble)などについてのべる．

11.2.C - a1 変成作用の概観

純粋な石灰岩が変成作用をうけたときは，方解石のみからなるマーブル（方解石マーブル）が形成される．しかし原岩の石灰岩に石英がふくまれるときは，変成度やX_{CO_2}のちがいに対応して，方解石以外の変成鉱物もみられるようになり，その結果，不純なマーブル (impure marble) が形成される．中圧型系列の変成相に相当する温度・圧力下で形成される不純なマーブルでは，温度・圧力が上昇するにしたがい，安定な鉱物組合せはつぎのように変化する．

方解石 + ドロマイト + 石英 → タルク（緑色片岩相）→ トレモライト + ディオプサイド（角閃岩相）

X_{CO_2}がちいさいときにかぎって，グラニュライト相に相当する温度・圧力下でカンラン石・ウォラストナイトがみられるようになる．

変成反応 不純なマーブルではX_{CO_2}がちいさいとき(<0.2)は，温度上昇にともないつぎの反応がおこる．

ドロマイト + 石英 + H_2O = タルク + 方解石 + CO_2	……(11.2.52)
タルク + 方解石 = トレモライト + ドロマイト + CO_2 + H_2O	……(11.2.53)
タルク + 方解石 + 石英 = トレモライト + CO_2 + H_2O	……(11.2.54)
ドロマイト + トレモライト = 方解石 + カンラン石 + CO_2 + H_2O	……(11.2.55)
方解石 + トレモライト = ドロマイト + ディオプサイド + CO_2 + H_2O	……(11.2.56)
方解石 + トレモライト + 石英 = ディオプサイド + CO_2 + H_2O	……(11.2.57)
ドロマイト + ディオプサイド = 方解石 + カンラン石 + CO_2	……(11.2.58)
方解石 + 石英 = ウォラストナイト + CO_2	……(11.2.59)

一方，X_{CO_2}が大きいとき(>0.8)は，比較的高温・高圧下(650〜700℃・700〜800 MPa)でつぎの反応がおこり，比較的単純な鉱物組合せのみが出現することになる．

ドロマイト + 石英 = ディオプサイド + CO_2 ……(11.2.60)

中程度のX_{CO_2}のときは，式11.2.56・式11.2.57の反応がおこる温度よりも低温下でつぎの反応がおこる．

ドロマイト + 石英 + H_2O = トレモライト + 方解石 + CO_2 ……(11.2.61)

これらの変成反応に関する温度-圧力-X_{CO_2}図を図11-1にしめした．低圧の変成相系列や接触変成作用に相当する温度・圧力下では，高温下で形成されるカンラン石（フォルステライト）・ウォラストナイトは広い範囲のX_{CO_2}の値のもとで安定に出現する（図11-1）．角閃岩相・グラニュライト相の温度・圧力下で形成される不純なマーブルがAl_2O_3に富むときは，この岩石に変成鉱物としてスピネルがふくまれるようになる．またCO_2・H_2Oをふくむ流体が強く関与するときは，ヒューマイト・スカポライトが形成される．青色片岩相・エクロジャイト相の温度・圧力下では，不純

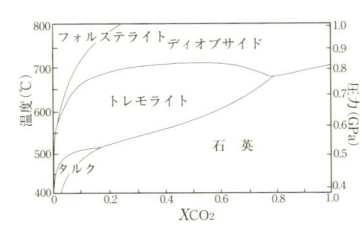

図11-1　石灰珪質岩の温度-圧力-X_{CO_2}図(Bucher・Frey, 1994を一部改変)

　ドロマイトおよび方解石が過剰成分としてふくまれている．このため，たとえば図中の石英とトレモライトの境界は，本文中の式11.1.61(ドロマイト＋石英＋H_2O＝トレモライト＋方解石)をしめしている．中圧型系列の鉱物の安定関係をしめしているため，縦軸は温度と圧力の両者をしめすことができる

なマーブルにふくまれる方解石は転移してアラゴナイトとなる(図9-7参照)．以下にマーブルの代表的な例として，マーブルと不純なマーブルについて説明する．

11.2.C-a2　代表的な岩石の特徴

方解石マーブル　糖状組織をしめし，ほとんど方解石のみからなる(写真11-32)．比較的低温の接触変成作用をうけて形成されたもので，片理はみられない．

トレモライト-フロゴパイト-ヒューマイトマーブル　粗粒でグラノブラスティック組織をしめす不純なマーブル(写真11-33)．おもな主成分鉱物はドロマイト・方解石・トレモライト・フロゴパイト・ヒューマイトで，少量の石英をふくむ．淡黄～無色のヒューマイト・トレモライトからなる粒状の集合体がみられる．これはMgに富むカンラン石の分解で形成されたと考えられる．このことは，このマーブルがグラニュライト相から角閃岩相への後退変成過程で形成されたことを示唆している．

カンラン石-スピネルマーブル　粗粒でグラノブラスティック組織をしめし，Al_2O_3に富む不純なマーブル(写真11-34)．基質はドロマイト・方解石からなり，粒状で他形のカンラン石(Mgに富む)・スピネル(ヘルシナイト)・ディオプサイドのポーフィロブラストふくむ．このマーブルは，比較的低圧(約600 MPa)のグラニュライト相の温度・圧力下で形成されたものである．

写真11-33　トレモライト-フロゴパイト-ヒューマイトマーブル(東南極セールロンダーネ山地産；単ニコル・横幅約4.5 mm)
　淡黄色のヒューマイト(下)がみられ，トレモライトは顕著なへき開がみられる

写真11-32　方解石マーブル(山口県美祢市産；単ニコル・横幅約2 mm)
　サッカロイダル組織をしめす細粒の方解石からなる

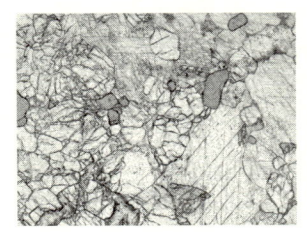

写真11-34　カンラン石-スピネルマーブル(スリランカ民主社会主義共和国ハイランド岩体産；単ニコル・横幅約4.5 mm)
　カンラン石・スピネル・ディオプサイドは左に，ドロマイト・方解石は右に濃集

11.2.C-b 石灰珪質岩

ここでは石灰珪質岩を形成した変成作用を概観したうえで,この変成過程で形成された,スカポライト-ディオプサイド-石英岩・ウォラストナイト-ディオプサイド岩・グロシュラー-アノーサイト岩などついてのべる.

11.2.C-b1 変成作用の概観

石灰珪質岩は $CaO \cdot MgO \cdot FeO \cdot Al_2O_3 \cdot SiO_2$ に富む泥質岩を原岩とする変成岩で,世界各地の変成岩分布域では,変成炭酸塩岩よりも多くみられる.石灰珪質岩には変成度のちがいに対応した,Ca・Mgに富む珪酸塩鉱物がみられるが,方解石・ドロマイトなどの炭酸塩鉱物はとぼしい.

変成分帯 スコットランド高地のバロウ型累進変成地域では,泥質変成岩にもとづいて7帯に変成分帯されているが(§9.2.B参照),石灰珪質岩による変成分帯もされている.泥質変成岩で変成分帯された珪線石—カリ長石帯をのぞく6帯の石灰珪質岩の鉱物組合せは以下のようである.

緑泥石帯・黒雲母帯:アルバイト+ゾイサイト+方解石+黒雲母+ホルンブレンド
ザク石帯:斜長石(アンデシン)+ゾイサイト+方解石+黒雲母+ホルンブレンド
十字石帯・十字石—ランショウ石帯:アノーサイト+ホルンブレンド+ザクロ石
珪線石帯:アノーサイト+ディオプサイド+ザクロ石

変成反応 緑泥石帯に相当する温度よりもさらに低温下(プレーナイト—パンペリー石相)では,石灰珪質岩に'白雲母+緑泥石+アンケライト($Ca(Fe,Mg)(CO_3)_2$)+アルバイト+石英+方解石'の鉱物組合せがみられる.この組合せは温度上昇にともない,順次以下の反応をへて珪線石帯の鉱物組合せをもつようになる.

$$\text{白雲母}+\text{石英}+\text{アンケライト}+H_2O=\text{方解石}+\text{緑泥石}+\text{黒雲母} \quad \cdots\cdots(11.2.62)$$

$$\text{白雲母}+\text{方解石}+\text{緑泥石}+\text{石英}+\text{アルバイト}=\text{黒雲母}+\text{斜長石}+CO_2+H_2O$$
$$\cdots\cdots(11.2.63)$$

$$\text{緑泥石}+\text{方解石}+\text{石英}+\text{斜長石}=\text{ホルンブレンド}+\text{アノーサイト}+CO_2+H_2O$$
$$\cdots\cdots(11.2.64)$$

$$\text{斜長石}+\text{方解石}+H_2O=\text{ゾイサイト}+CO_2 \quad \cdots\cdots(11.2.65)$$
$$\text{ホルンブレンド}+\text{方解石}+\text{石英}=\text{ディオプサイド}+CO_2+H_2O \quad \cdots\cdots(11.2.66)$$

高温下でグロシュラー・ウォラストナイトが形成される場合は,X_{CO_2}がちいさいときである.X_{CO_2}がちいさくなるのは,H_2Oに富む流体が外部から浸透したときである.ウォラストナイトを形成する反応は式11.2.59でしめされ,グロシュラーはつぎの反応で形成される.

$$\text{ゾイサイト}+\text{石英}+\text{方解石}=\text{グロシュラー}+CO_2+H_2O \quad \cdots\cdots(11.2.67)$$
$$\text{ゾイサイト}+\text{石英}=\text{グロシュラー}+\text{アノーサイト}+H_2O \quad \cdots\cdots(11.2.68)$$
$$\text{アノーサイト}+\text{石英}+\text{方解石}=\text{グロシュラー}+CO_2 \quad \cdots\cdots(11.2.69)$$

11.2.C-b2 代表的な岩石

スカポライト-ディオプサイド-石英岩 角閃岩相の高温部でしかも X_{CO_2} が大きい条件下で形成されたもので,ウォラストナイトはふくまれない.粗粒でグラノブラスティック組織をしめす(写真11-35).おもな主成分鉱物はスカポライト・ディオプサイド・石英・方解石・チタナイトで,少量のゾイサイトをふくむ.また石英・スカポライトの境界部には斜長石が形成されている.

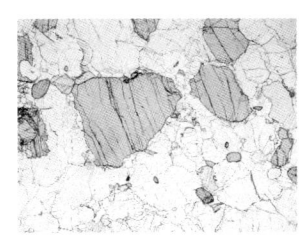

写真 11-35　スカポライト-ディオプサイド-石英岩（東南極セールロンダーネ山地産；単ニコル・横幅約4.5 mm）

淡緑色のディオプサイドの周囲は、大部分がスカポライトからなる

写真 11-36　ウォラストナイト-ディオプサイド岩（東南極セールロンダーネ山地産；単ニコル・横幅約4.5 mm）

無色のウォラストナイトと淡緑色のディオプサイドが定向配列をしめす

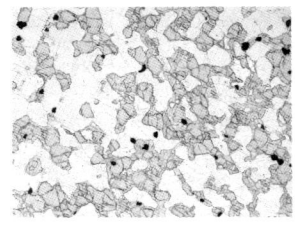

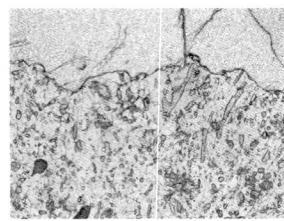

写真 11-37　石灰珪質グラニュライト

(A)　グロシュラー-アノーサイト岩（スリランカ民主社会主義共和国ハイランド岩体産；単ニコル・横幅約4.5 mm）

グロシュラーの周囲には、ゾイサイトのモートがみられる

(B)　ゴールドマナイトをふくむグロシュラー-アノーサイト岩（東南極セールロンダーネ山地産；単ニコル・横幅約2 mm）

グロシュラーの周囲には緑色のゴールドマナイトをふくむケリファイト縁がみられる

ウォラストナイト-ディオプサイド岩　ウォラストナイトと淡緑色のディオプサイドからなる石灰珪質岩で、全体にグラノブラスティック組織がみられ、ウォラストナイトは定向配列をしめす（写真11-36）。方解石を少量ふくむが石英はみられない。このことから、この岩石は比較的大きいX_{CO_2}下のグラニュライト相に相当する温度・圧力下で形成されたと推定される。

グロシュラー-アノーサイト岩　アノーサイトからなる基質に、淡赤褐色の半自形〜自形のグロシュラーのポーフィロブラストが点在する組織をしめす（写真11-37A）。このポーフィロブラストの周縁部にはゾイサイトがモート状に形成されている。これは後退変成過程での反応を示唆している。また、この岩石にはごく少量の石英がみられるが方解石はみられない。これらの組織・鉱物組合せの特徴は、この岩石の形成過程で式11.2.68で右辺から左辺へむかう反応がおこったことを示唆している。この岩石はグロシュラー-ゾイサイトをふくむので、角閃岩相の高温部に相当する温度・圧力下で、しかもちいさいX_{CO_2}下であったと考えられる。

このタイプの変成岩でVに富むときは、ゴールドマナイト・グロシュラー・アノーサイト・ディオプサイド・方解石・ゾイサイト・チタナイトなどをふくむ石灰珪質片麻岩（写真11-37B）となる。淡緑色のゴールドマナイト（Vに富むザクロ石）は、Vを少量ふくむグロシュラーの斑状変晶の周縁部に形成された、アノーサイト・ディオプサイド・ゴールドマナイト・方解石からなるシンプレクタイト状の部分に細

粒の粒状結晶としてみられる．

11.3 火成岩起源の広域変成岩

ここではまず石英長石質変成岩・マフィック変成岩・超マフィック変成岩（§7.1.A 参照）についてのべ，ついでそのほかの広域変成岩と日本の変成帯にふれる．

11.3.A 石英長石質変成岩——フェルシック岩起源の変成岩

石英長石質変成岩の原岩はフェルシック岩や石英に富む砂岩などであるが（§7.1.A 参照），ここではフェルシック岩起源の石英長石質変成岩についてのべる．

11.3.A-a 変成作用の概観

原岩の特徴 カコウ岩・カコウ閃緑岩・トーナライトなどのカコウ質岩石岩や流紋岩などの火山岩をふくむフェルシック岩には，H_2O はごくわずかな量しかふくまれていない．またフェルシック岩はおもに斜長石・カリ長石・石英・白雲母・黒雲母・ホルンブレンドなどからなるが（§4.4 参照），これらの鉱物は広い範囲の温度・圧力下で安定に存在できる．

変成反応 フェルシック岩が，低温下にもたらされたとしても，ふくまれる斜長石などの鉱物間で変成反応（固相—固相反応や鉱物の分解）は容易にはおこらないであろう．このような低温下で変成反応がおこるとすれば，変成反応を促進するための流体の関与が必要である．

一方高温下では，流体の関与がなくてもフェルシック岩にふくまれる雲母・角閃石などの含水珪酸塩鉱物の分解に関連した脱水溶融反応をふくむさまざまな変成反応がおこり，変成岩が形成される．また高圧下ではおもに固相—固相反応で変成作用が進行し，その結果，典型的な高圧変成岩が形成される．このような過程で形成されたフェルシック岩起源の変成岩が石英長石質変成岩である．これらは砂質変成岩などの堆積岩起源の変成岩（これも石英長石質変成岩；§7.1.B 参照）と類似していて，鉱物組合せや組織などの点で両者を区別することはむずかしいことが多い．フェルシック岩起源の変成岩にみられるさまざまな温度・圧力下での変成反応は，泥質変成岩にみられる変成反応とほぼ一致している（§11.2.A 参照）．

11.3.A-b 代表的な岩石

ここでは野外での産状・岩石の組織や化学組成などから，明瞭にフェルシック岩起源とみなされるカコウ岩質片麻岩・トーナライト質片麻岩についてのべ，あわせてチャーノカイトと高圧変成岩の典型であるヒスイ輝石-石英岩についてものべる．

カコウ岩質片麻岩 角閃岩相に相当する温度・圧力下で，黒雲母カコウ岩が変形をうけて形成された片麻岩（写真11-38）．おもな主成分鉱物は斜長石・カリ長石・石英・黒雲母で，副成分鉱物としてスフェーン・アパタイト・イルメナイト・ジルコンが少量ふくまれる．これらの鉱物組合せはもとの（変成作用をうける以前の）カコウ岩のそれとほとんど同一．これは角閃岩相に相当する温度・圧力下でも，これらの鉱物間で変成反応がおこらなかったことを示唆している（これらの鉱物は，初生的にカコウ岩にふくまれる鉱物と同様で，角閃岩相でも安定に存在することが可能）．

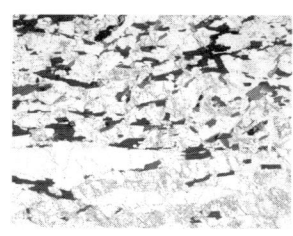

写真 11-38　カコウ岩質片麻岩（東南極セールロンダーネ山地産；単ニコル・横幅約 4.5 mm）

写真 11-39　トーナライト質片麻岩（東南極セールロンダーネ山地産；単ニコル・横幅約 4.5 mm）

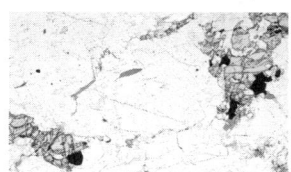

写真 11-40　チャーノカイト（インド南部東ガート帯産；単ニコル・横幅約 4.5 mm）
カリ長石・斜長石・石英からなる基質中に，斜方輝石と少量の黒雲母が点在

　この片麻岩では，細粒の黒雲母が片理にそってレピドブラスティックに配列し，石英も片理方向にいちじるしくのびている．斜長石・カリ長石の多くは細粒化しているが，一部のものは自形性を保持し累帯構造もみられる．黒雲母の一部は，後退変成作用で緑泥石化していることがある．

トーナライト質片麻岩　カコウ岩質片麻岩と同様に，角閃岩相に相当する温度・圧力下で形成された変成トーナライト（写真 11‐39）．全体にグラノブラスティック組織をしめす．おもな主成分鉱物は緑色ホルンブレンド・黒雲母・斜長石・石英・ザクロ石で，副成分鉱物としてカリ長石・アパタイト・イルメナイト・ジルコンが少量ふくまれる．ザクロ石は黒雲母・石英をポイキロブラスティックに包有し，変成作用の過程で形成されたものである．斜長石の一部は自形性を保持し，累帯構造もみられる．

チャーノカイト　塊状で，おもな主成分鉱物は斜長石・カリ長石・石英・斜方輝石・黒雲母．斜方輝石・黒雲母は，斜長石・カリ長石・石英などより細粒（写真 11‐40）．斜方輝石は，淡桃〜淡緑色の多色性をしめす．斜長石の斑状変晶は自形性が強く，アンチパーサイト（§2.4 参照）を形成することがある．

ヒスイ輝石-石英岩　おもな原岩はマフィック変成岩が Na_2O の交代作用でアルビタイト化した岩石や斜長カコウ岩（§4.4. A‐c 2 参照）が高圧下で変成作用うけて形成．ロディンジャイト・アルビタイトなどとともに蛇紋岩のブロックとしてみられることが多く，白色・淡緑色・淡青色などをしめす優白質な岩石．原岩の化学組成の多様性を反映してさまざまな鉱物組合せがみられる．一般的にはアルカリ角閃石・フロゴパイト・ペクトライト・プレーナイト・ザクロ石（ハイドログロシュラー）・ゾイサイトなどがふくまれ，まれにベニトアイト・リューコスフェーナイト・青海石・奴奈川石などをふくむ．

　青色片岩相の高圧部に相当する温度・圧力下で形成されたと考えられる．ヒスイ

写真 11-41　ヒスイ輝石-ランセン石-石英岩(北海道地方旭川市神居古潭変成帯産；薄片は辻森　樹氏提供；単ニコル・横幅約 2 mm)
　ランセン石(左下)がみられ，ヒスイ輝石と石英が接触(中央)

輝石-ランセン石-石英岩がある(写真 11-41)．片理がみられないのが一般的で，自形〜半自形のヒスイ輝石・石英がグラノブラスティック組織をしめす．この鉱物共生は，式 11.2.45 のアルバイトの分解反応がおこったことを示唆している．青紫〜青色の多色性をしめすランセン石・アルバイトがみられる場合は，後退変成過程で形成されたものと考えられる．

11.3.B　マフィック変成岩

マフィック変成岩(§7.1.A 参照)は，変成帯の広い範囲にみられ，泥質変成岩と同様に，広い範囲の温度・圧力下で形成される最も一般的な変成岩．

原岩の特徴　原岩は玄武岩・ハンレイ岩などのマフィック岩(火砕岩をふくむ)が多いが，安山岩・閃緑岩などの中性岩のこともある．おもにカンラン石・輝石・角閃石・斜長石(Ca に富む)からなり(§4.2 参照)，その化学組成は泥質変成岩の原岩となる泥質岩とくらべると比較的限定されたものである．そのため変成相区分・変成分帯するときの基準となる変成反応や反応アイソグラッドは，泥質変成岩よりもマフィック変成岩のほうがすくない．Eskola が変成相区分をおこなったときにマフィック変成岩を使用したのは，出現する鉱物が比較的限定されていて変成相の境界の基準となる指標鉱物を決定しやすかったことや，ほかの地域との比較が容易であったことなどにもとづいている．

変成作用の概観　マフィック変成岩での変成作用は泥質変成岩のときと同様に，極低温〜超高温および極低圧〜超高圧の広い範囲の温度・圧力下でおこり，フッ石・パンペリー石・プレーナイト・緑レン石・ローソン石・スカポライト・角閃石・輝石などの Ca に富む鉱物や，緑泥石・雲母・ザクロ石・石英などが，変成度に対応した特徴的な鉱物組合せをしめす．

マフィック変成岩では，以下にのべるように変成度に対応して，ふくまれる斜長石の組成(§4.2.C 参照)に系統的なちがいがあるので，変成作用の温度・圧力を推定するうえで斜長石の組成を知ることは重要である．

　①：プレーナイト―パンペリー石相・緑色片岩相などの低変成度をしめすマフィック変成岩ではアルバイトが安定にみられる．

　②：緑色片岩相の高温部(角閃岩相との境界)のものではオリゴクレイスがみられるようになる．このときアルバイトとオリゴクレイスの中間の組成($An_{7\sim17}$)の斜長石はほとんどみられない．この組成のちがいをペリステライトギャップ(peristerite gap)という．

　③：角閃岩相・グラニュライト相のマフィック変成岩では，アンデシンやさらに Ca に富む斜長石がみられるようになる．

　④：800℃ 以上のグラニュライト相のマフィック変成岩にみられる斜長石では，$An_{48\sim66}$ のものや $An_{66\sim87}$ のものがみられないことがあり，前者の組成のちがいをベギ

ルドギャップ(Bøggild gap),後者のそれをフッテンロッハーギャップ(Huttenlocher gap)ということがある.

ここでは低変成度(極低温～低温)・高変成度(高温～超高温)・高圧～超高圧の温度・圧力下で形成されるマフィック変成岩についてのべる.

11.3.B-a　低変成度のマフィック変成岩

はじめにマフィック変成岩にみられる極低温～低温の変成作用を概観したうえで,変成玄武岩(metabasalt)・変成ドレライト(metadolerite)・アクチノライト‐緑レン石‐緑泥石片岩などについてのべる.

11.3.B-a1　変成作用の概観

フッ石相・プレーナイト―パンペリー石相・緑色片岩相に相当する温度・圧力下で形成されるマフィック変成岩のうち,片理などの変成岩組織がみられるのは緑色片岩相の岩石(緑色片岩)で,フッ石相・プレーナイト―パンペリー石相のマフィック変成岩では原岩の組織が残存していることが多い(§6.2参照).最も低温の変成作用をしめすフッ石相では,もともと火成岩に存在した鉱物が残存することが多いが,セラドナイト・スメクタイト・カオリナイトなどの続成作用の過程で形成された粘土鉱物にくわえて,フッ石相の変成作用で形成された石英・方解石・フッ石などがみられる.

変成反応　続成作用から埋没変成作用に漸移する段階の温度・圧力下でマフィック変成岩に形成されるフッ石は,ヒューランダイト・スティルバイト・アナルサイトなどであるが,フッ石相に相当する温度(約で約150℃)ではローモンタイトが安定にみられるようになることから,ローモンタイトアイソグラッドが次式の反応で定義される(図9‐3参照).

ヒューランダイト＝ローモンタイト＋石英＋H_2O　　……(11.3.1)

ローモンタイトアイソグラッドよりもやや高温(200～300℃)のフッ石相とプレーナイト―パンペリー石相の境界付近では,つぎの反応によりワイラカイトがみられるようになる.

湯河原フッ石＝ワイラカイト＋石英＋H_2O　　……(11.3.2)
ローモンタイト＝ワイラカイト＋H_2O　　……(11.3.3)

プレーナイト―パンペリー石相では'プレーナイト＋パンペリー石＋石英'が安定な鉱物組合せとしてみられるようになり,これらはアルバイト・緑泥石・フェンジャイトと共生.プレーナイト・パンペリー石はつぎの反応で形成される.

ヒューランダイト＋アクチノライト＝プレーナイト＋緑泥石＋石英＋H_2O　……(11.3.4)
ローモンタイト＋アクチノライト＝プレーナイト＋緑泥石＋石英＋H_2O　……(11.3.5)
ローモンタイト＋アクチノライト＝パンペリー石＋緑泥石＋石英＋H_2O　……(11.3.6)
スティルバイト＋アクチノライト＝パンペリー石＋緑泥石＋石英＋H_2O　……(11.3.7)

マフィック変成岩でのフッ石相・プレーナイト―パンペリー石相に相当する極低温下で進行する変成作用(埋没変成作用)は,累進変成作用がはっきりしている変成岩分布域(バロウ型累進変成地域など)でも明瞭には識別されないことがある.

マフィック変成岩にパンペリー石がみられなくなる温度・圧力下で,変成相はプレーナイト―パンペリー石相から緑色片岩相になる.緑色片岩相のマフィック変成岩は,緑泥石・アクチノライト・緑レン石・アルバイトをふくみ,緑色をなすこと

図11-2 マフィック変成岩のさまざまな変成条件でみられる変成反応

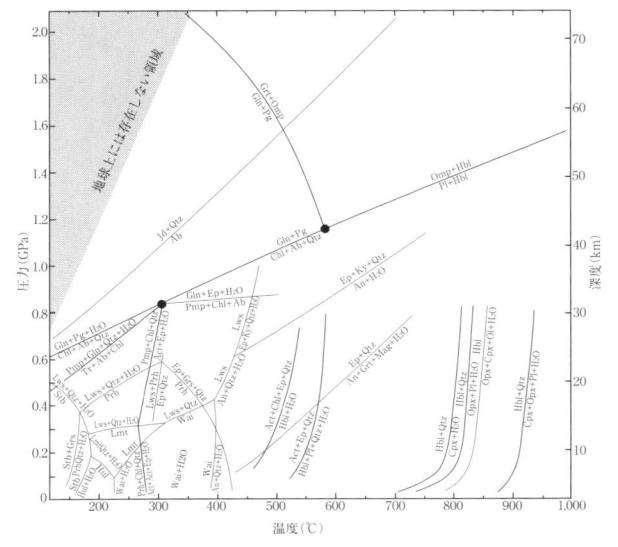

が特徴.黒雲母・スティルプノメレーン・方解石・石英などもふくまれることがある.プレーナイト—パンペリー石相から緑色片岩相へ移行するときの変成反応は約300℃ではじまり,それにはつぎのようなものがある(図11-2).

プレーナイト＋緑泥石＋石英＝緑レン石＋アクチノライト＋H_2O ……(11.3.8)
パンペリー石＋緑泥石＋石英＝緑レン石＋アクチノライト＋H_2O ……(11.3.9)

11.3.B-a2 代表的な岩石

変成玄武岩 フッ石相・プレーナイト—パンペリー石相の海洋底変成作用をうけて形成された,典型的な低変成度のマフィック変成岩(写真11-42).変成鉱物は,カンラン石・斜長石・単斜輝石などの玄武岩にふくまれていた初生鉱物を部分的に置換してみられるほかに,割れ目の充填物や脈としてもみられる.初生鉱物が変成鉱物で完全に置換されることもある.たとえばカンラン石の斑晶を完全に置換してタルクと緑泥石の集合物が形成されたり,斑晶の斜長石を置換してスティルバイトとプレーナイトが形成されたりする.このような変成玄武岩には,もとの玄武岩の組織が残存していることが多い.

変成ドレライト プレーナイト—パンペリー石相の変成作用をうけた典型的なマフィック変成岩で,原岩のドレライトにふくまれていた斜長石・単斜輝石が残存していることが多い.プレーナイト・パンペリー石・緑泥石などの変成鉱物は,一部の

写真11-42 変成玄武岩(ODP-504B孔産;薄片は石塚英男氏提供;直交ニコル・横幅約2mm)
 ブラストオフィティックな斜長石斑晶を置換した,スティルバイト(左)とプレーナイト(右)

写真 11-43　変成ドレイト
(A) プレーナイトとパンペリー石の共生(高知県安芸市秩父帯産;薄片は石塚英男氏提供;単ニコル・横幅約 2 mm)
優白質の脈状部はプレーナイト
(B) プレーナイトとアクチノライトの共生(オマーン首長国産;薄片は石塚英男氏提供;単ニコル・横幅約 2 mm)
細粒のプレーナイトとアクチノライト集合部(中央)がみられる

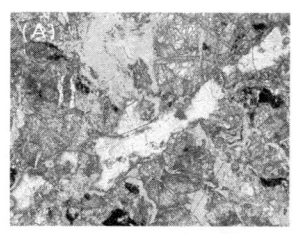

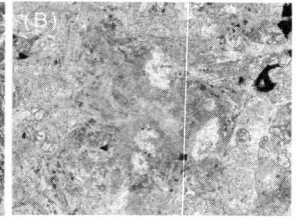

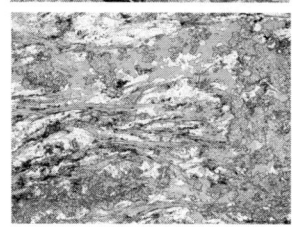

写真 11-44　アクチノライト‐緑レン石‐緑泥石片岩(高知県立川川地域三波川変成帯産;薄片は石塚英男氏提供;単ニコル・横幅約 2 mm)
レピドブラスティックなアクチノライト(中央)がみられる

初生鉱物を置換したり,初生鉱物の粒間や割れ目にそって形成されされたりしている(写真 11‐43 A).プレーナイト—パンペリー石相に相当する圧力下でも,プレーナイトとパンペリー石が共生する圧力よりも低圧下では変成ドレイトの単斜輝石を置換したプレーナイトとアクチノライトが共生(写真 11‐43 B).

アクチノライト−緑レン石−緑泥石片岩　緑色片岩相を特徴づける典型的なマフィック変成岩で,緑色片岩の1種(写真 11‐44).一般に極細粒な岩石で顕著に片理がみられ,原岩の火成岩の初生鉱物や岩石組織は残存しない.おもな主成分鉱物はアクチノライト・緑レン石・緑泥石・アルバイト・石英で,アクチノライト・緑泥石はレピドブラスティック組織をしめす.また方解石をふくむ石英に富む薄層では,粗粒な緑レン石と緑泥石がみられ,これらはグラノブラスティック組織をしめす.アクチノライトにとぼしく,緑レン石・緑泥石に富む薄層もみられる.

11.3.B‐b　高変成度のマフィック変成岩

はじめにマフィック変成岩にみられる高変成度の変成作用を概観したうえで,カミングトナイト角閃岩・ホルンブレンド‐黒雲母‐ザクロ石片麻岩・ザクロ石角閃岩・含十字石‐ランショウ石‐緑レン石角閃岩・斜方輝石‐単斜輝石片麻岩・ザクロ石‐単斜輝石‐斜方輝石グラニュライトなどについてのべる.

11.3.B‐b1　変成作用の概観

ここでのべる変成作用はマフィック岩がうける,角閃岩相・グラニュライト相に相当する温度・圧力下での変成作用や,超高温変成作用についてである.緑色片岩相から角閃岩相への変成度の上昇とともに,マフィック変成岩の鉱物組合せは変化するが,これらの変成岩にふくまれる斜長石・角閃石の化学組成もちがったものになる.斜長石に関しては,緑色片岩相ではアルバイト組成のものが安定であるが,角閃岩相ではオリゴクレイス組成のものが安定になる.また角閃石では,アクチノライトが緑色片岩相に相当する温度・圧力下で安定に存在するが,角閃岩相ではホルンブレンドが安定になる.

変成反応　このような2つの鉱物の組成的な変化をもたらす変成反応は,つぎの2つの式であらわされ,これらはほぼおなじ温度下(約 500℃)でおこる.

緑レン石＋緑泥石＋アルバイト＋石英＝斜長石(オリゴクレイス)＋ホルンブレンド(チェ

ルマカイト)＋H_2O ……(11.3.10)
緑泥石＋緑レン石＋アクチノライト＋石英＝ホルンブレンド(チェルマカイト)＋H_2O
……(11.3.11)

多くの角閃岩には'ホルンブレンド＋斜長石'の鉱物組合せがみられるが，$FeO \cdot Al_2O_3$ に富む角閃岩ではザクロ石がみられるようになり(ザクロ石角閃岩)，Al_2O_3 にとぼしく CaO に富む角閃岩では単斜輝石をふくむようになる(単斜輝石角閃岩)．角閃岩でのザクロ石・単斜輝石の出現はつぎの反応にもとづいている．

緑レン石＋緑泥石＋石英＝ザクロ石＋H_2O ……(11.3.12)
ホルンブレンド＋緑レン石＋石英＝単斜輝石＋斜長石＋H_2O ……(11.3.13)

$CaO \cdot Al_2O_3$ にとぼしい角閃岩には，カミングトナイトや直閃石がふくまれる．また角閃岩相の高圧部に相当する温度・圧力下で，いちじるしく Al_2O_3 に富むハンレイ岩が変成作用をうけると，十字石・ランショウ石をふくむマフィック変成岩が形成されることがある．類似した温度・圧力下で中性岩(マフィック岩よりも K_2O に富む)が変成作用をうけると，岩石に黒雲母がみられるようになり，ホルンブレンド‐黒雲母片麻岩(hornblende‐biotite gneiss)が形成される．

変成温度が 700℃ 以上となり，マフィック変成岩に斜方輝石がみられるようになると，グラニュライト相のマフィック変成岩(マフィックグラニュライト；mafic granulite)となる．マフィックグラニュライトは'斜方輝石±単斜輝石＋斜長石＋石英'の鉱物組合せで特徴づけられ，このような鉱物組合せはつぎのような反応で形成される．

ホルンブレンド＋石英＝斜方輝石＋単斜輝石＋斜長石＋H_2O ……(11.3.14)
ホルンブレンド＋黒雲母＋石英＝斜方輝石＋カリ長石＋斜長石＋H_2O ……(11.3.15)
ホルンブレンド＋ザクロ石＋石英＝斜方輝石＋斜長石＋H_2O ……(11.3.16)
カミングトナイト＋石英＝斜方輝石＋H_2O ……(11.3.17)
ホルンブレンド＋石英＝斜方輝石＋単斜輝石＋ザクロ石＋H_2O ……(11.3.18)

一般にマフィックグラニュライトにはザクロ石がふくまれ，ホルンブレンドなどの含水珪酸塩鉱物もみられることが多い．片麻状組織がみられるマフィックグラニュライトは，斜方輝石‐単斜輝石片麻岩(orthopyroxene‐clinopyroxene gneiss)などという．グラニュライト相の高圧部に相当する温度・圧力下や超高温下では，つぎの反応がおこることで'単斜輝石＋ザクロ石＋石英±斜長石'または'単斜輝石＋ザクロ石＋石英±斜方輝石'の鉱物組合せがみられるようになる(図 11‐2 参照)．

斜方輝石＋斜長石＝単斜輝石＋ザクロ石＋石英 ……(11.3.19)

11.3.B‐b2 代表的な岩石

カミングトナイト角閃岩 角閃岩相の典型的なマフィック変成岩(写真 11‐45)．おもな主成分鉱物は淡褐色ホルンブレンド・カミングトナイト・斜長石で，少量の石英・イルメナイト・アパタイトをふくむ．角閃石は片麻状組織にそって顕著な定向配列をしめすことがある．カミングトナイトには，特徴的に集片双晶がみられる．カミングトナイトをふくまず，'ホルンブレンド＋斜長石'の鉱物組合せからなる角閃岩の薄層もみられ，部分的に縞状構造が形成されている．

ホルンブレンド‐黒雲母‐ザクロ石片麻岩 角閃岩相のマフィック変成岩のなか

写真 11-45 カミングトナイト角閃岩(北海道地方静内町日高変成帯産；直交ニコル・横幅約 4.5 mm)
グラノブラスティック組織がみられ，カミングトナイトには集片双晶がみられる

写真 11-46 ホルンブレンド-黒雲母-ザクロ石片麻岩(東南極セールロンダーネ山地産；単ニコル・横幅約 4.5 mm)
青緑色ホルンブレンドと褐色の黒雲母は定向配列をしめす

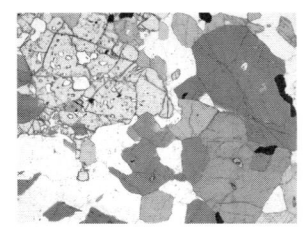

写真 11-47 ザクロ石角閃岩(ベトナム社会主義共和国コントゥム地塊産；単ニコル・横幅約 4.5 mm)
褐色ホルンブレンド・ザクロ石・斜長石がグラノブラスティック組織をしめす

で，中性岩起源と考えられるものの1つ(写真11-46)．おもな主成分鉱物はホルンブレンド・黒雲母・ザクロ石・斜長石・石英．ホルンブレンド・黒雲母は定向配列し，顕著な片麻状組織をしめす．副成分鉱物としてイルメナイト・アパタイトが少量ふくまれる．ホルンブレンドには化学組成上の累帯構造がみられ，結晶の中心部は Ti にやや富み緑褐色で，周縁部は Ti にとぼしく緑色．

ザクロ石角閃岩 角閃岩相のマフィック変成岩で，一般的な角閃岩よりも岩石の化学組成は $FeO \cdot Al_2O_3$ に富むという特徴がある(写真11-47)．おもな主成分鉱物は褐色ホルンブレンド・ザクロ石・斜長石で，マグネタイト・アパタイトを少量ふくむ．半自形のホルンブレンド・斜長石はグラノブラスティック組織をしめし，これらの鉱物よりもやや粗粒なザクロ石の斑状変晶は，他形の斜長石・ホルンブレンドとともに，緑泥石・緑レン石・石英を包有してスケルタル組織をしめすことがある．これは式 11.3.10～11.3.12 などの反応がおこったことを示唆している．

含十字石-ランショウ石-緑レン石角閃岩 比較的低温下の角閃岩相の高圧部(緑レン石角閃岩相)に相当する温度・圧力下で形成された Al_2O_3 に富むマフィック変成岩(写真11-48)．おもな主成分鉱物は緑色ホルンブレンド・ゾイサイト・緑レン石・パラゴナイトなど．ホルンブレンドは部分的に定向配列し，片麻状組織を形成する．十字石・ランショウ石・ゾイサイトなどからなる円形の集合物が点在する．十字石

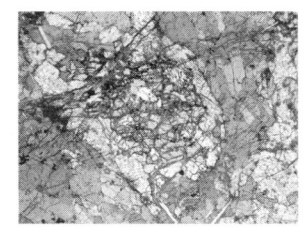

写真 11-48 含十字石-ランショウ石-緑レン石角閃岩(京都府大江山舞鶴帯産；薄片は辻森　樹氏提供；単ニコル・横幅約 4.5 mm)
十字石・ランショウ石・ゾイサイト集合体が，ホルンブレンドと緑レン石にかこまれてみられる

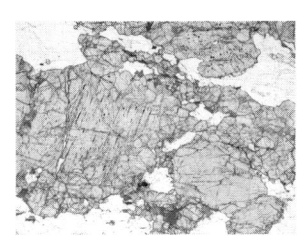

写真 11-49　斜方輝石-単斜輝石片麻岩(東南極ナピア岩体産；単ニコル・横幅約 4.5 mm)
斜方輝石の斑状変晶は微細なルチルを多量に包有する

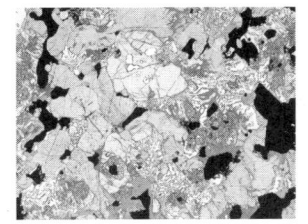

写真 11-50　ザクロ石-単斜輝石-斜方輝石グラニュライト(ベトナム社会主義共和国コントゥム地塊産；単ニコル・横幅約 4.5 mm)
ザクロ石と単斜輝石の反応により，斜方輝石と斜長石のシンプレクタイトが形成される

とランショウ石が共生しているのは，式 11.2.9 などの反応がおこったことによる可能性がある(§11.2.A‐b 参照).

斜方輝石-単斜輝石片麻岩　グラニュライト相のマフィック変成岩の典型的なものの 1 つ(写真 11‐49)．おもな主成分鉱物は斜方輝石・単斜輝石・斜長石など，褐色ホルンブレンドもふくまれることがある．副成分鉱物はイルメナイト・ルチル・アパタイト．斜長石は顕著なグラノブラスティック組織をしめし，輝石が定向配列して片麻状組織を形成．斜方輝石の周縁部には黒雲母が形成されていることがある(おそらく後退変成作用による)．斜方輝石は淡緑〜淡桃色の多色性をしめし，斜方輝石の内部のへき開にそってルチルが配列することがある．

ザクロ石-単斜輝石-斜方輝石グラニュライト　グラニュライト相の高温・高圧部に相当する温度・圧力下で形成されたマフィック変成岩(写真 11‐50)．おもな主成分鉱物はザクロ石・単斜輝石・斜方輝石・石英・斜長石．副成分鉱物はイルメナイト・マグネタイト・アパタイト．褐色ホルンブレンド・黒雲母もみられるが，これは後退変成作用で形成されたものと考えられる．ザクロ石・斜方輝石の斑状変晶は，石英・ホルンブレンドをポイキロブラスティックに包有する．これは式 11.3.18 の反応がおこったことを示唆している．斜方輝石と斜長石が，ザクロ石と単斜輝石の境界部でシンプレクタイトを形成する．これは式 11.3.19 の右辺から左辺へ反応が進行したことで形成されたと解釈される．ときには，この反応でザクロ石がまったくみられなくなることもある．

11.3.B‐c　高圧〜超高圧のマフィック変成岩

はじめにマフィック変成岩にみられる高圧〜超高圧下の変成作用を概観したうえで，この変成作用で形成された緑レン石-ランセン石片岩・含ランセン石-ザクロ石角閃岩・エクロジャイト・ホルンブレンド-ランショウ石エクロジャイト質岩などについてのべる(ヒスイ輝石をふくむ変成岩は§11.3.A 参照)．

11.3.B‐c1　変成作用の概観

ここでは青色片岩相・エクロジャイト相に相当する温度・圧力下および超高圧下で形成されたマフィック変成岩についてのべる．このような温度・圧力下でおこる変成作用の解析は，泥質変成岩を使用するよりは，マフィック変成岩を使用しておこなうほうが有効である．青色片岩相のマフィック変成岩には，高圧下でのみ安定にみられる Na に富む青色の角閃石が出現することで特徴づけられる(図 11‐2 参照)．このような角閃石はランセン石のことが多いが，クロッサイト・リーベッカイ

212　11.　広域変成岩の記載的特徴

トのこともある．青色片岩相・エクロジャイト相のマフィック変成岩には，Na・Caに富む角閃石であるバロア閃石もしばしばふくまれる．

変成反応　ランセン石はつぎの反応で形成され，青色片岩相のローソン石 - ランセン石片岩・緑レン石 - ランセン石片岩・ザクロ石 - ランセン石片岩などが形成される．

トレモライト＋緑泥石＋アルバイト＝ランセン石＋ローソン石　　　……(11.3.20)
トレモライト＋緑泥石＋アルバイト＝ランセン石＋緑レン石＋石英＋H_2O……(11.3.21)
パンペリー石＋緑泥石＋アルバイト＝ランセン石＋緑レン石＋H_2O　　……(11.3.22)
緑泥石＋アルバイト＋石英＝ランセン石＋パラゴナイト＋H_2O　　　……(11.3.23)
パラゴナイト＋緑泥石＋石英＝ランセン石＋ザクロ石＋H_2O　　　　……(11.3.24)

青色片岩相の高圧部の温度・圧力下では，式 11.2.45 の反応がおこってアルバイトが分解し'ヒスイ輝石＋石英'の鉱物組合せが形成される (§11.2.A - e 参照)．

エクロジャイト相のマフィック変成岩は，緑色のオンファス輝石と赤色のザクロ石からなるエクロジャイトである．これらの鉱物はつぎの反応で形成されるが，エクロジャイトにはランセン石・パラゴナイトがふくまれることが多い．

ランセン石＋パラゴナイト＝ザクロ石＋オンファス輝石＋石英＋H_2O　……(11.3.25)
ホルンブレンド＋斜長石＝ザクロ石＋オンファス輝石＋石英＋H_2O　　……(11.3.26)

11.3.B - c2　代表的な岩石

緑レン石 - ランセン石片岩　青色片岩相を特徴づける細粒のマフィック変成岩の1つ(写真 11 - 51)．おもな主成分鉱物はランセン石・緑レン石・フェンジャイト・アルバイトで，石英・緑泥石・ヘマタイトを少量ふくむ．ランセン石(クロッサイト〜リーベッカイト)は，レピドブラスティック組織をしめし，粒状・他形の緑レン石と共生．このような鉱物組合せの特徴は，この岩石の形成過程で，式 11.3.21・式 11.3.22 の反応がおこったことを示唆している．

含ランセン石 - ザクロ石角閃岩　緑レン石角閃岩相のザクロ石角閃岩が青色片岩相に相当する温度・圧力下にもたらされた結果，あらたにランセン石が出現することで形成されたもの(写真 11 - 52)．おもな主成分鉱物はバロア閃石・ザクロ石・緑レン石・アルバイトで，ヘマタイト・マグネタイト・アパタイトが少量ふくまれる．自形〜半自形のザクロ石・バロア閃石がグラノブラスティック組織をしめし，アルバイトはこれらの鉱物粒間を充填して存在する．後退変成作用をうけてザクロ石は

写真 11-51　緑レン石-ランセン石片岩(福井県九頭竜三郡—蓮華変成帯産；薄片は辻森　樹氏提供；単ニコル・横幅約 2 mm)
　ランセン石はクロッサイト質で，レピドブラスティックに配列

写真 11-52　含ランセン石-ザクロ石角閃岩(北海道地方幌加内町神居古潭変成帯産；薄片は石塚英男氏提供；単ニコル・横幅約 4.5 mm)
　ランセン石はバロア閃石の斑状変品の周縁部やへき開にそってみられる

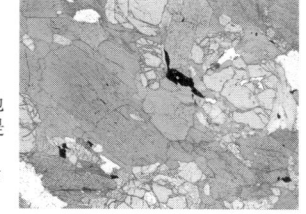

写真 11-53 エクロジャイト(インド北部ソモラーリ産；薄片は郷津知太郎氏提供；単ニコル・横幅約 4.5 mm)
ザクロ石の斑状変晶は，顕著なスパイラル組織をしめす

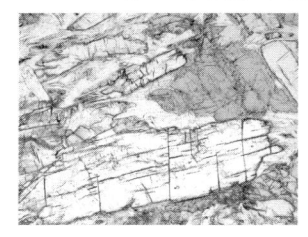

写真 11-54 ホルンブレンド−ランショウ石エクロジャイト質岩(愛媛県土居町三波川変成帯産；単ニコル・横幅約 4.5 mm)
ランショウ石の斑状変晶は，定向配列する

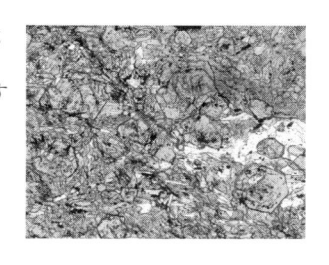

割れ目にそって緑泥石化していることがある．ランセン石はバロア閃石の周縁部・へき開にそって形成されており，単独の結晶として存在することはない．このようなランセン石の産状は，緑レン石角閃岩相からほぼ等圧冷却して，低圧の青色片岩相で形成されたものと考えられる．

エクロジャイト エクロジャイト相を特徴づけるマフィック変成岩であるが，比較的細粒(写真 11-53)．おもな主成分鉱物はオンファス輝石・ザクロ石・ランセン石・パラゴナイト・フェンジャイト・石英で，多量のルチルとヘマタイト・マグネタイトをふくむ．フェンジャイトはレピドブラスティックに定向配列し，全体的に片理を形成している．ザクロ石には極細粒のフェンジャイト・不透明鉱物が多量に包有され，スパイラル組織が顕著にみられることから，式 11.3.25 の反応の進行にともなってエクロジャイト相の鉱物組合せが形成されたときに，変形作用も進行していたことがわかる．

ホルンブレンド−ランショウ石エクロジャイト質岩 Al_2O_3 に富むハンレイ岩が，エクロジャイト相の変成作用をうて形成されたマフィック変成岩(変成ハンレイ岩：写真 11-54)．おもな主成分鉱物は淡緑色ホルンブレンド・ランショウ石・ゾイサイト・パラゴナイト・フェンジャイトなど．粗粒な岩石で，ランショウ石は片理にそって定向配列する．細粒なゾイサイト・パラゴナイトが片理にそって濃集することがある．このような変成ハンレイ岩でのランショウ石・ゾイサイト・パラゴナイトの形成は，式 11.2.46～11.2.50 の反応がおこったことによると考えられる(§11.2.A-e 参照)．

11.3.C 超マフィック変成岩

はじめに超マフィック変成岩の高温下の変成作用を概観したうえで，この変成作用で形成された，変成カンラン岩(metamorphosed peridotite)・変成ザクロ石斜方輝岩(garnet orthopyroxenite)についてのべる．原岩は，カンラン岩・輝岩・ホルンブレンダイトなどの超マフィック岩．オフィオライト分布域や，下部地殻～上部マントルの構成岩石のグラニュライト・エクロジャイトなどの変成岩分布域などに比較的多くみられる．低温下で形成される超マフィック変成岩の蛇紋岩は§4.1.B-a 参照．

11.3.C-a 変成作用の概観

超マフィック岩はおもにカンラン石・輝石からなり，少量の斜長石・ホルンブレンド・スピネル・ザクロ石・フロゴパイトなどをふくむ(§4.1 参照)．主要な鉱物であるカンラン石・輝石は，地殻～上部マントルに相当する広い範囲の温度・圧力下

で安定に存在できる．そのため外部から流体の浸透などがみられない低温下では，超マフィック岩には再結晶作用はおこらず，カンラン石・輝石などがそのまま残存する．このとき超マフィック岩を取りまく周囲の岩石（たとえば玄武岩や泥質堆積岩など）では低温の変成作用が進行し，低温下で安定な変成鉱物が形成されることがある．このように超マフィック岩と周囲の岩石が同時に低温下の変成作用をうけたにもかかわらず，超マフィック岩に変成鉱物がほとんど形成されないことがあるが，**アロフェイシャル**（allofacial）な超マフィック変成岩とはそのような超マフィック岩をさす．

一方，超マフィック岩と周囲の岩石が高温〜超高温下で変成作用をうけたとき，両岩石にその変成条件に合致した鉱物組合せが形成されることがあるが，**アイソフェイシャル**（isofacial）な超マフィック変成岩とはそのような超マフィック変成岩をさす．

超マフィック変成岩では，変成温度が変化するとさまざまな変成反応がおこるが，変成圧力が変化しても変成反応はあまりおこらない．すなわち超マフィック岩が低温下から高温下にもたらされる過程ではさまざまな変成反応がおこるが，低圧下から高圧下にもたらされても，またその逆のときも，顕著な変成反応はおこらない．したがって超マフィック変成岩では変成作用の圧力のちがいは識別されにくい．

低温のフッ石相・プレーナイト—パンペリー石相・緑色片岩相や低温・高圧の青色片岩相に相当する温度・圧力下で超マフィック岩に変成作用がおこるのは，H_2O に富む流体が関与したときのことが多い．そのようにして形成される超マフィック変成岩のほとんどは蛇紋岩である（§4.1.B‐a参照）．一方角閃岩相・グラニュライト相・エクロジャイト相などの高温・高圧下で形成された超マフィック変成岩は，カンラン石・タルク・直閃石・斜方輝石・ペリクレースなどを変成鉱物としてふくむようになる（図11‐3）．

変成反応 超マフィック変成岩の変成反応は低温から高温側に以下の反応が識別されている．

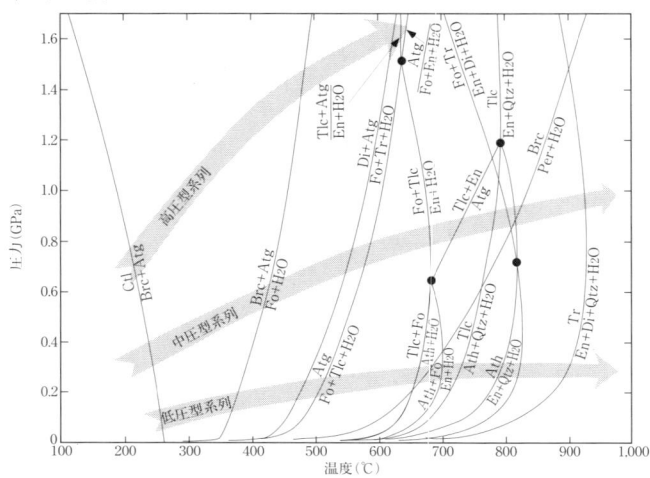

図11-3 超マフィック変成岩のさまざまな変成条件でみられる変成反応（Winter, 2001に一部加筆）

クリソタイル＝アンチゴライト＋ブルース石 ……(11.3.27)
アンチゴライト＋ブルース石＝カンラン石＋H_2O ……(11.3.28)
ディオプサイド＋アンチゴライト＝カンラン石＋トレモライト＋H_2O ……(11.3.29)
アンチゴライト＝カンラン石＋タルク＋H_2O ……(11.3.30)
カンラン石＋タルク＝斜方輝石＋H_2O ……(11.3.31)
タルク＋斜方輝石＝直閃石＋H_2O ……(11.3.32)
タルク＝斜方輝石＋石英＋H_2O ……(11.3.33)
カンラン石＋トレモライト＝斜方輝石＋単斜輝石＋H_2O ……(11.3.34)
直閃石＝斜方輝石＋石英＋H_2O ……(11.3.35)
ブルース石＝ペリクレース＋H_2O ……(11.3.36)
緑泥石＝カンラン石＋斜方輝石＋スピネル＋H_2O ……(11.3.37)
トレモライト＝カンラン石＋斜方輝石＋単斜輝石＋石英＋H_2O ……(11.3.38)

11.3.C-b　代表的な岩石

変成カンラン岩　角閃岩相の高温部からグラニュライト相の低温部に相当するの変成作用をうけた超マフィック変成岩（写真11-55）．初生鉱物のカンラン石・クロムスピネルと変成鉱物の斜方輝石・トレモライト・タルク・フロゴパイトなどをふくむ．斜方輝石にはカンラン石・タルクが包有されている．これは昇温期変成作用の過程の約700℃で，式11.3.31の反応がおこったことを示唆している．一方，単斜輝石がみられないことから，この岩石の変成温度は，式11.3.34の反応がおこる温度（約800℃）より高い温度にはいたっていなかったことがわかる．カンラン石は仮像化し蛇紋石になっているのがほとんどである．この蛇紋石は後退変成過程で形成されたものと考えられる．

変成ザクロ石斜方輝岩　超高温下で形成された超マフィック変成岩．おもな主成分鉱物はグラノブラスティック組織をしめす斜方輝石で，単斜輝石も少量ふくまれる．斜方輝石の中心部はいちじるしくAlに富むが，周縁部ではAlにとぼしい．斜方輝石の粒間にそって，斜長石・黒雲母とともにザクロ石が形成されている．この変成輝岩にザクロ石がみられるのは，つぎの式11.3.39のAlに富む斜方輝石の分解反応や，式11.3.40の斜方輝石の粒間に浸透したK_2Oをふくむ流体と斜方輝石との反応が，おこったことによると考えられる．

Alに富む斜方輝石＝Alにとぼしい斜方輝石＋ザクロ石 ……(11.3.39)
斜方輝石＋流体＝ザクロ石＋斜長石＋黒雲母 ……(11.3.40)

変成ザクロ石斜方輝岩（写真11-56）は，ザクロ石をふくまない変成斜方輝岩・変成単斜輝岩あるいは変成ウェブステライト（写真11-57）をともなってみられるが，ザクロ石をふくまないこれらの岩石では変成作用の痕跡を確認することが困難である．

写真11-55　変成カンラン岩（熊本県松橋町肥後変成岩体産；直交ニコル・横幅約4.5mm）
　初生鉱物のカンラン石は，変成鉱物の斜方輝石中にみられる

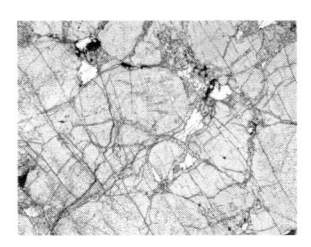

写真 11-56 変成ザクロ石斜方輝岩(東南極ナピア岩体産；単ニコル・横幅約 4.5 mm)
ザクロ石・斜方輝石・単斜輝石グラノブラスティック組織をしめす

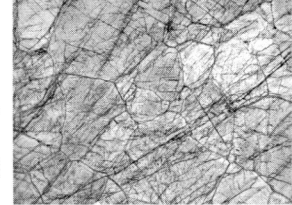

写真 11-57 変成ウェブステライト(東南極ナピア岩体産；単ニコル・横幅約 4.5 mm)
　単斜輝石・斜方輝石からなり，顕著な変成鉱物は識別されない

11.4　そのほかの広域変成岩

ここではアルミナス変成岩(aluminous metamorphic rock)・変成縞状鉄鉱についてのべる．

11.4.A　アルミナス変成岩

泥質変成岩・石灰珪質岩あるいは超マフィック変成岩などにともなう広域変成岩で，いちじるしく Al_2O_3 に富み(多いものでは 60%)，比較的 SiO_2 にとぼしい変成岩．原岩は，いちじるしく Al_2O_3 に富む泥質岩(アルミナス泥質岩・aluminous pelitic rock；アルミナス頁岩・aluminous shale ともいう)，あるいは泥質変成岩の部分溶融による溶残り岩などが考えられている．Al_2O_3 のみでなく FeO にも富む変成岩の原岩は，ボーキサイトの可能性がある．

ここではアルミナス変成岩の形成にかかわる変成作用を概観してうえで，典型的なアルミナス変成岩の例として，サフィリン-コランダムグラニュライト・ザクロ石-コランダムグラニュライト・サフィリン-斜方輝石-コーネルピン-キンセイ石片麻岩についてのべる．

11.4.A-a　変成作用の概観

広い範囲の温度・圧力下で形成され，アルミノ珪酸塩鉱物・コランダムなどの Al に富む鉱物を多くふくむ．そのほかの変成鉱物は泥質変成岩にふくまれるものとほぼ同様で，低温下で形成された変成岩にはクロリトイド・十字石・キンセイ石など，高温〜超高温下で形成されたものにはサフィリン・スピネル・コーネルピン・キンセイ石などがふくまれる．超高温下で形成されたアルミナス泥質変成岩は，Al にいちじるしく富む斜方輝石(Al_2O_3 最大 12〜13%)をふくみ，この斜方輝石は淡赤〜淡緑色の顕著な多色性をしめす．これらの変成鉱物の形成に関与する変成反応の多くは §11.2.A 参照．コーネルピンの形成・分解にかかわる反応は，高温のグラニュライト相に相当する温度・圧力下でおこり，つぎの式でしめされる．

$$\text{キンセイ石} + \text{コランダム} + \text{緑泥石} = \text{コーネルピン} + H_2O \quad \cdots\cdots(11.4.1)$$
$$\text{コーネルピン} + \text{スピネル} = \text{斜方輝石} + \text{サフィリン} + H_2O \quad \cdots\cdots(11.4.2)$$

11.4.A-b　代表的な岩石

サフィリン-コランダムグラニュライト　グラニュライト相の高温部に相当する温度・圧力下で変成作用をうけたアルミナス変成岩（写真11-58）．おもな主成分鉱物はサフィリン・コランダム・スピネル・キンセイ石・アノーサイトで，副成分鉱物はルチル・フロゴパイト・アパタイ．コランダムの周囲にはダイアスポアが形成されることがある．これは後退変成作用で形成されたと考えられる．この岩石には片麻状組織がみられず，キンセイ石・アノーサイトからなる基質に，サフィリン・コランダム・スピネルの斑状変晶が点在する．サフィリンはいちじるしくMgに富み，淡紫灰〜無色である．コランダムは青色のサファイアのこともあり，中心部には特徴的に微針状のルチルが包有されている．キンセイ石はピナイト化していることがある．

ザクロ石-コランダムグラニュライト　グラニュライト相の温度・圧力下で形成されたアルミナス泥質変成岩（写真11-59）．おもな主成分鉱物はザクロ石（Mgに富む）・コランダム・スピネル（Mgに富む）・斜長石・イルメナイト・ルチル・ジルコンなどで，キンセイ石・ゼードル閃石・フロゴパイト・クリノクロアもふくむ．後4者の鉱物は前3者の鉱物の周縁部や内部に形成されることから，これらは後退変成過程で形成されたものである．キンセイ石・斜長石は，それぞれピナイト化・絹雲母化していることが多い．

サフィリン-斜方輝石-コーネルピン-キンセイ石片麻岩　超高温変成作用をうけたアルミナス泥質変成岩（写真11-60）．おもな主成分鉱物はサフィリン・斜方輝石・ザクロ石・スピネル・コーネルピン・キンセイ石・斜長石・フロゴパイト・ルチル・イルメナイト．斜方輝石はいちじるしくAlに富み，その周縁部には，Alにとぼしい斜方輝石とサフィリンからなるシンプレクタイトが形成される．またサフィリン・ザクロ石の周縁部には'斜方輝石＋スピネル＋キンセイ石'の鉱物組合せからな

写真11-58　サフィリン-コランダムグラニュライト（熊本県松橋町肥後変成岩体産；単ニコル・横幅約9mm）
　サフィリン・コランダムは接触しており，基質はキンセイ石・アノーサイトからなる

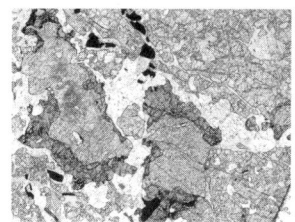

写真11-59　ザクロ石-コランダムグラニュライト（熊本県松橋町肥後変成岩体産；単ニコル・横幅約4.5mm）
　ザクロ石とコランダムは接触しており，スピネルはコランダムの周囲にみられる．石英はザクロ石の包有物としてみられる

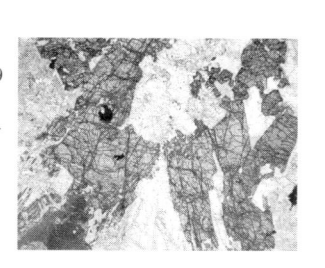

写真11-60　サフィリン-斜方輝石-コーネルピン-キンセイ石英片麻岩（インド南部マドゥライ岩体産；単ニコル・横幅約4.5mm）
　大型の斑状変晶はサフィリン（青色）と顕著な多色性をしめす斜方輝石．コーネルピンはスピネルとシンプレクタイト（中央）を形成

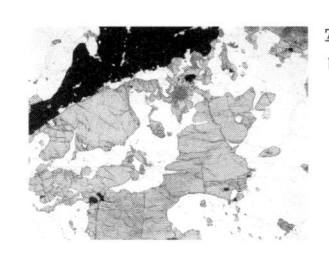

写真 11-61　マグネタイト-斜方輝石-石英片麻岩(東南極ナピア岩体産；単ニコル・横幅約 4.5 mm)
斜方輝石は転移ピジョン輝石

るシンプレクタイトがみられる．さらに，サフィリン・斜方輝石の周縁部にはコーネルピンとスピネルからなるシンプレクタイトもみられる．これらの変成組織はいずれも，後退変成過程で形成されたものである．コーネルピン-スピネルシンプレクタイトの存在は，式11.4.2で右辺から左辺へむかう反応がおこったことを示唆している．

11.4.B　変成縞状鉄鉱

変成縞状鉄鉱(マグネタイト-斜方輝石-石英片麻岩)は超高温変成作用をうけて形成された変成岩で(写真11-61)，石英に富むチャート起源と考えられる薄層とマグネタイトに富む薄層からなる．おもな主成分鉱物は石英・マグネタイト・斜方輝石で，単斜輝石・ザクロ石・ホルンブレンド・アパタイトを少量ふくむ．この岩石の斜方輝石は，顕著な単斜輝石の離溶ラメラをもつことから，変成ピジョン輝石の分解反応で形成されたものと考えられる．

11.5　日本の変成帯

日本には大小さまざまの変成帯がある(図11-4)．これらは変成相系列にもとづけば，おおまかには高圧型系列(または高圧中間型)の変成岩分布域と，低圧型系列(または低圧中間型)の変成岩分布域に区分され，超高温変成岩・超高圧変成岩の広域的分布は知られていない．代表的なものとしては，日高変成帯

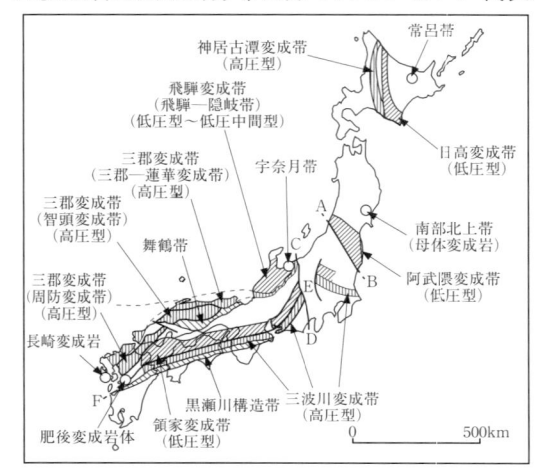

図11-4　日本の広域変成帯分布図
　三郡変成帯の区分は，Nishimura (1990)による
　A—B：棚倉構造線；C—D：糸魚川-静岡構造線；E—F：中央構造線

・神居古潭変成帯・阿武隈変成帯・飛騨変成帯・三郡変成帯・領家変成帯・三波川変成帯などがある．各変成帯は，それぞれの内部で変成作用のタイプや年代で細分されることがある．小規模な変成帯・広域変成岩分布域としては，常呂帯・南部北上帯・阿武隈東縁帯・宇奈月帯・舞鶴帯・黒瀬川構造帯・肥後変成岩体分布域・長崎変成岩分布域・琉球変成岩分布域などが知られており，それぞれの変成作用にくわえて，代表的な変成帯との関連・帰属について議論されている．

日高変成帯 日高変成帯主帯・幌尻オフィオライト帯(かつての日高変成帯西帯)からなり，主帯は低角な衝上断層(日高主衝上断層：Hidaka Main Thrust)を境界にして幌尻オフィオライト帯に衝上している．主帯はおもに，プレーナイト―パンペリー石相～グラニュライト相の高温―低圧型～低圧中間型の変成岩(§8.3.C・§8.4.A・図8-6参照)と，それらに貫入したSタイプ・Iタイプカコウ岩とハンレイ岩からなり，島弧あるいは火成活動帯の下部～上部地殻の衝上体とみなされている．幌尻オフィオライト帯は，緑色片岩相～角閃岩相のマフィック～超マフィック変成岩・泥質変成岩からなる．

神居古潭変成帯 ヒスイ輝石と石英が共生する高圧型系列の結晶片岩のほか，海洋底変成作用をうけた低圧型系列のオフィオライトや中圧型系列の角閃岩など，多様な変成岩からなる．この変成帯には，このような変成岩にともなって蛇紋岩化したカンラン岩が各地にみられる．この変成帯は北方のサハリンに延長すると考えられている．

阿武隈変成帯 大部分がカコウ岩質岩石からなるが，南半部には変成岩が広く分布する．南半部では，東側のマフィック変成岩(緑色片岩・角閃岩など)が多く分布する御斎所変成岩と，西側の砂質～泥質変成岩(ザクロ石‐黒雲母片麻岩・ザクロ石‐キンセイ石‐珪線石片麻岩など)が多く分布する竹貫変成岩に区分され，東から西へ変成度が上昇するような低圧型系列の変成相系列をしめす．この変成帯の南端部(日立地域)には，クロリトイドやランショウ石が出現し，緑レン石角閃岩相などのやや高圧下で形成された変成岩もみられる．

飛騨変成帯 飛騨山地から隠岐島までつづく飛騨―隠岐帯の一部で，ここには日本列島の最古の片麻岩が分布する．石灰質～石灰珪質片麻岩が多くみられ，少量の泥質片麻岩・角閃岩などをともなう．これらは，すくなくとも3回の変成作用をうけて形成された低圧―高温型系列の変成岩である．初期の変成作用は，角閃岩相の高温部～グラニュライト相に相当する温度・圧力下でおこり，第2期の変成作用は，角閃岩相の低温部～緑レン石角閃岩相に相当する温度・圧力下でおこった．第3期の変成作用は，カコウ岩(三畳紀～ジュラ紀の船津カコウ岩)の貫入による接触変成作用とみなされている．この変成帯の北東部の宇奈月地域には，十字石・ランショウ石などをふくむ中圧型系列の結晶片岩が分布し，この地域は**宇奈月帯**という．宇奈月帯と飛騨変成帯との境界はエボシ山衝上断層で，宇奈月帯を飛騨変成帯の一部にふくめることがある．

三郡変成帯 西南日本内帯に分布する高圧型系列の変成帯の1つで，プレーナイト―パンペリー石相～青色片岩相の変成岩が分布．かつては一連の変成帯とみなされ

てきたが，最近では変成年代や形成過程のちがいで3つの変成帯，三郡―蓮華変成帯・周防変成帯・智頭変成帯に細分される．三郡―蓮華変成帯は約 300 Ma の形成時期が考えられており，三郡変成帯の北部全域に相当．ヒスイ輝石岩がみられる飛騨外縁帯も，三郡―蓮華変成帯の一部と考えられている．周防変成帯は約 220 Ma の形成時代が考えられており，三郡変成帯の西部に相当．智頭変成帯は約 180 Ma の年代をしめし，三郡変成帯の東部に相当．

領家変成帯　中央構造線の北側にそって本州中部～九州地方東部(国東半島)まで連続する低圧型系列の変成帯で，大量のカコウ岩質岩石をともなう．変成岩の分布はカコウ岩が貫入しているので断続的．変成岩はおもに泥質片岩・泥質片麻岩およびチャート起源の石英片岩からなり，石灰珪質岩・マフィック変成岩はほとんどみられない．山口県柳井地域など変成岩が比較的広く分布する地域では，緑泥石帯・黒雲母帯・キンセイ石帯・珪線石帯に変成分帯される．九州地方西部の肥後変成岩体は，かつては領家変成帯の西方延長と考えられてきたが，変成作用の性格や変成年代のちがいから，最近では別の変成岩分布域とみなされている．

三波川変成帯　中央構造線の南側にそって関東山地～九州地方東部の佐賀関半島まで連続する高圧型系列(または高圧中間型)の変成帯．変成岩はおもに砂質～泥質変成岩・マフィック変成岩で，プレーナイト―パンペリー石相・緑色片岩相・緑レン石角閃岩相・青色片岩相・エクロジャイト相の岩石が分布．四国地方の三波川変成帯の変成分帯図(図 8-7 参照)をみると，層序的に下位ほど変成度が低く，上位ほど変成度が高いという，特異な温度構造をもつ．この特異な温度構造は，本来下位に存在した変成岩層が，低角の衝上断層で上位になったナップ(nappe)構造で説明されている．

日本列島の 250 Ma 変成岩

1990 年代以降，日本列島各地で 250 Ma の同位体年代をしめす変成岩類が見いだされはじめた．この年代は，微小大陸が集合してアジア大陸を形成した時代と考えられている．これらの日本列島の骨格となる岩石は，ペルム紀から三畳紀にアジア大陸のなかでどのような位置にあったかを検討するうえで重要なものである．

東北日本の棚倉構造線以北の阿武隈変成帯・南部北上帯に分布する竹貫変成岩や母体変成岩などは，ロシアのシホテアリン地域にその起源がもとめられる．また糸魚川―静岡構造線以西の飛騨変成帯・肥後変成岩体・領家変成帯中の小ブロックなどでも 250 Ma の変成岩が多数存在することが明らかにされ，その一部は北中国小大陸と南中国小大陸の衝突時に形成された変成岩との密接な関連が指摘されている．

これまでこれらの変成岩類は，すべて白亜紀に形成されたと考えられてきた．これら変成岩類の一般的な同位体年代（約 100 Ma）は，白亜紀のカコウ岩の貫入による広域接触変成作用などをうけた若返りと考えられる．

12. 局所変成岩の記載的特徴

おもな局所変成岩として接触変成岩・交代変成岩・動力変成岩をとりあげる．

12.1 接触変成岩と交代変成岩

低温・高温の接触変成岩と交代変成岩の高温スカルンについてのべる．

12.1.A 低温の接触変成岩

ここではアルバイト—緑レン石ホルンフェルス相とホルンブレンドホルンフェルス相の典型的な変成岩の例として，紅柱石-黒雲母ホルンフェルスとキンセイ石-黒雲母ホルンフェルスについてのべる．なお低温の接触変成岩にみられる変成作用は §9.1.G 参照．

紅柱石-黒雲母ホルンフェルス アルバイト—緑レン石ホルンフェルス相に相当する温度下で形成された泥質ホルンフェルス(写真 12-1)．極細粒の基質と紅柱石の点紋状の斑状変晶からなる．基質は黒雲母・紅柱石・白雲母・アルバイト・カリ長石・石英からなる．紅柱石はほかの鉱物よりもやや粗粒で，デカッセイトをしめす．紅柱石の斑状変晶は自形で，典型的な空晶石の組織をしめし，周縁部は白雲母に変化していることが多い．

キンセイ石-黒雲母ホルンフェルス ホルンブレンドホルンフェルス相の泥質変成岩で(写真 12-2)，おもな主成分鉱物はキンセイ石・黒雲母・電気石・斜長石・石英・

写真 12-1 紅柱石-黒雲母ホルンフェルス(京都府和束町産；単ニコル・横幅約 4.5 mm)
　紅柱石の斑状変晶(空晶石)がみられ，基質にもデカッセイトをしめす細粒の紅柱石がみられる

写真 12-2 キンセイ石-黒雲母ホルンフェルス(京都府京都市産；単ニコル・横幅約 4.5 mm)
　写真の上部に点紋状のキンセイ石の斑状変晶がみられる

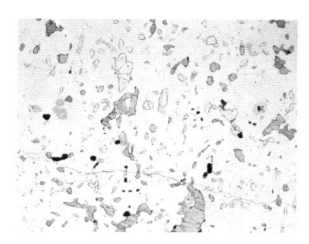

写真 12-3 キンセイ石-斜方輝石-珪線石-スピネル岩(インド南部東ガート帯産；単ニコル・横幅約 4.5 mm)
　キンセイ石からなる基質に，細粒の斜方輝石・珪線石・スピネルが点在する．ジルコンの周囲には，顕著な黄色のハロがみられる

石墨で，少量の白雲母もみられる．キンセイ石は円形の斑状変晶として基質に点在してみられるばかりでなく，基質を構成する細粒鉱物としてもみられる．キンセイ石の斑状変晶は，黒雲母・白雲母・電気石をポイキロブラスティックに包有し，周縁部には白雲母が形成されることが多い．これは後退変成作用で形成されたものである．

12.1.B 高温の接触変成岩とスカルン

ここでは輝石ホルンフェルス相とサニディナイト相の代表的な接触変成岩と高温スカルンについてのべる．高温の接触変成岩にみられる変成作用は§9.1.H参照．高温スカルンの変成作用については若干の解説をくわえる．

12.1.B-a 高温の接触変成岩

代表的な岩石はキンセイ石-斜方輝石-珪線石-スピネル岩である．
キンセイ石-斜方輝石-珪線石-スピネル岩　サニディナイト相に相当する温度下で形成された高温の泥質接触変成岩(写真12-3)．これは高温下で泥質ホルンフェルスが部分溶融して形成された溶け残り岩と考えられる．おもな主成分鉱物はキンセイ石・斜方輝石・珪線石・スピネル・イルメナイト・ジルコンで，キンセイ石のみからなる基質にほかの鉱物が点在する組織をしめす．これらの鉱物は式8.5.6・式8.5.7(§8.5参照)の反応が進行することで形成されたものと推定される．これら2式の反応で形成される鉱物の1つであるカリ長石がこの岩石にみられないのは，高温下の部分溶融過程でカリ長石はメルトに溶解し，メルトが溶け残り岩から分離したことによると推定される．ジルコンの周囲には，黄色のハロ(halo)がみられる．

12.1.B-b 高温スカルン

高温スカルン(high-temperature skarn)の変成作用を概観したうえで，ザクロ石-ベスブ石スカルンとゲーレン石-スパー石スカルンについてのべる．

12.1.B-b1 変成作用の概観

高温スカルンは，輝石ホルンフェルス相〜サニディナイト相に相当する温度下で形成された交代変成岩で，このような高温スカルンは，日本では広島県東城町・岡山県備中町などの，高温の接触変成作用をうけた石灰岩分布域にみられる．備中町の高温スカルン分布域では，図12-1にしめすように，ゲーレン石帯・スパー石帯・ザクロ石―ベスブ石帯の3帯に変成分帯される．これら3帯にみられる高温スカルンは，ことなる2つの時期の貫入岩体(モンゾ閃緑岩・石英モンゾナイト)からの熱供給で形成されたと考えられている．

スパー石($Ca_5Si_2O_8 \cdot CO_3$)・ゲーレン石($Ca_2Al_2SiO_7$)は，高温スカルンを特徴づける鉱物で，それぞれ次式でしめされる反応で形成されると考えられている．

　　ウォラストナイト + 方解石 = スパー石　　　　　　　　　　　　　　……(12.1.1)

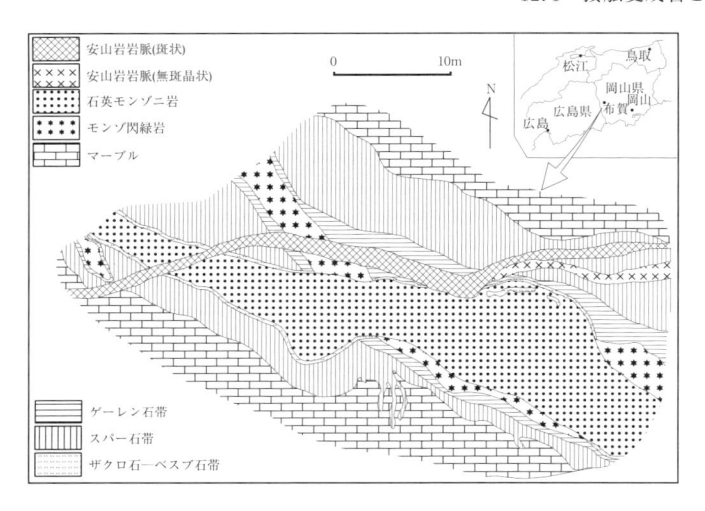

12.1 接触変成岩と交代変成岩　223

図12-1　岡山県備中町布賀地域の高温スカルンの変成分帯図（草地原図）
　ゲーレン石帯およびスパー石帯はモンゾ閃緑岩の貫入により形成され，ザクロ石―ベスブ石帯は後期の石英モンゾナイトの貫入によって形成される

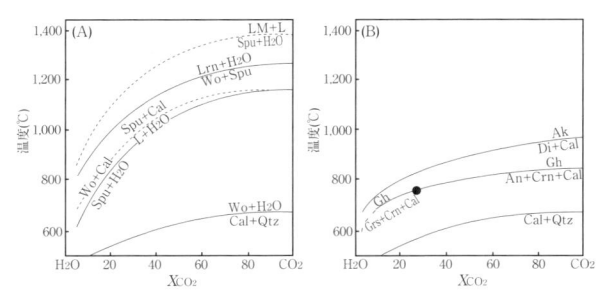

図12-2　高温スカルンのスパー石・ゲーレン石の安定領域
　（A）　スパー石の安定領域（Wyllie・Haas，1966による）
　（B）　ゲーレン石の安定領域（逸見ほか，1976による）
　圧力はともに100 Mpa

グロシュラー＝ゲーレン石＋アノーサイト＋ウォラストナイト　　……(12.1.2)
アノーサイト＋コランダム＋方解石＝ゲーレン石　　……(12.1.3)

　スパー石・ゲーレン石が安定な温度-圧力範囲はX_{CO_2}（§11.2.C参照）でも変化するが，安定に存在できる温度は両者とも約750℃以上（図12-2）．

12.1.B-b 2　代表的な岩石

ザクロ石-ベスブ石スカルン　角閃石ホルンフェルス相～輝石ホルンフェルス相に相当する温度下で形成されたスカルンで，母岩の純粋な石灰岩もマーブルになっている（写真12-4）．このスカルンにはハイドログロシュラー・ベスブ石がみられ，マーブルとの境界部では，累帯構造が顕著にみられる自形のハイドログロシュラーがマーブルにむかって成長している．ベスブ石は後退変成作用で形成されたものである．

ゲーレン石-スパー石スカルン　高温スカルンの典型的なものの1つ（写真12-5）．おもな主成分鉱物はゲーレン石・スパー石・ペロブスカイト（$CaTiO_3$）・アンドラダイ

224　12. 局所変成岩の記載的特徴

写真 12-4　ザクロ石-ベスブ石スカルン（岡山県備中町産；薄片は草地　功氏提供；単ニコル・横幅約 1.5 cm）
　写真では，下部から上部へベスブ石・ザクロ石・方解石マーブルの変化がみられる

写真 12-5　ゲーレン石-スパー石スカルン（岡山県備中町産；薄片は草地　功氏提供；単ニコル・横幅約 4.5 mm）
　写真の左上半部はスパー石からなり，右下半部はゲーレン石中に褐色のペロブスカイトがみられる．アンドラダイトはペロブスカイトの周囲にのみ形成されている

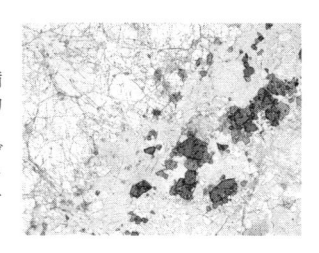

ト・方解石など．ペロブスカイトを多くふくみ，ゲーレン石に富む部分とスパー石に富む部分がある．ペロブスカイトの周囲には黄褐色のアンドラダイトがみられ，これはペロブスカイトとゲーレン石の反応により形成されたもの．

12.2　動力変成岩

　ここでは断層運動やせん断運動などをともなう変形作用で形成され，片麻状組織が顕著なマイロナイトと，マイロナイト化した変成岩由来のシュードタキライトについてのべる（§6.3.C・§7.2 参照）．

12.2.A　マイロナイト

　マイロナイトは細粒鉱物からなる基質の岩石全体にたいする比率をもとに，プロトマイロナイト（50% 以下）・マイロナイト（50〜90%）・ウルトラマイロナイト（90% 以上）に区分される．ここではザクロ石-キンセイ石-黒雲母マイロナイト・ザクロ石-斜方輝石マイロナイトについてのべる．

ザクロ石-キンセイ石-黒雲母マイロナイト　粗粒のザクロ石-キンセイ石-黒雲母トーナライトがマイロナイト化したもの（写真 12-6）．ザクロ石・キンセイ石・斜長石のポーフィロクラストが多くみられることから，プロトマイロナイトである．トーナライトを構成していた石英は，細粒化しリボン石英となっている．黒雲母もいちじるしく変形し，非対称に変形したアウゲン状のポーフィロクラスト（§10.3 参照）の外形にそって，リボン石英とともに片理を形成している．キンセイ石・斜長石のポーフィロクラストにはプレッシャーシャドーがみられ，この部分には白雲母もみ

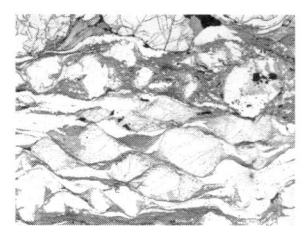

写真 12-6　ザクロ石-キンセイ石-黒雲母マイロナイト（熊本県甲佐町肥後変成岩体産；単ニコル・横幅約 4.5 mm）
　アウゲン状のポーフィロクラストは，ザクロ石・キンセイ石・斜長石．写真中央部には，ややピナイト化したキンセイ石ポーフィロクラストがみられる

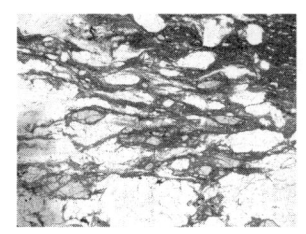

写真 12-7 ザクロ石-斜方輝石マイロナイト(東南極のナピア岩体産；単ニコル・横幅約 4.5 mm)
写真の右上半部の優黒質部は，極細粒の斜方輝石・ザクロ石に富むウルトラマイロナイト化した部分

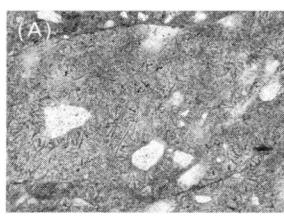

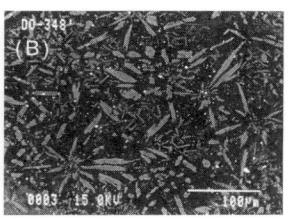

写真 12-8 シュードタキライト(北海道地方日高町日高変成帯産；薄片および反射電子像は豊島剛志氏提供)
(A) 光学顕微鏡写真(横幅約 0.4 mm)ポーフィロクラストの周囲に，放射状にマイクロライトが形成している
(B) 電子顕微鏡による反射電子像(スケールは 100μ)やや粗粒のマイクロライトは斜方輝石で，細粒なものは黒雲母

られる．

ザクロ石-斜方輝石マイロナイト ザクロ石-斜方輝石片麻岩がマイロナイト化し，ウルトラマイロナイトになる(写真 12-7)．ザクロ石・斜方輝石・斜長石・石英のポーフィロクラストがみられ，細粒の基質もザクロ石・斜方輝石・斜長石・石英からなる．一般に既存の岩石がマイロナイト化するときは，後退変成作用で含水珪酸塩鉱物が形成されるが，このマイロナイトはグラニュライト相の温度下で形成されたため，少量の黒雲母以外に含水珪酸塩鉱物をふくんでいない．

12.2.B シュードタキライト

シュードタキライトはマイロナイト化した変成岩などで，いちじるしく変形が集中した部分が溶融し，メルトが急冷・固結して形成された黒色・緻密な岩石(§7.2参照)．光学顕微鏡ではマイクロライトなどの鉱物の同定が困難であることが多いため，電子顕微鏡の反射電子像による観察が重要．写真 12-8 A は光学顕微鏡の画像で，ポーフィロクラストの周囲にマイクロライトが形成されている．写真 12-8 B は，このシュードタキライトの反射電子像で，メルトから晶出したと考えられる石英・斜長石・カリ長石からなる基質と，定向配列をしめさない斜方輝石・黒雲母の針状結晶(急冷結晶；マイクロライト)がみられる．

13. 堆積岩の形成と分類

 堆積岩の多くは，地球の表層部の既存岩石の風化産物が，水や風などによる他所への物理的運搬と堆積(水底または陸上)をへて，やがて固化するという一連の作用で形成されたもので，このような岩石を砕屑岩(clastic rock)という．
 堆積岩にはこのほかに，水に溶解していた物質が無機的な化学反応や，生物の作用・水の蒸発などで沈殿して形成された化学的沈殿岩(chemical rock)，動物または植物の遺体が堆積して形成された生物岩(organic rock)などがある．堆積岩に火砕岩をふくめることもあるが，この本では火成岩として扱った(§1.2参照)．
 このような堆積岩の形成に関与した全過程は，一般に堆積作用(sedimentation)という．この堆積作用は，風化作用(weathering)・侵食作用(erosion)・運搬作用(transportation)・堆積作用(狭義)・続成作用(diagenesis)に区分できる．

13.1 堆積岩と変成岩のちがい

 堆積岩は地下深所に埋没し，より高温・高圧下で再結晶作用(変成作用)をうけると変成岩になる．続成作用と変成作用は漸移関係にある(§6.1参照)．

13.1.A 続成作用

 続成作用の進行過程は圧密作用(compaction)・セメント化作用(cementation；膠結作用)・再結晶作用の3段階にわけられる．続成作用は石化作用(lithification)ともいう．

圧密作用 水底または陸上に堆積した堆積物は，その上面をつぎつぎと新しい堆積物でおおわれ地下に埋没し，上方からの荷重により圧密をうけるようになる．そこで堆積物の粒子(鉱物粒やさまざまな大きさの岩片)の粒間の間げきにふくまれていた水(間げき水)は脱水されて，しだいに上方にはきだされてゆく．その過程をとおして，間げきの堆積物全体にしめる割合(間げき率；porosity・孔げき率)は減少してゆき(図13-1)，粒子はより密に結合するようになる．

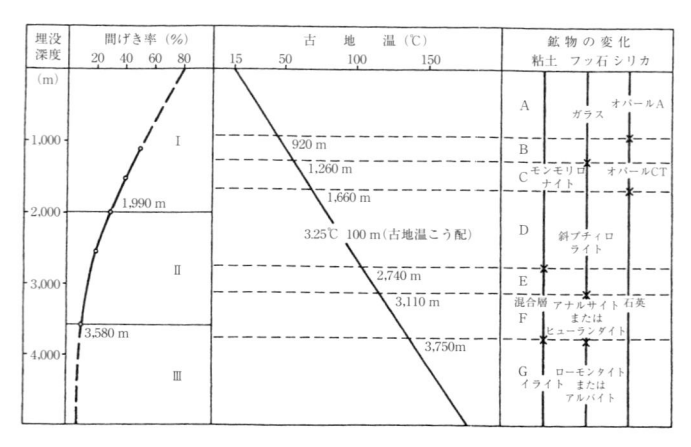

図13-1 日本列島の新第三紀泥質岩の埋没深度・間げき率・古地温・各鉱物の変化との関係（Aoyagi・Kazama, 1980）
（Ⅰ）〜（Ⅲ）：間げき率にもとづく続成作用のステージ（Ⅰ：初期の圧密ステージ；Ⅱ：後期の圧密ステージ；Ⅲ：再結晶作用のステージ）；(A)〜G：続成作用の分帯（鉱物組合せ）
オパール A は非晶質のもの，オパール CT は低温型のクリストバライトと低温型のトリディマイトの混合物をさす

セメント化作用　圧密作用をうけて地下のある深度まで埋没した堆積物では，水に溶解していた無機成分が粒間に沈殿し，粒子をセメント(膠結)する作用．セメントとしては，方解石・ドロマイトなどの炭酸塩鉱物のほかに，石英・カルセドニー・粘土鉱物・フッ石などがある．

このような圧密作用・セメント化作用をへて，堆積物は固結(consolidation)して堆積岩になる．

再結晶作用と自生鉱物　粒子には水を媒介とした化学反応が進行し，その場所での温度・圧力下で安定な新鉱物が形成される過程．温度・圧力などの条件が同一の場所に埋没しても，堆積物の組成や組織により再結晶作用の進行の度合は一様ではない．

砂質堆積物の主成分鉱物の斜長石は，埋没深度が約 2,800 m 以上，温度が 120〜130℃ の範囲では間げき水と反応してアルバイトに変化する．しかしおもに火山ガラス片からなる堆積物では，もっと浅所の低温下でも容易に再結晶し，その場所の温度・圧力下で安定な粘土鉱物やフッ石などを形成する．たとえば埋没深度が数 100 m・100℃ 以下の低温下でも，火山ガラスは容易に再結晶して，非晶質のシリカ鉱物(オパール)・粘土鉱物(スメクタイト・サポーナイトなど)，モルデナイトなどのフッ石が形成される．このように続成作用で堆積岩にあらたに形成された鉱物を，一般に自生鉱物(authigenic mineral)という．

マフィックな火山灰ではガラス質でなくても一般に容易に再結晶する．泥質岩では地下深所に埋没してゆくにつれて，温度・圧力に対応して，その主成分鉱物である粘土鉱物の性質や種類が変化する(図 13-1 参照)．

13.1.B　続成作用と変成作用の関係

続成作用と変成作用とのあいだには，はっきりと境界があるわけではないが，続

成作用から変成作用にいたる段階までについて，いくつかの細分がなされている．たとえば泥質岩については，粘土鉱物としてイライトがふくまれることが多いことから，イライトの結晶化度に対応させ，続成作用〜極低温の変成作用をうけた泥質岩分布域を，続成帯(diagenetic zone)・アンキ帯・エピ帯の3帯に区分することがあり(Kübler, 1968)，後2帯は極低温の変成作用で形成されたものとみなされている(§11.2.A-a1参照)．アンキ帯・エピ帯の変成作用は埋没変成作用に相当．また続成作用〜変成作用を，シンダイアジェネシス(syndiagenesis)・アナダイアジェネシス(anadiagenesis)・エピダイアジェネシス(epidiagenesis)・変成作用の4段階に区分することもある．この区分はおもに旧ソビエト連邦の研究者たちがよく使用している．

これらのいずれの区分でも，続成作用と変成作用は漸移関係にあることにはかわりがなく，いちおうの目安として $150\pm50℃$・約 200 MPa が両者の境界と考えられている．

13.2 堆積岩の種類

堆積岩の組成は非常に多様である(表 13.1)．たとえば堆積岩の SiO_2 は 100% にちかいもの(チャートなど)から，ほとんどふくまれないもの(石灰岩など)まである．Al_2O_3 については，70% くらいのもの(ラテライト)まである．また CaO については，堆積岩では 50% くらいのもの(石灰岩など)まである．

堆積岩の化学組成が多様なのは，それらの主成分鉱物が地球表層部の既存岩石の1回あるいは何回かの化学変化で形成されたものであるということ，しかも砕屑性のもののみでなく，海水や陸水からの化学的沈殿によるものや，生物起源のものまでふくまれていることなどに起因している．

13.2.A 砕屑岩

火成岩・変成岩・堆積岩などの既存の岩石の風化作用で形成された粘土・砂(鉱物

表 13-1 種々の堆積岩の主化学組成(単位：重量%)

	(1)	(2)	(3)	(4)	(5)	(6)	(7)
SiO_2	66.0	62.11	66.1	77.60	95.4	99.30	5.19
TiO_2	0.6	0.66	0.3	0.28	0.2	0.13	0.06
Al_2O_3	15.3	17.16	8.1	11.97	1.1	2.53	0.81
Fe_2O_3		1.60	3.8	0.49	0.4	1.26*	0.54
FeO	4.8*	3.58	1.4	1.10	0.2		
MnO	0.1	0.07	0.1	0.02		0.05	0.05
MgO	2.4	2.37	2.4	0.41	0.1	0.59	7.90
CaO	3.7	1.29	6.2	0.70	1.6	0.13	42.61
Na_2O	3.2	2.30	0.9	2.94	0.1	0.27	0.05
K_2O	3.5	3.28	1.3	2.99	0.2	0.66	0.33
P_2O_5	0.2	0.14	0.1	0.07		0.05	0.04
I.L.		5.29	9.3	1.80	1.4		42.35
合計	99.8	99.86	100.0	100.37	100.7	98.98	99.93

(1)：大陸地殻の上部(Taylor・McLennan, 1985)
(2)：西南日本の頁岩302個の平均値(稲積ほか，1980)
(3)：石質アレナイト20個の平均値(Pettijhon, 1975)
(4)：石質ワッケ(和泉砂岩)10個の平均値(西村，1992)
(5)：オーソクォーツァイト26個の平均値(Pettijhon, 1975)
(6)：ペルム〜ジュラ紀の縞状チャート31個の平均値(Matsumoto・Iijima, 1983)
(7)：石灰岩345個の平均値(Clarke, 1924)
　*：全 Fe 含有量；I.L.：Ignition loss (H_2O, CO_2 など)

13. 堆積岩の形成と分類

表13-2 砕屑物の粒径区分と砕屑岩の分類（Wentworth, 1922による）

粒径		砕屑物	砕屑岩	
ϕ	mm			
-8	256	巨 礫		
-6	64	大 礫	礫	礫岩
-2	4	中 礫		
-1	2	細 礫		
0	1	極粗粒砂		
0	1/2	粗粒砂		
0	1/4	中粒砂	砂	砂岩
0	1/8	細粒砂		
0	1/16	極細粒砂		
0	1/256	シルト	泥	シルト岩 / 泥岩
		粘土		粘土岩

粒やこまかい岩片)・大小の岩片・岩塊などが，水・氷・風などにより水底または陸上に堆積して形成されたもので，堆積岩のおもな部分をしめている．砕屑岩の構成粒子の化学組成や色は，おもに砕屑物を供給したもとの岩石(原岩)の種類できまる．

砕屑岩は構成粒子の粒径をもとに分類される．砕屑岩の構成粒子の大きさは，堆積作用の過程や環境を反映しているので，砕屑岩の特徴をしめす重要な分類基準となる．表13.2にしめすように砕屑物は粒径により，礫・砂・泥に区分される．粒径が2mm以上のものが礫，1/16mm～2mmの粒子が砂，1/16mm以下の粒子が泥である．粒径により，それぞれはさらにいくつかに細分される(表13.2)．

おもにこれらの礫・砂・泥からなる岩石を，それぞれ礫岩(conglomerate)・砂岩(sandstone)・泥岩(mudstone)という(表13.2)．これらの砕屑岩を標本の大きさでみると，さまざまな粒径の砕屑物の混合物であることがよくある．このようなときは，どのような粒径のものが多くふくまれているかにより，砂質礫岩・礫質砂岩・泥質砂岩などという．また砕屑物の粒子に火山砕屑物や生物の骨・殻などが多くふくまれているときには，凝灰質砂岩とか含放散虫珪質頁岩などという．

粒径の表現方法としては，mmによる表記のかわりに数値を2を底とする対数にした，$\phi = -\log_2 d$（d：粒径；mm)で表現されることも多い．

13.2.A-a 礫岩

分類 礫岩は礫の粒径(礫径)により，巨礫岩・大礫岩・中礫岩・細礫岩に細分される．礫は運搬の過程を反映して，礫径や円磨度がいろいろに変化する．角ばっている礫は角礫(rubble)といい，おもに角礫からなる礫岩が角礫岩(breccia)である．

充填物 礫岩では礫の粒間を砂や泥が充填していることが多い．この充填物をマトリックス(matrix；基質)という．礫の粒間を充填するのは，マトリックスのほかに炭酸塩鉱物やシリカ鉱物などのセメントのこともある．一般にマトリックスは砂であることが多いが，泥質のマトリックスが礫を包有しているものを礫質泥岩という．

礫種 礫岩を構成する岩石(礫種)を調べることで，礫岩をもたらした後背地を特定できることがあるので，礫種をあきらかにすることは重要である．ほぼ1種の礫からなる礫岩は単源礫岩(monogenetic conglomerate)，複数の礫種からなるものは多

源礫岩(polygenetic conglomerate)という．
礫岩の後背地　岐阜県上麻生の飛弾川ぞいには中期ジュラ紀に堆積したとみられる多源礫岩(上麻生礫岩)が分布する．この礫岩は砂質のマトリックスをもつ淘汰のよくない礫岩で，礫種は砂岩・泥岩・チャートなどの角礫～亜円礫，およびオーソクォーツァイト(§13.2.A-b1参照)・珪線石片麻岩・ザクロ石片麻岩・石英斑岩・ヒン岩などの円礫からなる(Adachi, 1971)．このように上麻生礫岩にはオーソクォーツァイト礫や高変成度の片麻岩礫(これらは円磨度がよい)がふくまれることから，この礫岩は北方に存在したと推定される先カンブリア時代の大陸の一部からもたらされたという考えが主張された．片麻岩礫の最も古い放射年代(Rb-Sr全岩アイソクロン年代・Sm-Nd全岩アイソクロン年代；§3.2参照)は約2,000 Ma・2,070 Maをしめしている(Shibata・Adachi, 1974；Shimizu, et al., 1996)．

13.2.A-b　砂岩

砂岩は砂粒とその周囲を充塡しているマトリックスおよびセメントからなるので，マトリックスやセメントの種類により，泥質砂岩・シルト質砂岩・粘土質砂岩・石灰質砂岩・珪質砂岩・凝灰質砂岩・炭質砂岩などという．

13.2.A-b1　分類

砂岩の粒子組成(鉱物・岩片・マトリックスなどの種類と量比)は，砂岩をもたらした後背地の地質を知るうえでの重要な手がかりとなるので，最近では砂岩の分類は，砂粒の鉱物組成・砂粒とマトリックスの量比・セメントの化学組成などにもとづいてなされることが多い．すなわち砂岩の主成分鉱物の石英・長石，そのほかの鉱物・岩片の3種の粒子とマトリックスの量比にもとづいている．粒径が0.02 mm以下の粒子をマトリックスとみなす．これらをもとに砂岩はアレナイト(arenite)・ワッケ(wacke)に大別される(写真13-1)．

アレナイト・ワッケ　アレナイトはマトリックス含有量が15%以下の砂岩，ワッケは15%以上の砂岩(表13.3)．マトリックスが多くなって，その含有量が75%以上のものが泥岩である．

構成粒子の鉱物組成　図13-2のように長石(斜長石＋アルカリ長石)-石英-岩片を頂点にとった3角ダイアグラムで表現されるのが一般的である(石英-アルカリ長石-斜長石の3角ダイアグラムも使用されることがある)．これらの3成分のうち石英含有量が75%以上のものが石英質(quartzose)である．石英質でマトリックス含有量が15%以下のものは石英質アレナイト(図13-2 A)，15%以上のものは石英質ワッケ(図13-2 B)という．石英含有量が75%以下のもののうちで，長石が多いものを**長石質**(feldspathic)，岩片(石英・長石以外の鉱物は岩片のなかにふくめる)の多いものを**石質**(lithic)という．図13-2で長石量と岩片量がそれぞれ75%をこえる範囲を端成分領域とした．この領域内の砂岩は，多くふくまれる鉱物種・岩石種にもとづき，たとえばチャートアレナイト・カコウ岩ワッケなどという．

アレナイトとワッケの両者に，長石質のものと石質のものがある．これらの砂質の岩石を総称して**砂質岩**(psammitic rock・arenaceous rock)ということがある．

砂粒とマトリックスの量比　堆積物の物理的運搬や堆積の過程を反映しているとみられる．マトリックスはおもに細粒の泥の粒子からなるので，アレナイトは，河川・デルタ・海浜・浅海底のような粒子の**分級作用**(sorting；粒子のふるいわけ)が持続する環境で形成される．一方ワッケは，分級しにくい潟や湿地帯の堆積物，あるいは分級が持続しない**タービダイト**(turbidite；乱泥流堆積物)などに認められる．海

13. 堆積岩の形成と分類

写真 13-1 砂岩の顕微鏡写真（岩石は立石雅昭氏提供）
- (A) 細粒アルコース質アレナイト（後期ジュラ紀の丹波帯Ｉ型砂岩；直交ニコル・横幅約 2 mm）
- (B) 細粒長石質アレナイト（前期白亜紀の四万十累帯北帯利根川層；直交ニコル・横幅約 2 mm）
- (C) 粗粒石英アレナイト（後期ジュラ紀の相馬中村層群富沢層；直交ニコル・横幅約 2 mm）
- (D) 中粒石質ワッケ（後期白亜紀の和泉層群主部層；直交ニコル・横幅約 2 mm）
- (E) 極細粒アルコース質アレナイト（古第三紀の四万十累帯南帯奈半利川累層；直交ニコル・横幅約 2 mm）
- (F) 中粒石質アレナイト（後期白亜紀の四万十累帯北帯日和佐累層；直交ニコル・横幅約 2 mm）

表 13-3 砂岩の分類表（岡田，1971を簡略化）

マトリックス(粒径< 0.02 mm)		15% 以下	15% 以上
砂粒成分／大区分岩系		アレナイト	ワッケ
石英＞75%		石英質アレナイト	石英質ワッケ
石英＜75%	長石＞岩片	長石質アレナイト	長石質ワッケ
	長石＜岩片	石質アレナイト	石質ワッケ

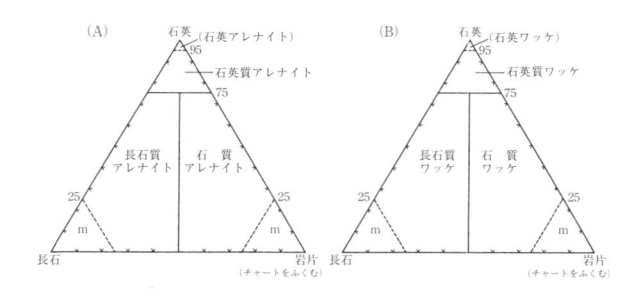

図 13-2 砂岩の分類図（岡田，1971）
(A)：アレナイト（マトリックス＜15%）；(B)：ワッケ（マトリックス＞15%）；m：単成分領域

底に堆積した礫・砂・泥などが，地震などがあると流動して斜面を流下することがある．そのような堆積物が平坦な場所へもたらされて，急速に再堆積して形成されるのがタービダイトである．このような環境では流速が急に減少するために，粒子の分級が充分でないので，泥質のマトリックスを多くふくむ砂岩が形成される．

原岩での分類 砂岩を区分するのに，アルコース(arkose；カコウ砂岩)・グレイワッケ(graywacke；硬砂岩)・オーソクォーツァイト(orthoquartzite；正珪岩)という用語が古くから使用されている．アルコースはカコウ岩や同質の変成岩を起源とする，おもに石英と長石粒からなる砂岩をさし，グレイワッケはさまざまな岩片やマトリックスを多くふくむ淘汰のよくない砂岩をさす．オーソクォーツァイトは，ほとんど石英粒子と石英のセメントからなる砂岩のこと．オーソクォーツァイト礫をふくむ礫岩層は日本の堆積岩分布域にしばしばみられる．この礫岩は円磨度が非常に高いという特徴がある．

13.2.A-b2 砂岩の後背地

粒子組成と後背地 砂粒を供給した後背地の地質を反映していることから，最近では粒子の組成についても，くわしく検討されるようになった．たとえば図13-2の岩片を堆積岩片・火成岩片・変成岩片にわけ，さらに火成岩片をマフィック岩・中性岩・フェルシック岩とか，深成岩・火山岩などに区分して，砂岩の分類の検討がなされることがある．その一例を図13-3 A にしめした．

このような考えをさらに発展させて，原岩の性質のみでなく，後背地のテクトニクス場を推定することを目的とした，粒子と岩片を計測する方法も考案されている．この方法はガジ-ディッキンソン法(Gazzi-Dickinson methods；Gazzi, 1966；Dickinson, 1970)という．この方法による砂岩のモード組成を後背地判別図にプロットした例を図13-3 B にしめした．

後背地としての島弧 島弧は一般に火成活動が活発なので火成弧(magmatic arc；火山弧・volcanic arc)ともいう．また日本のように，おもに古生代以降の岩石や地層からなり，大陸地殻をもつ島弧を発達した島弧(evolved island arc)といい，伊豆―小笠原弧のような，新しい地質時代の岩石や地層からなる島弧を未発達な島弧(immature island arc)という．また火成弧でありながら，火山岩が侵食されてなくなってしまい，

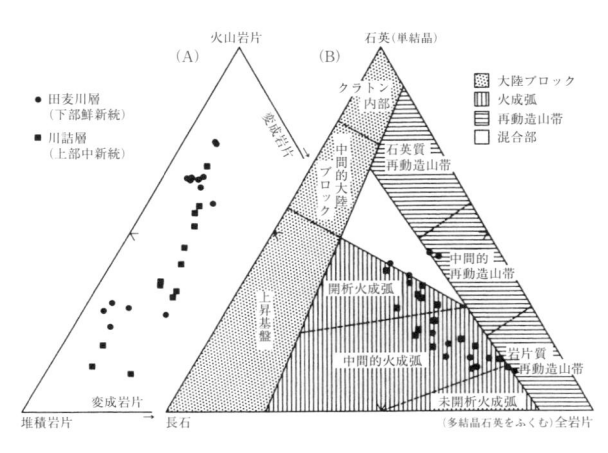

図13-3 新潟県の田麦川層と川詰層の砂岩のモード組成(立石ほか，1992)
(A) 岩片の種類にもとづくもの
(B) ガジ-ディッキンソン法で計測したモードをDickinson, et al.(1983)の後背地判定図にプロットしたもの

ガジ-ディッキンソン法では，岩片に粒径が0.063mm以上の石英または長石がふくまれるときには，その岩片は単結晶石英または長石として数える

より古い岩石(カコウ岩や変成岩など)が露出している島弧を開析された島弧(dissected island arc)ということがある.

図13-3Bのフォッサマグナ北部の中新～鮮新世の砂岩(タービダイト)は,火山岩片と堆積岩片に富み,開析された火成弧あるいは開析が中間的な火成弧の環境をしめす後背地から供給されたものと考えられている.

化学組成と後背地 砂岩の化学組成から,その後背地のテクトニクス場をあきらかにしようとする研究も進展している.火成弧から供給された多量の火山岩片をふくむ砂岩では,その原岩である火山岩の平均的な組成的特徴を保持していると考えられるので,砂岩のモード組成の特徴から,後背地としての火成弧の性質を推定できる.

すなわち一般に現在の発達した火成弧では,カルクアルカリ岩系の安山岩やよりフェルシックな火山岩が多くみられ,未発達な火成弧ではソレアイト質玄武岩のほうが多くみられるといった特徴がある.このような特徴と砂岩にふくまれる岩片の特徴とを比較することにより,砂岩を供給した後背地がどんな火成弧であったかを推定する方法がとられている.

このようにして推定された,火成弧に由来する砂岩のあいだで化学組成にちがいがみられることから,砂岩の後背地となる火成弧の発達の度合いや性質のちがいを識別する,後背地判別図が検討されている(図13-4).

重鉱物と後背地 砂岩には石英や長石などの主成分鉱物のほかに,これらよりも比重の大きい鉱物(重鉱物)が少量ではあるがふくまれていることが多い.このような重鉱物の種類と形態の研究から,後背地の推定や後背地から堆積盆にいたるまでの堆積過程を解析できる.重鉱物は少量しかふくまれないときでも,重液で比較的容易に抽出できるので,多くの研究例がある.

ここでは砂岩にふくまれるクロムスピネルによる研究例をのべる.クロムスピネルは超マフィック岩やSiO_2にとぼしいグラニュライトなどの変成岩にふくまれる.ここで北海道地方の振内地域の中新統川端層群の蛇紋岩片を多くふくむ砂岩層のクロムスピネルの化学組成(図13-5)に注目してみる.その組成はこの砂岩層に近接して分布する蛇紋岩化したカンラン岩体(沙流川カンラン岩体;神居古潭変成帯のもの)の構成岩石にふくまれる,クロムスピネルの化学組成に酷似している.このことから川端層群の砂岩は,ユーラシアプレートとオホーツクプレートの衝突で浮上し露出した大規模カンラン岩体付近にできた小規模な堆積盆に形成されたものと考

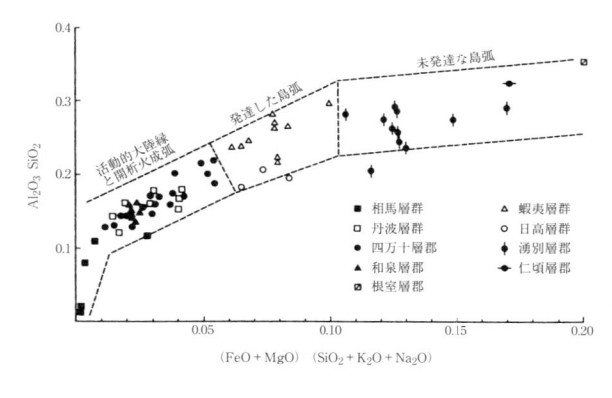

図13-4 日本各地の砂岩(ジュラ紀～古第三紀)のAl_2O_3/SiO_2—$(FeO+MgO)/(SiO_2+Na_2O+K_2O)$図(君波ほか,1992)

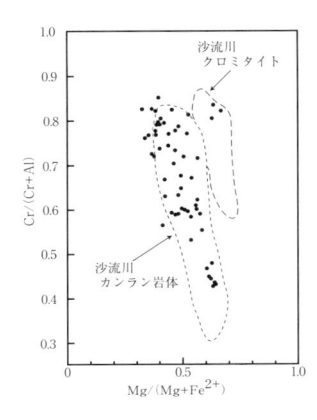

図13-5 北海道地方振内地域の砂岩にふくまれるクロムスピネルのCr/(Cr+Al)とMg/(Mg+Fe^{2+})の関係(Arai・Okada, 1991)
・：砂岩のクロムスピネル

えられている．

このようなクロムスピネルによる砂岩の後背地を推定する研究は，北海道地方の白亜紀～古第三紀の砂岩についても多くなされている．またザクロ石の化学組成からも，原岩の変成岩や深成岩の性質の検討がなされている．珪線石・ランショウ石・十字石・ローソン石などは，原岩の変成岩の温度・圧力，さらには後背地などの推定に有効である．カンラン石・輝石・クロマイト・角閃石などをふくむ砂岩も知られており，これらから原岩の火成岩の形成場の検討がなされている．ジルコンやモナザイトの個々の粒子の放射年代の決定が可能なので，これらの放射年代や化石などから，砂岩の堆積年代の推定も試みられている．

13.2.A-c　泥岩

泥が固化したものが泥岩であるが，これは粒径により，粗粒のシルト岩(siltstone)と細粒の粘土岩(claystone)にわけられる(表13.2参照)．これらの泥岩は，比較的新しい地質時代の圧密が不充分な地層のものでは，塊状ではく離性(堆積面にそってはげやすい性質)にとぼしいが，より古いもので続成作用が進行した泥岩でははく離性に富むようになる．このような岩石が頁岩(shale)である．また泥岩が構造運動や弱い変成作用をうけて，はく離性が顕著になったものを**粘板岩**(slate)という．これらの泥質の岩石を総称して**泥質岩**という．

泥質岩は砂質岩のような分類の基準が確立していないので，野外で泥質岩を区別するときには，色・組織・成分などの特徴にもとづいておこなわれることが多い．たとえばSiO$_2$に富むものは珪質泥岩(珪質頁岩・珪質粘板岩)，Fe$_2$O$_3$に富み赤色のものは赤色泥岩(赤色頁岩)，炭素鉱物や黄鉄鉱に富むものは黒色泥岩(黒色頁岩)，CaCO$_3$に富むものは石灰質泥岩(石灰質頁岩)，砂粒をやや多くふくむものは砂質泥岩(砂質頁岩)などという．

13.2.B　化学的沈殿岩と生物岩

化学的沈殿岩や生物岩のうちで，最も多量に存在し，しかも地質学的に重要なものは，チャート(chert)などの珪質岩と石灰岩(limestone)である．日本の中・古生代のチャートは，かつては化学的沈殿岩と考えられていたが，最近では，その多くは生物岩とされている．このように化学的沈殿岩と生物岩は，形成過程がはっきりしているもの以外は，区別できないことが多い．

13.2.B-a　チャート

おもに微細な石英からなる緻密な硬い岩石で，SiO_2含有量が90％以上（表13.1参照）．なかには99％以上のこともある．このようなチャートは灰白色をしめすが，イライト・緑泥石・ヘマタイト・マンガンの酸化物などが少量ふくまれているので，灰色・緑色・赤褐色・黒色などが一般的である．チャートは産状から，縞状チャート（bedded chert；層状チャート）・塊状チャート（massive chert）・団塊状チャート（nodular chert・chart nodule）にわけられる．

縞状チャート　厚さ数cm～10数cmのチャートとこれより薄い泥質岩が，交互にくりかえし縞状をなすものが一般的である（写真13-2）．このようなチャートは日本の中・古生代の堆積岩に典型的にみられ，互層全体の厚さは，数10mのものから，数100mをこえるものまである．新生代の地層からは縞状チャートはみいだされていない．日本の縞状チャートは，おもに海綿骨針からなるもの，おもに放散虫殻からなるもの（写真13-3），石英の微粒子からなるものに大別される．微小な石英については，放散虫殻が分解した生物起源のものか，それとも化学的沈殿物なのかあきらかになっていない．

チャートと互層を構成する泥質岩は，おもに細粒で，粗粒堆積物はほとんどふくまれない．また縞状チャートには炭酸塩鉱物はほとんどふくまれない．このような組成上の特徴から，縞状チャートの多くは炭酸塩補償深度（calcium‐carbonate compensation depth；CCD）よりも深い大洋底に堆積したものと考えられている．

海洋では$CaCO_3$の溶解度は水深の増大に比例し，深海に到達した浅海での生物起源の石灰質の物質は溶解してしまい，堆積物にはならない．このような水深をCCDといい，一般に大洋底では約4,000mであると考えられている．

写真13-2　縞状チャートの露頭写真
　　ジュラ紀の足尾帯・新潟県早出川上流域

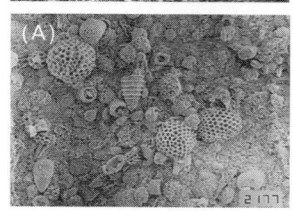

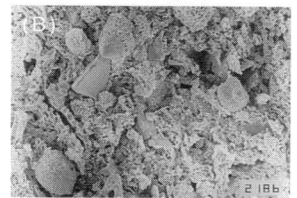

写真13-3　縞状チャートの走査型電子顕微鏡写真（写真は松岡　篤氏提供）
　　（A）　秩父帯産の放散虫チャート（後期ジュラ紀・沖縄県国頭郡伊江村；横幅約12mm）
　　（B）　美濃帯産の放散虫をふくむ珪質泥岩（中期ジュラ紀・岐阜県加茂郡七宗町；横幅約0.6mm）

縞状チャートは中・古生代の地層によくみられるが，これと同様な縞状をなす未固結な堆積物は，大洋底のどこからもみいだされていないので，縞状チャートには大量のSiO_2の起源や堆積物としての形成過程など，不明なことが多い．

縞状チャートの成因：①：海綿骨針や放散虫の遺骸が砕屑な粒子として移動し，タービダイトとにた過程で形成された；②：気候変動の周期的変化により放散虫が大繁殖し，大量の遺骸が供給された；③：放散虫をふくむ泥が続成作用をうける過程で，シリカと泥が分離して堆積した，などの考えがある．

塊状チャート 中・古生代の緑色岩やマンガン鉱床にともなわれるもので，赤色・白色・多色のものなどがあり，これらは海底火山活動がもたらす熱水が起源であると考えられている．

団塊状チャート 石灰岩やチョーク(chalk；白〜灰白色の石灰質泥岩で白亜ともいう．ドーバー海峡両岸の白亜の崖は有名である)に，団塊状あるいはレンズ状の岩体としてみられる．

13.2.B-b 石灰岩

石灰岩は炭酸塩岩を代表する堆積岩で，おもに方解石やアラゴナイトなど$CaCO_3$(通常50％以上)からなる．古生代以降に形成された石灰岩は，おもに貝類・サンゴ・ウミユリ・腕足貝・有孔虫などの無脊椎動物の遺骸(外殻や骨格などの硬組織として)や，石灰藻が堆積して形成されたものもある．

一方，始生代や原生代の石灰岩の多くは**ストロマトライト構造***(stromatolite structute)をもつことから，ラン藻類などで形成されたものと考えられている．

*：ラン藻類などの分泌物が形成した縞状構造や同心円構造のこと

続成作用の過程で，方解石が石英に交代されていることがあり，そのような岩石を珪質石灰岩という．おなじ過程で方解石がドロマイトで交代されることもあり，それが多いものは白雲岩（ドロマイト岩）という．石灰岩と白雲岩とは，肉眼ではほとんど区別できない．

これまでのべてきたチャートや石灰岩のほかの化学的沈殿岩や生物岩としてよく知られているものに，つぎのようなものがある．

化学的沈殿岩には，砂漠地帯の塩湖(salt lake)の蒸発で形成されたものがある．蒸発過程で溶解度のちがいにより石コウ・カリ岩塩・岩塩のような順で沈殿し層状の堆積物となる．始生代や原生代の地層によくふくまれる鉄質堆積岩も，1種の化学的沈殿岩と考えられる．この種の岩石にはFeに富む含水珪酸塩鉱物(1種の粘土鉱物)やシデライトなどがふくまれているが，続成作用の進行したものや変成作用をうけたものは，石英・ヘマタイトやマグネタイトに富み，鉄鉱石として重要である．

生物起源のものとしては石炭がある．これはさまざまな植物体が堆積して形成されたもので，石炭化の度合いから，泥炭(peat)・褐炭(brown coal)・レキ青炭(bituminous coal)・無煙炭(anthracite)などの種類がある．始生代や原生代の変成岩にときにはさまれている石墨岩にも，生物起源と考えられるものがある．

引用文献

A

Alt, J.C., *et al*. (1986)　*J.Geophys.Res.,* 91, 10309-10335

青木謙一郎 (1978)　地球の物質科学Ⅱ：火成岩とその生成 (岩波講座地球科学；久城育夫・荒牧重雄編), 153-170, 岩波書店

Aoki, K. and Shiba, I. (1974)　*Sci.Rept.Tohoku Univ.,Ser.* Ⅲ, 12, 395-417

Aoyagi, K. and Kazama, T. (1980)　*Sedimentology*, 27, 179-188

Arai, S and Okada, H. (1991)　*Tectonophys.*, 195, 66-81

荒牧重雄 (1979)　火山 (岩波講座地球科学；横山　泉ほか編), 121-155, 岩波書店

B

Barker, A. J. (1998)　An Introduction to Metamorphic Textures and Microstructures (2 nd ed.), Stanley Thornes Publ.Ltd., pp. 264

Baker, B.H., *et al*. (1977)　*Contrib. Mineral.Petrol.*, 64, 303-332

Baker, P. E., *et al*. (1964)　*Royal Soc. London Phil.Trans., ser. A*, 256, 439-575

Banno, Y. (2000)　*Lithos*, 50, 289-303

Barberi, F. G., *et al*. (1975)　*J.Petrol.*, 16, 22-56

Barrow, G. (1893)　*Geol.Soc.London Quart.Jour.*, 49, 350-358

Basaltic Volcanism Study Project (1981)　Basaltic volcanism on the terrestrial planets, Pergamon Press, pp. 1286

Bateman, P. C. and Chappell, B. W. (1979)　*Geol. Soc. Am. Bull.*, 90, 465-482

Best, M. G. and Christiansen, E. H. (2001)　Igneous petrology, Blackwell Scientific Publ., pp. 458

Bishoff, A. and Stoffler, D. (1992)　*Eur. J. Mineral.*, 4, 707-755

Bonatti, E., *et al*. (1986)　*J. Geophys. Res.*, 91, 599-631

Bucher, K. and Frey, M. (1994)　Petrogenesis of Metamorphic Rocks (6 th ed.), Springer-Verlag, pp. 318

C

Carmichael, I. S. E. (1964)　*J. Petrol.*, 5, 435-460

Carswell, D. A. (1990)　Eclogite Facies Rocks, Blackie & Son, pp. 416

Chaffey, D. J., *et al*. (1989)　*Geol. Soc. London, Spec. Publ.*, no. 42, 257-276

Chappell, B. W. and White, A. J. R. (1974)　*Pacific Geol.*, 8, 173-174

Chivas, A. R., *et al.* (1982)　*Nature*, 300, 139-143

Chopin, C. (1984)　*Contrib. Mineral. Petrol.*, 86, 107-118

Clark, D. B. (1970)　*Contrib. Mineral. Petrol.*, 25, 203-224
Clarke, F. W. (1924)　*U. S. Geol. Survey Bull.*, 770, pp. 841
Coleman, R. G., *et al*. (1965)　*Geol. Soc. Am. Bull.*, 76, 483-508
Coombs, D. S. (1954)　*Royal Soc. New Zealand Geol. Trans*, 82, 65-109
Coombs, D. S. (1960)　21 *st Int'l. Geol. Congress Rept., Part* 13, 339-351
Coombs, D. S., *et al*. (1959)　*Geochim. Cosmochim. Acta*, 17, 53-107
Coryell, C. G., *et al*. (1963)　*J. Geophys. Res.*, 68, 559-566
Cox, K. G.and Hawkesworth, C. J. (1985)　*J. Petrol.*, 26, 355-377
Cox, K. G., *et al*. (1979)　The Interpretation of Igneous Rocks,George Allen and Unwin, pp. 450

D

Defant, M. J. and Drummond, M. S. (1990)　*Nature*, 347, 662-665
Defant, M. J., *et al*. (1991)　*J. Petrol.*, 32, 1101-1142
Dickinson, W. R. (1970)　*J. Sed. Petro.*, 40, 695-707
Dickinson, W. R., *et al*. (1983)　*Geol. Soc. Am. Bull.*, 94, 212-235
Doi, N., *et al*. (1998)　*Geothermics*, 27, 663-690

E

Ellam, R. M.andCox, K.G. (1989)　*Earth Planet. Sci. Lett.*, 92, 207-218
遠藤美智子ほか(1999)　地質学論集, no. 53, 111-134
Eskola, P. (1915)　*Geol. Soc. Finland Bull*, 44, 109-145
Eskola, P. (1920)　*Norsk Geol. Tidsskr.*, 6, 143-194
Eskola, P. (1939)　Die Entstehung der Gestein(Barth, T. F. W., *et al*., eds.), 263-407, Springer-Verlag
Ewart, A. (1982)　Andesites ; Orogenic Andesites and Related Rocks(Thorpe, R. S. ed.), 25-87, John Wiley and Sons,Inc.

F

Fisher, R. V. (1966)　*Earth Sci. Rev.*, 1, 287-298
Frey, M. and Kisch, H. J. (1987)　Low Temperature Metamorphism(Frey,M.ed.), 1-8, Blackie & Son
Fyfe, W. S., *et al*. (1958)　Metamorphic Reactions and Metamorphic Facies, *Geol. Soc. Amer. Mem*, no. 73, pp. 259

G

Gazzi, P. (1966)　*Mineralog. et Petrog. Acta*, 16, 69-97

Gerasimovsky, V. I., *et al*. (1974)　The alkaline rocks (Sφrensen, H. ed.), 206-221, John Wiley and Sons, Inc.

Gill, J. B. (1981)　Orogenic and plate tectonics, Springer-Verlag, pp. 390

Gillen, C. (1982)　Metamorphic Geology, George Allen & Unwin, pp. 144

Gills, K. M. and Robinson, P. T. (1990)　*J. Geophus. Res.*, 95, 21523-21548

Gorai, M. (1950)　*J. Geol. Soc. Japan*, 56, 149-156

Gorai, M. (1951)　*Amer. Mineral.*, 36, 884-901

Gorai, M. (1960)　*Earth Sci.*, no. 52, 1-8

牛来正夫・周藤賢治(1982)　地殻・岩石・鉱物(第2版)，共立出版，pp. 254

Goto, Y. and McPhile, J. (1998)　*J. Volcanol. Geotherm. Res.*, 84, 273-286

Gurney, J. J. and Ebrahim, S. (1973)　Lesotho kimberlites (Nixon, P. H. ed.), 280-284, Lesotho Nalt. Dev. Co, Maseru

H

Hansen, E. C., *et al*. (1987)　*Contrib. Mineral. Petrol.*, 96, 225-244

Hara, I., *et al*. (1990)　*J. Metamorphic Geol.*, 8, 441-456

Harley, S. L. (1998)　*Geol. Soc. London, Spec. Publ.*, no. 138, 75-101

Harley, S. L. and Motoyoshi, Y. (2000)　*Contrib. Mineral. Petrol.*, 138, 293-307

Harris, C. (1983)　*J. Petrol.*, 24, 427-470

Hart, S. R. and Brooks, C. (1974)　*Geochim. Cosmochim. Acta*, 38, 1799-1806.

橋本光男(1966)　地質雑，72, 253-265

Haskin, L. A. (1984)　Rare earth element geochemistry (Henderson, P. ed.), 115-148, Elsevier

Haskin, M. A. and Frey, F. A. (1966)　*Science*, 152, 299-314

逸見吉之助ほか(1976)　岩石鉱物鉱床学会誌，特別号1，329-340

Hensen, B. J. and Osanai, Y. (1994)　*Mineral. Mag.*, 58 A, 410-411

Higashino, T. (1990)　*J. Metamorphic Geol.*, 8, 413-423

Hiroi, Y., *et al*. (1998)　*J. Metamorphic Geol.*, 16, 67-81

Hirose, K. and Kushiro, I. (1993)　*Earth Planet. Sci. Lett.*, 114, 477-489

Holdaway, M. J. (1971)　*Am. Jour. Sci.*, 271, 97-131

Hurley, P. M., *et al*. (1962)　*J. Geophys. Res.*, 67, 5315-5334

I・J

Ilupin, I. P. and Lutts, B. G. (1971)　*Sov. Geol.*, 6, 61-73

今井　功・片田正人(1978)　地球科学の歩み，共立出版，pp. 206

稲積章生ほか(1980)　香川大学教育学部研究報告，Ⅱ，30, 127-134.

Innocenti, F., *et al*. (1982)　Andesites ; Orogenic Andesites and Related Rocks (Thorpe, R.S. ed.), 327-349,　John Wiley and Sons, Inc.
Ishihara, S. (1977)　*Mining Geol*, 27, 293-305
Ishihara, S. (1981)　*Econ. Geol*., 75 th Anniv. vol., 458-484
Ishizuka, H. (1985)　*J. Petrol.*, 26, 391-417
Ishizuka, H. (1989)　*Proc. ODP Sci. Res.*, 111, 61-76

Jackson, M. D. and Pollard, D. D. (1988)　*Geol. Soc. Am. Bull*., 100, 117-139

K

兼岡一郎(1998)　年代測定概論，東京大学出版会, pp. 315
加納　博・秋田大学花崗岩研究グループ(1978)　岩鉱，73, 97-120
川畑　博・周藤賢治(2000)　地質雑，106, 670-688
貴治康夫ほか(2000)　岩石鉱物科学，29, 136-149
君波和雄ほか(1992)　地質学論集，no. 38, 361-372
Kogiso, T., *et al*. (1997)　*J. Geophys. Res*., 102, 8085-8103
小松正幸ほか(1986)　地団研専報，no. 31, 189-203
Komatsu, M., *et al*. (1989)　*Geol. Soc. London, Spec. Publ*., no. 43, 487-493
Kondo, H., *et al*. (2000)　*J. Geol. Soc. Japan*, 106, 426-441
小屋口剛博(1997)　地殻の形成(岩波講座地球惑星科学)，121-182, 岩波書店
Kretz, R. (1983)　*Amer. Mineral.*, 68, 277-279
Kübler, B. (1967)　*Bull. Centre Recherche Pau - SNPA*, 1, 259-278
Kübler, B. (1968)　*Bull. Centre Recherche Pau - SNPA*, 2, 385-397
久保誠二・新井房夫(1964)　群馬大学紀要，自然科学, 12, 9-30
Kuno, H. (1950)　*Geol. Soc. Am. Bull*., 61, 957-1020
Kuno, H. (1968)　Basalts, 2 (Hess, A. R. and Poldervaart, A. eds.), 623-688, Interscience
倉沢　一(1959)　地球科学，no. 44, 1-16
黒田吉益・諏訪兼位(1983)　偏光顕微鏡と岩石鉱物，共立出版, pp. 343
黒田吉益ほか(1989)　岩鉱，特別号 4, 179-197
黒川勝己(1999)　水底堆積火山灰層の研究法——野外観察から環境史の復元まで(地学双書 30)，地学団体研究会, pp. 147

L

Le Maitre, P. W. (1976)　*J. Petrol*., 17, 589-637
Liou, J. G., *et al*. (1987)　Low Temperature Metamorphism (Frey, M. ed.), 59-113, Blackie & Son
Liou, J. G., *et al*. (1998)　*Reviews in Mineralogy*, 37, 33-96
Loiselle, M. C. and Wones, D. R. (1979)　*Geol. Soc. Amer. Abs., Prog*., 11, 468

M

Maaløe, S. and Aoki, K. (1977)   *Contrib. Mineral. Petrol.*, 63, 161-173

Macdonald, G. A. (1972)   Volcanoes, Prentice - Hall, pp. 510

町田　洋・新井房夫(1976)　科学, 46, 39-347

Mason, B. and Moore, C. B. (1982)　Principles of Geochemistry (4 th ed.), John Wiley and Sons, Inc., pp. 97

Masuda, A. (1962)   *J. Earth Sci. Nagoya Univ.*, 10, 173-187

Matsumoto, R. and Iijima, A. (1983)   Siliceous Deposits in the Pacific Region (Iijima, A., *et al*. eds.), 179-192, Elsevier

McBirney, A. R. (1996)   Layered intrusion (Cawthorn, R. G.ed.), 147-180, Elsevier

Mehnert, K. R. (1968)   Migmatites and the origin of granitic rocks, Elsevier, pp. 393

Menzies, M. A., *et al*. (1984)   *Royal Soc. London Phil. Trans.*, ser. A, 310, 643-660

Merriman, R. J. and Peacor, D. R. (1999)   Low-Grade Metamorphism (Frey, M. and Robinson, D. eds.), 10-60, Blackwell Scientific Publ.

Miyashiro, A. (1961)   Metamorphism and Metamorphic Belts, George Allen & Unwin, pp. 492

Miyashiro, A. (1974)   *Am. Jour. Sci.*, 274, 321-355

Miyashiro, A. (1978)   *Contrib. Mineral. Petrol.*, 66, 91-104

都城秋穂(1994)　変成作用, 岩波書店, pp. 256

Miyashiro, A. (1994)   Metamorphic Petrology, UCL Press, pp. 404

都城秋穂・久城育夫(1975)　岩石学Ⅱ, 共立出版, pp. 171

宮下純夫・前田仁一郎(1978)　地団研専報, no. 21, 43-69

Miyashita, S., *et al*. (1980)   *Proc. Japan Acad.*, Ser. B, 56, 108-113

Miyazaki, T., *et al*. (2000)   *Gondwana Res.*, 3, 39-53

Molmes, A. (1965)   Principles of Physical Geology (2 nd ed.), Thomas Nelson and Sons Ltd., pp. 1288

Morris, P. A. (1995)   *Geology*, 23, 395-398

本宿グリーンタフ団研グループ(1968)　地球科学, 22, 32-36

Mullen, E. D. (1983)   *Earth Planet. Sci. Lett.*, 62, 53-62

N

Nakamura, Y. and Kushiro, I. (1971)   *Amer. Mineral.*, 55, 1999-2015

Nelson, D. R., *et al*. (1988)   *Geochim. Cosmochim. Acta*, 52, 1-17

Nesbitt, R. W. (1971)   *Geol. Soc. Austl. Spec. Publ*., no. 3, 331-350

Nicolas, A. (1989)   Structures of ophiolites and dynamics of oceanic lithosphere, Kluwer Academic Publ., pp. 367

Nishimura, Y. (1990)   Pre-Cretaceous Terranes of Japan (Ichikawa, K., *et al*.eds.), 63-79, Publ. of IGCP-224, Nippon Insatsu

西村年晴(1992)　地質学論集, no. 38, 147-153

西山忠男(2000) 岩石形成のダイナミクス(坂野昇平ほか編), 187-251, 東京大学出版会

O

Ohki, J., et al. (1994)　Geochem. J., 38, 473-487
岡田博有(1971)　地質雑, 77, 395-396
Onuki, H. and Tiba, T. (1964)　Sci. Rept. Tohoku Univ., Ser. III, 9, 123-154
Osanai, Y., et al. (1992)　J. Metamorphic Geol., 10, 401-414
小山内康人ほか(1996)　テクトニクスと変成作用(嶋本利彦ほか編), 113-124, 創文出版
小山内康人ほか(1997)　地質学論集, no. 47, 29-42
Osanai, Y., et al. (1998)　J. Metamorphic Geol., 16, 53-66
Osborn, E. F. (1959)　Am. Jour. Sci., 257, 609-647
Osborn, E. F. (1962)　Amer. Mineral., 47, 211-226
Owada, M., et al. (1997)　Mem. Geol. Soc. Japan, no. 47, 21-27

P

Paterson, S. R., et al. (1991)　Contact metamorphism (Kerrick, D.M. ed.), *Rev, Mineral, Spec. Issue*, no. 26, 673-722
Pearce, J. A. (1983)　Continental basalts and mantle xenoliths (Shiva geology series ; Hawkesworth, C. J. and Norry, M. J. eds.), 230-249, Shiva Pub.
Pearce, J. A. (1982)　Andesites ; Orogenic Andesites and Related Rocks (Thorpe, R.S. ed.), 525-548, John Wiley and Sons, Inc.
Pearce, J. A. and Cann, J. R. (1973)　Earth Planet. Sci. Lett., 19, 290-300
Pearce, J. A., et al. (1984)　J. Petrol., 25, 956-983
Peccerillo, A. and Taylor, S. R. (1976)　Contrib. Mineral. Petrol., 58, 63-81
Pettijhon, F. J. (1975)　Sedimentary Rocks (3 rd ed.), Harper and Row Inc., pp. 628
Pordervaart, A. and Hess, H. H. (1951)　J. Geol., 59, 472-489
Price, R. C., et al. (1985)　Contrib. Mineral. Petrol., 89, 394-409

R

Read, H. H. (1952)　Geol. Soc. Edmburgh Trans., 15, 265-279
Rhodes, J. M.・Dawson, J. B. (1975)　Physics and Chemistry of the Earth, vol. 9 (Ahrens, L.H., ed.), 545-557, Pergamon Press
Richardson, S. W., et al. (1969)　Am. Jour. Sci., 267, 259-272
Rickwood, P. C. (1989)　Lithos, 22, 247-263
Robinson, D. and Merriman, R. J. (1999)　Low-Grade Metamorphism (Frey, M. and Robinson, D. eds.), 1-9, Blackwell Scientific Publ.
Rollinson, H. R. (1993)　Using Geochemica Data ; Evaluation, Presentation, Interpretation,

Longman Singapore Publ. Ltd., pp. 352

S

酒井　均・松久幸敬(1996)　安定同位体地球化学，東京大学出版会, pp. 403
榊原正幸ほか(1999)　地質学論集, no. 52, 1-15
Sakuyama, M. (1979)　*J. Volcanol. Geotherm. Res.*, 5, 197-208
Sakuyama, M. (1981)　*J. Petrol.*, 22, 553-583
Saunders, A. D. and Tarney, J. (1979)　*Geochim. Cosmochim. Acta*, 43, 555-572
Saunders, A. D. and Tarney, J. (1991)　Oceanic Basalts (Floyd, P. A. ed.), 219-263, Blackie & Son
Saunders, A. D., *et al*. (1987)　*J. Volcanol. Geotherm. Res.*, 32, 223-245
Schertl, H., *et al*. (1991)　*Contrib. Mineral. Petrol.*, 108, 1-21
Schiffman, P. and Day, H. W. (1999)　Low-Grade Metamorphism (Frey, M. and Robinson, D. eds.), 108-142, Blackwell Scientific Publ.
Schreyer, W. (1977)　*Tectonophys.*, 43, 127-144
Sederholm, J. J. (1907)　*Geol. Soc. Finland Bull*, no. 23, pp. 110
Shibata, K. and Adachi, M. (1974)　*Earth Planet. Sci. Lett.*, 21, 277-287
Shimakura, K., *et al*. (1999)　*Mem. Geol. Soc. Japan*, no. 53, 365-381
島津光夫(1991)　グリーンタフの岩石学，共立出版, pp. 172
Shimazu, M., *et al*. (1979)　*Sci. Rept. Niigata Univ., Ser. E*, no. 5, 63-85
Shimizu, H., *et al*. (1996)　*Geochem. J.*, 30, 57-69
Shimoda, G., *et al*. (1998)　*Earth Planet. Sci. Lett.*, 160, 479-492
白木敬一ほか(1985)　月刊地球, 7, 632-637
白水　明ほか(1983)　岩鉱, 78, 255-266
Shirley, D. N. (1987)　*J. Petrol.*, 28, 835-865
周藤賢治・牛来正夫(1997)　地殻・マントル構成物質，共立出版, pp. 350
周藤賢治・八島隆一(1985)　岩鉱, 80, 398-405
Smith, J. V. (1974)　Feldspar Minerals. 1 Crystal Srtucture and Physical Properties, Springer-Verlag, pp. 627
Sobolev, N. V. and Shatsky, V. S. (1990)　*Nature*, 343, 742-746
Spear, F. S. (1993)　Metamorphic Phase Equilibria and Pressure-Temperature-Time Paths (Mineral. Soc. Amer. Monograph, 1), pp. 799
Spear, F. S. and Cheney, J. T. (1989)　*Contrib. Mineral. Petrol.*, 101, 149-164
Spear, F. S., *et al*. (1999)　*Contrib. Mineral. Petrol.*, 134, 17-32
Staudigel, H., *et al*. (1984)　*Earth Planet. Sci. Lett.*, 69, 13-29
Streckeisen, A. L. (1976)　*Earth Sci. Rev.*, 12, 1-33
Sun, S. S., *et al*. (1979)　*Earth Planet. Sci. Lett.*, 44, 119-138

T

Tagiri, M. (1981)　*J. Min. Petr. Econ. Geol.*, 76, 345-352
Takahashi, E., *et al*. (1993)　*Royal Soc. London Phil. Trans.*, *ser. A*, 342, 105-120
Takahashi, M. (1986)　*J. Volcanol. Geotherm. Res.*, 29, 33-70
高橋正樹(1997)　地殻の形成(岩波講座地球惑星科学), 70-111, 岩波書店
高橋正樹(1999)　花崗岩が語る地球の進化(自然史の窓7), 岩波書店, pp. 147
高橋正樹・佐々木実(1995)　科学, 65, 659-672
高橋俊郎・周藤賢治(1999)　地質雑, 105, 789-809
Takimoto, T. and Shuto, K. (1994)　*Sci. Rep. Niigata Univ.*, *Ser. E*, no. 9, 25-88
立石雅昭ほか(1992)　地質学論集, no. 38, 181-190
Tatsumi, Y. (1982)　*Earth Planet. Sci. Lett.*, 60, 305-317
Tatsumi, Y. and Ishizaka, K. (1982)　*Earth Planet. Sci. Lett.*, 60, 293-304
Tatsumi, Y., *et al*. (1998)　*Geology*, 26, 151-154.
Taylor, S. R. and McLennan, S. M. (1985)　The Continental Crust ; its Composition and Evolution, Blackwell Scientific Publ., pp. 312
Thompson, R. N. (1982)　*Scott. J. Geol.*, 18, 49-107
Thompson, R. N., *et al*. (1983)　Continental basalts and mantle xenoliths(Shiva geology series ; Hawkesworth, C. J. and Norry, M. J. eds.), 158-185, Shiva Pub.
Thompson, R. N., *et al*. (1984)　*Royal Soc. London Phil. Trans.*, *ser. A*, 310, 549-590
Thorpe, R. S., *et al*. (1984)　*Royal Soc. London Phil. Trans.*, *ser. A*, 310, 675-692
Togashi, S., *et al*. (1992)　*Geochem. J.*, 26, 261-277
Tsuchiya, N. and Kanisawa, S. (1994)　*J. Geophys. Res.*, 99, 22205-22220
土谷信高ほか(1999 a)　地質学論集, no. 53, 57-83
土谷信高ほか(1999 b)　地質学論集, no. 53, 85-110

U・V

Uchimizu, M. (1966)　*J. Fac. Sci. Univ. Tokyo*, *sec. 2*, 16, 87-159
上松昌勝ほか(1995)　地質学論集, no. 44, 101-124
Ujike, O., *et al*. (1999)　*J. Min. Petr. Econ. Geol.*, 94, 315-328
歌田　実(1987)　日本の堆積岩(水谷伸治郎・斎藤靖二・勘米良亀齢編), 164-188, 岩波書店

Vielzeuf, D. and Holloway, J. R. (1988)　*Contrib. Mineral. Petrol.*, 98, 257-276

W

Wager, L. R. andBrown, G. M. (1968)　Layered igneous rocks, Oliver and Boyd, pp. 588
Wakita, H., *et al*. (1971)　*Proc. 2 nd Lunar Sci. Conf.*, 1319-1329
Warden, A. J. (1970)　*Bull. Volc.*, 34, 107-140
Wentworth, C. K. (1922)　*J. Geol.*, 30, 377-392

Whalen, J. B., *et al*. (1987)　*Contrib. Mineral. Petrol*., 95, 407-419
White, A. J. R. (1979)　*Geol. Soc. Amer. Abs., Prog*., 11, 539
White, A. J. R. and Chappell, B. W. (1977)　*Tectonophys*., 43, 7-22
White, A. J. R. and Chappell, B. W. (1983)　*Geol. Soc. Amer. Mem*., no. 159, 21-34
Wilson, M. (1989)　Igneous Petrogenesis, Unwin Hyaman, pp. 466
Winkler, H. G. F. (1979)　Petrogenesis of Metamorphic Rocks(5 th ed.), Springer-Verlag, pp. 348
Winter, J. D. (2001)　An Introduction to Igneous and Metamorphic Petrology, Prentice Hall, pp. 697
Wood, D. A., *et al*. (1979)　*Contrib. Mineral. Petrol*., 70, 319-339
Woodhead, J. D. (1996)　*J. Volcanol. Geotherm. Res*., 72, 1-19
Wyllie, P. J. and Haas, J. L. (1966)　*Geochim. Cosmochim. Acta*, 30, 525-543

Y

Yajima, T. (1972)　*J. Min. Petr. Econ. Geol*., 67, 247-261
山岸宏光(1983)　火山, 28, 233-243
Yamagishi, H. (1987)　*Rept. Geol. Surv. Hokkaido*, 59, 55-117
山川　稔・茅原一也(1968)　新潟大学理学部地質鉱物学教室研究報告, no. 2, 41-79
山本和広ほか(1991)　岩鉱, 86, 507-521
山本温彦(1992)　日本の地質9九州地方(唐木田芳文・早坂祥三・長谷義隆編), 173-183, 共立出版
Yamashita, S., *et al*. (1999)　*J. Geol. Soc. Japan*, 105, 625-642
Yamazaki, T. (1967)　*Sci. Rept. Tohoku Univ., Ser*. Ⅲ, 10, 99-150
Yoder, H. S. and Tilley, C. E. (1962)　*J. Petrol*., 3, 342-532
Yoshida, T. (1984)　*J. Geophys. Res*., 89, 8502-8510
吉村尚久編著(2001)　粘土鉱物と変質作用(地学双書32), 地学団体研究会, pp. 293

さくいん

欧文主体

A
A 双晶　85
aa lava　93
Ab　13, 15, 16, 65
　——成分　19, 26, 65
Abitibi　46
accessory mineral　7
accessory　98
accidental　98
accumulative rock　50, 105
acicular　22
acid rock　7
ACMB　**59**
active continental margin basalt　59
active continental margin　5
adakite　73
adamellite　81
Adirondack　64
Aeg　52
　——-aug　52
Afar　75
AFC　**41**
Afs　81
　——-Pl　82
agmatite　111
Al　67, 180
Al^{3+}　56
albitite　193
alkali basalt　54
alkali rhyolite　87
alkali rock series　17
alkali syenite　87
alkali granite　86, 87
allivalite　63
allofacial　214
allotrimorphic　21
allotrimorphic-granular　23
Alno　49
Al_2O_3　13, 48, 83, 119, 129, 132, 154, 155, 156, 178, 179, 184, 191, 194, 199, 200, 201, 209, 210, 213, 216, 229
$Al_2O_3/(Na_2O+K_2O+CaO)$　16
alpine type peridotite　50
alteration mineral　74
aluminium saturation index　16
aluminous metamorphic rock　216
aluminous pelitic rock　216
aluminous shale　216
amesite　180
amphibole-biotite granite　11
amphibolite　128
amygdaloidal　25
amygdule　93
An　13, 65, 65
anadiagenesis　229
analcite dolerite　61

anatexis　130
anatexite　128
anchizone　181
andesite　67
anhedral　21
ankaramite　58
anorogenic belt　84
anorogenic type granite　83
anorthosite　54
anthracite　237
anticlockwise P-T path　139
antiperthite　26
An 成分　19, 26, 65
Aoba　57
Ap　12, 13
aphanite　21
aphanitic　21
aphyric basalt　11
aphyric　24
aplite　23
aqueous fluid　113
arenaceous rock　231
arenite　231
argillaceous rock　125
arkose　233
Ascension　78
ASI　16
assimilation and fractional crystallization　41
assimilation　6
A type granite　83
Aug　52
augen gneiss　173
augen structute　173
augen　172
augite-bearing hornblende dacite　11
augite-hypersthene andesite　11
aureole　118
authigenic mineral　228
autochthonous granite　109
automorphic　21
A タイプカコウ岩　**84**, 83, 85

B
B　152
B 含有電気石　179
B.von Cotta　3
Boggild gap　206
Ba　31
BABB　**60**
back-arc basin basalt　60
Baffin　57
Baja California　73
bajaite　73
ballooning　108
banded gneiss　126
banded structure　103
Barberton　46

baric type　164
Barrenger　119
Barrovian region　166
Barrovian type　165
Barrow　116
basalt　54
basic rock　7
batholith　106
bedded chert　**236**
benmoreite　76
biotite-granite　11
biotite-muscovite granite　11
bituminous coal　237
black schist　183
-blastic　169
blasto-　169
blastophitic　169
blastoporphyritic　169
blastopsammitic　169
blister　93
block lava　93
blueschist　126
body　1
boninite　72
boudin　131
breakdown　113
breccia　230
brown coal　237
Bt　109
Buchan region　166
Buchan type　164
Buchan　164
buchite　118
bulk chemical composition　6
bulk chemistry　6
Bulk Earth　40
burial metamorphism　115
Bushveld type　64

C
C 双晶　86
CA　70
Ca 質のザクロ石　176
CAB　33, **59**
$CaCO_3$　132, 235, 237
calc-alkali basalt　33
calc-alkali rock series　17
calcite marble　132
calcium-carbonate compensation depth　236
calc-silicate gneiss　176
calc-silicate rock　125
caldera　101
CaO　6, 13, 16, 48, 75, 84, 155, 229
　——の交代作用　132
$CaO/(Na_2O+K_2O)$　85
carbonate rock　125
carbonatite　45
cataclasite　118
cataclastic metamorphism　117
cauldron　101
CCD　236

cementation 227
Cen 53
chadacryst 23
chalk 237
charnockite 82
chart nodule 236
chemical rock 227
chert 125, 235
chiastolite 19
chilled margin 99
Chondritic Uniform Reservoir 40
chromitite 47
CHUR **40**
—— の^{87}Rb/^{86}Sr 40
—— の^{147}Sm/^{144}Nd 40
C.I.P.W. classification 11
C.I.P.W. ノルム 11, 54
C.I.P.W. 分類法 11
clastic rock 227
claystone 235
clinker 93
clinochlore 180
clinopyroxenite 51
clockwise P–T path 139
closed system 38
closure temperature 38
CO_2 の浸透 157
coarse-grained 21
Coast Ranges batholith 106
collision zone metamorphism 115
color index 7
color mineral 7
colorless mineral 7
columnar joint 94
comendite 87
compaction 227
compatible element 31
composite dike 99
composite lava 72
composite sheet 103
compositional banding 103
concordant batholith 108
concordant granite 108
cone sheet 99
conglomerate 230
congruent melting 146
consolidation 228
contact aureole 118
contact metamorphic zone 117
contact metamorphism 117
contamination 6
continental arc basalt 33, 59
contraction crack 95
Coombs, D.S 150
core 19
corona 25, 171
corroded form 71
corrugation 95
cortlandite 45
counterclockwise P–T path 139
counting unit 8
country rock 98
Cpx 30, 47
Cr 52, 178

crack 116
crenulation cleavage 183
crinanite 61
critical plane of silica undersaturation 56
Crn 13
Cross・Iddings・Pirsson・Washington 11
crustal metamorphism 162
cryptocrystalline 21
cryptodome 98
crystal tuff 98
crystallinity 21
crystallite 22
crystallization differentiation 6
crystallization 6
cumulate 50
cumulate 105

D
D/H 43
dacite 78
daphnite 180
daughter nuclide 35
debris avalanche 96
decompression stage 171
decussate 17
Deep Sea Drilling Project 117
degree of alumina-saturation 16
degree of partial melting 31
degree of silica-saturation 16
dehydration reaction 120
dehydration melting 146
dendritic 46
depleted mantle 31
Di 14, 15, 52, 53, 54
diabase 60
diabasic 23
diagenesis 227
diagenetic zone 229
diaphthorite 128
differentiated sheet 103
diffusion controlled process 120
diffusion metasomatism 119
dike swarm 99
dike 98
dilation dike 99
dilation structure 131
diorire 67
diorite porphyrite 104
discordant batholith 108
discordant granite 108
dissected island arc 234
distal tephra 98
distribution coefficient 29
Di 成分 53
dolerite 54
doleritic 23
dolomite 132
dolomite-marble 132
dolostone 132
doming 108
Dora Maira 136
driblet 97

DSDP 117
dunite 46
dusty zone 71
dynamic metamorphism 117

E
eclogite 128
effusive body 5
electron probe X-ray microanalyser 2
element mobility 120
elongation 126
emery 177
E-MORB 55, **59**, 60
emplacement process 108
En 13, 14, 52
enderbite 82
enrich 59
enriched mantle 31
En 成分 14, 52, 53
epiclastic 98
epidiagenesis 229
epidote amphibolite 128
epizone type 108
epizone 181
EPMA 2, 71
equigranular 22
equilibrium mineral assemblage 120
erosion 227
eruptive body 5
Eskola, P.E. 149
essential 98
essexite 64
eucrite 62
euhedral 21
eutaxitic 25
Eu 34
evolved island arc 233
exsolution lamella 64

F
F 163
FF 含有量 147
Fa 11, 14
Fa 成分 14, 52
fabric 115
false isochron 38
feeder dike 99
feldspathic 231
felsic mineral 7
felsic rock 7
felsite 81
felsitic 25
$(Fe^{2+})/(Mg+Fe^{2+})$ 66
femic group 12
Fen 49
FeO 6, 7, 11, 12, 13, 52, 57, 66, 69, 70, 78, 119, 154, 155, 201, 209, 210, 216
FeO* 6, 68, 69, 70, 79
FeO*/MgO 6, 16, 17, 68, 68, 69, 70, 79
—— SiO_2 図 68
Fe_2O_3 12, 235

Fe$_2$O$_3$/FeO 85
Fe$_3$O$_4$ 72
ferrogabbro 63
Fe-Ti 酸化物 49, 83
Fe-キンセイ石 175
field P-T curve 144
fine-grained 21
flattening 126
flood basalt 57
flow structure 20
flow unit 94
fluid-related process 120
Fo 11, 14, 52
f_{O_2} 72
foliation 108
foreset-bedded breccia 96
Fo 成分 14
fracture 116
Franciscan type 167
Fs 13, 14, 52
Fs 成分 14, 52, 53
Fts 66
funnel-shaped intrusion 106

G

gabbro norite 62
gabbro 54, 62
garnet amphibolite 123
garnet orthopyroxenite 213
garnet peridotite 47
garnet-bearing quartzite 195
garnet-biotite quartzite 196
garnet-kyanite gneiss 187
Gazzi-Dickinson methods 233
geobarometer 163
geochemical discrimination diagram 33
geothermal area 118
geothermometer 163
glassy 6, 28
glomeroporphyritic 24
gneiss 126
gneissic texture 126
gneissose amphibolite 128
gneissose texture 126
gneissosity 126
grade of metamorphism 136
grain size 21
Grampian Highland 165
granite 78, 81
——pegmatite 82
——porphyry 78
granitic rock 81
granitic 22
granoblastic 171
granodiorite 81
granofels 171
granophyre 25, 81
granophyric 25
granulite 128
graphic 25
graphitizing degree 182
graywacke 233
Great Glen 断層 165
greenschist 126
greenstone 154
——belt 45
groundmass 8

H

halo 222
Hamersley 117
Harker diagram 17
harzburgite 47
hawaiite 58
Hbl 109
Hd 52
Hd 成分 53
heavy rare earth element 33
helicitic structure 172
Henry 104
HFS 元素 31, 33
——による判別図 33
Hidaka Main Thrust 219
high alkali tholeiite 56
high alumina basalt 56
high field-strength element 31
high magnesian andesite 72
high P/T series 164
high-grade metamorphism 136
high-grade 28
Highland Boundary 断層 165
high-Mg andesite 72
high-pressure metamorphic rock 136
high-pressure metamorphism 136
high-pressure series 164
high-pressure transitional type 164
high-temperature-low-pressure series 164
high-temperature metamorphism 136
high-temperature skarn 222
high-T-low-P series 164
high μ basalt 59
HIMU 玄武岩 32, 40, 55, 59, 60
HMA **72**
H$_2$O 11, 80, 119, 120, 138, 146, 156, 160, 178, 190, 203
——を除去 13, 14, 16
holocrystalline 21
holocrystalline-granular 21
holocrystalline-porphyritic 21
holohyaline 21
hornblende gabbro 63
hornblende peridotite 47
hornblende-biotite gneiss 209
hornblendite 45
host crystal 23
host rock 98
hot spot 59
hourglass structure 19
HREE 33, 33
Huttenlocher gap 206
Hutton, J. 1
Hy 13, 14, 15, 54
hyaloclastite 96
hyaloophitic 24

hyalopilitic 24
hydration reaction 120
hydrothermal alteration 118
hydrothermal metamorphism 117
hygromagmaphile element 31
HYG 元素 **31**
hypabyssal rock 5
hypautomorphic 21
——-granular 22
hypidioblastic 169
hypidiomorphic 21
——-granular 22
hypocrystalline 21

I

IAB **59**, 60
IAT 33, **60**
icelandite 69
idioblastic 169
idiomorphic 21
igneous activity 5
igneous rock 3
igneous source type granite 83
ijolite 64
illite crystalinity 181
Ilm 12, 13
ilmenite-series granitoid 83
immature island arc 233
impact breccia 119
impact metamorphism 117
impactite 119
impure marble 199
impurity 198
inclusion trail 173
inclusion 48
incompatible element 31
incongruent melting 146
index mineral 142
indio-blue 67
infiltration metasomatism 119
inherited mineral 117
initial Nd isotope ratio 39
initial Sr isotope ratio 36
injection gneiss 126
intergranular 24
intergrowth 26
intermediate rock 7
internal isochron 37
intersertal 24
intrusive body 5
intrusive type granite 109
invariant point 175
inversion 64
island arc basalt 59
island arc tholeiite 60
island arc 5
isobaric cooling 138
isochemical process 120
isochron diagram 36
isofacial 214
isograd 142
isothermal decompression 138
isotope 34
isotopic fractionation 36
I type granite 83

I型カコウ岩 **86**
I タイプカコウ岩 **83**, 84, 110, 219

J・K

Jaraguay 70
Jd 52
joint 20

K・Al 77
KAlSi$_3$O$_8$ 65
K-Ar 系の閉鎖温度 141
K-Ar 法 141, 142
Karroo 103
katazone type 108
K_D 29, 30, 31
kelyphite 27
kentallenite 64
khondalite 128
khondalitic granulite 188
Kimberley 49
kimberlite 45
K$_2$O 18, 33, 77, 80, 87, 189, 209, 215
Kokchetav 136
Kolbeinsey 55
komatiite 45
K$_2$O/Na$_2$O 83, 84, 85
Ksf 13

L

laccolith 98
large-ion lithophile element 31
Lashaine 47
lateral eruption 100
latite 75
lava 92
――dome 102
――flow 92
――fountain 97
――tree mold 93
――tube 93
――tunnel 93
layered gneiss 126
layered intrusion 105
layering 105
Lc 16
lepidoblastic 169
leptinite 128
leptite 133
Lesotho 47
leucite basanite 58
leucocratic band 126
leucocratic rock 7
leucosome 131
lherzolite 47
light rare earth element 33
LIL 元素 **31**, 33, 129, 157
limburgite 58
limestone 235
lineation 108
liparite 78, 79
lithic tuff 98
lithic 231
lithification 227
local metamorphism 114
lopolith 98
low alkali tholeiite 56
low P/T series 164
lower 150
low-grade metamorphism 136
low-grade 136
low-pressure metamorphism 136
low-pressure series 164
low-pressure transitional type 164
low-T high-P series 166
low-temperature metamorphism 136
LREE 30, **33**, 34, 129

M

mafic granulite 209
mafic metamorphic rock 125
mafic mineral 7
mafic rock 7
Mag 12, 13, 30
magma 3
――chamber 89
――mixing 6
――plumbing system 90
――reservoir 89
magmatic arc 233
magmatic stoping 108
magmatism 5
magnetite-series granitoid 83
main constituent mineral 7
major element 6
mangerite 82
mantle plume 59
mantle source type granite 83
marble 128
marl 125
mass movement 97
massive 118
――chert 236
Masuda-Coryell 図 33
matrix 24, 126, 230
mechanical stage unit 8
medium P/T series 164
medium-grade 136
medium-grained 21
medium-pressure series 164
melanocratic band 126
melanocratic rock 7
melanosome 131
melt 3
mesh structure 25
mesocratic rock 7
mesoperthite 26
mesostasis 23
mesozone type 108
meta banded iron formation 125
meta sandsotone 125
metabasalt 125, 206
metabasite 125
meta-BIF 125
metacarbonate 125
metachert 125
meta-dike 125
metadolerite 206
meta-evaporite 125
metagabbro 125
metagranitoid 125
meta-ironstone 163
metaluminous 16
metamorphic belt 114
metamorphic complex 115
metamorphic core complex 115
metamorphic crystallization 113
metamorphic facies 149
――series 149
metamorphic geotherm 144
metamorphic geothermal gradient 144
metamorphic grade 136
metamorphic mineral 114
metamorphic peak 137
metamorphic rock 3
metamorphic structure 116
metamorphic terrane 114
metamorphic texture 115
metamorphic zoning 142
metamorphism 113
metamorphosed mafic rock 125
metamorphosed peridotite 213
metamorphosed ultramafic rock 125
metamorphosed 125
metapelite 125
metapsammite 125
metasomatic rock 119
metasomatism 117
metasomatite 119
meteorite 77
Mg 67
Mg-キンセイ石 176
Mg 値 **52**, 71
MgCr$_2$O$_4$ 177
Mg/Fe 53, 180
Mg/(Mg+Fe^{2+}) 235
Mg/(Fe^{2+}+Mg) 177, 178
100×Mg/(Mg+Fe) 52
100×Mg/(Mg+Fe^{2+}+Mn+Ca) 159
Mg-number 52
MgO 6, 13, 48, 52, 72, 119, 129
(MgO+CaO)/(Fe$_2$O$_3$+FeO) 84
mica peridotite 48
microcrystalline 21
micrographic 25
microlite 22
microspherulitic 27
micro-structure 116
mid-ocean ridge basalt 59
migmatite 109, 128
――type granite 109
mineral assemblage 120
mineral isochron 37
mineral isograd 142
mineral paragenesis 120
mineral 1
mingling 72
minor element 6
Mn 184

Mn/(Fe^{2+}+Mn+Mg)   177
MnO   11, 184, 197
moat   172
modal mineral   8
mode   8
molecular amount   11
monadnock   111
monogenetic conglomerate   230
monzodiorite   74
monzonite porphyry   74
monzonite   75
monzonitic   76
moonstone   26
MORB   31, 32, 33, 40, **55**, 59, 60
── の平均的な δ^{13}C 値   43
mortar   172
mozaic   171
M type granite   83
mudstone   230
mugearite   74
multiple dike   99
multiple sheet   103
muscovite-biotite granite   11
mylonite   118
mylonitization   118
myrmekite   25
M 型カコウ岩   86
M タイプカコウ岩   **85**, 83, 84

N

NaAlSi$_3$O$_8$ 65
Na$_4$Al$_3$Si$_3$O$_{24}$ 179
Na$_2$O+K$_2$O   6
── (Na$_2$O+K$_2$O)/Al$_2$O$_3$ 84
Na$_2$O+・K$_2$O   6, 16, 48
Na$_2$O   15, 80, 87
── の交代作用   193, 204
── 含有量   83, 84
Na$_2$O/CaO   6
nappe   220
NASC   34
── の REE パターン   34
NdI 値   39
^{143}Nd/^{144}Nd   39, 40, 42, 60, 74
── 初生値   40
^{143}Nd/^{144}Nd─^{147}Sm/^{144}Nd 図   39
Nd 同位体初生値   **39**
Nd 同位体比   39
Ne   15, 16, 54
nebulite   131
negative europium anomaly   34
nematoblastic   169
neosome   131
nepheline basanite   58
nepheline monzonite porphyry   76
nepheline monzonite   76
nepheline syenite   87
neptunism   1
net-like structure   131
Nicol, W.   2
NiO   11, 47
N-MORB   32, 55, **59**, 60, 74
nodular chert   236

non-dilation dike   99
norite   62
norm   11
normal zoning   19
normal   59
normalization   31
normative mineral   11
North American shale composite   34
N-type   18
Nuanetsi   57

O

OAB   **59**
obsidian   21, 80
occurrence   5
Ocean Drilling Program   117
ocean-floor metamorphism   115
oceanic alkali basalt   59
oceanic island basalt   59
oceanic island tholeiite   59
oceanic plagiogranite   85
oceanite   57
ocean-ridge metamorphism   116
ocean-ridge granite   86
ODP   117
OIB   **59**
OIB   59, 60
oikocryst   23
OIT   **59**
Ol   14, 15, 16, 30, 47, 54, 62
Ol-Di-Pl 面   56
oligoclase andesite   75
oligoclase basalt   75
olivine basalt   11
olivine gabbro   63
olivine leucitite   58
olivine nephelinite   58
olivine tholeiite   54
Oman   50
Omp   52
^{17}O/^{16}O   42
ophiolite   50
ophitic   22
Opx   47
Or   65
ORG   86
organic rock   227
Orijärvi   116
orogenesis   115
orogenic metamorphism   115
ortho-amphibolite   129
orthogneiss   126
orthomylonite   127
orthopyroxene-clinopyroxene gneiss   209
orthopyroxenite   51
orthoquartzite   233
Or 成分   65
oscillatory zoning   19
oversarurated   16
oversaturated tholeiite   54
oxyhornblende   67

P

P 波   90
pahoehoe lava   92
paleosome   131
palimpsest   169
Palisades   103
pantellerite   87
para-amphibolite   129
paragneiss   126
parallel dike swarm   99
parent nuclide   35
partial melting   31
── process   120
partition coefficient   29
^{206}Pb/^{204}Pb   59
Pb 同位体比   59
PDB   43
peat   237
Peedee formation Belemnite   43
pegmatite   25
Pele's hair   97
pelitic metamorphic rock   125
pelitic rock   125
penninite   180
peperite   96
peralkalic   16
peralkaline basalt   56
peraluminous   16
peridotite   45
peristerite gap   205
perlite   28
perlitic   25
perthite   25
petrography   2
petrology   2
Pgt   52
phacolith   98
phanerite   21
phanerocrystalline   21
phase transformation   64
phase transition   64
phenocryst   8
phonolite   87
phyllite   126
picrite basalt   57
piezo-thermic array   144
pigeonitic rock series   18
pillow breccia   95
pillow lava   94
pillow lobe   95
pilotaxitic   24
pipe vesicle   93
pitchstone   21, 80
Pl   30, 54, 62, 81
plagioclase peridotite   47
plagioclase twin method   86
plagiogranite   85
plagiorhyolite   79
plane of silica saturation   56
plate tectonics   59
plateau basalt   57
platy joint   94
plume tectonics   50

pluton 106
plutonic activity 5
plutonic rock 5
plutonism 1, 5
P-MORB **59**
poikilitic 22
poikiloblastic 169
point counter 8
polygenetic conglomerate 231
poly-metamorphism 115
polysynthetic twinning 185
porosity 227
porphyrite 67
porphyritic 8
——granite 27
porphyroblast 126
porphyroblastic 169
porphyroclast 127
porphyroclastic 172
positive europium anomaly 34
postkinematic 172
potash rhyolite 80
precursor 113
preferred orienntation 126
prekinematic 172
Premier 49
pressure 164
——shadow 172
pressure-temperature diagram 137
pressure-temperature path 137
pressure-temperature-time path 140
pressure-temperature-time-deformation path 140
primary mineral 74
prismatic 22
prograde metamorphism 137
prograde stage 137
progressive metamorphic region 142
progressive metamorphism 142
protolith 113
protomylonite 127
psammitic metamorphic rock 125
psammitic rock 125, 231
pseudo isochron 38
pseudomorph 77
pseudotachylyite 118
P-T diagram 137
P-T path 137
P-T trajectory 137
P-T-t path 140, 141
P-T-t-D path 140
pumice 97
pyroclastic material 97
pyroclastic rock 92
pyrometamorphism 118
pyroxene amphibolite 128
pyroxenite 45

Q

qauratz monzonite 82
qaurtz monzodiorite 82
Qtz 13, 54
quartz alkali syenite 87
quartz dacite 79
quartz diorite 81
quartz dolerite 61
quartz porphyry 80
quartz syenite 87
quartz tholeiite 54
quartzite 125
quartzo feldspathic metamorphic rock 125
quartzose 231

R

radial dike swarm 99
radiogenic isotope 35
radiometric age 36
raft-like structure 131
Rapakivi garanite 27
rare earth element 33
^{87}Rb 35
Rb/Sr 35, 37
Rb—(Y+Nb)図 86
Rb—(Yb+Ta)図 86
^{87}Rb/^{86}Sr 35, 36, 37, 38
Rb-Sr isochron diagram 36
Rb-Sr whole rock isochron 36
Rb-Sr 黒雲母-全岩アイソクロン年代 142
Rb-Sr 全岩アイソクロン 37
——年代 231
——法 37
Rb-Sr 法 35, 39, 39
Rb-Sr 系の岩石の閉鎖温度 38
reaction isograd 142
reaction rim 57
reaction zone 119
recrystallization 113
REE 31, 33, 34, 38, 60, 84, 180
——含有量 33, 34, 60
——パターン 32, 33, 34, 60
——のイオン半径 33
REE patern 33
regional metamorphic rock 114
regional metamorphism 114
relic mineral 117
relict 169
residue 34
restite 34
retrograde 137
——stage 138
retrogressive metamorphism 137
reverse zoning 19
Reykjanes ridge 59
rhyodacite 80
rhyolite 78
ribbon 172
——quartz 172
rim 19
ring dike 99

rock 1
——body 1
——series 17
——type 10
rock-forming mineral 1
rodingite 128
ropy wrinkle 95
Rosenbusch,H. 2
R-type 18
rubble 230
ruby 178
Ryoke-Abukuma type 164

S

S字状に回転 173
S波 90
——の反射面 90, 91
saccharoidal 171
salic group 12
salt lake 237
Sanbagawa type 166
sandstone 230
Santiago 117
sanukite 72
sapphire 178
sapphirine-quartz granulite 196
saturated 16
Scanning Electron Microscope 71
schist 126
schistosity 126
schlieren structure 131
scoria 98
Scottish Highland) 116
se 片理 173
secondary mineral 74
sector zoning 19
sedimentary rock 3
sedimentary source type granite 83
sedimentation 227
se-foliation 173
seismic tomography 90
seismic wave 90
SEM 71
semipelitic metamorphic rock 195
semi-schist 126
seriate 24
serpentinite 45
——melange 50
serpentinization 48
shale 235
shear zone 118
sheet 98
——flow 96
sheeted dike swarm 100
shock metamorphism 117
shonkinite 64
shoshonite 58
si 片理 173
Si/Al 180
Sierra Nevada batholith 106
sieve 170
si-foliation 173

silicate melt 92
silicate mineral 6
siliceous metamorphic rock 125
sill 98
sillimanite-garnet-quartz gneiss 196
siltstone 235
SiO_2 6, 7, 13, 16, 17, 33, 54, 68, 70, 77, 129
――の安定関係 77
――含有量 17, 918, 78
SiO_2-K_2O 19
Skaergaard 106
skarn 53, 119
skarnization 119
skeletal 169
slate 126, 235
slaty cleavage 126
^{147}Sm 38
――の壊変定数 39
$^{147}Sm/^{144}Nd$ 39, 40
――の現在値 40
Sm/Nd 39
――の大小関係 39
Sm-Nd 全岩アイソクロン年代 231
Sm-Nd 全岩アイソクロン法 39
Sm-Nd 法 38, 39
SMOW 42
snowball structure 173
soda rhyolite 80
solid-solid reaction 113
solidus 146
Sorby, H. C. 2
sorting 108, 231
source material 31
spatter 97
spherulite 27
spherulitic 25
spiderdiagram 32
spidergram 32
spinel peridotite 47
spinifex 46
spiracle 93
spiral 172
spotted 169
――schist 126
――slate 128
  spreading crack 95
Sr 31
Sr 同位体初生値 **36**
^{87}Sr 35
Sr・Nd 同位体化 74
SrI 値 **36**, 37, 41, 83, 84, 85
$^{87}Sr/^{86}Sr$ 35, 36, 38, 39, 40, 41, 42, 60, 74
――$^{87}Rb/^{86}Sr$ 図 37
――の変化と 35
――軸 37
$^{34}S/^{32}S$ 344
stable isotope 34
Standard Mean Ocean Water 42
standard mineral 11

starin shadow 173
Stillwater 50
――type 64
stock 106
stoping 108
stromatic migmatite 131
stromatolite structute 237
structure 20
S type granite 83
sub-alkali rock series 17
subduction zone metamorphism 115
sub-grain 172
sub-greenschist facies 152
subhedral 21
subidioblastic 170
subophitic 23
superplume 59
sutured 169
Svartenhuk 57
swelling clay mineral 181
syenite 86
――porphyry 87
syenodiorite 76
symplectite 26
syn-collisional granite 86
syndiagenesis 229
syn-COLG **86**
synkinematic 172
Sタイプカコウ岩 83, **84**, 85, 110
――の成因 146

T

T 164
tabular 22
Tamil Nadu 78
tectonic environment 5, 59
tectonic mixing process 120
temperature 164
tentional crack 95
tephra 97
tephrite 76
teschenite 61
texture 20
TH 70
theralite 64
thermal ionization mass spectrometer 35
thermal peak 137
Thingmuri 17
tholeiitic basalt 56
tholeiitic magma 56
tholeiitic rock series 17
$^{232}Th/^{204}Pb$ 59
thrust fault zone 118
thuringite 180
Ti/100―Zr―3 Y 図 33
Ti 178
tinguaite 87
TiO_2 12
Ti-クリノヒューマイト 161
T-MORB **59**
toe 93
tonalite 81
topset-bedded breccia 96

trace element 6
trachyandesite 74
trachybasalt 58
trachyte 86
trachytic 24
transition 64
transitional 59
transportation 227
tremolite-phlogopite-humite marble 199
triple point 175
Tristan da Chunha 75
troctolite 63
trondhjemite 81
Troodos 117
Ts 66
TTD 83, 84
TTG 83
tuff 97
Tuolumne 107
turbidite 231
twin 85

U

UHP 136
UHT 136
ultrabasic rock 6
ultrahigh-pressure metamorphic rock 136
ultrahigh-pressure metamorphism 136
ultrahigh-temperature metamorphism 136
ultramafic metamorphic rock 125
ultramafic rock 7
ultramatamorphism 136
ultramylonite 127
umber 51
undersaturated tholeiite 54
undersaturated 16
$^{238}U/^{204}Pb$ 比 59
upper 150
uralite 66

V

VAB **59**
VAG **86**
variation diagram 16
veined migmatite 131
venite 131
vent 89
vermicular quartz 26
very low-garde 136
vesicle 28
vesicular 25
vitric tuff 98
vitric **28**
vitrophyre 28
vitrophyric 25
volcanic activity 5
volcanic arc basalt 59
volcanic arc 233
volcanic bomb 97
volcanic rock 5

volcanic-arc granite 86
volcaniclastic material 97
volcaniclastic rock 92
volcanism 5

W

wacke 231
Wakatipu 117
wall rock 98
Wanni 82
weathering 227
websterite 51
wehrlite 47
welded tuff 98
Werner,A.G. 1
white schist 126
whole rock isochron 36
whole rock-mineral isochron 37
wide-spread tephra 98
within-plate alkali basalt 59
within-plate basalt 59
within-plate tholeiite 59
within-plate granite 86
Wo 53
――成分 14, 53
WPA **59**
WPB 59
WPG **86**
WPT **59**, 60

X～Z

X_{CO_2} 199, 201, 202, 223
xenoblastic 169
xenocryst 49
xenolith 49
xenomorphic 21
xenomorphic-granular tezture 23
XMA 2
X線マイクロアナライザー 2
X線粉末法 117

Yakutsk 49
Yelagiri 87
Yilgarn 46

Zabargad 47
Zirkel,F. 2
zonal structure 19
zone 142
zoned pluton 107
zoned ultramafic complex 50
Z方向の色 66

ギリシア

α 石英 77
――β 石英の転移点 77
β 石英 77
$\delta^{13}C$ 43, 49
――値 44
$\delta^{17}O$ 42
$\delta^{18}O$ 42, 43, 49
――値―$\delta^{13}C$ 値図 44
$\delta^{34}S$ 44
ε Nd 39, 60
――の関係図 40
λ 35, 39
μ 値 59

和文主体

あ

アア溶岩 92, **93**, 94
――内部の粘性流体 93
アイジョライト 49, 62, **64**
アイスランダイト 69
アイスランダイト質 52, 70
――安山岩 68, 70
――デイサイト 68, 70
アイスランド 118
――のシングムーリ火山岩 17, 70
アイソグラッド 141, 142
アイソクロン 36～39
――の意味 37
――図 36～38
アイソトープ 34
アイソフェイシャル **214**
始良Tn火砕 98
始良カルデラ 98
アウゲン 172, 173
アウゲン状 224
――のポーフィロクラスト 224
アオスタ 187
アクチノライト 66, 126, 152, 154, 155, 166, 180, 206
――緑レン石-緑泥石片岩 206, **208**
アグマタイト 111, **131**
――組織 131
アクライン式双晶 85
アグルティネート 97
足尾帯 237
アセンション島 78
ゾレスの南側斜面 59
アダカイト 69, 73, 83, 84
アダカイト質 68, 74, 84
――の岩石 74
――安山岩 **73**
――カコウ岩 **83**
――マグマ 84
アダカイト質～バハイト質 68, 84
――の安山岩 68
――の火成岩 69, 70
――の安山岩 68
アダメライト 81, 82
圧砕岩 **118**
圧砕作用 **118**
圧縮応力場 91
圧密作用 **227**, 228
圧力 46, 62, 92
――の上昇 164
――の範囲 190
――型 **163**, 164, 189

――軸 163
――範囲 136
――温度配列 144
圧力$_{H_2O}$ 19
アナダイアジェネシス 229
アナテクサイト 128, **133**
アナテクシス **130**
アナルサイト 61, 151, 206
――ドレイト 61
アノーサイト 12, 13, **65**, 159, 180, 192, 202, 217
アノーソクレイス 58, 65, 76, 81, 87
アパタイト 12, 22, 48, 49, 58, 61, 63, 64, 74, 75, 79, 82, 87, 183～185, 187, 188, 191, 195, 197, 203, 204, 209～212, 217, 218
――の分別 30
アビティビ地域 46
アファーリフトの粗面安山岩 75
阿武隈東縁帯 **219**
阿武隈変成帯 48, 111, 116, 140, 164, 219
アプライト 23, 25, 82
アフリカ 84
アミグデュール 93
アメサイト **180**
アメリカ合衆国 11, 50, 60, 105～107, 119
――のアリゾナ砂漠のイン石孔 77
アラゴナイト 158, 200, 237
アラスカ南東部 51
アラナイト 82, **180**
アラビア半島 50, 63, 64
アルカリ 6, 16, 56, 58
――カコウ岩 53, 67, 82, 86, **87**
――元素 132
――閃長岩 82, **87**
――ドレイト 10, 61
――ハンレイ岩 10, 64
――流紋岩 **87**
アルカリ角閃石 16, 64, 65, **67**, 75, 76, 84, 86～88, 204
――石英片岩 128
アルカリ岩 17, 52, 56
――質 84
アルカリ岩系 **17**, 18, 45, 60, **61**, 62, **64**, 67, **74**～76, 78, 82, **86**, 87
――の火成岩 65
――のカンラン石玄武岩 58
――の玄武岩 56
――の中性岩 75
――のドレイト 61
――のフェルシックマグマ 84
――のフェルシック岩 82, 86
――のハンレイ岩 64
アルカリ玄武岩 10, 17, 31, 50, **54**, 56, 58, 59, 61, 127, 130, 159
――の鉱物組成 58
――質マグマ 56
アルカリ質 45, 53
――火成岩 45, 53, 67, 77
――の深成岩 67

──のマフィック岩 53
アルカリ長石 7, 8, 23, ～26, 28, 58, 61, 63～**65**, 67, 74～87, 124, 129, 182
──の量比 58
アルコース 125, **233**
アルノー 49
アルバイト 6, 12, 13, 26, **65**, 81, 87, 124, 152～154, 158, 163, 182 ～184, 192, 193, 198, 205, 206, 208, 212, 221, 228
──カールスバット式 85
──の斑状変晶 126
──-アノーサイト固溶体 179
──式 85, 86
──組成 208
──-ヒスイ輝石岩 157
──緑レン石角閃岩相 155
──緑レン石ホルンフェルス相 118, **150**, 159, 160, 165, 221
──組織 169, 170
アルビタイト 193
──化 204
アルプス型カンラン岩 50
アルベゾナイト 64, 67, 88
アルマンディン **176**
アルミナ飽和度 7, **16**, 83
アルミナス頁岩 216
アルミナス泥質岩 216
アルミナス泥質変成岩 216, 217
アルミナス変成岩 **216**, 217
アルミノ珪酸塩鉱物 144, **175**, 181, 183, 186, 189, 216
──の相平衡関係 160
アルンタ地域 179
アレナイト 231, 232
アロフェイシャル **214**
アンカラマイト **58**
アンキ帯 181, **229**
──の高温部 182
アンケライト 201
安山岩 2, 7, 9, 10, 11, 18, 20, 22, 24, 41, 52, 53, 66, 67, **68**, 70, ～75, 77, **84**, 99, 205
──の主化学組成 68
──の斑晶鉱物 70
安山岩質 91, 94, 96
──メルト 30
──の火山岩 67
──のハイアロクラスタイト 96
──～デイサイト質溶岩 92
──マグマ 31
──溶岩 93
──～流紋岩質のメルト 31
アンゴライト 48, 215
アンチパーサイト **26**, 204
安定大陸地域 49, 88
安定同位体 **34**, 41
アンデシン 58, 64, 65, 67, 74～ 76, 78, ～80, 205
アンデス山脈 117
アンドラダイト 176, 223, 224
アンネライト 77
杏仁状 25
──のフッ石 28

──の緑泥石 28
──組織 28
アンバー 51

い
イオウ同位体 **44**
イオン 31
──交換法 30
──半径 31, 33
いかだ状組織 131
イギリス 2, 116, 165
異質 **98**
石鎚コールドロン **101**
伊豆―小笠原弧 233
イーストナイト 77
和泉砂岩 229
イタリア共和国 161, 187, 194
一軸性正号結晶 53
イディオブラスティック 169, ～171, 184, 185, 197
──組織 169, 170
糸魚川-静岡構造線 218
イライト 124, 181, 182, 229, 236
──の結晶化度 181, 229
イルガン地域 46
イルメナイト 12, 51, 58, 61, 63, 64, 69, 70, 74, 75, 79, 82, 85, 87, 185, 188, 190～192, 196, 203, 209, 211, 217, 222
イルメナイト系 44, 85
──のマグマ 85
──のカコウ岩 44, 83, **85**
色指数 7, 9, 10, 74, 76, 81, 82, 87, 88
隕石孔 119
インターグラニュラー組織 9, **24**, 57, 58, 59, 61, 69, 73
インターサータル組織 **24**, 57
インターバルコントロール 8
引張応力場 91, 115
インド 78, 84, 87, 132, 157, 173, 179, 187, 188, 191, 204, 213, 217, 222
──石 178
インパクタイト 119
隠微晶質 21, 24, 79, 81

う
ウェブステライト **51**
ウェルナー 1, 2
ウェールライト 47
ウォラストナイト 12, 14, 53, 156, 198, 199, 201, 202
──-ディオプサイド岩 201, **202**
宇奈月帯 219
ウバロバイト **176**
ウラル石 66
ウルトラマイロナイト **127**, 224
──化 225
運搬作用 **227**
雲母 8, 10, 48, **76**, 78, 126, 129, 146, 170, 171, 173, 175, 181, 182, 205
──カンラン岩 48

え
エァラギリ岩体 87
エクロジャイト 27, 48, 54, 115, 123, 128, **130**, 136, 158, 159, 161, 171, 176, 177, 193, 211, 212, 213
──の部分溶融 83
エクロジャイト質岩 130, 211
──の岩石スラブ 130
エクロジャイト相 130, **149**, ～ 152, 157, **158**, 159, 166, 180, 181, 192, 194, 197～199, 211～214, 220
──の鉱物組合せ 213
──の最高圧部 193
──の超高圧部 161
──の泥質変成岩 159
──のマフィック変成岩 212
エケルマナイト 67
エジリン 12, 52, 53, 76, 86～88, 198
──ローソン石-石英岩 **197**, 198
エジリンオージャイト 25, 52, **53**, 58, 64, 75, 76, 86～88
エスコラによる変成相区分 150
エセックサイト **64**
エチオピア 75
エデナイト 66
エピクラスティック 95, 96, **98**
エピ帯 **181**, 229
──の高温部 182
──の変成作用 229
エピダイアジェネシス 229
エボシ山衝上断層 219
エメリー 177
塩基性 6
──岩 **7**, 9, 54
──ミュージアライト 75
円錐状岩床 89, 91, 99, **101**
エンスタタイト 12, 13, **52**, 53, 66, 72, 73
──-カンラン石-単斜輝石 46
エンダーバイト 82
円筒状 50, 93, 94
──の貫入岩 101
円磨度 231, 233
エンリッチ 40
──マントル **31**, 36
円礫 231

お
横臥褶曲 50
黄鉄鉱 12, 85, 235
青海石 204
応力場 100
大崩山コールドロン 101
オーストラリア連邦 46, 46, 57, 58, 117, 179
大隅石 129, 162, 163, 176, **178**, 189, 190
小木玄武岩 95
押しかぶせ褶曲 50
オージャイト 9, 11, 18, 52, **53**, 57, 61, 62, 64, 66, 68, 70, 72～

258 さくいん

74, 76, 78
——の斑晶 11
——のラメラ 63, 64
——オジャイト-ハイパーシン安山岩 11
オーソクォーツァイト 229, 231, 233
——礫 231, 233
オーソマイロナイト 127
汚濁帯 71
オットレ石 177
オーバ火山 57
オパール 77, 228
——A 228
——CT 228
オフィオライト 33, 39, 46, 50, 51, 72, 85, 111, 117, 153, 178, 219
——の玄武岩 50
——の上部 100
——分布域 213
オフィティック 22, 23
——組織 23, 61, 70, 170
オホーツクプレート 234
オマーンオフィオライト 50, 51, 63, 64, 100
親核種 35, 39
オリィエルビー地方 116
オリゴクレイス 26, 27, 65, 75, 76, 78〜82, 87, 205
——の形成 155
——安山岩 75
——玄武岩 75
——組成 208
温度 62, 92
——構造 164, 220
——条件 157
温度-圧力 115, 116, 119, 120, 125, 135, 141, 142, 150, 156, 158, 159, 183, 185, 199, 228
——の特徴 164
——領域 151, 154
温度-X_{CO_2}図 199, 200
——経路 145
——-時間経路 138〜140
——(-時間)経路 145
——-時間-変形経路 140
——図 137, 142, 144, 146
——範囲 135, 136, 141, 149, 154, 158, 175, 178, 180, 181, 223
温度-圧力変化 137, 164, 176
——経路 137, 139, 40
温度下降 138
——期 138
温度上昇 113, 117, 137, 199, 201
——期 137
オンファス輝石 52, 53, 130, 152, 158, 159, 161, 198, 212, 213

か

凝灰岩 28
海山 96
塊状 118, 128, 171, 204, 235
——のグラニュライト 191
——岩 50

——帯 104
——チャート 236, 237
塊状溶岩 93, 94
外成岩 3
海成重炭酸塩 43
海成炭酸塩 43
開析された島弧 234
海台 59
——の断片 50
海底火山活動 96, 237
壊変定数 35, 37, 39
海膨 50, 91
海綿骨針 236, 37
海洋性斜長カコウ岩 85
海洋地殻 83
——の部分溶融 73
海洋底 117
——変成作用 114, 115, 116, 118, 132, 153, 180, 207, 219
海洋島 31, 85, 86, 91, 91
——アルカリ玄武岩 59
——玄武岩 33, 40, 59
——ソレアイト 59
海洋プレート 135
——の断片 50, 51, 117
海洋プレートの沈み込み 50, 115
——帯 91
外来結晶 49
海嶺 84, 126
——変成作用 116
カオリナイト 153, 181, 182, 206
カオリン化作用 119
化学組成 2, 5, 6, 10, 31, 54, 68, 103, 119, 123, 125, 128, 136, 176, 183, 204, 205, 210, 229, 231, 234, 235
——による分類 83
——の特徴 7, 16, 129, 192
化学的 52
——な分化作用 36
——な平衡関係 120
——風化 177
化学的環境 119, 120
——環境の変化 119
化学的沈殿 229
——岩 227, 235, 237
——物 2, 236
化学平衡 163
化学変化 113, 229
拡散交代作用 119
角閃岩 66, 115, 128〜130, 147, 193, 209, 210, 219
角閃岩質マイロナイト 127
角閃岩相 128, 141, 143, 145, 149〜151, 154, 155, 157〜159, 166, 185, 199, 200, 203〜205, 208, 208, 214, 219
——の極高圧部 159
——の高圧部 187, 209, 210
——の高温部 160, 165, 186, 196, 201, 202, 215, 219
——の低圧部 165
——の低温部 181, 186, 219
——の泥質変成岩 177

——の変成岩 116, 155, 177
——のマフィック変成岩 156, 209, 210
——〜グラニュライト相 157, 187
角閃石 7, 8, 10, 16, 22, 23, 31, 43, 45, 54, 58, 61, 62, 65〜67, 75, 76, 83〜85, 88, 127〜130, 146, 157, 159, 170, 175, 203, 205, 208, 209, 211, 212, 235
——岩 45
——カンラン岩 47
——黒雲母カコウ岩 10
——トーナライト岩体 38
——ホルンフェルス相 223
角礫岩層 96
カコウ岩 2, 3, 5, 10, 12, 13, 13, 20, 21, 25, 25, 74, 76, 78, 80, 81, 85, 89, 106, 106, 141, 142, 144, 203, 219, 233
——の起源物質 35
——の形成年代 36
——の成因 44, 86
——の微量元素組成 86
——の放射年代 36
——状組織 22
——体 106, 111
——地帯 48, 111
——ペグマタイト 82
——ワッケ 231
カコウ岩質 3
——の物質 3
——のメルト 186
——岩石 22, 26, 27, 41, 69, 81〜84, 86, 105, 106, 107, 128, 130, 213, 219, 220
——プルトン 108
——片麻岩 203
——マイロナイト 127
——マグマ 43, 84, 109, 130, 131
カコウ砂岩 233
カコウ閃緑岩 81〜83, 106, 107, 203
カコウ斑岩 10, 78, 80, 101, 107
火砕岩 5, 89, 92, 94, 97, 97, 98, 100, 117, 205, 227
——体 100
カザフスタン 136
火山 96
——角礫岩 97
——砕屑岩 3, 92
——砕屑物 97, 230
——作用 5
——弾 97
火山活動 2, 5, 72, 89, 96〜98
——域 61
火山ガラス 28
——の破片 98
火山岩 2, 5, 8, 11, 17, 19, 20, 23, 24, 28, 45, 66, 83, 98, 233
——の岩系 17
——の破片 96, 97
——の斑晶鉱物 19, 21, 77, 91
——の変質鉱物 180

――塊　97
――片　234
――層　117
火山弧　233
――カコウ岩　86
――玄武岩　59
火山性　46
――の陥没　101
――の地震　90
――爆発　49
火山体　98
――の成長　96
――の地下構造　89
火山噴出物　97, 102
――分布域　101
火山礫　97
凝灰岩　97
鹿塩マイロナイト　119
ガジ・ディッキンソン法　233
火成活動　5, 105, 114, 233
――域　83, 101
――帯　219
火成岩　3, 5, 6, 6, 29, 39, 42, 45, 50, 115, 123, 124, 229
――のAl_2O_3　16
――のNd同位体比　39
――の$^{87}Sr/^{86}Sr$　40
――の岩型名　125
――の形成場　235
――の鉱物組成　10
――の主化学組成　6
――の主成分鉱物　8
――の初生鉱物　66, 208
――の組織　20, 117, 169
――の斑状組織　170
――の微量元素　31
――の放射年代　37, 39
――のマフィック鉱物　7
――のモード　11
――片　233
火成岩起源　125
――の広域変成岩　203
――の変成岩　125
――の片麻岩　126
火成岩体　20, 38, 89, 118
――の形成年代　38
――の固結・冷却年代　38
――の冷却速度　38
火成岩の分類　9, 10, 16, 18, 20
――の基準　10, 125
――法　11
火成弧　233, 234
火成作用　5
火成論　1, 2
仮像化　215
カタクレーサイト　118
カタフォライト　67
褐色ガラス　118
褐色の角閃石　67
褐色のスティルプノメレーン　193
褐色の単斜輝石　30
褐色ホルンブレンド　66, 128, 144, 210, 211
活動的大陸縁　5

――玄武岩　55, 59
火道　6, 22, 89, 90, 101
――の形態・規模　90
ガーナイト　177
カナダ楯状地　46
下部地殻～上部マントル　3, 5
――の構成岩石　213
カーボナタイト　43～45, 49
――質マグマ　44
上麻生礫岩　231
カミングトナイト　65, 66, 128, 152, 155, 156, 159, 160, 209
――角閃岩　208, 209, 210
神居古潭変成帯　50, 53, 116, 205, 212, 219, 234
――化　30
――基流晶質組織　24
ガラス　8, 9, 21, 24, 28, 57, 58, 69, 73, 79, 87, 97, 118
――化　30
――基流晶質組織　24
ガラス質　6, 21, 28, 58, 72, 79, 93, 95, 228
――火山岩　28
――凝灰岩　28, 98
ガラス質斑岩　28
――状　25
カリオフィライト　12
カリ長石　13, 16, 26, 27, 31, 65, 76, 85, 127, 132, 156, 162, 163, 173, 179, 186, 187, 190～192, 196, 203, 221, 222, 225
――の斑状変晶　170
カリ流紋岩　80
軽石　97, 98
――凝灰岩　97
カルシウム角閃石　64～66
カルドレライト岩床　103
カルクアルカリ岩系　9, 17, 18, 66, 68, 70～74, 76, 78～82, 91
――の安山岩　69～72, 234
――のカコウ岩　87
――の閃緑岩　76
――の中性岩　82
カルクアルカリ玄武岩　17, 57
カルシオコンドロダイト　179
カールスバット式　85
カルセドニー　228
カルデラ　101
カルフォライト　158, 177, 192
カレドニア造山運動　166
川端層群の砂岩　234
含オージャイト-ホルンブレンドデイサイト　11
眼球構造　173
眼球片麻岩　170, 173
岩系　16, 17
岩型　10
――の名称　10, 11, 123
岩滓　97
含ザクロ石珪岩　195
含サフィリン変成トロクトライト　178
含十字石-ランショウ石-緑レン石角閃岩　208, 210
岩床　5, 20, 60, 82, 89, 91, 94,

98, 103, 104, 108
環状岩脈　89, 91, 99, 101
完品質　21, 23, 24, 45, 54, 74, 76, 79, 87
――岩石　21
――斑状　21
岩床相　49
――のドレライトの周縁相　61
含水珪酸塩鉱物　43, 74, 77, 129, 129, 132, 133, 146, 156, 165, 189, 203, 209, 225, 237
岩石　1
――の化学組成　6, 118, 119, 176, 183, 189, 210
――の成因　1
――系列　17
岩屑なだれ　96
完全ガラス質　21
岩体　1
貫入型カコウ岩　86, 109
貫入岩　82, 91, 101, 106
――体　5, 50, 51, 89, 98, 102, 105, 117, 127, 142, 144, 145, 222
貫入関係　107
含放散虫珪質頁岩　230
陥没構造　101
陥没地形　101
岩脈　2, 5, 49, 50, 60, 72, 74, 82, 89, 91, 96, 98～100
――群　99
カンラン岩　25, 27, 32, 45～46～48, 50～52, 57, 73, 77, 105, 141, 213
――の溶融実験　46
――質コマチアイト　46, 57
カンラン石　7, 11, 16, 23, 25～27, 30, 43, 45～48, 50, 51, 52, 54～58, 60, 62, ～70, 72, 75, 78, 79, 82, 103, 132, 156, 175, 179, 198～200, 205, 207, 213～215
――玄武岩　9, 11, 24, 58
――-スピネルマーブル　199, 200
――ネフェリナイト　58, 59
――ハンレイ岩　63
――リューサイト　58, 59
カンラン石ソレアイト　54, 56
――質マグマ　56
含ランセン石-ザクロ石角閃岩　211, 212

き
偽アイソクロン　38
輝岩　9, 45, 50, 51, 62, 105, 124, 213
起源物質　31, 35～40
――の$^{87}Sr/^{86}Sr$　36
――の部分溶融　33
輝石　7, 9, 16
――安山岩　9
――角閃岩　128
――グラニュライト　129
――ホルンブレンダイト　62
――-ホルンブレンドハンレ

259

イ岩 62
輝石ホルンフェルス相 118, **150**, 160, 161, 165, 186, 222, 223
―― 輝石ホルンフェルス相の高温部 161
―― 輝石ホルンフェルス相～サニディナイト相 222
北アメリカ頁岩 34
希土類元素 33
絹雲母 77, 126, 158, 181
―― 化作用 119
客晶 **23**
逆累帯構造 **19**, 71
九州地方 23, 220
球状 22, 27, 81, 97
―― の割れ目 80
給水反応 120, 141
急冷 46, 80, 95, 96
―― 周縁相 72, **99**
強アルカリ岩 75, **76**
強アルカリ玄武岩 **56**, 59
―― の鉱物組成 **58**
凝灰角礫岩 97
凝灰岩 28, 97, 98, 126, 153
凝灰質砂岩 230, 231
凝灰集塊岩 97
狭義のカコウ岩 **81**, 82
狭義のマイロナイト 127
共生 128, 177, 178, 206
局所変成岩 221
局所変成作用 **114**, 117
極低温 153
―― の泥質変成岩 **181**
―― の変成岩 150
―― の変成作用 181, 182, 229
―― ～超高温 115, 205
極低温～低温 206
―― の変成作用 153, 206
―― の変成相 150, **152**
巨晶カコウ岩 82
キラウエア 55, 60
錐輝石 53
ギリシア共和国 99
輝緑岩 60
―― 状組織 23
キンセイ石 16, 82, 84, 118, 129, 132, 156, 157, 160～162, 164, 172, 176, **178**, 179, 186, 189～192, 196, 216, 217, 222, 224
―― の斑状変晶 160, 222
―― ―黒雲母ホルンフェルス **221**
―― ザクロ石帯 152
―― 斜方輝石-珪線石-スピネル岩 **222**
―― 帯 220
―― 直閃石片岩 66
キンバーライト 43, 45, **48**, 49, 51, 77, 77, 127, 130, 131
―― の捕獲岩 50

く

空間群 73
空晶石 19, 128, 160
―― の組織 221
苦灰岩 132
苦灰石 132
苦灰大理石 132
グラニュライト 63, 82, 115, 123, 128, **129**, 130, 171, 190, 213, 234
グラニュライト相 83, 129, 132, 133, 141, 143, 145, 147, **150**, 151, 156～159, 163, 179, 185, 187, 189, 196, 199, 200, 202, 205, 208, 211, 214, 216, 219, 225
―― の極低圧部 160
―― の高圧部 156, 209
―― の高温部 118, 162, 188, 217
―― の低圧部 165
―― の低温部 186, 215
―― の変成岩 83, 128, 141, 156, 157, 165, 178, 189
―― のマフィック変成岩 205, 209, 211
グラノファイアー 25, 26, **81**
―― のマイクログラフィック組織 25
グラノフィリック 25
―― 組織 26
グラノフェルス 171
グラノブラスティック組織 **171**, 188, 195, 196, 200, ～202, 204, 205, 208, 210, 212, 215, 216
グラフィック 25
―― 組織 20, 25
グランダイト **176**
グランピアン高地 165
グリーンランド 57, 106
クリスタライト **22**, 79, 80
クリストバライト 57, **77**, 228
クリソタイル 48, 215
クリソライト 52
クリナナイト **61**
クリノクロア **180**, 217
クリノヒューマイト **179**
クリプト結晶質 21
グリュネライト 65, **66**
クリンカー 93, 94
グリーンタフ変成作用 117
グレイワッケ 153, **233**
クレタ 99
クレニュレーションへき開 183
黒雲母 7, 10, 28, 31, 37, 38, 43, 48, 49, 58, 61, 63, 64, 70, 74～87, **109**, 127～129, 132, 133, 141, 142, 147, 155, 156, 159, 163, 178, 179, 183, 185～188, 192, 196, 203, 204, 207, 209, ～211, 215, 221, 222, 224, 225
―― カコウ岩 10, 22, 203
―― ―白雲母カコウ岩 10
―― ―白雲母片麻岩 10
―― 帯 152, 154, 166, 183, **201**, 220
―― ピッチストーン 80
―― 片麻岩 123
グロシュラー 155, 166, **176**, 198, 201, 202, 223
―― のポーフィロクラスト 202
―― ―アノーサイト岩 201, **202**
黒瀬川構造帯 50, 194, 198, 219
クロッサイト 67, 126, 157, 211, 212
―― 質 212
クロマイト 12, 48, 51, **177**, 235
クロミタイト 47
クロムスピネル 47, 72, 177, 215, 234, 235
―― の化学組成 234
クロムディオプサイド **52**
クロリトイド 19, 154, 158, 159, 176, **177**, 183～185, 192～194, 216, 219
―― の斑状変晶 184
―― の分解 185
―― 片岩 183, **184**, 185
―― ―緑泥石-白雲母片岩 184

け

珪化作用 119
珪岩 **125**, 196
軽希土類元素 33
蛍光X線分析 29
珪酸塩 92
―― の溶融体 92
珪酸塩鉱物 **6**, 43, 144, 181, 201
―― の主化学組成 6
珪質 125
―― 岩 124, 235
―― 頁岩 235
―― 砂岩 231
―― 石灰岩 237
―― 泥岩 104, 235, 237
―― 粘板岩 235, **125**
―― 変成岩 **194**, 195
珪線石 82, 118, 129, 144, 154～157, 170, **175**, 178, 179, 181, 186～190, 192, 222, 235
―― ―カリ長石帯 156, 166, 186, 201
―― ―ザクロ石-石英片麻岩 **196**
―― 珪線石帯 152, 156, 166, 186, 201, 220
―― 片麻岩 231
珪長岩 28
―― 質 25
珪長質 84
―― 片麻岩 173
結晶 21
―― 化度 **181**
―― 集積 **105**
―― 片岩 2, 3, 67, 109, 114, 115, **126**, 130, 136, 154, 182, 185, 219
―― 面 19, 21
結晶作用 6, 18, 21, 31, 41, 72, 113
―― の過程 56

261

――の度合い　21
結晶凝灰岩　98
結晶成長　19, 176
　――した鉱物　174
結晶分化作用　6, 29, 40, **56**
　――の過程　34, 36, 41
　――の進行　31
月長石　26, 178
ケニア　78, 176
　――山　78
　――リフト　75
ケルスータイト　61, 64, 66, **67**
ゲーレン石　222, ~224
　――の安定領域　223
　――-スパー石スカルン　222, **223**, 224
　――帯　222, 223
原岩　38
　――の化学組成　118, 120, 130, 142, 149, 181, 198, 204
始原岩層　2
始原的マントル物質　31, 32, 60
顕晶質　**21**
　――岩　21
元素　29, 33, 34
　――の K_D　30
　――の地球化学的分類　**31**
　――の配置法　32
　――の分配係数　29, 31
　――移動　120
　――拡散　120
ケンタレナイト　**64**
原地性カコウ岩　**109**
玄武岩　2, 10, 11, 13, 14, 16, 17, 20, 22, 24, 32, 34, 50, 52, **54**~57, 59, 61, 66, 68, 77, 103, 123, 214
　――起源の変成岩　149
玄武岩質　30
　――安山岩　10, 69, 70, 84
　――岩石　33, 56, 60, 149
　――コマチアイト　46
　――マグマ　33, 40, 41, 46, 50, 56, 91, 92, 97
　――溶岩　46, 92, 93, 94, 96
玄武ホルンブレンド　66, **67**

こ

コア　19
高圧　177
　――変成岩　**136**, 181, 203
　――変成帯　135, **136**
　――型の三波川変成帯　115
高圧型系列　**164**, 166, 218, 219, 220
　――の変成岩　166
　――の変成帯　219
高圧〜超高圧　206
　――の泥質変成岩　**192**
　――の変成帯　135
　――のマフィック変成岩　211
高アルカリソレアイト　56
高アルミナ玄武岩　56
広域テフラ　**98**
広域変成岩　**114**, 115, 126, 138, 175, 178, 189, 203, **216**
　――の分布域　114
広域変成作用　48, 108, 109, **114**, 115, 117, 135
広域変成帯　**114**
高温　177
　――のグラニュライト相　216
　――の接触変成岩　222
　――の変成作用の過程　133
　――変成岩　136
　――変成作用　**136**, 145
　――型の変成岩　115, 130, 157
　――型の領家変成帯　115
降温期変成作用　**137**, 174
高温スカルン　221, **222**
　――の変成作用　222
　――の変成分帯図　223
　――分布域　222
高カリウム岩系　17
広義のカコウ岩　81
広義の火砕岩　98
膠結　**228**
　――作用　227
硬砂岩　233
光軸角　53, 54
向斜部　105
洪水玄武岩　57
構造場　5
交代作用　86, 114, **117**, **119**, 132, 193, 204
交代変成岩　**119**, 179, **221**, 222
後退変成過程　161, 191, 197, 200, 202, 205, 215, 217, 218
後退変成期　141, 188
　――の年代　141
後退変成作用　133, 137, **138**, 141, 142, 145, 174, 189, 190, 191, 198, 204, 211, 212, 217, 222, 223, 225
　――の P-T path　138
　――過程　179, 191
　――の模式図　138
　――期　138
紅柱石　77, 128, 144, 154, 155, 160, 166, **175**, 176, 178, 181, 183, 185, 186, 221
　――の斑状変晶　221
　――-黒雲母ホルンフェルス　221
　――-珪線石系列　164
　――-白雲母-黒雲母片岩　184
高度角閃岩相　150, 155, 179
高度〜グラニュライト相の変成岩　157
高度変成　52, 66
高度変成作用　133, 135, **136**, 137
後背地　**234**
　――のテクトニクス場　233, 234
　――判別図　234
鉱物　**1**
　――の化学組成　6, 7, 11, 146
　――の面積比　8
　――の量比　8, 9, 62

――の累帯構造　19, 20
　――アイソグラッド　**142**
　――群　6
　――粒子　10
鉱物アイソクロン　37
　――年代　37
鉱物組成　**58**
　――による分類　**46, 81**
鉱物粒　10, 21, 227, 229
　――の大きさ　21
　――の配列　115
高変成度　137, 185, 206
　――の砂質〜珪質変成岩　196
　――の泥質変成岩　**185**
　――の変成過程　186
　――の変成岩　137, 142
　――の変成作用　185, 208
　――の片麻岩礫　231
　――のマフィック変成岩　208
高マグネシア安山岩　70, **72**
高山ハンレイ岩体　65, 111
黒色頁岩　235
コークス状　93
黒曜岩　21, 22, **80**
御斎所変成岩　**219**
コーサイト　77, 119, 130, 136, 151, 159, 161〜194
コスタリカ沖の深海掘削　117
コーストレーンジズバソリス　106
固相　30
　―――固相反応　**113**, 119, 138, 182, 184, 203
　――線　146
コッタ　3
小藤文治郎　2
コートランダイト　23, 45, 48
コーネルピン　177〜**179**, 216〜218
　――-スピネルシンプレクタイト　218
コノスコープ像　53
コマチアイト　**45**, 46, 124
　――質マグマ　46
コメンダイト　78, 87
固溶体　19, **52**, 77, 176, 177
コランダム　13, 16, 49, 176〜**178**, 216, 217
ゴールドマナイト　**176**, 202
コールドロン　101
　――の形成　101
コルベインセイ海嶺　55
コロナ　25, 27, 171, **172**
混成型カコウ岩　86, 109, 110
混成貫入型カコウ岩　109
混成作用　**6**
コンドライト　128, **132**, 133, 173
　――コンドライト質グラニュライト　188
コントゥム地塊　130, 172, 188, 196, 210, 211
コンドライト　31〜34, 40, 42, 43
　――で規格化　34
　――の REE 含有量　60
コンドロダイト　**179**

さ

再結晶　117, 118, 169, 228
　——化　127
　——作用　**113**, 114, 115, 117～119, 126, 136, 138, 169～171, 182, 186, 214, 227, 228
最高温度　116, **137**, 139, 141
最高変成度　**137**～139, 141, 144
砕屑岩　227, **229**, 230
　——の構成粒子　230
砕屑性　229
　——堆積岩　181
砕屑物　114, 230, 230
　——の粒径区分　230
　——粒子　183, 198
再溶融作用　84, 85
細粒　**21**, 76, 72
　——の結晶　6
　——の変成鉱物　182
　——化　126, 127, 170, 172, 197, 224
　——包有物の配列　19
砂岩　234
　——の化学組成　234
　——の後背地　234
　——のモード組成　233, 234
　——作用　141
削はぎ　103, 141
ザクロ石　16, 19, 26, 27, 48, 78, 82, 83, 119, 128, 130, 132, 136, 156, ～160, 172, **176**～179, 185, 186, 188, 190, 192, 195, ～197, 204, 209, 210, 211, 213, 215, 218, 224, 225
　——の化学組成　130, 176, 235
　——の斑状変晶　116, 118, 170, 172, 173, 184, 187～189, 194, 197, 210, 213
　——オンファス輝石-石英エクロジャイト　197, **198**
　——角閃岩　123, 208～**210**, 212
　——角閃石片岩　173
　——含有石英長石質片麻岩　133
　——カンラン岩　**47**, 49, 161
　——キンセイ石-黒雲母片麻岩　185, **187**, 188
　——キンセイ石-黒雲母マイロナイト　**224**
　——キンセイ石-珪線石片麻岩　173, 181, 219
　——キンセイ石-スピネル片麻岩　172
　——黒雲母珪岩　**196**
　——黒雲母片麻岩　173, 176, 185, **187**, 219
　——クロリトイド-フェンジャイト片岩　192, **194**
　——珪線石-スピネル-キンセイ石片麻岩　185, **188**, **189**
　——珪線石-スピネル-石墨片岩　132
　——コランダムグラニュライト　141, 216, 217
　——斜方輝石-キンセイ石グラニュライト　129, **188**
　——斜方輝石-キンセイ石-珪線石片麻岩　172
　——斜方輝石-キンセイ石片麻岩　185, **188**
　——斜方輝石グラニュライト　181
　——斜方輝石片麻岩　225
　——斜方輝石マイロナイト　224, **225**
　——十字石片岩　170, 171
　——帯　152, 155, 156, 183
　——単斜輝石-斜方輝石グラニュライト　208, **211**
　——ベスブ石スカルン　222, **223**, 224
　——ベスブ石帯　222, 223
　——片麻岩　231
　——ランショウ石片麻岩　187
　——ランセン石片岩　212
　——緑泥石-白雲母片岩　184
砂質　231
　——岩　125, 195, **231**, 235
　——～泥質変成岩　37, 153, 219, 220
　——変成岩　**125**, 195, 197, 198, 203, 194
　——礫岩　230
　——～珪質変成岩　194, **196**, **197**
サッカロイダル　171
　——組織　200
砂泥質グラニュライト　136
サニディナイト相　118, **149**, 160, 222
　——の変成岩　118
サニディン　65, 80, 87, **72**～74, 219
ザバルガッド島　47
サブイディオブラスティック組織　170
サフィリン　129, 163, 176, **178**, 179, 190, 217
　——の斑状変晶　116, 191, 196, 197
　——大隅石-ザクロ石-斜方輝石グラニュライト　189, **190**
　——グラニュライト　129, 141, 177, 179
　——コランダムグラニュライト　216, **217**
　——コランダム-スピネルグラニュライト　178
　——ザクロ石グラニュライト　119
　——ザクロ石-斜方輝石片麻岩　189, **190**, 191
　——斜方輝石-コーネルピン-キンセイ石片麻岩　216, **217**
　——斜方輝石-ザクロ石グラニュライト　129
　——石英グラニュライト　**196**
　——ブルー　178
サブオフィティック　23
　——～オフィティック組織　57～59
　——組織　**23**, 61
サブカルシックオージャイト　**53**
サブカルシックフェロオージャイト　**53**
サブ緑色片岩相　152
サポーナイト　28, 228
サーライト　**52**
サリック群　12
沙流川カンラン岩体　234
山陰帯　85
3角ダイアグラム　231
酸化鉱物　6, 49
酸化物　6, 3
　——の重量比　6
　——の分子比　12
酸化ホルンブレンド　67
三郡変成帯　116, 218, **219**, 220
三郡-蓮華変成帯　220
3重点　175
　——の温度・圧力　175
酸性岩　7, 9
3成分　16, 65, 231
　——系　146
酸素同位体　**42**
サンチアゴ地域　117
サントリニ島　99
三波川変成帯　53, 54, 115, 116, 130, 140, 142, 153, 154, 158, 171, 173, 182, 184, 195, 197, 198, 208, 213, 219, **220**
　——の変成分帯図　144, 220
残斑点状　170, 169

し

シエラネバダバソリス　106, 107
自形　**9**, 21, 22, 76, 197, 221, 223
　——の変成鉱物　170
　——結晶　19, 180, 194
　——性　22, 185, 204
　——～半自形　205, 212
四国地方　50, 144
地震トモグラフィー　90
地震波　90
　——の低速度域　90
　——速度の分布　90, 91
沈み込み帯　166
　——変成作用　114, **115**, 158
自生鉱物　**228**
シデライト　182, 237
シデロフィライト　77
シート状岩脈群　100
シートフロー　96
シベリア　49
　——のキンバーライト　47
縞状　28, 105
　——組織　195
　——鉄鉱　163
　——片麻岩　126
縞状構造　79, 103, 126, 127, 182, 184, 187, 191, 193, 209, 237
　——帯　104

縞状チャート 236, 237
　——の成因 237
斜長カコウ岩 **85**, 204
斜長岩 54, **64**, 65
斜長石 7〜9, 22, 〜31, 34, 48, 51, 54〜**65**, 68〜70, 72, 73, 75, 78〜87, 127, 130, 132, 155, 156, 158, 179, 184, 185, 187, 190, 192, 196, 201〜205, 209, 210, 215, 217, 221, 224, 228
　——の逆累帯構造 19
　——の斑状変晶 204
　——のマイクロライト 11
　——の累帯構造 20
　——カンラン岩 47
　——双晶法 85
斜長流紋岩 **79**
斜方晶系 **51**
斜方輝石 8, 16, 18, 26, 27, 30, 46〜48, 51, **52**, 53, 56〜69, 72, 74, 78, 82, 118, 127〜129, 152, 156, 161, 163, 172, 178, 186, 190, 192, 197, 204, 209, 211, 215〜217, 225
　——-キンセイ石シンプレクタイト 172
　——-珪線石-石英片麻岩 189, **191**
　——-真珠岩 28
　——-単斜輝石グラニュライト 171
　——-単斜輝石ドレライト 103
　——-単斜輝石片麻岩 208, 209, **211**
　——-マグネタイト-石英片麻岩 163
斜方晶系 52, 66, 73
蛇紋岩 25, 45, 46, **48**, 53, 117, 132, 213, 214
　——のブロック 204
　——メランジ **50**
蛇紋岩化 48
　——作用 48
蛇紋岩化したカンラン岩 219
　——体 234
蛇紋石 25, 45, 46, 48, 215
周縁部 19, 71, 107, 177
重希土類元素 33
褶曲 50, 105, 131, 173
　——軸面 183
　——性の構造運動 108
重鉱物 234
収縮割れ目 95
十字石 141, 160, 175, 〜**177**, 188, 192, 216, 219, 235
　——-ザクロ石-黒雲母片岩 185
　——-ザクロ石片岩 181
　——-白雲母-緑泥石片岩 185
　——-片岩 183, **185**
　——-ランショウ石帯 152, 166, 186, 187, 201
　——-ランショウ石片麻岩 185, **187**
十字石帯 156, 166, 201

——の高温部 186
——の低温部 183
集積岩 22, **50**
集斑状 68, 70
——の鉱物 68
——組織 24
集片双晶 185, 209
主化学組成 2, 6, 29, 62, 68, 73, 75, 78
樹枝状 46
——組織 46
主晶 23
主成分元素 6, 30, 59
主成分鉱物 **7**, 52, 77
——の組合せ 7, 8
シュードタキライト 118, 123, 126, 127, 224, 225
——の反射電子像 225
シュリーレン組織 130, **131**
準角閃岩 129
準長石 7, 16, 56, 87
準泥質変成岩 195
準片岩 **126**
準片麻岩 **126**
昇温期 138, 188
——の温度・圧力変化経路 139
昇温期変成作用 19, **137**, 139, 141, 142, 145, 156, 176, 177
——の過程 146, 186, 188, 190, 215
——の経路 139
——の熱源 142
衝撃角礫岩 119
衝撃変成作用 114, **117**, **119**
晶子 22
晶出 **6**, 19, 21, 26, 30, 31, 50, 68, 74, 108, 225
——温度 77
——順序 2, **7**, 68
衝上断層 141, 219, 220
——帯 118
衝突帯カコウ岩 **86**
上部マントル 1, 46, 48, 92, 113, 116, 161
——のカンラン岩 50, 73
上部マントル物質 50
——の化学組成 31
——の部分溶融 85
ショショナイト **58**
——岩系 17
初生安山岩質マグマ 73
ションキナイト **64**
シリイット組織 24
シリカ 237
——鉱物 16, 57, 67, 69〜**77**, 78, 87, 193, 228, 230
——飽和度 **16**, **56**
磁硫鉄鉱 85, 187
ジルコン 74, 79, 82, 87, 161, 184, 185, 187, 190〜192, 196, 197, 203, 217, 222, 235
シルト質砂岩 231
白雲母 7, 10, 16, **76**, 77, 80, 81〜84, 85, 156, 158, 160, 179, 182,

183, 184, 187, 195, 197, 203, 221, 222, 224
——-黒雲母カコウ岩 10
——-黒雲母-紅柱石片岩 184
——-黒雲母片岩 183, **184**
シングムーリ火山岩 70
真珠岩 28, 78, **80**
真珠状 25
真珠状組織 28
深所型のカコウ岩 109
侵食作用 91, 98, **227**
深成活動 **5**, 89
深成岩 2, 3, **5**, 8, 20, 21, 22, 45, 66, 89, 115, 233, 235
——の命名法 **10**
——体 89, **106**, 107
深成作用 **5**
シンダイアジェネシス 229
伸張割れ目 95
浸透 119
——交代作用 **119**
ジンバブエ 57
シンプレクタイト 26, 162, **171**, 178, 188, 197, 190, 198, 217, 218
——状コロナ 172
シンキネマティック組織 172, 174

す
錐輝石 53
水蒸気圧 62
水蒸気爆発 94
水成論 1, **2**
水素同位体 **43**
水冷破砕 96
周防変成帯 **220**
スカエルガード貫入岩体 105, 106
スカポライト 155, 166, **179**, 198, 199, 205
——-ディオプサイド-石英岩 **201**, 202
スカルン 119, 179, **222**, 223
——化作用 119
スケルタル組織 169, **170**, 171, 185, 210
スコットランド高地 116, 166
——のグレートグレン 165
——のバロー型累進変成地域 154, 201
スコリア 97, **98**
——集塊岩 97
スティショバイト **77**, 119
スティルウォーター型 63, **64**
スティルバイト 206, 207
スティルプノメレーン 153, 154, 157, 158, 180, 194〜195, 207
——-白雲母片岩 181
——-石英片岩 195
——-パンペリー石-ローソン石片岩 192, **193**
須藤石 158
ストック **106**, 108
ストーピング **108**
ストレインシャドー 173
ストロマティック組織 131

ストロマティックミグマタイト
　131
ストロマトライト構造　**237**
スネーク川台地玄武岩　55
スノーボウル組織　**173**
スパールテンフック地域　57
スパイダー図　31, 32
スパイラクル　93, **94**
スパイラル組織　172, **173**, 187,
　213
スパー石　222, ～224
　――の安定領域　223
　――帯　222, 223
スパター　97
スーパープリューム　**59**
スピニフェックス　46
　――組織　**46**
スピネル　26, 48, 129, 132, 156,
　177～179, 186～192, 197～
　200, 213, 216, ～218, 222
　――カンラン岩　**47**
　――族　176, **177**, 178
スフェルリティック　25～27,
　61
　――組織　27, 79, 81
スフェルライト　27, 80
スフェーン　12, 64, 74, 82, 85, 87,
　153, 183, 184, 203
スペサルティン　**176**
スメクタイト　153, 181, 206, 228
スリランカ　82, 132, 157, 172,
　189, 196, 200, 202
スリランカイト　190
スレートへき開　126

せ

正珪岩　233
青色片岩　**126**, 157
青色片岩相　**150**～152, **157**,
　158, 159, 180, 181, 192～194,
　197, 199, 211, 212, 220
　――青色片岩相の高圧部
　157, 180, 193, 204, 212
　――低圧部　157, 180, 193
　――泥質変成岩　158
　――変成作用　177
　――変成作用　198
　――マフィック変成岩　157,
　211
　――～エクロジャイト相　194
正長石　64, 65, 80, 81
西南日本外帯　84, 85
生物岩　**227**, **235**, 237
正片麻岩　**126**
正方晶系　77
青緑色ホルンブレンド　66, 210
正累帯構造　**19**, 69, 71
正角閃岩　**129**
石英　7, 13, 16, 22, 25～28, 54, 60,
　63, 67, 70, 74, 76, 77, 79, 81～83,
　86, 87, 93, 129, 131, 154, 156,
　158, 159, 161, 163, 171, 173, 177,
　182～185, 187, 188, 190, 191～
　198, 200, 201～03, 205～207,
　210, 212, 218, 236

――アルカリ閃長岩　82, 87
――安山岩　79
――岩　171
――閃長岩　53, 82, **87**, 88
――粗面岩　79
――デイサイト　79
――ドレライト　**61**
――斑岩　28, **80**, 231
――片岩　220
――モンゾ閃緑岩　**82**
――モンゾナイト　**82**
石英質　**231**
　――アレナイト　231, 232
　――ワッケ　231, 232
石英質　62, 74, 81, 106, 107
　――の主化学組成　62
石英ソレアイト　**54**, 56
　――の領域の組成　56
　――質マグマ　56
石英長石質　127
　――の変成堆積岩　198
　――片麻岩　119, 133, 162
石英長石質変成岩　195, 203, **125**
　――の原岩　125, 203
石化作用　**227**
石質　**231**
石質凝灰岩　98
赤色頁岩　235
赤色泥岩　235
石墨　19, 85, 161, 176, 182～184,
　187, 222
　――化度　**182**
　――岩　237
　――鉱床　132
　――含有ザクロ石-珪線石片
　麻岩　132
セクター累帯構造　**9**, 160, 176,
　177
石灰岩　119, 132, 198, 223, 229,
　235, 237
　――スカルン　53
石灰珪質　124
　――岩　124, **125**, 132, **154**～
　156, 175, 176, **179**～181, **198**,
　201, 202, 216, 220
　――グラニュライト　129, 202
　――片麻岩　176, 202, 219
石灰質　129, 219
　――頁岩　235
　――砂岩　231, 124, 198, 235,
　237
石灰質堆積岩　161
石基　**8**, 22, 57
　――の組織　24, 58, 69, 79
石基鉱物　8, 18, 20, 23, 48, 53, 57,
　60, **68**, **70**, 74, 75, 80
　――の結晶度　24
接触変成岩　118, 144, 155, 177,
　178, 221, 222
接触変成作用　109, 114, **117**～
　119, 128, 135, 136, 141, 144, 151,
　199, 200, 219, 222
接触変成帯　**117**, 118, 142, 165
瀬戸内高マグネシア安山岩
　68, 70, 72, 73

ゼードル閃石　217
ゼノブラスティック組織　169,
　170
セメント　228, 230, 231, 233
　――化作用　227, 228
セラドナイト　**64**, 153, 206
セールロンダーネ山地　200, 202,
　204, 210
漸移帯　166
浅海底　231
全岩アイソクロン　36～39
　――年代　37, 38, 231
　――法　37, 38
全岩化学組成　6, 123
全岩‐鉱物アイソクロン　37, 38
　――年代　37, 38
　――法　38
線構造　**108**
前弧海盆内海嶺　86
潜在円頂丘　98, **102**
浅所型のカコウ岩　**108**, 109
せん断運動　127, 224
せん断応力　94
せん断作用の運動方向　173
せん断帯　118, 138, 141
前置角礫岩層　96
閃長岩　9, 49, 53, 67, 76, 78, 82,
　84, 86, 87
閃長閃緑岩　76
千枚岩　115, 116, 123, **126**, 181,
　182
閃緑岩　9, 10, 20, 66, 67, **74**, 76,
　81, 82, 78, 106, 205
　――～閃緑ヒン岩　104
　――体　111

そ

ゾイサイト　130, 155, 159, 166,
　180, 181, 192, 198, 201, 202, 210,
　213
造岩鉱物　**1**
走査型電子顕微鏡　71
造山帯　50, 69, 82, 105, 130
　――変成作用　114, **115**～118,
　156, 164, 165
双晶　**85**
層状　105
　――の堆積物　237
　――貫入岩体　50, 64, **105**, 106,
　――カンラン岩　50
　――珪酸塩鉱物　181
　――構造　105, 126, 127
　――片麻岩　**126**, 127
　――チャート　236
曹長石岩　193
層理面　104
続成作用　114, 117, 136, 137,
　153, 181, **227**, 229, 235
　――の過程　181, 206, 237
　――のステージ　228
　――の分帯　228
　――～極低温の変成作用　229
　――～フッ石相の変成過程
　181
続成帯　**229**

265

側噴火　100
ソーダオージャイト　**53**
ソーダ流紋岩　**80**
そなえ餅状の岩体　104
ソービー　2
粗面安山岩　10, 25, 67, 74, **75**, 76
粗面岩　9, 10, 20, 25, 53, 67, 76, 79, 86, **87**
——状組織　24
粗面玄武岩　**58**
ソモラーリ　213
ソリダス　**146**
粗粒　**21**, 27, 45, 60, 74, 76, 87, 126, 129, 132, 170, 200, 201, 208, 210, 221, 224
——な結晶　82, 127, 172
——な鉱物　173
——な粒子　97
——のグラノブラスティック組織　190
——のサフィリン　129
——のシルト岩　235
——の斑晶鉱物　23
——のマイクロライト　225
——堆積物　236
ソレアイト岩系　9, **17**, 18, **68**〜72, 78, 79, 105
——の安山岩　24, 68
——の玄武岩　57
ソレアイト質玄武岩　17, **54**, 56〜59, 234
——ソレアイト質玄武岩の鉱物組成　**56**
ソレアイト質マグマ　30, **56**, 106
——の結晶分化作用　30, 56, 106

た

ダイアフトライト　128, **133**
ダイアベース　**60**
ダイアモンド　43, 48, 113, 119, 136, 151, 159, 161
大西洋中央海嶺　32, 55, 59, 60, 91
堆積岩　2, **3**, 42, 50, 85, 114, 123〜125, 136, 161, 170, 177, 227〜229
——の化学組成　229
——の種類　**229**
——の破片　96
——層　98, 117
堆積岩起源　129, 133
——の広域変成岩　181
——の超高圧変成岩　162
——の変成岩　66, **125**, 194, 198, 203
——の片麻岩　126
——の捕獲岩　84
堆積作用　98, **227**
——の過程や環境　230
堆積性の炭酸塩岩　49
堆積物　96, 103, 114, 228, 231, 233, 236
——の粒子　227
台地玄武岩　40, 57, 59
ダイアスポア　179, 217

大陸衝突帯変成作用　**115**
大陸プレート　115
大理石　1
ダイレーション岩脈　99
他形　21, 22, 196, 210
——の結晶　23
——の変成鉱物　170, 171
——粒状組織　**23**, 82
多形　48, 77
——鉱物　175, 178
竹貫変成岩　**219**
多源礫岩　231
多孔質　25, 93, 97, 98
——組織　28
多色性　184
脱水反応　120, 138, **156**, 157, 182
——の模式図　157
脱水溶融　**146**
——反応　146, 147, 203
縦波　90
ダナイト　**46**, 47
棚倉構造線　218
タービダイト　**231**, 233, 234, 237
ダフナイト　**180**
タミルナードゥ　78
タルク　126, 130, 154, 158, 159, 161, 166, 183, 192, 193, 207, 214, 215
団塊状　237
——チャート　36, **237**
短冊状　20, 53, 109, 180
——の自形結晶　194
タンザニア　47
丹沢トーナライト岩体　85
炭酸塩岩　43, 124, 125, 125, 237
炭酸塩鉱物　48, 74, 125, 132, 182, 198, 201, 228, 230, 236
炭酸塩補償深度　236
炭質物　85, 126, 182, 194
炭質包有物　177
単斜エンスタタイト　53, 72, 73
単斜輝岩　**51**
単斜輝石　8, 18, 26, 27, 30, 30, 47〜49, 51, **52**, 53, 56, 57, 60〜63, 71, 74, 82, 83, 85, 128, 132, 155, 207, 209, 211, 215, 218
——角閃岩　209
——ラメラ　163
単斜晶系　52, 66, 67, 76, 77, 179
端成分　52, 53, 65, 77, 176, 177, 179, 180
——の混合比　19
断層運動　127, 224
断層角礫　118
炭素同位体　**43**

ち

チェルマカイト　66, 208
地温こう配　137, 139, 144
地殻物質　2, 41, 44, 90, 141
——の再溶融作用　85
——の溶融　90
地球化学的　31
——指標　60

地球化学的判別　33
——地球化学的判別図　**33**, 34, 39, 60, 86, 86, 124
地質圧力計　144, 163
地質温度計　163
智頭変成帯　116, 132, 157, 193, **220**
チタナイト　201
チタノマグネタイト　9, 27, 56〜58, 60, 61, 63, 64, 69, 70, 73, 74, 79, 80, 82, 87
チタンオージャイト　**53**, 58, 61, 64, 75, 87
チニャーナ湖地域　161, 194, 197
チャート　50, 123, 125, 198, 229, 231, 235, **236**,
——アレナイト　231
チャート起源　194, 218
——の石英片岩　220
チャーノカイト　**82**, 128, 130, 157, 203, 204
——帯　153
チャバザイト　153
中圧型系列　163, **164**, **165**, 166, 177, 219
——の角閃岩　219
——の鉱物の安定関係　200
——の変成岩　189, 199
中央海嶺　50, 57, 59, 86, 91
——カコウ岩　**86**
——玄武岩　31, **59**
中央構造線　119, 218
中間カリウム岩系　17
中国地方　69, 70, 74, 84
柱状　**22**, 67, 126
——結晶　52, 53
——〜短柱状の鉱物　171
柱状節理　94, 96, 103
——帯　104
中色岩　**7**
中深型のカコウ岩　**108**
中性岩　**7**, 9, 10, 17, 22, 40, 41, 45, 51, 65, **67**, 74, 76, 78, 81, 82, 84, 125, 205, 209, 210, 233
注入片麻岩　**126**
中部地方　69, 70, 74 84, 119
チューブ状　94
チューリンジャイト　**180**
超塩基性岩　**6**, 9, 45
超高圧　119
——の泥質変成岩　192
——のマフィック変成岩　151
——変成岩　**136**, 150, 151, 159, **161**, 162, 167, 181, 218
——変成作用　135, **136**, 150, 161, 179, 193, 194
超高温　119
——超高温の泥質変成岩　163, **189**
——超高温のマフィック変成岩　151
——超高温グラニュライト　116, 136
——超高温変成岩　26, 129, 136, 150, 151,

162, 163, 165, 178, 179, 189, 196, 218
——超高温変成作用 135, **136**, 150, 162, 163, 165, 189, 196, 208, 217, 218
長石 6, 7, 16, 26, 27, 64, **65**, 66, 77, 78, 125, 131, 173, 175, 182, 187, 191, 195, 231, 234
長石質 **231**
——アレナイト 232
——ワッケ 232
重複岩床 **103**
重複岩脈 99
超変成作用 **136**
超マフィック岩 **7**, 9, 10, 17, 36, **45**〜47, 50〜52, 62, 63, 66, 105, 116, 119, 125, 177, 213, 234
超マフィックな溶岩 45
超マフィック変成岩 **125**, 177, 179, 203, **213**〜216
チョーク 237
直閃石 65, 209, 214
——キンセイ石片麻岩 128
チリ共和国コンセプシオン 128, 160
チルケル 2
チングアイト **87**
沈積 6, 105
——岩 **50**
沈殿堆積物 198

て

低圧 153
——の青色片岩相 213
——の変成相系列 199
——下で安定 158, 178
——·高温型系列の変成岩 219
——変成作用 136
低圧型系列 **164**, 165, 218
——のオフィオライト 219
——の変成岩 177
——の変成相系列 219
——の変成帯 220
——·中圧型系列 178
——·低圧中間型 166
低アルカリソレアイト **56**
ディオプサイド 14, 46, **52**, 54, 63, 66, 125, 155, 161, 166, 198, 200〜202
——ディオプサイド〜ヘデン輝石系 52, 119
低温 99
——の角閃岩相 116
——の接触変成岩 221
——型 228
——·高圧の青色片岩相 214
——変成作用 **136**, 181
低角の衝上断層 220
低カリウム岩系 17
泥質 1, 3, 96, 126, 136, 181, **230**, 231, **235**
定向配列 33, **126**, 170, 171, 173, 183, 184, 187, 194, 196, 197, 202, 210, 213, 225

デイサイト 11, 18, 52, 66, 68, 69, 71, 73, 77, **78**〜80, 83
デイサイト質 91, 92, 94, 96
——〜流紋岩質 102
泥質 125
——岩 125, 142, 155, 161, 162, 181, 182, 205, 216, 228, 229, **235**, 236
——グラニュライト 123, 156, 157, 163, 173, 177, 179
——砂岩 230, 231
——接触変成岩 222
——片麻岩 127, 130, 157, 162, 178, 187, 196, 219, 220
——ホルンフェルス 128, 160, 178, 221, 222
泥質岩起源 76, 178
——の千枚岩 126
——の低度変成岩 77
——の変成岩 77, 149
泥質変成岩 **125**, 132, 141, 142, 145, 146, 154〜156, 158, **159**, **160**, 161, 163, 165, 166, 175, 176〜178, 180, **181**〜183, 185, 187, 189, 192〜194, 196, 201, 203, 205, 211, 216, 219, 221
——の鉱物組合せ 143
——のソリダス 146
——の脱水溶融反応 147
——の部分溶融 146, 160, 216
——の変成鉱物 195
——の変成度 141
——の溶融温度 147
低度角閃岩相 155
低度グラニュライト相 150, 166
——の変成岩 156
低度変成岩 66, 77, 176
低度変成作用 135, **136**, 137, 183
底盤 106
低変成度 137, 142, 183, 205, 206
——の鉱物 141
——の砂岩〜珪質変成岩 195
——の泥質変成岩 **183**
——の変成岩 137, 142, 152, 180
——の変成作用 183
——のマフィック変成岩 **206**, 207
デカッセイト 128, **171**, 221
適合元素 **31**
テクトニクス場 **5**, 31, 33, 34, 39, 59, 60, 84, 91, 108, 109, 115, 125, 233, 234
——テクトニクス場による分類 **59**, **86**
鉄鉱鉱物 23, 46, 184, 187
——の種類 85
——の風化産物 51
——の量比 83
テッシェナイト **61**
テナルド石 12
テフラ **97**, 98

テフライト **76**
デブリート 40
——した溶残り岩 129
——マントル **31**, 36
デルタ 231
転移ピジョン輝石 64, 163, 218
電気石 82, 84, 183, 185, 187, 197, 221
点紋状 169
——の斑状変晶 160, 221
点紋粘板岩 128
点紋片岩 126

と

等圧冷却過程 **138**
同位体 34, 35, 38, 41
——の交換反応 163
——の閉鎖温度 139
——組成 3, **29**, 50, 59
——分別作用 **36**
——法 35
トゥオレミー累帯深成岩体 107
等温減圧過程 **138**
同化 41
——作用 **6**, **29**, 40, 42
——分別結晶作用 **41**
島弧 5, 33, 50, 86, 91, 219, 233
——と島弧の衝突 115
——の火山 91
——火山岩 85
——玄武岩 32, 40, 55, **59**, 60
——性 33
——ソレアイト **59**
——地帯 17, 57, 72, 75, 85, 113, 135
等軸晶系 77
糖状組織 200
同心円状 107
淘汰作用 108
等粒状 22, 80, 129, 171
——組織 22
動力変成岩 221, **224**
動力変成作用 114, **117**, **118**
時計回り 139
——の昇温期変成作用 145
——のP-T経路 139
——の温度·圧力·時間経路 140
溶残り岩 34, 36, 39, 130, 163, 177, 178, 186, 189, 216, 222
——のRb/Sr 36
——再溶融作用 84
常呂帯 219
トーナライト 22, 37, 38, 74, **81**, 83, 85, 107, 142, 203, 224
トーナライト質 82
——片麻岩 203, **204**
ドーバー海峡 237
ドーム 96, 103
——の急冷周縁 103
ドーム状 108, 115
——の噴出岩体 102
——貫入岩 78
調和性バソリス **108**
トラキティック組織 20, 24, 58,

75, 79, 87
ドラマイラ地域 136
トリスタンダクーニャ島の粗面安山岩 75
トリディマイト 57, 67, 77, 118, 228
トレモライト 66, 155, 166, 198, 200, 215
ーーー〜アクチノライト 66
ーーーフロゴパイト-ヒューマイトマーブル 199, 200
ドレライト 10, 23, 27, 50, 54, 60, 61, 101, 103, 207
ーーー岩床 103
ーーー状組織 23
トロクトライト 62, 63, 105, 178
トロードスオフィオライト 117
トロニェマイト 81, 83
ドロマイト 49, 124, 132, 198, 200, 228, 237
ーーードロマイト岩 124, 132, 198, 237
ーーードロマイトマーブル 132, 179, 198

な〜ぬ

内成岩 3
長崎変成岩分布域 219
ナップ構造 220
ナピア岩体 116, 127, 129, 136, 162, 171, 173, 189〜191, 196, 211, 216, 218, 225
南極東大陸 84
南部北上帯 219

ニュージーランド 118, 117, 150
ニューヘブリーデス諸島 57
ニューヨーク近郊 103

ヌアネツィ地域 57
奴奈川石 204

ね

ネオゾーム 131
ネチェンナイ 87
熱拡散 117, 144
熱水 74, 48
ーーー鉱床 118
ーーー変質作用 74, 114, 116, 117, 118, 150, 180
ネット状組織 131
ネット状ミグマタイト組織 131
ネットワーク状 131
熱膨張 108
ネビュラ状 131
ーーー組織 131
ネフェリン 15, 16, 54, 58, 64, 76, 87
ーーーネフェリン閃長岩 49, 78, 87
ーーーネフェリンベイサナイト 58, 59, 76
ーーーネフェリンモンゾニ斑岩 76

ネマトブラスティック組織 169, 170
粘性 102
変成超マフィック岩 125
粘土岩 235
ーーー起源の高温型ホルンフェルス 128
粘土鉱物 74, 180, 181, 206, 228, 237
粘板岩 115, 126, 128, 181, 182, 235

の

ノーライト 62, 105
ノルウェー王国 49
ノルベルジャイト 179
ノルム 11
ーーーノルムによる分類 54
ーーーノルムの計算 12
ーーーノルムカンラン石 11, 56
ノルム鉱物 11, 12, 14, 54, 56, 57
ーーーノルム鉱物の重量% 13〜16
ーーーノルム鉱物の分子比 13〜16
ノンダイレーション岩脈 99

は

パーアルカリック 84
ーーーパーアルカリックな岩石 16
パーアルミナス 83, 84
ーーーパーアルミナスな岩石 16
ハイアロオフィティック組織 24, 67, 69, 71, 74, 79
ハイアロクラスタイト 72, 96, 99, 100
ハイアロシデライト 52
ハイアロピリティック組織 24, 69, 79
背弧海盆 50
ーーー玄武岩 40, 55, 60
ーーー内海嶺 86
バイトウナイト 54, 64, 65
ハイドログロシュラライト 204, 223
ハイパーシン 9, 11, 12, 13, 52, 54, 57, 62, 70, 74
ーーー質岩系 18, 71
ハイピディオブラスティック 185, 188
ーーー組織 169, 170
パイプ状 49
ーーー気泡 93, 94
バイモーダルな組成 71
パイラルスパイト 176
ハイランド岩体 132, 157, 172, 189, 196, 200, 202
ーーーのバロウ型・バカン型累進変成地域 165
ハイランド境界 165
パイロクラスティック物質 97
パイロクロア 49
パイロープ 82, 161, 176, 193
ーーーアルマンディン系 155, 184, 188

パイロフィライト 182
パイロ変成作用 118
バーガサイト 66
ーーー質ホルンブレンド 156
ハーカー図 17
バカン型 164, 166, 177
ーーーの変成岩 166
ーーー累進変成地域 166
白亜 237
白色片岩 123, 126, 159
薄片 1, 2, 8
ーーーの測定ポイント 9
ーーー作製法 2
薄片観察 2
ーーーの重要性 2
はく離性 126, 235
バーケビカイト 61, 64, 66, 67
破砕変成作用 117
パーサイト 25, 26
バソリス 106, 108
発達した島弧 233
ハットン 1, 2
波動累帯構造 19
ハドソン川の西岸 103
パナマ共和国西部のアダカイト 69, 70, 84
バハイト 69, 73
ーーー質 68
バハカリフォルニア 70, 73
バーバトン山地 46
パプア・ニューギニア独立国 58, 85
バフィン島 57
パベノ式双晶 86
パホイホイ溶岩 92, 93〜95
ハマーズリー地域 117
ハライト 12
パラゴナイト 76, 77, 152, 158, 159, 177, 181, 182, 192, 193, 198, 210, 212, 213
パリセードダイアベース岩床 103, 105
バリンジャー隕石孔 119
パリンプセスト 169
ハルツバージャイト 47, 124
パレオゾーム 131
ハレーグェイ地域 70
ハロ 222
バロア閃石 212
ーーー質ホルンブレンド 130, 155
バロウ型 165, 166
ーーーの変成岩 166
ーーー分帯 152
バロウ型累進変成地域 155, 156, 166, 177, 183, 186, 187, 206
ハワイアイト 58
ハワイ島 55, 58〜60, 92, 93
ーーーの玄武岩 42
パン皮状 97
半自形 21, 22
ーーーの変成鉱物 170
ーーー〜他形粒状組織 48
ーーー粒状組織 22, 74
半晶質 21
斑晶 8, 11

——の無色鉱物 58, 59
斑晶鉱物 8, 9, 19, 20, 23, 24, 28, 30, 48, 53, 54, 56, 58～60, 68～75, 77～81, 87, 91, 170
——の逆累帯構造 19
——の組合せ 18
——の晶出順序 2
——の累帯構造 18
斑晶状 24, 127, 170
——の鉱物 126
斑状 21, 24, 79, 169
——斑状カコウ岩 27
——斑状組織 8, 9, 20, 23, 24, 27, 170
斑状変晶 126, 160, 170, 171, 173, 179, 184, 196, 202, 217, 221
——の成長 173
——状 172
板状 22, 93, 182
——の岩体 103
——の鉱物 126
——の溶岩体 94
——節理 94
半深成岩 5, 20, 45
パンテレライト 87
反時計回り 139
——のP-T経路 139
反応アイソグラッド 142, 143, 205
——の定義 144
——温度 144
パンペリー石 152～154, 158, 179, 180, 193, 195, 205, 206, 207
———アクチノライト相 150, 153, 154, 166, 181
——相 152
ハンレイ岩 10, 20, 48, 50～52, 54, 60, 61, 62～64, 101, 103, 105, 106, 111, 142, 205, 209, 213, 219
——質岩石 105
——質斜長岩 64
——体 64, 111
ハンレイノーライト 62

ひ
非アルカリ岩系 17, 18, 45, 60～62, 67, 76, 78, 82
——の安山岩 68
——の火山岩 18
——の岩石 17, 45, 75
——の玄武岩 76
——のハンレイ岩 63
——の領域 56
非アルカリ玄武岩 33
東ガート山脈 179, 222
東太平洋海膨 91, 116
東南極 84, 116, 127, 129, 136, 162, 171, 173, 189～191, 196, 200, 202, 204, 210, 211, 216, 218, 225
ピクライト質玄武岩 57
ピクロクロマイト 177
非顕晶質 21
——な火成岩 21
——岩 21

ピコタイト 47, 51
肥後変成岩体 115, 116, 141, 140, 178, 220
肥後変成岩類 115
肥後変成帯 115
微褶曲構造 131
微晶 22
——質 21
微小褶曲の翼部 183
ピジョン輝石 18, 52, 53, 57, 58, 61, 64, 68, 72
——質岩系 18, 69
ヒスイ輝石 52, 53, 130, 152, 159, 192, 193, 205, 211, 219
——岩 220
——石英岩 193
——石英岩 203, 204
——ランセン石系列 166
——ランセン石-石英岩 204
飛騨—隠岐帯 219
飛騨外縁帯 220
日高主衝上断層 219
日高変成帯 37, 50, 62, 84, 85, 109, 116, 127, 129, 145, 156, 172, 178, 184, 187, 210, 218, 219, 225
——の地質図 110
——西帯 50, 219
——幌満岩体 26, 48
日高変成帯主帯 50, 140～142, 144, 156, 219
——の泥質変成岩 145
——の変成分帯 143
飛騨帯 109, 173
飛騨変成帯 116, 185, 219
非調和性バソリス 108
ピッチストーン 21, 28
ピッチストーン 80
ビーディー層 43
ビトロフィリック 25
——組織 28
ピナイト 177
———ピナイト化 178, 217, 224
非変形組織 169, 171
微文象状組織 25
ピーモンタイト 180, 197
———白雲母-ザクロ石-石英片岩 197
ヒューマイト 179, 198, 199
——族 179
ヒューランダイト 206
標準鉱物 11
ビリディン 176
——の安定領域 176
——の斑状変晶 184
———白雲母-黒雲母-ピーモンタイト片岩 197
微量元素 6, 29～31, 33, 59
——微量元素の含有量 29, 30, 86
——微量元素の分配係数 29
——微量元素組成 3, 29, 50, 55, 69, 86
広島県 222
ピロキシティック組織 11, 24
ピローブレッチャ 95, 96

ピローローブ 95, 96
——ののびの方向 95
——の破片 95
——の表面構造 95
ヒン岩 10, 67, 74

ふ
ファコリス 60, 89, 105
ファブリック 115, 116
ファヤライト 11, 12, 52
ファアライ 55
フィーダー岩脈 96, 99, 100
フィールドP-T曲線 141, 142, 144, 145, 164
フィンランド 27, 84, 116
——のエスコラ 149
風化作用 227, 229
風化産物 3, 51, 227
フェミック群 12
フェルシック 28, 37, 38, 69, 91, 92, 98
——な火山岩 27, 28, 52, 77, 78, 234
——なマグマ 24, 73, 102
——な溶岩 102
フェルシック岩 7, 9, 10, 17, 22, 40, 45, 54, 65, 76～78, 81, 82, 84, 86, 125, 133, 203, 233
——の斜長石 8
——の主化学組成 78
フェルシック岩起源 203
——の変成岩 125, 203
フェルシック鉱物 7, 75, 78, 81, 87, 126
——の量比 81
フェルシックマグマ 31, 41
——の結晶分化作用 84
——の酸素フガシティー 85
フェルシティック 25
——組織 27, 79, 80
フェロエデナイト 66
フェロオージャイト 53, 79
フェロサーライト 52
フェロシライト 12, 13, 52
フェロチェルマカイト 66
フェロハイパーシン 52
フェロハンレイ岩 63
フェロピジョン輝石 78, 79
フェロヘスティングサイト 66
フェロホルトノライト 52, 70
フェンジャイト 76, 126, 153, 158, 159, 177, 192, 194, 197, 198, 206, 212, 213
——質 182
フェン地域 49
フォノライト 87
フォルステライト 12, 11, 52, 199
複合岩床 103
複合岩脈 99
複合溶岩 72
複合ラコリス 104
複成火山 89
——複成火山の地下構造 89, 90
副成分鉱物 7, 12, 82, 187

269

複変成作用 115, 120
不純度 198
不純な炭酸塩岩 124
不純な炭酸塩石 132, 199, 200
ブーダンの間げき 131
ブッカイト 118, 161
ブッシュフェルト型 63, 64
フッ石 28, 74, 104, 152, 153, 205, 206, 228
——フッ石相 116, 117, 150, 152, 153, 158, 165, 166, 181, 195, 206, 214
フッテンロッハーギャップ 206
物理的環境 119
不適合元素 31, 33, 36, 39, 59, 73, 129, 157
——含有量 31, 32, 60
船津カコウ岩 219
部分溶融 31, 35, 46, 73, 90, 114, 115, 118, 127, 129, 130~133, 136, 145, 156, 157, 160~165, 169, 177, 186, 189, 222
——の初期 31
——の程度 31
——過程 120, 222
——度 31, 34, 146, 147, 156
不変点 175
ブラウン鉱 184, 197
ブラジル南東方イギリス領 75
-プラスティック 169, 170
ブラスト- 169
ブラストオフィティック 207
——組織 153, 169
ブラストサミティック組織 169, 170
ブラストポーフィリティック組織 169, 170
プラズマ発光分光分析 29
ブラックスモーカー 116
フランシスカン型 167
ブリスター 93
プリズム 2
プリニウスの『博物学』 1
フローユニット 94
プリュームテクトニクス 50
ふるい状組織 170
ブルース石 179
物理的運搬 3, 227, 231
プルトン 106~108
プレオネイスト 177
プレキネマティック組織 172, 174
プレッシャーシャドー 172, 173, 187, 224
プレート 91
——テクトニクス 59
——プレート内アルカリ玄武岩 31, 32, 55, 59, 60
——プレート内カコウ岩 86
——プレート内玄武岩 59
プレーナイト 132, 153, 154, 179, 180, 195, 204, 206, 207
——プレーナイト-アクチノライト相 150, 154, 165, 181
プレーナイト-パンペリー石相

116, 117, 141, 143, 150, 152, 153, 157~159, 165, 166, 170, 180, 201, 205~207, 214, 219, 220
——の高温部 183
——の低温部 195
——の変成鉱物 141
フロゴパイト 47, 48, 49, 76, 77, 132, 154, 163, 166, 179, 189, 190, 198, 200, 204, 213, 215, 217, 217
——フッ石相 116, 117, 150, 152, 153, 158, 165, 166, 181, 195, 206, 214
ブロック状 131
プロトエンスタタイト 73
プロトマイロナイト 127, 224
ブロンザイト 52, 62, 73
噴火 98
分化 6, 34
——岩床 103
——作用 36
——ラコリス 104
分解 113, 231
——作用 231
分子比 11
噴出岩 76, 89, 91, 92
——体 5, 89, 92, 102
分配係数 29~31
分別結晶作用 41

へ
平均的 MORB 31, 32, 60
——で規格化 32
平行岩脈群 99, 100
平衡鉱物組合せ 120, 144
閉鎖温度 38, 139, 141
——の差 38
ベイサナイト 10
餅盤 104
へき開 126, 182, 183, 200, 211, 212, 213
ベギルドギャップ 205
ペクトライト 204
ペグマタイト 20, 25, 52, 76, 82
ベスブ石 132, 223, 224
ヘデン輝石 52, 53
ベトナム社会主義共和国 130, 172, 188, 196, 210, 211
ベナイト 131
——組織 131
ベニトアイト 204
ペペライト 96, 102, 103
ヘマタイト 12, 85, 180, 194, 197, 198, 212, 212, 236, 237
ベリクライン式 85
——双晶 86
ベリクレース 214
ヘリサイト状珪線石 173
ヘリサイト状緑レン石 173
ヘリサイト組織 172, 173
ベリステライトギャップ 205
ヘルシナイト 156, 177, 188, 192, 200
ペレーの毛 97
ペレーの涙 97
ペロブスカイト 12, 49, 223, 224
変形作用 118, 126, 169, 172, 187, 213, 224

——の影響 182
——の集中域 127
——の性質 123
変形組織 169, 172, 183
変質鉱物 74
変成圧力 136, 144, 175, 214
変成ウェブステライト 215
変成温度 118, 136, 146, 154, 155, 157, 159, 161, 175, 189, 192, 209, 214, 215
——の上昇 153
変成カコウ岩質岩 125
変成岩 3, 19, 26, 42, 50, 52~54, 66, 77, 114, 115, 117~119, 123, 125, 128, 136, 137, 149, 150, 155, 157, 158, 177, 178, 195, 227
——の温度 137, 146
——の化学組成 124, 125
——の形成過程 117, 169
——の原岩 123, 125, 170, 216
——の鉱物組合せ 138, 149
——の斜長石 86
——の全岩アイソクロン年代 38
——の組織 169
——のソリダス 146
——の部分溶融 145, 146
——の変成度 137
——の命名 123
——構造 116
——組織 115, 116, 118, 123, 128, 169, 206
——複合岩体 115
変成岩体 82, 114, 115
——の帯状分布域 115
変成岩脈 125
変成カンラン岩 213, 215
変成輝岩 215
変成結晶作用 113
変成玄武岩 116, 123, 125, 153, 177, 198, 206, 207
変成コアコンプレックス 115
変成砂岩 195
変成ザクロ石斜方輝岩 213, 215, 216
変成作用 33, 38, 113, 227~229
——の温度・圧力 123, 128, 149, 198, 205
——の過程 3, 115, 119, 120, 125, 133, 139, 149, 204
——の最高温度 156
——の熱源 142
——の履歴 126
変成縞状鉄鉱 125, 216, 218
変成斜方輝岩 215
変成石英脈 198
変成相系列 145, 149, 163~167, 189, 218, 219
——の模式図 164
——を決定 164
変成堆積岩 123, 198
変成炭酸塩岩 125, 181, 198, 199, 201
——の鉱物組合せ 166
変成単斜輝岩 215

変成地温 144
——こう配 **144**, 164, 166
変成チャート 123, **125**, 195, 196
変成トーナライト 204
変成ドレイライト 206, **207**, 208
変成ハンレイ岩 117, **125**, 127, 193, 213
変成ピジョン輝石 163, 218
変成分帯 **142**, 166, 166, **201**, 220
——変図 144, 165, 220
変成マフィック岩 125
変動帯 50
——時代区分 162
ペンニナイト **180**
片麻岩 2, 3, 109, 114, 115, 123, 126, 130, 136, 173, 186, 188, 191
——の斑状変晶 127
——礫 231
片麻状角閃岩 128
片麻状カコウ岩 173
片麻状組織 114, 118, **126**, 128, 188, 190, 191, 198, 209, 210, 217, 224
ベンモレアイト 75, 76
ヘンリー山地 104

ほ

ポイキリティック 22, 48
——組織 **23**, 170
ポイキロブラスティック 126, 187, 194, 197, 198, 204, 211, 222
——組織 169, **170**, 184, 185
ポイントカウンター 8
方解石 1, 28, 49, 74, 93, 132, 132, 158, 180, 182, 183, 195, 198, 200, 201, 206~208, 224, 228, 237
——マーブル **132**, 198, **200**, 224
崩壊定数 35
縫合組織 169, 172, 195
放散虫 237
——殻 236
放散虫チャート 237
放射壊変 35
放射起源同位体 **34**, 35, 40, 41
——組成 35
——法 35
放射源同位体 35
放射状岩脈群 99, **100**
放射年代 36, 37, 39, 142
——の決定 35, 235
放射崩壊 35
紡錘状 141
膨張組織 131
包有物 48, 126, 161, 173, 177
——配列 173
ポーフィロクラスト 127
捕獲岩 49, 51, 77, 127, 130, 159
捕獲結晶 49, 127
ボーキサイト 216
ポストキネマティック 198
——組織 172, 174
蛍石 82
北海道地方 20, 24, 26, 41, 48, 50, 61, 69, 70, 71, 74, 78, 79, 84, 94~96, 102, 104, 127, 129, 143, 153,

156, 172, 184, 187, 205, 210, 212, 225, 234, 235
ホットスポット 91
ポーフィロクラスティック組織 **172**
ポーフィロクラスト 127, 172, 173, 224, 225, 225
ポーフィロブラスト 170, 200
——の周辺部 202
ポーフィロブラスティック組織 169, **170**
ボルカノクラスティック物質 97
ホルトノライト 52
ホルンフェルス 123, 127, 171
——相 **149**, 150
ホルンブレンダイト 45, 50, **51**, 62, 124, 213
ホルンブレンド 11, 48, 51, 61, 63, 64, 66, 67, 70, 73, 74, 76, 78, 80~83, 87, 109, 128, 141, 147, 154, 156, 160, 163, 171, 198, 203, 209, 210, 213, 218
——カンラン岩 48
——輝岩 62
——-輝石ハンレイ岩 62
——-黒雲母-ザクロ石片麻岩 208, **209**, 210
——-黒雲母片麻岩 157, 209
——-トーナライト 37
——ハンレイ岩 **63**
——ホルンフェルス相 221
——-ランショウ石エクロジャイト質岩岩 211
——-ランショウ石エクロジャイト質岩岩 **213**
ホルンブレンドホルンフェルス相 118, **150**, 159, 160
——の高温部 160
——の泥質変成岩 221
幌加内オフィオライト 153
幌尻オフィオライト 178
——帯 50, 184, 219
幌満カンラン岩体 50
本質 **98**

ま

マイクログラフィック 25, 26
——組織 20, 25, 81
マイクロクリン 65, 81
マイクロストラクチャー **116**
マイクロスフェリティック組織 27
マイクロダイアモンド 161
マイクロライト **22**, 24, 79, 80, 127, 225
舞鶴帯 50, 85, 210, 219
埋没変成岩分布域 117
埋没変成作用 114, **115**, 116, **117**, 150, 206, 229
マイロナイト **118**, 119, 123, 126, 127, 224
マイロナイト化 127, 173, 225
——したカコウ岩 173
——した変成岩 133, 224, 225
——の過程 127

——の程度 127
——作用 118, 172
マーガライト 182, 192
マグネサイト 161
マグネシオリーベッカイト 67
マグネタイト 12, 16, 30, 47~49, 51, 58, 72, **177**, 195, 197, 210, 211, 212, 237
——-斜方輝石-石英片麻岩 218
マグネタイト系 85
——のマグマ 85
——カコウ岩 44, 83, 85
マグマ **3**, 30, 31, 41, 56, 84, 136
——の移動 90
——の化学組成 5, 6, 29, 90, 91
——の急冷 46
——の結晶作用 18, 31
——の結晶分化作用 6, 29, 31, 35, 36, 42
——の元素含有量 29
——の混成作用 6
——の上昇 100, 108
——の進入 108
——の水蒸気圧 19
——の生成過程 29
——の組成 56, 91
——の対流 108
——の通路 6, 89
——の同化作用 6, 29, 42, 108
——の粘性 24, 92
——の流動 20, 9
——の冷却速度 104
——性のダイアピル 101
マグマ活動 5, 89, 102
——域 91
マグマ起源 86
——の貫入型カコウ岩 86
——の炭酸塩岩 49
マグマ供給システム **89**, **90**, 91
——の模式図 92
マグマ混合 **6**, 29, 38, 72, 91, 92
——の証拠 **70**, 72
——作用 42
マグマ溜まり 6, **89**, ~92, 101
——の底部に集積 22
枕状溶岩 46, 50, 72, **94**, 96
——の先端部 95
摩擦熱 127
マスムーブメント 97
マダガスカル島 58
マドゥライ岩体 173, 188, 191, 217
マトリックス 230, 231, 233
——の量比 231
マネバッハ式 86
間の谷変成岩類 115
マフィック 84, 91, 98
——な安山岩 69, 54, 118
——な斑晶鉱物 73
——な変成岩 54, 130
——なマグマ 19, 24, 92
——角閃石 **65**
——グラニュライト 129, 156, 157, 209

――～超マフィック変成岩 219
――片麻岩 123, 127
マフィック岩 7, 9, 10, 17, 36, 45, 51, 53, **54**, 61, 65, 83, 103, 123, 125, 129, 130, 132, 142, 149, 161, 177, 205, 208, 209, 233
――の斜長石 8
マフィック鉱物 7, 10, 16, 24, 45, 54, 62, 71, 74, 75, 79～82, 85, 126, 131
――の組合せ 82
――の量比 7
――含有量 197, 78
マフィック変成岩 123, **125**, 142, 145, 147, 151, 154, 155, **157**, **158**, **159**, **160**, **161**, 163, 165, ～177, **179**, 181, 193, 203～**205**～211, 213, 219, 220
――の鉱物組合せ 208
――の部分溶融 146, 156
マーブル 1, 128, **132**, 171, 179, 198, 200, 223
マリアライト 179
――メイオナイト固溶体 179
マール 124, 125, 198
マンガイヤ島 32, 55, 60
マンゲライト 82
マントルウエッジ 73, 91
マントルプリューム 59

み
ミグマタイト 3, **109**, 110, 128, **130**, 145, 156, 189
――の成因 130
――化の程度 131
三ツ岳溶岩円頂丘 91
南アフリカ共和国 46, 47, 49, 64, 103
美濃帯産の放散虫 237
未発達な島弧 **233**
三原山 92
ミュージアライト 74, 75
ミルメカイト 25, **26**
ミングリング組織 72

む
虫食い状石英 26
無色鉱物 **7**, 58
無水珪酸塩鉱物 43
無水鉱物 146, 187, 188, 190
娘核種 35, 39
無人岩 **72**～74
無斑晶質 11
――安山岩 11
――玄武岩 11
――組織 **24**
ムライト 118, 161, **175**
室戸岬ハンレイ岩体 111

め
メイオナイト 179
メカニカルステージ 8, 9
メキシコ合衆国 69, 70, 73, 84
メソスタシス **23**

メソパーサイト **26**, 163, 190, 191
メタアルミナス 83～85
メラナイト **176**
メリライト 58
メルト **3**, 30, 136, 146, 156, 222
――の化学組成 30, 146
――濃集元素 **31**

も
網状構造 25, 48
毛せん状組織 **24**
モザイク **171**
モート 86, **172**, 202
モート状 192, 202
――コロナ 172
モード **8**, 11
――モードの測定法 **8**
――モード鉱物 **8**
――モード組成 233
モナザイト 82, 187, 190, 191, 196, 235
モナドノック状地形 111
桃岩ドーム 102
モルタル **172**
モルデナイト 228
文象斑岩 25, 81
モンゾ閃緑岩 74, 82, 222, 223
モンゾナイト 74, ～76, 82
――質 82
――状組織 76
モンゾニ斑岩 74, **76**
モンタナ州 50
モンモリロナイト 153

や行
ヤクーツク地域 49
夜久野オフィオライト 85

優黒質 127, 184
――岩 **7**
――層 190
優黒質部 126, 131, 189
――の片理 131
融食形 71
有色鉱物 **7**
誘導結合プラズマ質量分析法 29
優白質 82, 127
――の岩石 132
――の脈状 131
――岩 **7**, 78
――層 191
――部 126, 131
湯河原フッ石 206
ユークライト **62**
ユータキシティック 25
ユーライト **52**
ユーラシアプレート 234

溶岩 2, 5, 45, 46, 72, 73, 89, 91, 92, 96, 100, 102, 117
――のフローユニット 94
――の冷却面 94
――樹型 93
――台地 57

――チューブ 93
――トンネル 93
――噴泉 97
――餅 97
――流 92
溶岩円頂丘 102
――群 91
溶結凝灰岩 28, **98**
――の縞模様 28
羊蹄山 94
葉片状 26
溶融温度 147, **146**
溶融反応 145, 146
横波 90
寄木状 171
4 配位 76, 176

ら
ラコリス **5**, 20, 89, 98, **104**
ラシャイン火山 47
ラテライト 229
ラパキビ 27
――カコウ岩 27, **84**
ラピリストーン 97
ラフト状組織 131
ラブラドライト **54**, 58, 63, 65, 67, 74, 155
ラメラ **26**, 63, 64, 163
ランショウ石 126, 130, 141, 144, 154, 155, 158, 159, **175**, 177, 181, 183, 185～187, 192, 209, 210, 211, 213, 219, 235
――珪線石系列 **165**
――十字石－タルク－石英片岩 192
――帯 152, 156, 166
ランセン石 **67**, 126, 157, 159, 166, 180, 192, 194, 197, 198, 205, 211, 212
――質の角閃石 167
――ローソン石片岩 198
ランセン石片岩 53, 67
――相 **150**
乱泥流堆積物 231

り
陸弧玄武岩 33, **59**
陸上 94, 227, 230
――のオフィオライト 117
――の玄武岩質溶岩 93
――のパホイホイ溶岩 95
――の溶岩 92
リザーダイト 48
リソスフェアの断片 50
リフト帯 31, 49
――の玄武岩 59
リーベッカイト 64, **67**, 75, 88, 157, 211
――緑レン石－ザクロ石－石英片岩 197
リボン 172
――石英 **172**, 173, 224
リボン状 97
――組織 197
リム 19

榴輝岩 130
琉球変成岩分布域 219
流体の浸透 214
粒度 10, 21, 108
流動性のある溶岩 96
流紋岩 10, 20, 52, 74, 77〜79, 81, 87, 133, 203
流紋岩質 91, 92, 96
――マグマ 41, 80, 92
――溶岩 94
流紋デイサイト **80**
流理構造 20, 75, 79, 80
リューコスフェーナイト 204
リューサイト 12, 16, 16, 58, 59, 76
――ベイサナイト **58**
領家―阿武隈型 164
領家カコウ岩 119
領家変成帯 48, 84, 85, 109, 111, 115, 116, 164, 173, 184, 195, 219, **220**
――の西方延長 220
――のハンレイ岩体 65
離溶ラメラ **64**
緑色岩 116, **154**
緑色スピネル 188, 191
緑色千枚岩 126
緑色のオンファス輝石 212
緑色の単斜輝石 30
緑色片岩 126
緑色片岩相 116, 118, 141, 143, **149**〜152, **154**〜159, 166, 180, 181, 183, 185, 187, 195, 196, 199, 205, 206, 208, 214, 220
――の高温部 154, 205
――の鉱物組合せ 154
――の低圧部 165
――の変成岩 177
――のマフィック変成岩 154, 206
――〜角閃岩相 219
――〜グラニュライト相 179
――〜緑レン石角閃岩相 141, 143
緑色ホルンブレンド 66, 128, 204, 210

緑泥石 45, 74, 126, 153, 154, 158, 158, 159, 170, 177, 179, **180**〜184, 187, 192〜195, 205〜207, 210, 212, 236
――化 204, 13
――-白雲母-黒雲母片岩 183
――-白雲母片岩 181, 183, **183**
――帯 152, 154, 166, 183, 201, 220
――片岩 123
緑レン石 16, 74, 85, 119, 126, 128, 153, 154, 155, 159, **180**, 197, 205, 206, 208, 210, 212
――グループ 180
――-ランセン石片岩 211, **212**
緑レン石角閃岩 128
――緑レン石角閃岩相 149, 141, 143, 150, 155, 165, 166, 183, 210, 212, 213, 219, 220

臨界面 **56**
リンバージャイト 58

る
類質 98
累進変成作用 66, 142, 145, 165, 206
累帯構造 18, **19**, 20, 22, 66, 176, 204, 210, 223
累帯深成岩体 **107**
累帯超マフィック岩体 **50**
ルチル 12, 178, 188, 190, 191, 194, 197, 211, 213, 217

れ
冷却過程 6, 63, 138
礫岩 230
――礫岩の後背地 **231**
礫質砂岩 230
礫質泥岩 230
礫種 231, **230**
レキ青炭 237
レソト地域のキンバーライト 47
レータイト 75
レピドブラスティック 184, 197, 213

――に配列 187, 204, 212
――組織 169, **170**, 183, 194, 195, 208, 212
レプタイト 133
レプティナイト 128, **133**
レリクト 169
レルゾライト 26, 47, 48
連晶 26, 171
レンズ 159
レンズ状 28, 46, 130
――の岩体 237
――の空洞 93
――〜縞状 131

ろ
6配位 76
6方晶系 77
ロシア連邦北西部コラ半島 62, 78
ローズダイアグラム 100
ローゼンブッシュ 2
ローソン石 152, 153, 158, 166, **180**, 192〜194, 198, 205, 235
――-アルバイト―緑泥石相 **158**, 193
――-ランセン石-石英片岩 192, **194**
――-ランセン石片岩 212
ロディンジャイト 128, **132**, 204
――の産状 132
ロート状貫入岩体 106
ロボリス 89, 98, 105, 106
ローモンタイト 152, 153, 206
――アイソグラッド 206
――帯 153

わ
ワイラカイト 153, 206
――帯 153
ワカティプ地域 117
ワッケ **231**, 232
ワーニ岩体 82

――著者略歴――

周藤　賢治
1944年　群馬県太田市に生まれる
1968年　東京教育大学理学部地学科卒業
1974年　東京教育大学大学院理学研究科博士課程（地質学鉱物学専攻）修了
現　在　新潟大学名誉教授・理学博士
専門分野　岩石学
著　書　『Sr同位体岩石学』(1977年，共著，地学団体研究会），『地殻・岩石・鉱物』(第2版，1982年，共著，共立出版），『地殻・マントル構成物質』(1997年，共著，共立出版），『解析岩石学』(2002年，共著，共立出版），『同位体岩石学』(2008年，共著，共立出版），『東北日本弧』(2009年，単著，共立出版）

小山内康人
1956年　北海道札幌市に生まれる
1981年　新潟大学理学部地質鉱物学科卒業
1986年　北海道大学大学院理学研究科博士後期課程（地質学鉱物学専攻）修了
現　在　九州大学名誉教授・理学博士
専門分野　岩石学

岩石学概論・上
記載岩石学――岩石学のための情報収集マニュアル
NDC 450

検印廃止

Ⓒ 2002

2002年 2月25日　初版 1刷発行
2023年 4月25日　初版11刷発行

著　者　周　藤　賢　治
　　　　小　山　内　康　人
発行者　南　條　光　章
　　　　東京都文京区小日向4丁目6番19号
印刷者　四　竈　廣　幸
　　　　東京都新宿区山吹町342番

発行所
東京都文京区小日向4丁目6番19号
電話　東京 3947 局 2511 番（代表）
郵便番号 112-0006
振替口座 00110-2-57035 番
URL　www.kyoritsu-pub.co.jp

共立出版株式会社

印刷・新日本印刷　製本・協栄製本

Printed in Japan

一般社団法人
自然科学書協会
会員　NSPA

ISBN 978-4-320-04639-9

JCOPY　〈出版者著作権管理機構委託出版物〉
本書の無断複製は著作権法上での例外を除き禁じられています．複製される場合は，そのつど事前に，出版者著作権管理機構（TEL：03-5244-5088，FAX：03-5244-5089，e-mail：info@jcopy.or.jp）の許諾を得てください．

■地学・地球科学・宇宙科学関連書　www.kyoritsu-pub.co.jp　共立出版

地質学用語集 和英・英和 …………日本地質学会編	国際層序ガイド 層序区分・用語法・手順へのガイド ……日本地質学会訳編
SDGs達成に向けたネクサスアプローチ 地球環境問題の解決のために 谷口真人編	地質基準 ………………日本地質学会地質基準委員会編著
地球・環境・資源 地球と人類の共生をめざして 第2版 ………内田悦生他著	東北日本弧 日本海の拡大とマグマの生成 ………周藤賢治著
地球・生命 その起源と進化 ………大谷栄治他著	地盤環境工学 ………………嘉門雅史他著
グレゴリー・ポール恐竜事典 原著第2版 東 洋一他監訳	岩石・鉱物のための熱力学 ………内田悦生著
天気のしくみ 雲のでき方からオーロラの正体まで ………森田正光他著	岩石熱力学 成因解析の基礎 ………川嵜智佑著
竜巻のふしぎ 地上最強の気象現象を探る ………森田正光他著	同位体岩石学 ………加々美寛雄他著
大気放射学 衛星リモートセンシングと気候問題へのアプローチ ………藤枝 鋼他共訳	岩石学概論(上)記載岩石学 岩石学のための情報収集マニュアル 周藤賢治他著
土砂動態学 山から深海底までの流砂・漂砂・生態系 松島亘志他編著	岩石学概論(下)解析岩石学 成因的岩石学へのガイド 周藤賢治他著
海洋底科学の基礎 ……日本地質学会「海洋底科学の基礎」編集委員会編	地殻・マントル構成物質 ………周藤賢治他著
ジオダイナミクス 原著第3版 ………木下正高監訳	岩石学 I 〜 III (共立全書 189・205・214) ………都城秋穂他共著
プレートダイナミクス入門 ………新妻信明著	偏光顕微鏡と岩石鉱物 第2版 ………黒田吉益他共著
地球の構成と活動 (物理科学のコンセプト7)…黒星瑩一訳	数値相対論と中性子星の合体 (物理学最前線25) 柴田 大著
地震学 第3版 ………宇津徳治著	原子核から読み解く超新星爆発の世界 (物理学最前線21) 住吉光介著
水文科学 ………杉田倫明他編著	重力波物理の最前線 (物理学最前線17)……川村静児著
水文学 ………杉田倫明訳	惑星形成の物理 太陽系と系外惑星系の形成論入門 (物理学最前線6)…井田 茂他著
湖の科学 ………占部城太郎訳	天体画像の誤差と統計解析 (クロスセクショナルS7) 市川 隆他著
環境同位体による水循環トレーシング ………山中 勤著	宇宙生命科学入門 生命の大冒険 ………石岡憲昭著
陸水環境化学 ………藤永 薫編著	現代物理学が描く宇宙論 ………真貝寿明著
地下水モデル 実践的シミュレーションの基礎 第2版 堀野治彦他訳	多波長銀河物理学 ………竹内 努訳
地下水流動 モンスーンアジアの資源と循環 ………谷口真人編著	宇宙物理学 (KEK物理学S 3) ………小玉英雄他著
環境地下水学 ………藤縄克之著	宇宙物理学 ………桜井邦朋著
復刊 河川地形 ………高山茂美著	復刊 宇宙電波天文学 ………赤羽賢司他共著